课书房 | 新形态教材　**高等职业教育** 工程造价专业系列教材

建筑工程施工工艺（第4版）

JIANZHU GONGCHENG SHIGONG GONGYI

主　编 / 钟汉华　董　伟

副主编 / 朱　敏　刘青山　丁建伟　张　涛

主　审 / 朱保才　张天俊

重庆大学出版社

内容提要

本书以国家现行的建设工程标准、规范、规程为依据进行编写。本书对建筑工程施工工序、工艺、质量标准等进行了详细阐述，突出适用性和实践性。全书共9章，主要内容包括：土方工程施工工艺、地基处理与基础工程施工工艺、砌筑及墙体保温工程施工工艺、混凝土结构工程施工工艺、预应力混凝土工程施工工艺、结构安装工程施工工艺、钢结构工程施工工艺、防水及屋面工程施工工艺、装饰工程施工工艺等。

本书可作为高等职业教育工程造价、建设工程管理、建筑经济管理、建筑设备工程技术等专业的教学用书，也可供建设单位经济管理者、建筑安装施工企业工程造价管理人员学习参考。

图书在版编目（CIP）数据

建筑工程施工工艺／钟汉华，董伟主编. -- 4版. -- 重庆：重庆大学出版社，2020.7（2023.1重印）
高等职业教育工程造价专业系列教材
ISBN 978-7-5624-9497-3

Ⅰ.①建… Ⅱ.①钟… ②董… Ⅲ.①建筑工程—高等职业教育—教材 Ⅳ.①TU7

中国版本图书馆CIP数据核字（2020）第098799号

高等职业教育工程造价专业系列教材
建筑工程施工工艺
（第4版）
主　编　钟汉华　董　伟
副主编　朱　敏　刘青山　丁建伟　张　涛
主　审　朱保才　张天俊
责任编辑：刘颖果　版式设计：刘颖果
责任校对：刘志刚　责任印制：赵　晟

*

重庆大学出版社出版发行
出版人：饶帮华
社址：重庆市沙坪坝区大学城西路21号
邮编：401331
电话：（023）88617190　88617185（中小学）
传真：（023）88617186　88617166
网址：http://www.cqup.com.cn
邮箱：fxk@cqup.com.cn（营销中心）
全国新华书店经销
重庆紫石东南印务有限公司印刷

*

开本：787mm×1092mm　1/16　印张：16.25　字数：428千
2020年7月第4版　2023年1月第16次印刷
ISBN 978-7-5624-9497-3　定价：49.00元

前言

（第 4 版）

本书根据高等职业教育建设工程管理类专业人才培养目标，以二级建造师职业岗位能力的培养为导向，同时遵循高等职业院校学生的认知规律，以专业知识和职业技能、自主学习能力及综合素质培养为课程目标，紧密结合职业资格证书中相关考核要求，确定本书的内容。本书按照土方工程、地基处理与基础工程、砌筑及墙体保温工程、混凝土结构工程、预应力混凝土工程、结构安装工程、钢结构工程、防水及屋面工程、装饰工程等进行内容安排。根据编者多年工作经验和教学实践，在前 3 版教材基础上修改、补充编写而成。

建筑工程施工工艺是一门实践性很强的课程。为此，本书始终坚持“素质为本、能力为主、需要为准、够用为度”的原则进行编写。本书对土方工程施工工艺、地基处理与基础工程施工工艺、砌筑及墙体保温工程施工工艺、混凝土结构工程施工工艺、预应力混凝土工程施工工艺、结构安装工程施工工艺、钢结构工程施工工艺、防水及屋面工程施工工艺、装饰工程施工工艺等进行了详细阐述。本书结合我国建筑工程施工的实际精选内容，力求理论联系实际，注重实践能力的培养，突出针对性和实用性，以满足学生学习的需要。同时，本书还在一定程度上反映了国内外建筑工程施工的先进经验和技术成就。

本次再版，通过收集本书使用者的意见，对地基处理与基础工程施工工艺、砌筑及墙体保温工程施工工艺、混凝土结构工程施工工艺、钢结构工程施工工艺等进行了重编，并依据最新施工及验收规范对全书进行了修订。本书建议安排 60 ~ 80 学时进行教学。

本书配套的视频资源可以扫描封底资源地址二维码观看。另外，本书配套的 PPT、教学大纲、课程标准、习题及试卷答案以及其他教学资源，可以加入工程造价教学交流群(QQ:238703847)下载。

参与本书编写的有湖北水利水电职业技术学院钟汉华、董伟(第 1 章)，湖北水利水电职业技术学院薛艳、余丹丹(第 2 章)，湖北浩川水利水电工程有限公司黄佐忠(第 3 章)，湖北江利水利建筑工程有限公司谢平、罗欣、谢鹏、沈祚峰(第 4 章)，湖北大禹水利水电建设有限责任公司丁建伟、陈汉法(第 5 章)，湖北省来凤县农业农村局张涛(第 6 章)，恩施自治州水利电力监理咨询有限责任公司朱敏、蒋长寿(第 7 章)，湖北凯耀宏建设工程有限公司刘青山、郑兴艳、关先娥(第 8 章)，宜昌市水利水电勘察设计院有限公司张文刚(第 9 章)。全书由钟汉华、董伟主编，朱敏、刘青山、丁建伟、张涛副主编，朱保才、张天俊主审。前面 3 版的编写人员为此书打下了良好的基础，在此表示最诚挚的谢意！在本版修订过程中，李翠华、金芳、刘宏敏、熊英、丁志胜、方怀霞、余燕君、胡斌等老师做了一些辅助性工作，在此对他们的辛勤工作表示感谢。

本书引用了有关专业文献和资料，未在书中一一注明出处，在此对有关文献的作者表示感谢。

由于编者水平有限，加之时间仓促，难免存在错误和不足之处，诚恳地希望读者批评指正。

编　者

2020 年 4 月

目录

1 土方工程施工工艺

土方工程是建筑工程施工的主要分部工程之一，也是建筑工程施工过程中的第一道工序，通常包括场地平整，基坑（基槽）及人防工程和地下建筑物等的土方开挖、运输与堆弃，土方填筑与压实等主要施工过程，以及降低地下水位和基坑支护等辅助工作。其特点是工程量大，劳动繁重，施工条件复杂，受地形、水文、地质和气候影响大。

1.1 岩土的工程分类及工程性质

· 1.1.1 岩土的工程分类 ·

土的种类繁多，其分类方法也有很多。在建筑施工中，根据土的开挖难易程度（即硬度系数大小），将土分为松软土、普通土、坚土、砂砾坚土、软石、次坚石、坚石、特坚石8类。前4类属一般土，后4类属岩石。土的这8种分类方法及现场鉴别方法见表1.1。由于土的类别不同，单位工程消耗的人工或机械台班不同，因而施工费用就不同，施工方法也不同。因此，正确区分土的种类、类别，对合理选择开挖方法、准确套用定额和计算土方工程费用关系重大。

表1.1 土的工程分类及鉴别方法

土的分类	土的名称	可松性系数		现场鉴别（开挖）方法
		K_s	K'_s	
一类土（松软土）	砂；亚砂土；冲积砂土层；种植土；泥炭（淤泥）	1.08～1.17	1.01～1.03	能用锹、锄头挖掘
二类土（普通土）	亚黏土；潮湿的黄土；夹有碎石、卵石的砂；种植土；填筑土及亚砂土	1.14～1.28	1.02～1.05	用锹、锄头挖掘，少许用镐翻松
三类土（坚土）	软及中等密实黏土；重亚黏土；粗砾石；干黄土及含碎石、卵石的黄土、亚黏土；压实的填筑土	1.24～1.30	1.04～1.07	主要用镐，少许用锹、锄头挖掘，部分用撬棍
四类土（砂砾坚土）	重黏土及含碎石、卵石的黏土；粗卵石；密实的黄土；天然级配砂石；软泥灰岩及蛋白石	1.26～1.32	1.06～1.09	整个用镐、撬棍，然后用锹挖掘，部分用楔子及大锤
五类土（软石）	硬石炭纪黏土；中等密实的页岩、泥灰岩、白垩土；胶结不紧的砾岩；软的石灰岩	1.30～1.45	1.10～1.20	用镐或撬棍、大锤挖掘，部分使用爆破方法

续表

土的分类	土的名称	可松性系数		现场鉴别(开挖)方法
		K_s	K'_s	
六类土(次坚石)	泥岩;砂岩;砾岩;坚实的页岩;泥灰岩;密实的石灰岩;风化花岗岩;片麻岩	1.30~1.45	1.10~1.20	用爆破方法开挖,部分用风镐
七类土(坚石)	大理岩;辉绿岩;玢岩;粗、中粒花岗岩;坚实的白云岩、砂岩、砾岩、片麻岩、石灰岩;风化痕迹的安山岩、玄武岩	1.30~1.45	1.10~1.20	用爆破方法开挖
八类土(特坚石)	安山岩;玄武岩;花岗片麻岩、坚实的细粒花岗岩、闪长岩、石英岩、辉长岩、辉绿岩、玢岩	1.45~1.50	1.20~1.30	用爆破方法开挖

· 1.1.2 岩土的工程性质 ·

对土方工程施工有直接影响的土的工程性质主要有:

1)土的质量密度

土的质量密度分为天然密度和干密度。土的天然密度指土在天然状态下单位体积的质量,又称为湿密度。它影响土的承载力、土压力及边坡稳定性。土的天然密度 ρ 按式(1.1)计算:

$$\rho = \frac{m}{V} \tag{1.1}$$

式中 m——土的总质量,kg;

V——土的体积,m^3。

土的干密度 ρ_d 指单位体积土中固体颗粒的质量,用式(1.2)表示:

$$\rho_d = \frac{m_s}{V} \tag{1.2}$$

式中 m_s——土中固体颗粒的质量,kg。

土的干密度在一定程度上反映了土颗粒排列的紧密程度,因此常用它作为填土压实质量的控制指标。土的最大干密度值可参考表1.2。

2)土的可松性

自然状态下的土经开挖后,其体积因松散而增加,虽经回填夯实,仍不能完全恢复到原状态土的体积,这种现象称为土的可松性。土的可松程度用最初可松性系数 K_s 及最终可松性系数 K'_s 表示,即:

$$K'_s = \frac{V_3}{V_1} \tag{1.3}$$

$$K_s = \frac{V_2}{V_1} \tag{1.4}$$

式中 V_1——土在天然状态下的体积,m^3;

V_2——土挖出后的松散体积，m^3；

V_3——土经压（夯）实后的体积，m^3。

土的可松性对土方的平衡调配、基坑开挖时预留土量及运输工具数量的计算均有直接影响。各类土的可松性系数如表1.1所示。

3）土的含水量

土的含水量 w 是指土中所含水的质量与土的固体颗粒质量之比，用百分数表示，即：

$$w = \frac{m_w}{m_s} \times 100\% \tag{1.5}$$

式中 m_w——土中水的质量，kg；

m_s——固体颗粒的质量，kg。

土的含水量反映土的干湿程度。它对挖土的难易、土方边坡的稳定性及填土压实等均有直接影响。因此，土方开挖时应采取排水措施。回填土时，应使土的含水量处于最佳含水量的变化范围之内，如表1.2所示。

表1.2 土的最佳含水量和干密度参考值

土的种类	最佳含水量和干密度参考值	
	最佳含水量/%	最大干密度/($g \cdot cm^{-3}$)
砂　土	8～12	1.80～1.88
粉　土	16～22	1.61～1.80
亚砂土	9～15	1.85～2.08
亚黏土	12～15	1.85～1.95
重亚黏土	16～20	1.67～1.79
粉质亚黏土	18～21	1.65～1.74
黏　土	19～23	1.58～1.70

4）土的渗透性

土的渗透性也称为透水性，是指土体被水透过的性质。它主要取决于土体的孔隙特征，如孔隙的大小、形状、数量和贯通情况等。地下水在土中的渗流速度一般可按达西定律计算：

$$v = Ki \tag{1.6}$$

式中 v——水在土中的渗流速度，m/d或m/h；

K——土的渗透系数，m/d或m/h；

i——水力坡度。

渗透系数 K 反映土透水性的强弱。它直接影响降水方案的选择和涌水量的计算，可通过室内渗透试验或现场抽水试验确定，一般土的渗透系数参考值如表1.3所示。

表 1.3 土的渗透系数参考值

土壤的种类	$K/(\mathrm{m \cdot d^{-1}})$	土壤的种类	$K/(\mathrm{m \cdot d^{-1}})$
亚黏土、黏土	<0.1	含黏土的中砂及纯细砂	20 ~ 25
亚砂土	0.1 ~ 0.5	含黏土的细砂及纯中砂	35 ~ 50
含亚黏土的粉砂	0.5 ~ 1.0	纯粗砂	50 ~ 75
纯粉砂	1.5 ~ 5.0	粗砂夹砾石	50 ~ 100
含黏土的细砂	10 ~ 50	砾石	100 ~ 200

1.2 土方工程量计算及场地土方调配

在场地平整、基坑与基槽开挖等土方工程施工中，都需要计算土方量。土方工程的外形往往很复杂，而且不规则，很难进行精确计算。因此，在一般情况下，都是将工程区域划分为一定的几何形状，并采用具有一定精度而又和实际情况近似的方法进行计算。

· 1.2.1 场地平整的土方量计算 ·

建筑场地平整的平面位置和标高，通常由设计单位在总平面图竖向设计中确定。场地平整通常是挖高填低。计算场地挖方量和填方量，首先要确定场地设计标高，由设计平面的标高和地面的自然标高之差，可以得到场地各点的施工高度（即填、挖高度），由此可计算场地平整的挖方和填方的工程量。

1）场地设计标高确定

场地设计标高是进行场地平整和土方量计算的依据，也是总体规划和竖向设计的依据。合理确定场地的设计标高，对减少土方量、加快工程进度都有重要的经济意义。如图 1.1 所示，当场地设计标高为 H_0 时，填挖方基本平衡，可将挖方土移往填方区，就地处理；当设计标高为 H_1 时，填方大大超过挖方，则需从场地外大量取土回填；当设计标高为 H_2 时，挖方大大超过填方，则要向场外大量弃土。因此，在确定场地设计标高时，应结合现场的具体条件，反复进行技术经济比较，选择最优方案。

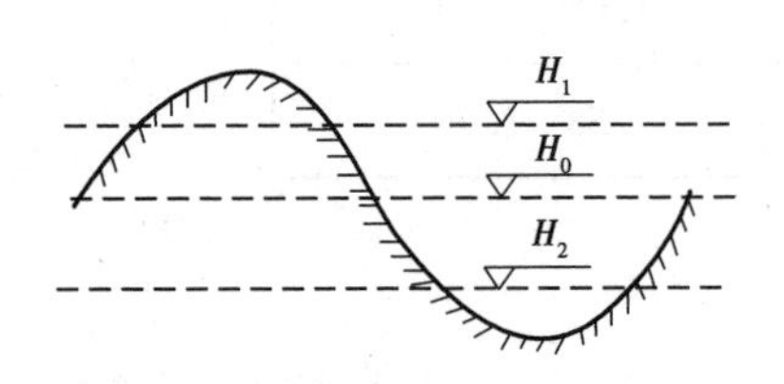

图 1.1 场地不同设计标高的比较

确定场地设计标高时，应考虑：满足生产工艺和运输的要求；充分利用地形（如分区台阶布置），尽量使挖填方平衡，以减少土方量运输；要有一定泄水坡度（≥2%），使之能满足排水要求；要考虑最高洪水位的影响。

场地设计标高一般应在设计文件中规定，若设计文件对场地设计标高没有规定时，可按下述步骤来确定场地设计标高。

（1）初步计算场地设计标高（H_0）

初步计算场地设计标高的原则是场内挖填方平衡，即场内挖方总量等于填方总量（$\sum V_{挖} = \sum V_{填}$）。

①在具有等高线的地形图上将施工区域划分为边长 $a=10\sim40$ m 的若干方格，如图 1.2 所示。

②确定各小方格的角点高程。其方法是根据地形图上相邻两等高线的高程，用插入法计算求得；也可用一张透明纸，上面画 6 根等距离的平行线，把该透明纸放到标有方格网的地形图上，将 6 根平行线的最外两根分别对准 A，B 两点，这时 6 根等距离的平行线将 A，B 之间的高差分成 5 等份，于是便可直接读得 C 点的地面标高，如图 1.3 所示。此外，在无地形图或地形不平坦时，可以在地面用木桩打好方格网，然后用仪器直接测出方格网角点标高。

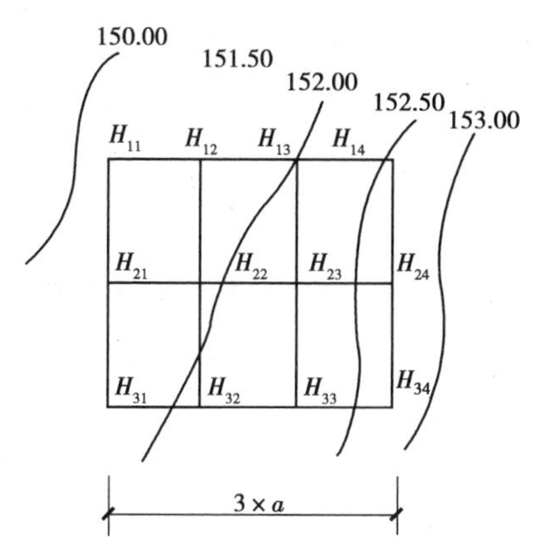

图 1.2　场地设计标高计算图

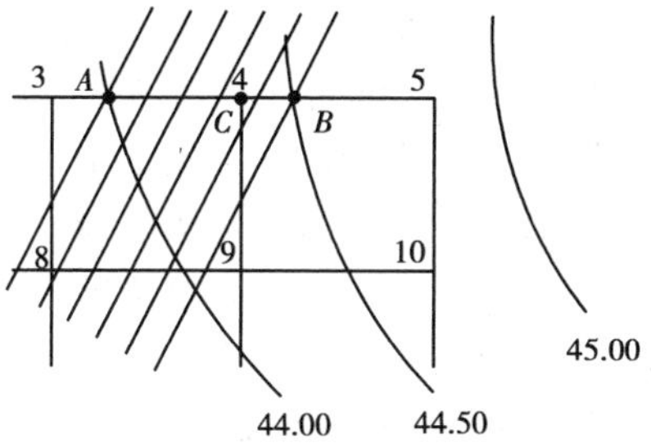

图 1.3　插入法图解

③按填挖方平衡确定设计标高 H_0 为：

$$H_0Na^2=\sum\left(a^2\frac{H_{11}+H_{12}+H_{21}+H_{22}}{4}\right)$$

即

$$H_0=\frac{\sum(H_{11}+H_{12}+H_{21}+H_{22})}{4N} \tag{1.7}$$

由图 1.2 可知，H_{11} 系一个方格的角点标高，H_{12} 和 H_{21} 均系两个方格公共的角点标高，H_{22} 则是四个方格公共的角点标高，它们分别在式(1.7)中要加 1 次、2 次、4 次。

即

$$H_0=\frac{\sum H_{11}+2\sum H_{12}+2\sum H_{21}+4\sum H_{22}}{4N}$$

同理，上式可改写为通式：

$$H_0=\frac{\sum H_1+2\sum H_2+3\sum H_3+4\sum H_4}{4N} \tag{1.8}$$

式中　N——方格数目；

H_1——一个方格独有的角点标高；

H_2——两个方格共有的角点标高；

H_3——三个方格共有的角点标高；

H_4——四个方格共有的角点标高。

(2)调整场地设计标高

初步确定的场地设计标高(H_0)仅为一理论值，实际上，还需要考虑以下因素对初步场地设计标高(H_0)值进行调整。

①土的可松性影响。由于土的可松性,会造成填土的多余,需相应地提高设计标高。

②场内挖方和填方的影响。由于场地内大型基坑挖出的土方、修筑路堤填高的土方,以及从经济角度比较,将部分挖方就近弃于场外(简称弃土)或将部分填方就近取土于场外(简称借土)等,均会引起挖填土方量的变化。必要时,需重新调整设计标高。

③考虑泄水坡度对设计标高的影响。按调整后的同一设计标高进行场地平整时,整个场地表面均处于同一水平面,但实际上由于排水的要求,场地还需有一定的泄水坡度。平整场地的表面坡度应符合设计要求,如无设计要求时,排水沟方向的坡度不应小于2‰。因此,还需要根据场地的泄水坡度要求(单向泄水或双向泄水),计算出场地内各方格角点实际施工所用的设计标高。

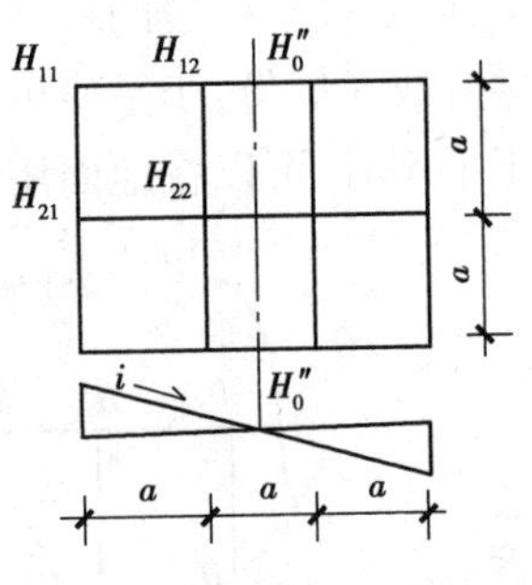

图1.4 单向泄水坡度场地

单向泄水时设计标高计算,是将已调整的设计标高(H_0')作为场地中心线的标高(图1.4),场地内任意一点的设计标高则为:

$$H_{ij} = H_0' \pm Li \tag{1.9}$$

式中 H_{ij}——场地内任一点的设计标高;

L——该点至H_0''—H_0''中心线的距离;

i——场地单向泄水坡度(不小于2‰)。

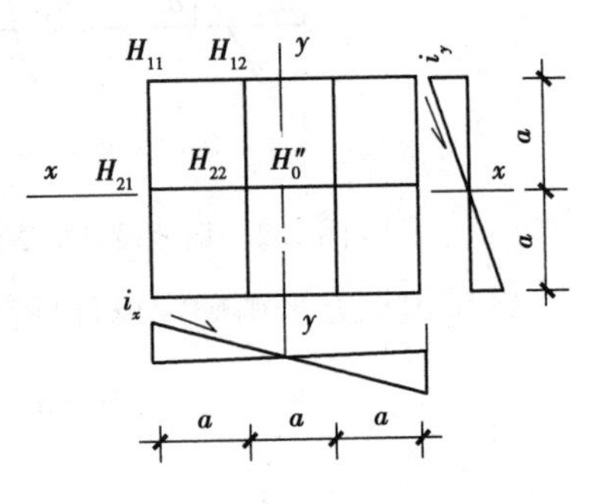

图1.5 双向泄水坡度场地

双向泄水时设计标高计算,是将已调整的设计标高(H_0')作为场地方向的中心点(图1.5),场地内任一点的设计标高为:

$$H_{ij} = H_0' \pm L_x i_x \pm L_y i_y \tag{1.10}$$

式中 L_x,L_y——该点沿x—x,y—y方向距场地的中心线的距离;

i_x,i_y——该点沿x—x,y—y方向的泄水坡度。

2)场地平整土方量计算

大面积场地的土方量通常采用方格网法计算,即根据方格网的自然地面标高和实际采用的设计标高,计算出相应的角点填挖高度(即施工高度),然后计算出每一方格的土方量,并算出场地边坡的土方量,这样便可得到整个场地的填、挖土方总量。其计算步骤如下:

(1)计算场地各方格角点的施工高度

各方格角点的施工高度按式(1.11)计算:

$$h_n = H_n - H \tag{1.11}$$

式中 h_n——角点施工高度,即填挖高度,以"+"为填,"-"为挖;

H_n——角点设计标高;

H——角点的自然地面标高。

(2)确定"零线"

如果一个方格中一部分角点的施工高度为"+",而另一部分为"-"时,此方格中的土方一部分为填方,一部分为挖方。计算此类方格的土方量须先确定填方与挖方的分界线,即"零线"。

"零线"位置的确定方法:先求出有关方格边线(此边线一端为挖,一端为填)上的"零点"(即不挖不填的点),然后将相邻的两个"零点"相连即为"零线"。

如图 1.6 所示，设 h_1 为填方角点的填方高度，h_2 为挖方角点的挖方高度，O 为零点位置，则可求得：

$$X = \frac{ah_1}{h_1 + h_2} \tag{1.12}$$

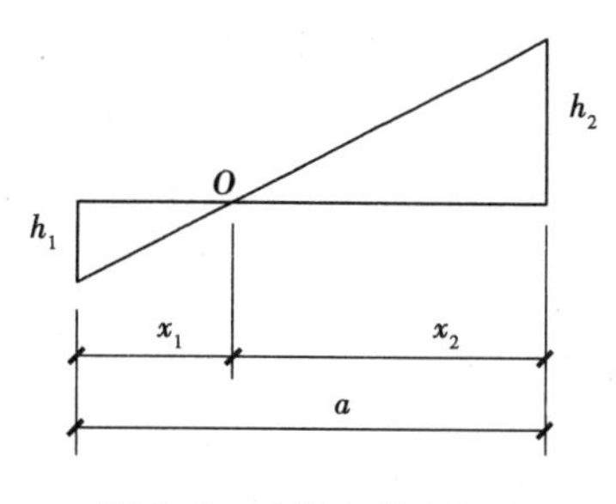

图 1.6　求零点的图解法

(3)计算场地填挖土方量

场地土方量计算可采用四方棱柱体法或三角棱柱体法。

用四方棱柱体法计算时，依据方格角点的施工高度，分为 3 种类型。

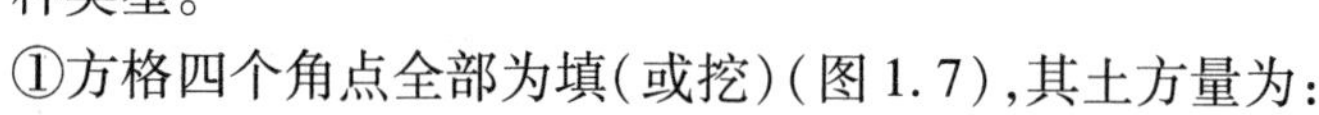

①方格四个角点全部为填(或挖)(图 1.7)，其土方量为：

$$V = \frac{a^2}{4}(h_1 + h_2 + h_3 + h_4) \tag{1.13}$$

式中　V——挖方或填方的体积，m^3；

h_1, h_2, h_3, h_4——方格角点的施工高度，m，以绝对值代入。

②方格的相邻两点为挖，另两角点为填(图 1.8)，其挖方部分的土方量为：

$$V_{1,2} = \frac{a^2}{4}\left(\frac{h_1^2}{h_1 + h_4} + \frac{h_2^2}{h_2 + h_3}\right) \tag{1.14}$$

填方部分的土方量为：

$$V_{3,4} = \frac{a^2}{4}\left(\frac{h_3^2}{h_2 + h_3} + \frac{h_4^2}{h_1 + h_4}\right) \tag{1.15}$$

③方格的三个角点为挖，另一角点为填(或相反)(图 1.9)，其填方部分的土方量为：

$$V_4 = \frac{a^2}{6} \cdot \frac{h_4^3}{(h_1 + h_4)(h_3 + h_4)} \tag{1.16}$$

挖方部分的土方量为：

$$V_{1,2,3} = \frac{a^2}{6}(2h_1 + h_2 + 2h_3 - h_4) + V_4 \tag{1.17}$$

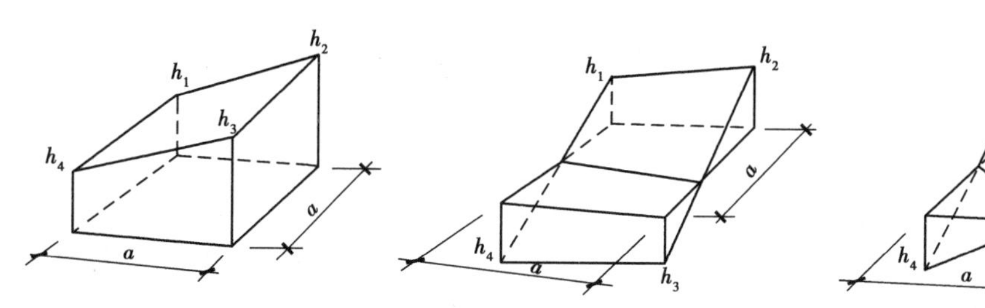

图 1.7　全挖或全填的方格图　　图 1.8　两挖和两填的方格图　　图 1.9　三挖一填(或相反)的方格图

· 1.2.2　基坑、基槽土方量计算 ·

基坑土方量可按立体几何中的拟柱体(由两个平行的平面作底的一种多面体)体积公式计算(图 1.10)，即：

$$V = \frac{H}{6}(A_1 + 4A_0 + A_2) \tag{1.18}$$

式中　H——基坑深度,m;

A_1,A_2——基坑上、下两底面积,m^2;

A_0——基坑中截面面积,m^2。

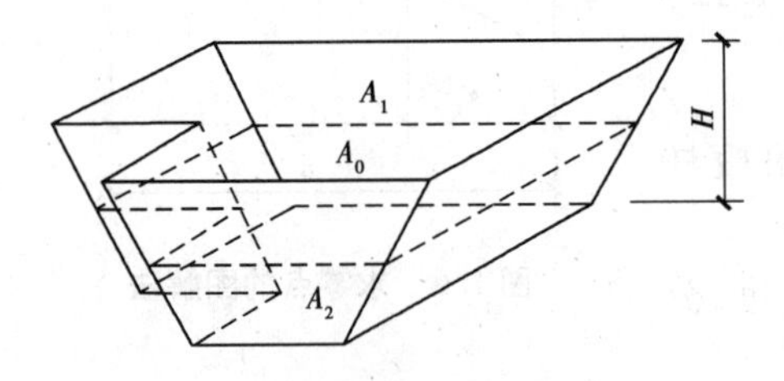

图1.10　基坑土方量计算

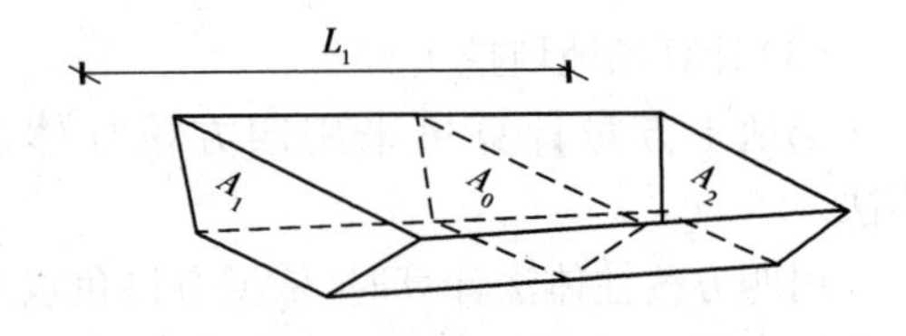

图1.11　基槽土方量计算

基槽和路堤的土方量可以沿长度方向分段后,再用同样的方法计算(图1.11):

$$V_1 = \frac{L_1}{6}(A_1 + 4A_0 + A_2) \tag{1.19}$$

式中　V_1——第一段的土方量,m^2;

L_1——第一段的长度,m。

将各段土方量相加,即得总土方量:

$$V = V_1 + V_2 + \cdots + V_n \tag{1.20}$$

式中　$V_1, V_2, \cdots, V_n$——各分段的土方量,m^3。

· 1.2.3　土方调配计算 ·

土方工程量计算完成后即可进行土方调配。所谓土方调配,就是对挖方的土需运至何处,填方的土应取自何方,进行统筹安排。其目的是在土方运输量最小或土方运输费最小的条件下,确定挖填方区土方的调配方向、数量及平均运距,从而缩短工期,降低成本。

土方调配工作主要包括以下内容:划分调配区,计算土方调配区之间的平均运距,选择最优的调配方案及绘制土方调配图表。

1)平衡与调配原则

①应力求达到挖、填平衡和运距最短,使挖、填方量与运距的乘积之和尽可能最小,即使土方运输量或运费最小。

②应考虑近期施工与后期利用相结合及分区与全场相结合的原则,避免重复挖运和场地混乱。

③土方调配还应尽可能与大型地下建筑物的施工相结合。例如,大型地下建筑物位于填方区时,应将部分填土予以保留,待基础施工完成后再进行回填。

④合理布置挖、填方分区线,选择恰当的调配方向、运输线路,以充分发挥挖方机械和运输车辆的性能。

2)步骤与方法

(1)划分调配区

在场地平面图上先画出挖、填方区的分界线(即零线),然后在挖、填方区适当划分出若干调配区。调配区的划分应与建筑物的平面位置及土方工程量计算用的方格网相协调,通常可由若干个方格组成一个调配区,同时还应满足土方及运输机械的技术要求。

(2)计算各调配区的土方量

计算出的各调配区的土方量应标明在调配图上,如图 1.12 所示。

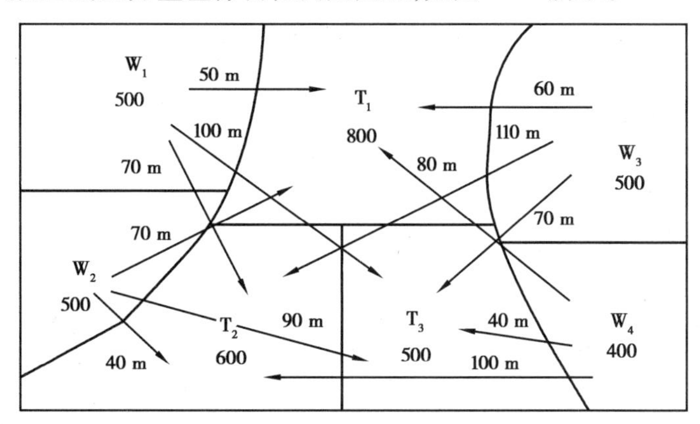

图 1.12　挖方区及土方量分布图(图中土方量单位为 100 m^3)

(3)计算各挖、填方调配区之间的平均运距

平均运距是指挖方区与填方区之间的重心距离。取场地或方格网的纵横两边为坐标轴,计算各调配区的重心位置为:

$$x_0 = \frac{\sum V_i x_i}{\sum V_i} \qquad y_0 = \frac{\sum V_i y_i}{\sum V_i} \tag{1.21}$$

式中　V_i——第 i 个方格的土方量;

x_i, y_i——第 i 个方格的重心坐标。

为简化计算,可假定每个方格上的土方都是均匀分布的,从而用图解法求出形心位置以代替重心位置。

求出各挖方区到各填方区的运距及各区的土方量后,绘制出土方平衡-运距表,如表 1.4 所示。

表 1.4　土方平衡-运距表

挖方区	填方区			挖方量 /100 m^3
	T_1	T_2	T_3	
W_1	50 X_{11}	70 X_{12}	100 X_{13}	500
W_2	70 X_{21}	40 X_{22}	90 X_{23}	500
W_3	60 X_{31}	110 X_{32}	70 X_{33}	500
W_4	80 X_{41}	100 X_{42}	40 X_{43}	400
填方量 /100 m^3	800	600	500	$\sum$=1 900

注:表中小方格内的数字为平均运距,单位 m。

(4)确定土方调配的初始方案

以挖方区与填方区土方调配保持平衡为原则,制订出土方调配的初始方案(通常采用“最小元素法”制订),如表 1.5 所示。

表 1.5　初始调配方案

挖方区	填方区			挖方量/100 m^3
	T_1	T_2	T_3	
W_1	50 500	70 ×	100 ×	500
W_2	70 ×	40 500	90 ×	500
W_3	60 300	110 100	70 100	500
W_4	80 ×	100 ×	40 400	400
填方量/100 m^3	800	600	500	∑=1 900

(5)确定土方调配的最优方案

以初始调配方案为基础,采用表上作业法可以求出在保持挖、填平衡的条件下,使土方调配总运距最小的最优方案。该方案是土方调配中最经济的方案,即土方调配最优方案,如表 1.6 所示。

表 1.6　最优调配方案

挖方区		填方区			挖方量/100 m^3
		T_1	T_2	T_3	
		V_1=50	V_2=70	V_3=60	
W_1	U_1=0	50 400	70 100	100 +	500
W_2	U_2=-60	70 +	40 500	90 +	500
W_3	U_3=10	60 400	110 +	70 100	500
W_4	U_4=-40	80 +	100 +	40 400	400
填方量/100 m^3		800	600	500	∑=1 900

(6)绘出土方调配图

经土方调配最优化求出最佳土方调配方案后,即可绘制土方调配图以指导土方工程施工,如图 1.13 所示。

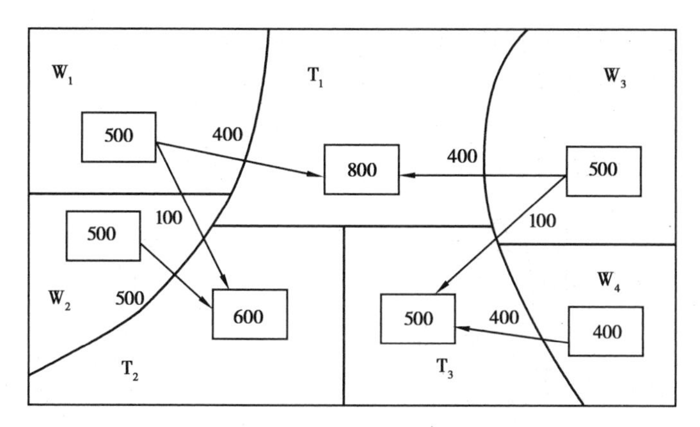

图 1.13 土方调配图(图中数据为土方量,单位为 100 m^3)

1.3 土方工程施工方法

· 1.3.1 场地平整施工 ·

1)施工准备工作

(1)场地清理

清理场地包括拆除施工区域内的房屋,拆除或改建通信和电力设施、上下水道及其他建筑物,迁移树木,清除含有大量有机物的草皮、耕植土、河塘淤泥等。

(2)修筑临时设施与道路

施工现场所需临时设施主要包括生产性和生活性临时设施。生产性临时设施主要包括混凝土搅拌站、各种作业棚、建筑材料堆场及仓库等;生活性临时设施主要包括宿舍、食堂、办公室、厕所等。

开工前还应修筑好施工现场内的临时道路,同时做好现场供水、供电、供气等管线的架设。

2)场地平整施工方法

场地平整系综合施工过程,它由土方的开挖、运输、填筑、压实等施工过程组成,其中土方开挖是主导施工过程。

土方开挖通常有人工、半机械化、机械化和爆破等数种方法。

大面积的场地平整适宜采用大型土方机械,如推土机、铲运机或单斗挖土机等施工。

(1)推土机施工

推土机是土方工程施工的主要机械之一,是在履带式拖拉机上安装推土铲刀等工作装置而成的机械。按铲刀的操纵机构不同,分为索式和液压式推土机两种。索式推土机的铲刀借本身自重切入土中,在硬土中切土深度较小。液压式推土机由于用液压操纵,能使铲刀强制切入土中,切入深度较大。同时,液压式推土机铲刀还可以调整角度,具有更大的灵活性,是目前常用的一种推土机,如图 1.14 所示。

推土机操纵灵活,运转方便,所需工作面较小,行驶速度快,易于转移,能爬 30°左右的缓坡,因此应用范围较广。推土机适用于开挖一至三类土。它多用于挖土深度不大的场地平整,开挖深度不大于1.5 m的基坑，回填基坑和沟槽，堆筑高度在1.5 m以内的路基、堤坝，平整其他机械卸置的土堆；推送松散的硬土、岩石和冻土，配合铲运机进行助铲；配合挖土机施工，为挖土机清理余土创造工作面。此外，将铲刀卸下后，还能牵引其他无动力的土方施工机械，如拖式铲运机、松土机、羊足碾等，进行土方其他施工过程的施工。

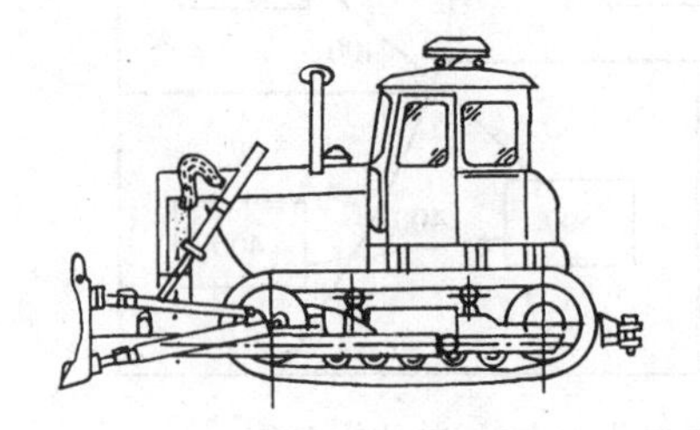

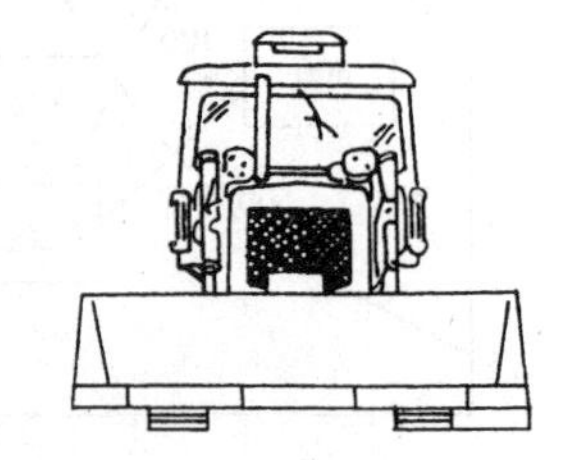

图1.14　液压式推土机外形图

推土机的运距宜在100 m以内，效率最高的推运距离为40～60 m。为提高生产率，可采用下述方式：

①下坡推土（图1.15）。推土机顺地面坡势沿下坡方向推土，借助机械往下的重力作用，可增大铲刀切土深度和运土数量，可提高推土机能力和缩短推土时间，一般可提高生产率30%～40%，但坡度不宜大于15°，以免后退时爬坡困难。

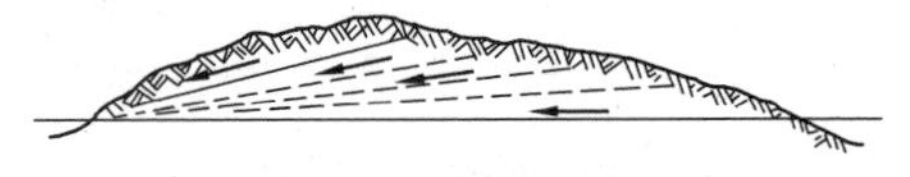

图1.15　下坡推土法

②槽形推土（图1.16）。当运距较远、挖土层较厚时，利用已推过的土槽再次推土，可以减少铲刀两侧土的散漏，这样可提高生产率10%～30%。槽深1 m左右为宜，槽间土埂宽约0.5 m。在推出多条槽后，再将土埂推入槽内，然后运出。

此外，对于推运疏松土壤且运距较大时，还应在铲刀两侧装置挡板，以增加铲刀前土的体积，减少土向两侧散失。在土层较硬的情况下，则可在铲刀前面装置活动松土齿，当推土机倒退回程时，即可将土翻松，这样便可减少切土时阻力，从而可提高切土运行速度。

③并列推土（图1.17）。对于大面积的施工区，可用2～3台推土机并列推土。推土时两铲刀相距150～300 mm，这样可以减少土的散失而增大推土量，能提高生产率15%～30%。但平均运距不宜超过50～75 m，亦不宜小于20 m；且推土机数量不宜超过3台，否则倒车不便，行驶不一致，反而影响生产率的提高。

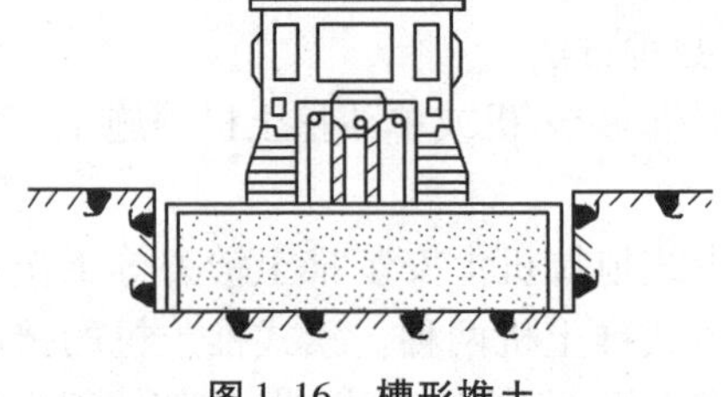

图1.16　槽形推土

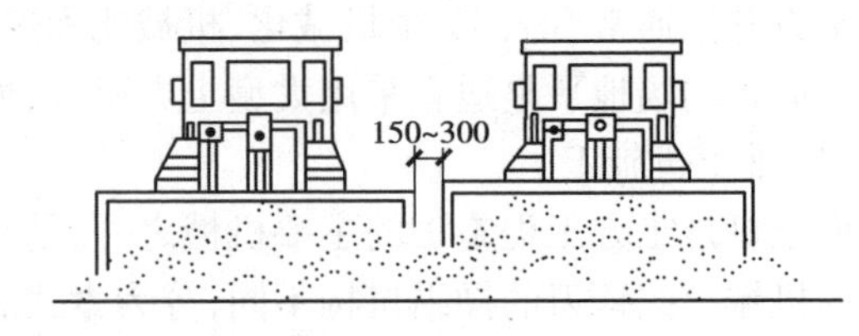

图1.17　并列推土

④分批集中，一次推送。若运距较远而土质又比较坚硬时，由于切土的深度不大，宜采用多次铲土，分批集中，再一次推送的方法，使铲刀前保持满载，以提高生产率。

（2）铲运机施工

铲运机是一种能够独立完成铲土、运土、卸土、填筑、整平的土方机械。按行走机构可分为拖式铲运机(图1.18)和自行式铲运机(图1.19)两种。拖式铲运机由拖拉机牵引,自行式铲运机的行驶和作业都靠本身的动力设备。

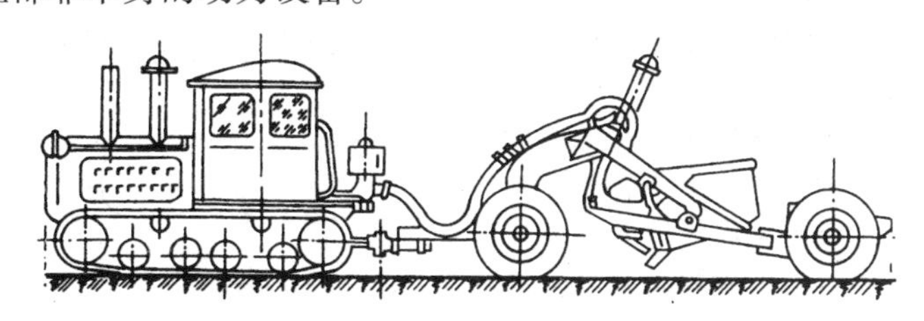

图1.18 拖式铲运机外形图

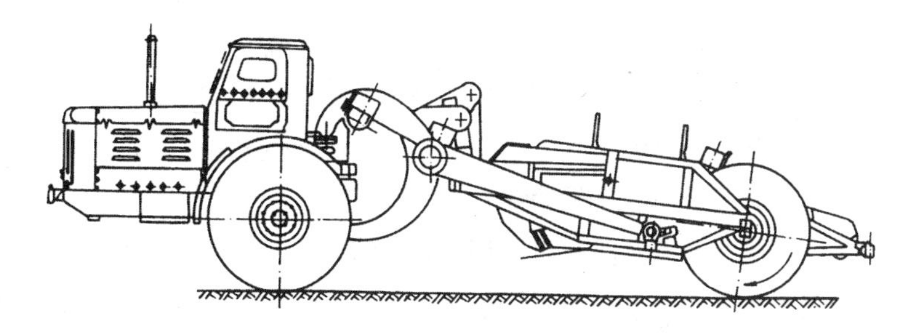

图1.19 自行式铲运机外形图

铲运机的工作装置是铲斗,铲斗前方有一个能开启的斗门,铲斗前设有切土刀片。切土时,铲斗门打开,铲斗下降,刀片切入土中。铲运机前进时,被切入的土挤入铲斗;铲斗装满土后,提起土斗,放下斗门,将土运至卸土地点。

铲运机对行驶的道路要求较低,操纵灵活,生产率较高。铲运机可在一至三类土中直接挖、运土,常用于坡度在20°以内的大面积土方挖、填、平整和压实,大型基坑、沟槽的开挖,路基和堤坝的填筑,不适于砾石层、冻土地带及沼泽地区使用。坚硬土开挖时要用推土机助铲或用松土机配合。

在土方工程中,常使用的铲运机的铲斗容量为2.5~8 m^3。自行式铲运机适用于运距800~3 500 m的大型土方工程施工,以运距在800~1 500 m的生产效率最高;拖式铲运机适用于运距为80~800 m的土方工程施工,而运距在200~350 m时效率最高。如果采用双联铲运或挂大斗铲运时,其运距可增加到1 000 m。运距越长,生产率越低,因此,在规划铲运机的运行路线时,应力求符合经济运距的要求。为提高生产率,一般采用下述方法:

①合理选择铲运机的开行路线。在场地平整施工中,铲运机的开行路线应根据场地挖、填方区分布的具体情况合理选择,这对提高铲运机的生产率有很大关系。铲运机的开行路线,一般有以下几种:

a. 环形路线。当地形起伏不大、施工地段较短时,多采用环形路线,如图1.20(a)、(b)所示。环形路线每一循环只完成一次铲土和卸土,挖土和填土交替;挖填之间距离较短时,则可采用大循环路线[图1.20(c)],一个循环能完成多次铲土和卸土,这样可减少铲运机的转弯次数,提高工作效率。

b. "8"字形路线。施工地段较长或地形起伏较大时,多采用"8"字形开行路线,如图1.20(d)所示。这种开行路线,铲运机在上下坡时是斜向行驶,受地形坡度限制小;一个循环中两次转弯方向不同,可避免机械行驶时的单侧磨损;一个循环完成两次铲土和卸土,减少了转弯次数及空车行驶距离，从而可缩短运行时间，提高生产率。

尚需指出，铲运机应避免在转弯时铲土，否则铲刀受力不均易引起翻车事故。因此，为了充分发挥铲运机的效能，保证能在直线段上铲土并装满土斗，要求铲土区应有足够的最小铲土长度。

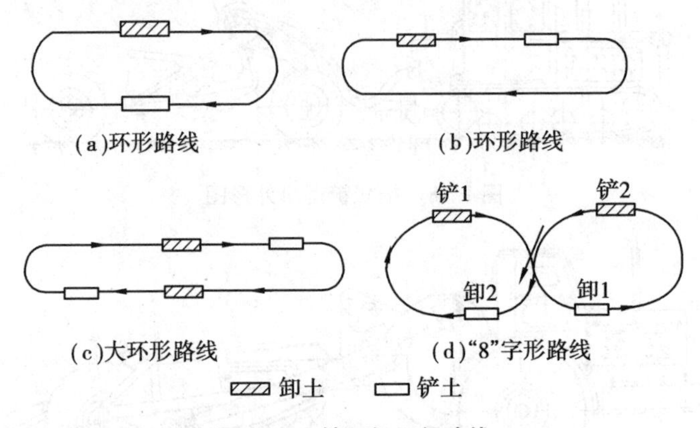

(a)环形路线　(b)环形路线

(c)大环形路线　(d)“8”字形路线

图 1.20　铲运机开行路线

②下坡铲土。铲运机利用地形进行下坡推土，借助铲运机的重力加深铲斗切土深度，缩短铲土时间。但纵坡不得超过 25°，横坡不大于 5°。铲运机不能在陡坡上急转弯，以免翻车。

③跨铲法(图 1.21)。铲运机间隔铲土，预留土埂，这样在间隔铲土时形成一个土槽，可减少向外的撒土量；铲土埂时，铲土阻力减小。一般土埂高不大于 300 mm，宽度不大于拖拉机两履带间净距。

④推土机助铲(图 1.22)。地势平坦、土质较坚硬时，可用推土机在铲运机后面顶推，以加大铲刀切土能力，缩短铲土时间，提高生产率。推土机在助铲的空隙可兼作松土或平整工作，为铲运机创造作业条件。

⑤双联铲运法(图 1.23)。当拖式铲运机的动力有富裕时，可在拖拉机后面串联两个铲斗进行双联铲运。对坚硬土层，可用双联单铲，即一个土斗铲满后，再铲另一斗土；对松软土层，则可用双联双铲，即两个土斗同时铲土。

⑥挂大斗铲运。在土质松软地区，可改挂大型铲土斗，以充分利用拖拉机的牵引力来提高工效。

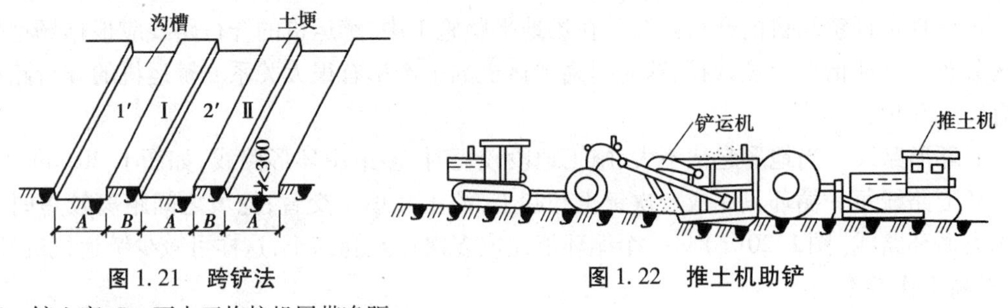

图 1.21　跨铲法

A—铲土宽；*B*—不大于拖拉机履带净距

图 1.22　推土机助铲

(3)单斗挖土机施工

单斗挖土机是基坑(槽)土方开挖常用的一种机械，按其行走装置的不同分为履带式和轮胎式两类。根据工作需要,其工作装置可以更换。依其工作装置的不同,分为正铲、反铲、拉铲和抓铲 4 种,如图 1.24 所示。

图 1.23 双联铲运法

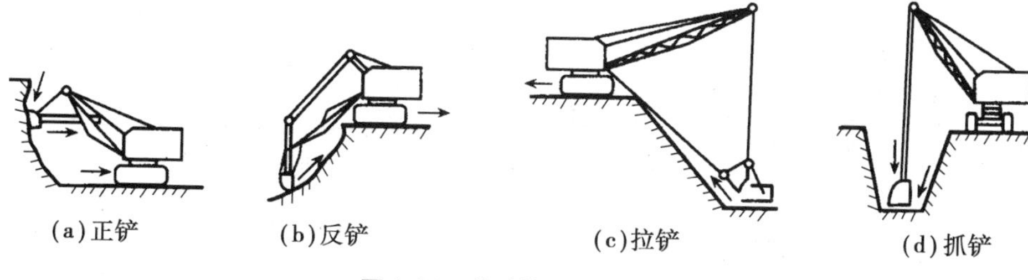

(a)正铲 (b)反铲 (c)拉铲 (d)抓铲

图 1.24 单斗挖土机的类型

①正铲挖土机。正铲挖土机的挖土特点是:前进向上,强制切土。它适用于开挖停机面以上的一至三类土,且需与运土汽车配合完成整个挖运任务,其挖掘力大、生产率高。开挖大型基坑时需设坡道,挖土机在坑内作业,因此适宜在土质较好、无地下水的地区工作。当地下水位较高时,应采取降低地下水位的措施,把基坑土疏干。

根据挖土机的开挖路线与汽车相对位置不同,其卸土方式有侧向卸土和后方卸土两种。

a. 正向挖土,侧向卸土[图 1.25(a)]。即挖土机沿前进方向挖土,运输车辆停在侧面卸土(可停在停机面上或高于停机面)。此法挖土机卸土时动臂转角小,运输车辆行驶方便,故生产效率高,应用较广。

b. 正向挖土,后方卸土[图 1.25(b)]。即挖土机沿前进方向挖土,运输车辆停在挖土机后方装土。此法挖土机卸土时动臂转角大,生产率低,运输车辆要倒车进入。一般在基坑窄而深的情况下采用。

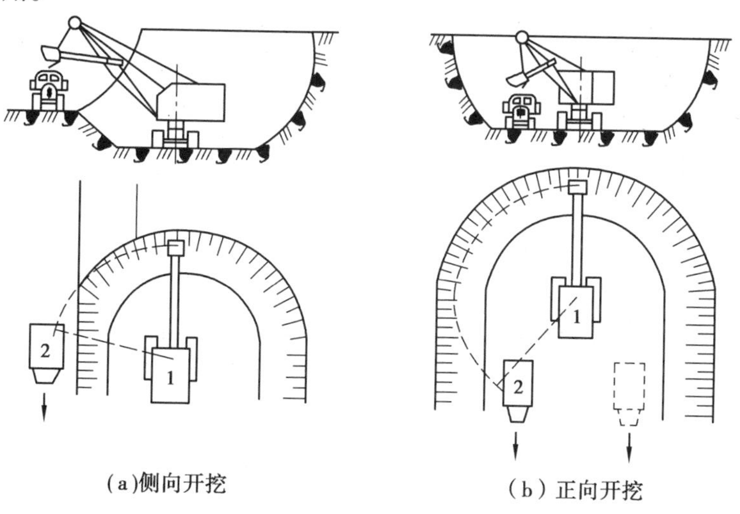

(a)侧向开挖 (b)正向开挖

图 1.25 正铲挖土机开挖方式

1—正铲挖土机;2—自卸汽车

挖土机的工作面是指挖土机在一个停机点进行挖土的工作范围。工作面的形状和尺寸取决于挖土机的性能和卸土方式。根据挖土机作业方式的不同,挖土机的工作面分为侧工作面与正工作面两种。挖土机侧向卸土方式就构成了侧工作面,根据运输车辆与挖土机的停放标高是否相同又分为高卸侧工作面(车辆停放处高于挖土机停机面)及平卸侧工作面(车辆与挖土机在同一标高),高卸、平卸侧工作面的形状及尺寸如图1.26所示。

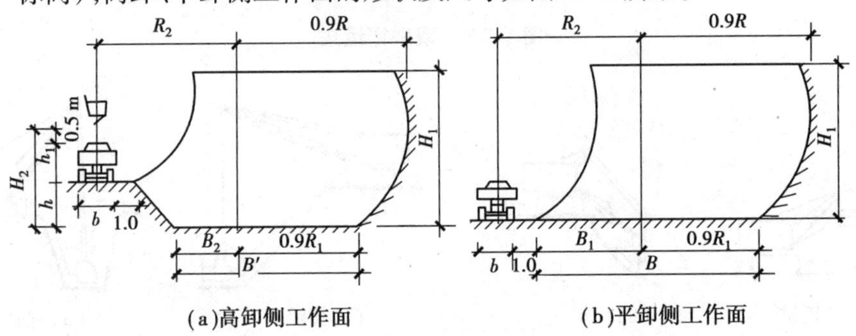

(a)高卸侧工作面　　(b)平卸侧工作面

图1.26　侧工作面尺寸

挖土机后向卸土方式则形成正工作面,正工作面的形状和尺寸是左右对称的,其中右半部与图1.26(b)平卸侧工作面的右半部相同。

在正铲挖土机开挖大面积基坑时,必须对挖土机作业时的开行路线和工作面进行设计,确定出开行次序和次数,称为开行通道。当基坑开挖深度较小时,可布置一层开行通道(图1.27),基坑开挖时,挖土机开行3次。第一次开行采用正向挖土、后方卸土的作业方式,为正工作面;挖土机进入基坑要挖坡道,坡道的坡度为1∶8左右。第二、三次开行时采用侧方卸土的平侧工作面。

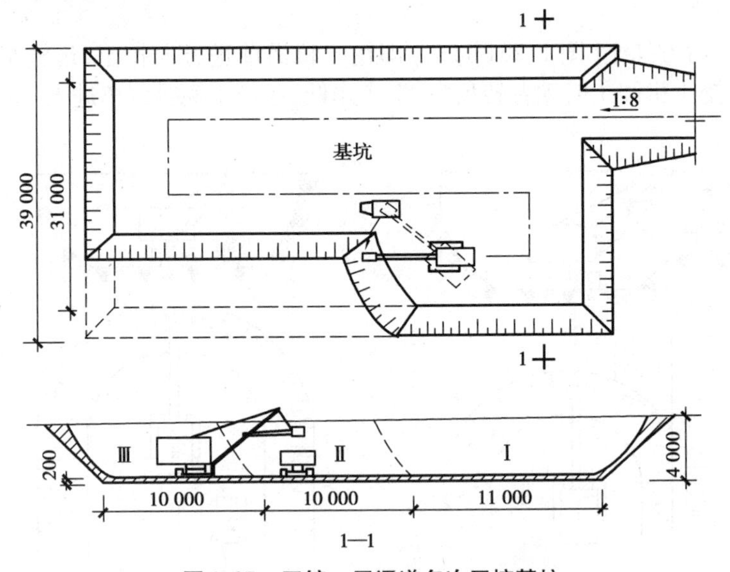

图1.27　正铲一层通道多次开挖基坑

Ⅰ,Ⅱ,Ⅲ—为通道断面及开挖顺序

当基坑宽度稍大于正工作面的宽度时,为了减少挖土机的开行次数,可采用加宽工作面的办法,挖土机按"Z"字形路线开行[图1.28(a)]。当基坑的深度较大时,则开行通道可布置成多层[图 1.28(b)],即为三层通道的布置。

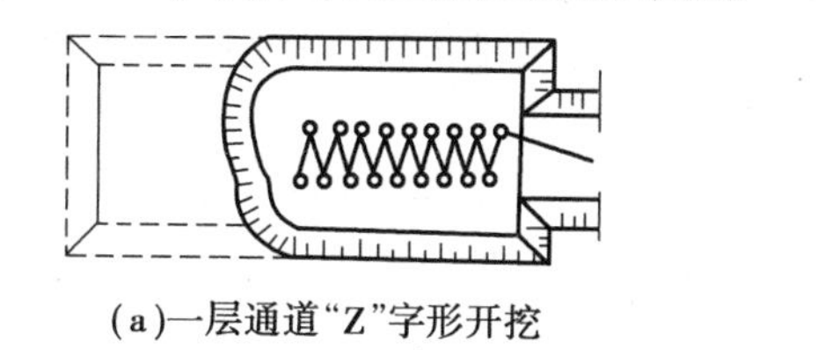

(a)一层通道“Z”字形开挖

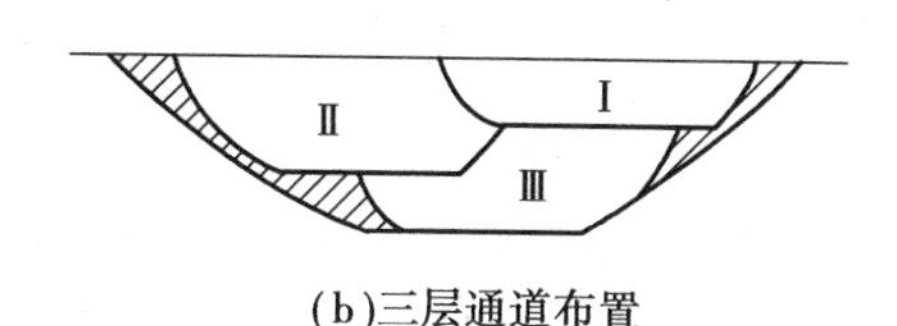

(b)三层通道布置

图 1.28 正铲开挖基坑

②反铲挖土机。反铲挖土机的挖土特点是:后退向下,强制切土。其挖掘力比正铲小,能开挖停机面以下的一至三类土(机械传动反铲只宜挖一至二类土);不需设置进出口通道,适用于一次开挖深度在 4 m 左右的基坑、基槽、管沟,也可用于地下水位较高的土方开挖。在深基坑开挖中,依靠止水挡土结构或井点降水,反铲挖土机通过下坡道,采用台阶式接力方式挖土也是常用方法。反铲挖土机可以与自卸汽车配合,装土运走,也可弃土于坑槽附近。

反铲挖土机的作业方式可分为沟端开挖[图 1.29(a)]和沟侧开挖[图 1.29(b)]两种。

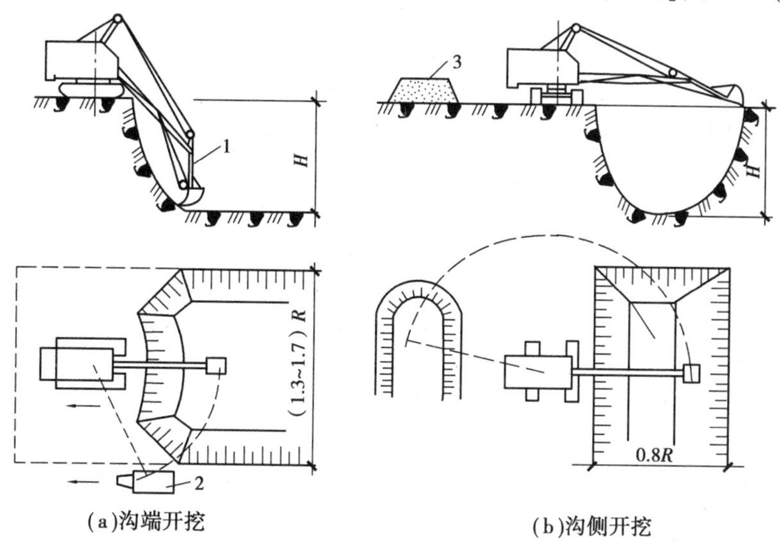

(a)沟端开挖　　(b)沟侧开挖

图 1.29 反铲挖土机开挖方式

1—反铲挖土机;2—自卸汽车;3—弃土堆

a. 沟端开挖:挖土机停在基坑(槽)的端部,向后倒退挖土,汽车停在基槽两侧装土。其优点是挖土机停放平稳,装土或甩土时回转角度小,挖土效率高,挖的深度和宽度也较大。基坑较宽时,可多次开行开挖(图 1.30)。

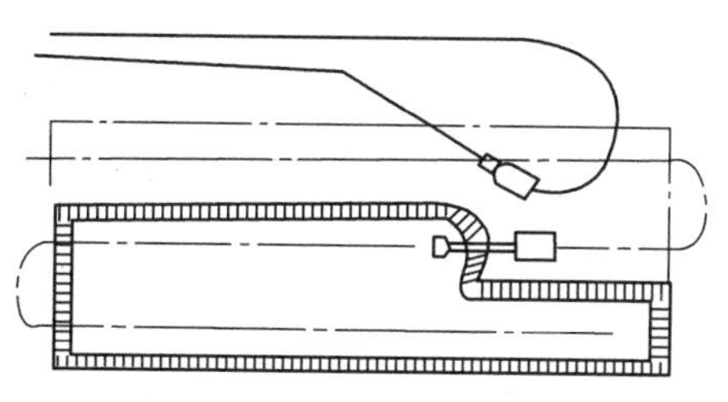

图 1.30 反铲挖土机多次开行挖土

b. 沟侧开挖:挖土机沿基槽的一侧移动挖土,将土弃于距基槽较远处。沟侧开挖时开挖方向与挖土机移动方向相垂直,因此稳定性较差,而且挖的深度和宽度均较小,一般只在无法采用沟端开挖或挖土不需运走时采用。

③拉铲挖土机。拉铲挖土机(图 1.31)的土斗用钢丝绳悬挂在挖土机长臂上,挖土时土斗

在自重作用下落到地面切入土中。其挖土特点是:后退向下,自重切土。其挖土深度和挖土半径均较大,能开挖停机面以下的一至二类土,但不如反铲动作灵活准确。适用于开挖较深较大的基坑(槽)、沟渠,挖取水中泥土以及填筑路基、修筑堤坝等。

履带式拉铲挖土机的挖斗容量有0.35,0.5,1,1.5 m^3 和2 m^3 等几种。拉铲挖土机的开挖方式与反铲挖土机的开挖方式相似,可沟侧开挖,也可沟端开挖。

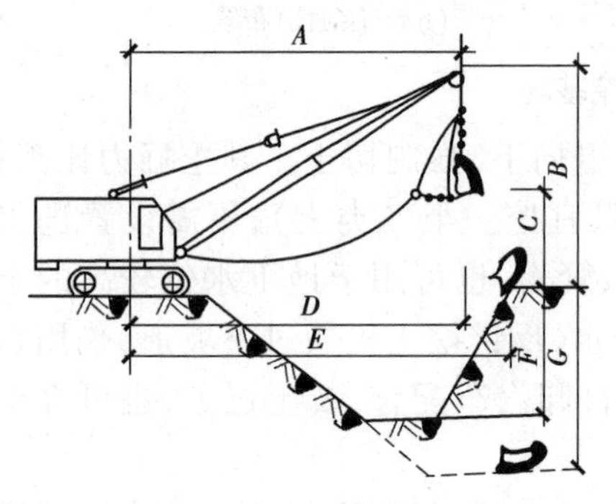

图1.31 履带式拉铲挖土机

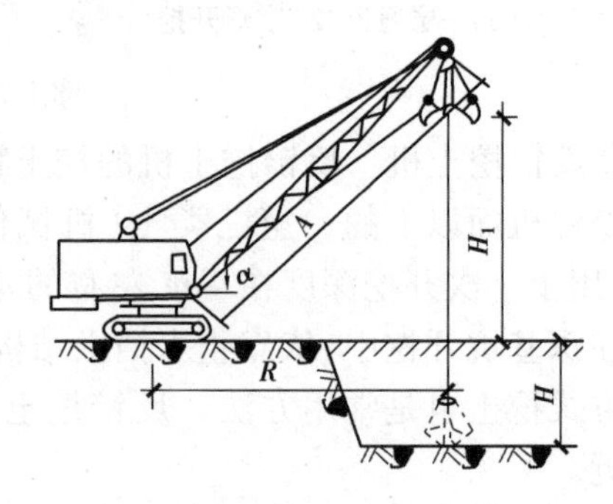

图1.32 履带式抓铲挖土机

④抓铲挖土机。履带式抓铲挖土机(图1.32)是在挖土机臂端用钢丝绳吊装一个抓斗。其挖土特点是:直上直下,自重切土。其挖掘力较小,能开挖停机面以下的一至二类土。其适用于开挖软土地基基坑,特别是窄而深的基坑、深槽、深井;抓铲还可用于疏通旧有渠道以及挖取水中淤泥等,或用于装卸碎石、矿渣等松散材料。抓铲也有采用液压传动操纵抓斗作业,其挖掘力和精度优于机械传动抓铲挖土机。

⑤挖土机和运土车辆配套的选型。基坑开挖采用单斗(反铲等)挖土机施工时,需用运土车辆配合,将挖出的土随时运走。因此,挖土机的生产率不仅取决于其本身的技术性能,还应与所选运土车辆的运土能力相协调。为使挖土机充分发挥生产能力,应配备足够数量的运土车辆,以保证挖土机连续工作。

· 1.3.2 土方开挖 ·

1)定位与放线

土方开挖前,要做好建筑物的定位放线工作。

(1)建筑的定位

建筑物定位是将建筑物外轮廓的轴线交点测定到地面上,用木桩标定出来,桩顶钉上小钉指示点位,这些桩称为角桩,如图1.33所示。然后根据角桩进行细部测设。

为了方便恢复各轴线位置,要把主要轴线延长到安全地点并做好标志,称为控制桩。为便于开槽后在施工各阶段确定轴线位置,应把轴线位置引测到龙门板上,用轴线钉标定。龙门板顶部标高一般定在±0.00 m,主要是便于施工时控制标高。

(2)放线

放线是根据定位确定的轴线位置,用石灰画出开挖的边线。开挖上口尺寸应根据基础的设计尺寸和埋置深度、土壤类别及地下水情况确定,并确定是否留工作面和放坡等。

(3)开挖中的深度控制

基槽(坑)开挖时,严禁扰动基层土层,破坏土层结构,降低承载力。要加强测量,以防超

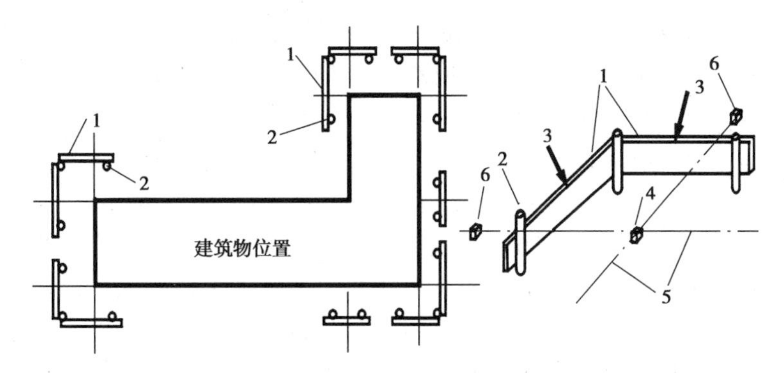

图 1.33 建筑定位

1—龙门板;2—龙门桩;3—轴线钉;4—角桩;5—轴线;6—控制桩

挖。控制方法为:在距设计基底标高 300 ~ 500 mm 时,及时用水准仪抄平,打上水平控制桩,作为挖槽(坑)时控制深度的依据。当开挖不深的基槽(坑)时,可在龙门板顶面拉上线,用尺子直接量开挖深度;当开挖较深的基坑时,用水准仪引测槽(坑)壁水平桩,一般距槽底 300 mm,沿基槽每 3 ~ 4 m 钉设一个。

使用机械挖土时,为防止超挖,可在设计标高以上保留 200 ~ 300 mm 土层不挖,而改用人工挖土。

2)土方开挖

基础土方的开挖方法有人工挖方和机械挖方两种,应根据基础特点、规模、形式、深度以及土质情况和地下水位,结合施工场地条件确定。一般大中型工程基坑土方量大,宜使用土方机械施工,配合少量人工清槽;小型工程基槽窄,土方量小,宜采用人工或人工配合小型挖土机施工。

(1)人工开挖

①在基础土方开挖之前,应检查龙门板、轴线桩有无位移现象,并根据设计图纸校核基础灰线的位置、尺寸、龙门板标高等是否符合要求。

②基础土方开挖应自上而下分步分层下挖,每步开挖深度约 300 mm,每层深度以 600 mm 为宜,按踏步形逐层进行剥土;每层应留足够的工作面,避免相互碰撞出现安全事故;开挖应连续进行,尽快完成。

③挖土过程中,应经常按事先给定的坑槽尺寸进行检查,尺寸不够时对侧壁土及时进行修挖,修挖槽应自上而下进行,严禁从坑壁下部掏挖“神仙土”(即挖空底脚)。

④所挖土方应两侧出土,抛于槽边的土方距离槽边 1 m、堆高 1 m 为宜,以保证边坡稳定,防止因压载过大而产生塌方。除留足所需的回填土外,多余的土应一次运至用土处或弃土场,避免二次搬运。

⑤挖至距槽底约 500 mm 时,应配合测量放线人员抄出距槽底 500 mm 的水平线,并沿槽边每隔 3 ~ 4 m 钉水平标高小木桩,如图 1.34 所示。应随时检查槽底标高,开挖不得低于设计标高。如个别处超挖,应用与基土相同的土料填补,并夯实到要求的密实度。或用

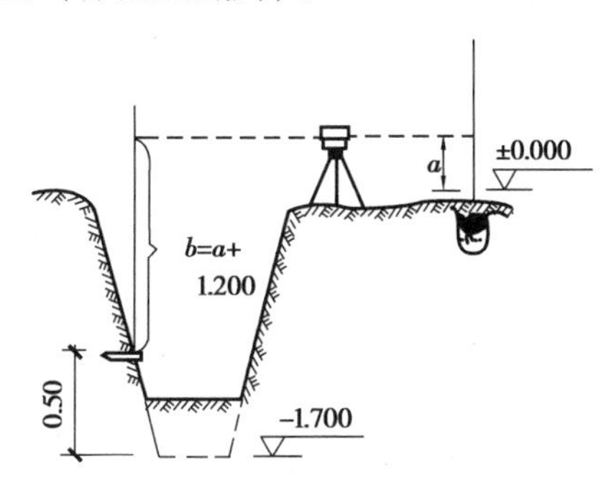

图 1.34 基槽底部抄平示意图

碎石类土填补,并仔细夯实。如在重要部位超挖时,可用低强度等级的混凝土填补。

⑥如开挖后不能立即进行下一工序或在冬、雨期开挖,应在槽底标高以上保留 150 ~ 300 mm 不挖,待下道工序开始前再挖。冬期开挖,每天下班前应挖一步虚土并盖草帘等保温,尤其是挖到槽底标高时,地基土不准受冻。

(2)机械挖方

①点式开挖。厂房的柱基或中小型设备基础坑,因挖土量不大、基坑坡度小,机械只能在地面上作业,一般多采用抓铲挖土机或反铲挖土机。抓铲挖土机能挖一、二类土和较深的基坑;反铲挖土机适于挖四类以下土和深度在 4 m 以内的基坑。

②线式开挖。大型厂房的柱列基础和管沟基槽截面宽度较小,有一定长度,适于机械在地面上作业,一般多采用反铲挖土机。如基槽较浅,又有一定宽度,土质干燥时也可采用推土机直接下到槽中作业,但基槽需有一定长度并设上下坡道。

③面式开挖。有地下室的房屋基础、箱形和筏形基础、设备与柱基础密集,采取整片开挖方式时,除可用推土机、铲运机进行场地平整和开挖表层外,多采用正铲挖土机、反铲挖土机或拉铲挖土机开挖。用正铲挖土机工效高,但需有上下坡道,以便运输工具驶入坑内,还要求土质干燥;反铲和拉铲挖土机可在坑上开挖,运输工具可不驶入坑内,坑内土潮湿也可以作业,但工效比正铲低。

· 1.3.3 土方的填筑与压实 ·

1)土料选择与填筑要求

为了保证填土工程的质量,必须正确选择土料和填筑方法。

对填方土料应按设计要求验收后方可填入。如设计无要求,一般按下述原则进行:碎石类土、砂土(使用细、粉砂时应取得设计单位同意)和爆破石碴可用作表层以下的填料;含水量符合压实要求的黏性土,可用作各层填料;碎块草皮和有机质含量大于 8% 的土,仅用于无压实要求的填方。含大量有机物的土,容易降解变形而降低承载能力;含水溶性硫酸盐大于 5% 的土,在地下水作用下,硫酸盐会逐渐溶解消失,形成孔洞影响密实性,因此这两种土以及淤泥和淤泥质土、冻土、膨胀土等均不应作为填土。

填土应分层进行,并尽量采用同类土填筑。如采用不同土填筑时,应将透水性较大的土层置于透水性较小的土层之下,不能将各种土混杂在一起使用,以免填方内形成水囊。

碎石类土或爆破石碴作填料时,其最大粒径不得超过每层铺土厚度的 2/3,使用振动碾时,不得超过每层铺土厚度的 3/4;铺填时,大块料不应集中,且不得填在分段接头或填方与山坡连接处。

当填方位于倾斜的山坡上时,应将斜坡挖成阶梯状,以防填土横向移动。

回填基坑和管沟时,应从四周或两侧均匀地分层进行,以防基础和管道在土压力作用下产生偏移或变形。

回填以前,应清除填方区的积水和杂物,如遇软土、淤泥,必须进行换土回填。在回填时,应防止地面水流入,并预留一定的下沉高度(一般不得超过填方高度的 3%)。

2)填土压实方法

填土的压实方法一般有碾压、夯实、振动压实以及利用运土工具压实。对于大面积填土工程，多采用碾压和利用运土工具压实；对较小面积的填土工程，则宜用夯实机具进行压实。

(1)碾压法

碾压法是利用机械滚轮的压力压实土壤，使之达到所需的密实度。碾压机械有平碾、羊足碾和气胎碾。

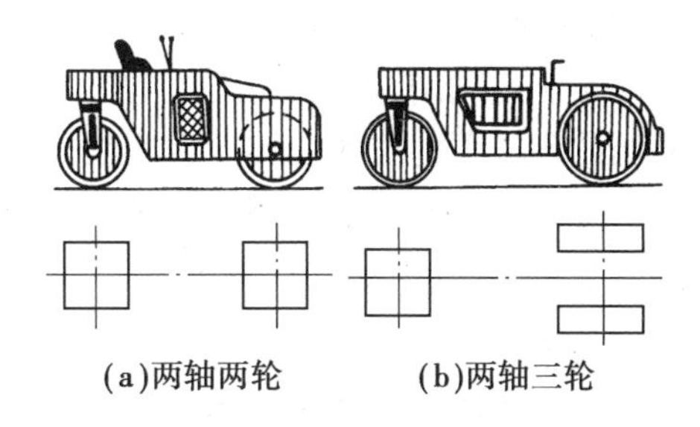

图 1.35　光碾压路机

平碾又称为光碾压路机(图 1.35)，是一种以内燃机为动力的自行式压路机。按重力等级分为轻型(30～50 kN)、中型(60～90 kN)和重型(100～140 kN)3 种，适于压实砂类土和黏性土，适用土类范围较广。轻型平碾压实土层的厚度不大，但土层上部变得较密实，当用轻型平碾初碾后，再用重型平碾碾压松土，就会取得较好效果。如直接用重型平碾碾压松土，则由于强烈的起伏现象，其碾压效果较差。

羊足碾如图 1.36 和图 1.37 所示，一般无动力而靠拖拉机牵引，有单筒和双筒两种。根据碾压要求，又可分为空筒及装砂、注水 3 种。羊足碾虽然与土接触面积小，但单位面积的压力比较大，土的压实效果好。羊足碾只能用来压实黏性土。

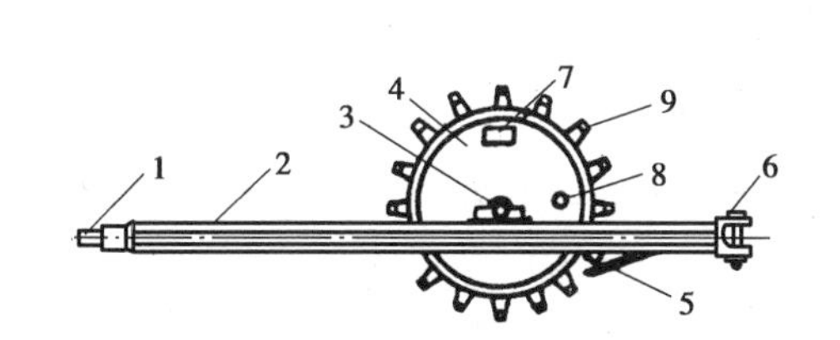

图 1.36　单筒羊足碾构造示意图

1—前拉头；2—机架；3—轴承座；4—碾筒；5—铲刀；6—后拉头；7—装砂口；8—水口；9—羊足头

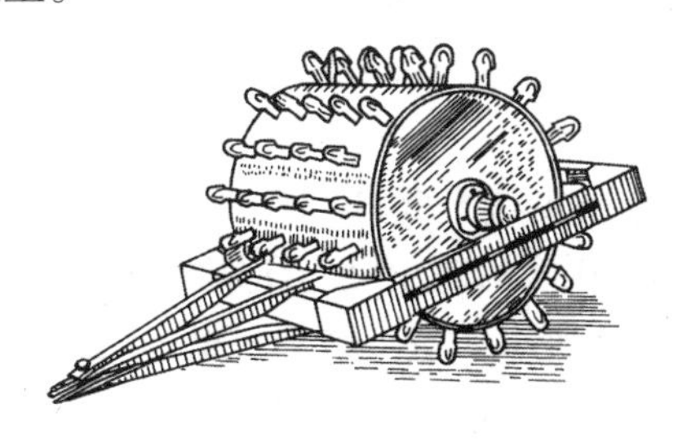
图 1.37　羊足碾

气胎碾又称为轮胎压路机(图 1.38)，它的前后轮分别密排着 4 个、5 个轮胎，既是行驶轮，也是碾压轮。由于轮胎弹性大，在压实过程中，土与轮胎都会发生变形，随着几遍碾压铺土密实度提高，沉陷量逐渐减少，因而轮胎与土的接触面积逐渐缩小，但接触应力则逐渐增大，最后使土料得到压实。由于在工作时是弹性体，其压力均匀，填土质量较好。

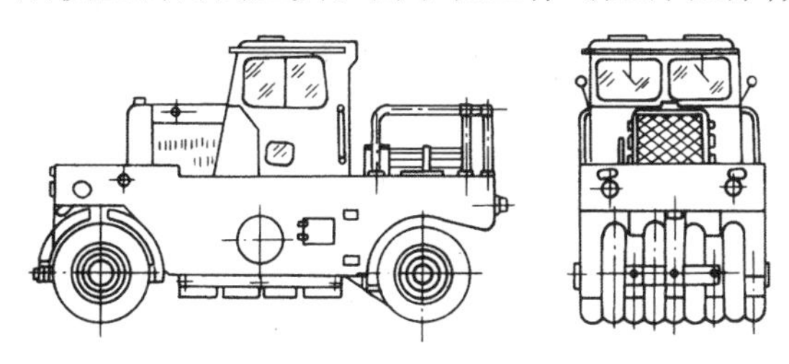
图 1.38　轮胎压路机

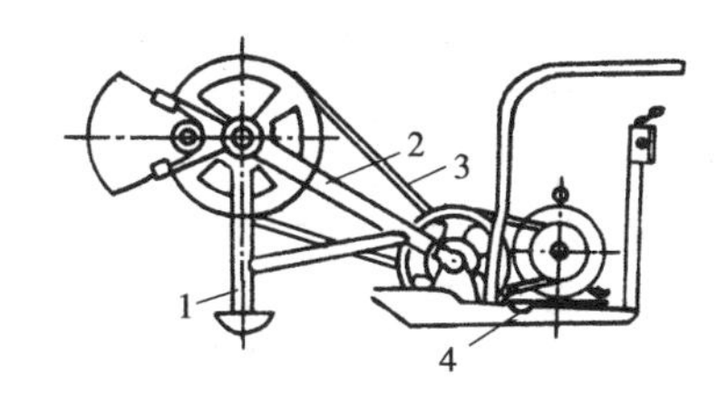

图 1.39　蛙式打夯机

1—夯头；2—夯架；3—三角胶带；4—底盘

碾压法主要用于大面积的填土压实，如场地平整、路基、堤坝等工程。

用碾压法压实填土时，铺土应均匀一致，碾压遍数要一样，碾压方向应从填土区的两边逐渐压向中心，每次碾压应有 150～200 mm 的重叠；碾压机械开行速度不宜过快，一般平碾不应超过 2 km/h，羊足碾控制在 3 km/h 之内，否则会影响压实效果。

(2)夯实法

夯实法是利用夯锤自由下落的冲击力来夯实土壤,主要用于小面积的回填土或作业面受到限制的环境下的土壤压实。夯实法分人工夯实和机械夯实两种。人工夯实所用的工具有木夯、石夯等;常用的夯实机械有夯锤、内燃夯土机、蛙式打夯机和利用挖土机或起重机装上夯板后的夯土机等,其中蛙式打夯机(图 1.39)轻巧灵活、构造简单,在小型土方工程中应用最广。

(3)振动压实法

振动压实法是将振动压实机放在土层表面,借助振动机构使压实机振动土颗粒,使其发生相对位移而达到紧密状态。用这种方法振实非黏性土的效果较好。

目前,将碾压和振动结合起来设计和制造了振动平碾、振动凸块碾等新型压实机械。振动平碾适用于填料为爆破碎石碴、碎石类土、杂填土或轻亚黏土的大型填方;振动凸块碾则适用于亚黏土或黏土的大型填方。当压实爆破石碴或碎石类土时,可选用重 8 ~ 15 t 的振动平碾,铺土厚度为 0.6 ~ 1.5 m,先静压,后振动碾压,碾压遍数由现场试验确定,一般为 6 ~ 8 遍。

3)影响填土压实的主要因素

填土压实量与许多因素有关,其中主要影响因素为:压实功、土的含水量以及每层铺土厚度。

(1)压实功的影响

填土压实后的密度与压实机械在其上所施加的功有一定关系。土的密度与所耗功的关系如图 1.40 所示。当土的含水量一定,在开始压实时,土的密度急剧增加,待接近土的最大密度时,压实功虽然增加许多,但是土的密度则变化甚小。实际施工中,对于砂土只需碾压或夯实 2 ~ 3 遍,对亚砂土只需 3 ~ 4 遍,对亚黏土或黏土只需 5 ~ 6 遍。

(2)含水量的影响

在同一压实功作用下,填土的含水量对压实质量有直接影响。较为干燥的土,由于土颗粒之间的摩阻力较大,因而不易压实。当土具有适当含水量时,水起润滑作用,土颗粒之间的摩阻力减小,从而易压实。土在最佳含水量条件下,使用同样的压实功进行压实,所达到的密度最大,如图 1.41 所示。各种土的最佳含水量和最大干密度可参考表 1.2。

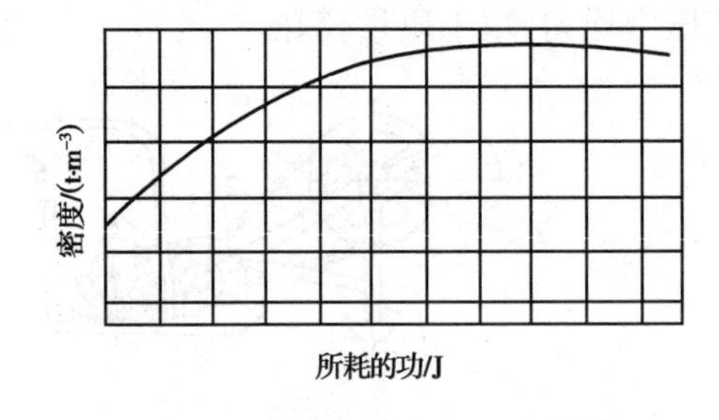

图 1.40 土的密实度与压实功的关系

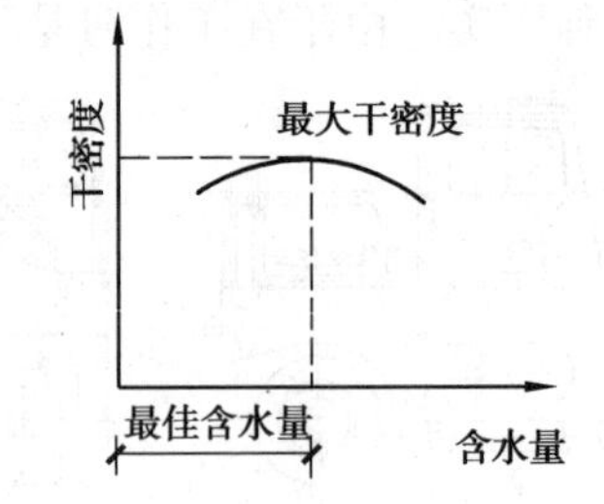

图 1.41 土的密实度与含水量的关系

(3)铺土厚度的影响

土在压实功作用下,其应力随深度增加而逐渐减小,超过一定深度后,则土的压实密度与未压实前相差极小。其影响深度与压实机械、土的性质和含水量等有关。铺土厚度应小于压实机械压土时的影响深度。因此,填土压实时每层铺土厚度的确定应根据所选压实机械和土的性质,在保证压实质量的前提下,使土方压实机械的功耗最小,可按照表 1.7 选用。

表 1.7 填土施工时的分层厚度及压实遍数

压实机具	分层厚度/mm	每层压实遍数
平碾	250 ~ 300	6 ~ 8
振动压实机	250 ~ 350	3 ~ 4
蛙式打夯机	200 ~ 250	3 ~ 4
人工打夯	<200	3 ~ 4

4)填土压实的质量检查

填土压实后必须具有一定的密实度,以避免建筑物的不均匀沉陷。填土密实度以设计规定的控制干密度 ρ_d 或规定的压实系数 λ_c 作为检查标准。

$$\lambda_c = \frac{\rho_d}{\rho_{dmax}} \tag{1.22}$$

式中 λ_c——土的压实系数;

ρ_d——土的实际干密度;

ρ_{dmax}——土的最大干密度。

土的最大干密度 ρ_{dmax} 由实验室击实试验或计算求得,再根据规范规定的压实系数 λ_c,即可算出填土控制干密度 ρ_d 值。填土压实后的实际干密度,应有 90% 以上符合设计要求,其余 10% 的最低值与设计值的差不得大于 0.08 g/cm^3,且应分散,不得集中。检查压实后的实际干密度,通常采用环刀法取样。

1.4 基坑开挖与支护

1)无支护结构基坑放坡开挖工艺

采用放坡开挖时,一般基坑深度较浅,挖土机可以一次开挖至设计标高,因此在地下水位高的地区,软土基坑采用反铲挖土机配合运土汽车在地面作业。如果地下水位较低,坑底坚硬,也可以让运土汽车下坑配合正铲挖土机在坑底作业。当开挖基坑深度超过 4 m 时,若土质较好、地下水位较低、场地允许、有条件放坡时,边坡宜设置阶梯平台,分阶段、分层开挖,每级平台宽度不宜小于 3 m。

在采用放坡开挖时,要求基坑边坡在施工期间保持稳定。基坑边坡坡度应根据土质、基坑深度、开挖方法、留置时间、边坡荷载、排水情况及场地大小确定。放坡开挖应有降低坑内水位和防止坑外水倒灌的措施。若土质较差且基坑施工时间较长,边坡坡面可采用钢丝网喷浆进行护坡,以保持基坑边坡稳定。

基坑边坡坡度用高度 H 与底宽 B 之比表示,即:

$$\text{基坑边坡坡度} = \frac{H}{B} = \frac{1}{B/H} = 1:m \tag{1.23}$$

式中 $m = B/H$——坡度系数。

土方开挖或填筑的边坡可以做成直线形、折线形及阶梯形,如图 1.42 所示。边坡的大小与土质、开挖深度、开挖方法、边坡留置时间的长短、边坡附近的震动和有无荷载、排水情况等有关。土方开挖设置边坡是防止土方坍塌的有效途径，边坡的设置应符合下述要求。

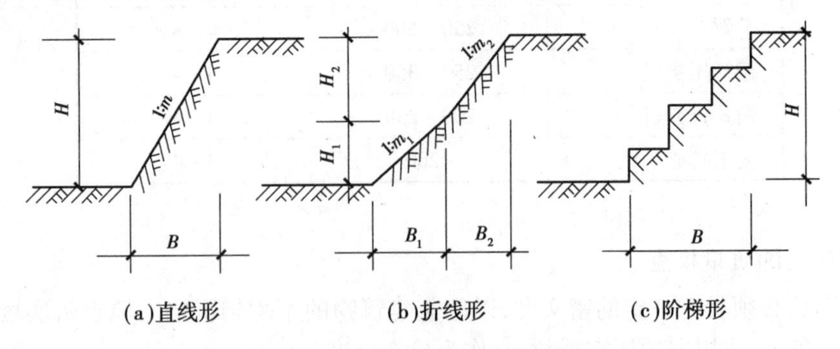

图 1.42　土方开挖或填筑的边坡

当地质条件良好、土质均匀且地下水位低于基坑(槽)或管底面标高时，挖方边坡可做成直立壁不加支撑，但不宜超过下列规定：

①密实、中密的砂土和碎石类土(充填物为砂土)，不超过 1.0 m；

②硬塑、可塑的轻亚黏土及亚黏土，不超过 1.25 m；

③硬塑、可塑的黏土和碎石类土(充填物为黏性土)，不超过 1.5 m；

④坚硬的黏土，不超过 2.0 m。

挖方深度超过上述规定时，应考虑放坡或做直立壁加支撑。当地质条件良好、土质均匀且地下水位低于基坑(槽)或管沟底面标高时，挖方深度在 5 m 以内不加支撑边坡的最陡坡度应符合表 1.8 的规定。

表 1.8　深度在 5 m 以内基坑(槽)、管沟边坡的最陡坡度(不加支撑)

土的类别	边坡坡度(高：宽)		
	坡顶无荷载	坡顶有静载	坡顶有动载
中密的砂土	1：100	1：1.25	1：1.50
中密的碎石类土(填充物为砂土)	1：0.75	1：1.00	1：1.25
硬塑的粉土	1：0.67	1：0.75	1：1.00
中密的碎石类土(填充物为黏性土)	1：0.50	1：0.67	1：0.75
硬塑的粉质黏土、黏土	1：0.33	1：0.50	1：0.67
老黄土	1：0.10	1：0.25	1：0.33
软土(经井点降水后)	1：1.00	—	—

注：静载指堆土或放材料等，动载指机械挖土或汽车运输作业等。静载或动载距挖方边缘的距离应保证边坡和直立壁的稳定，应距挖方边缘 0.8 m 以外，且堆高不超过 1.5 m。

2) 有支护结构的基坑开挖工艺

有支护结构的基坑开挖按其坑壁形式可分为直立壁无支撑开挖、直立壁内支撑开挖和直立壁拉锚(或土钉、土锚杆)开挖，如图 1.43 所示。有支护结构的基坑开挖顺序、方法必须与设计工况相一致，并遵循“开槽支撑，先撑后挖，分层开挖，严禁超挖”和“分层、分段、对称、限时”的原则。

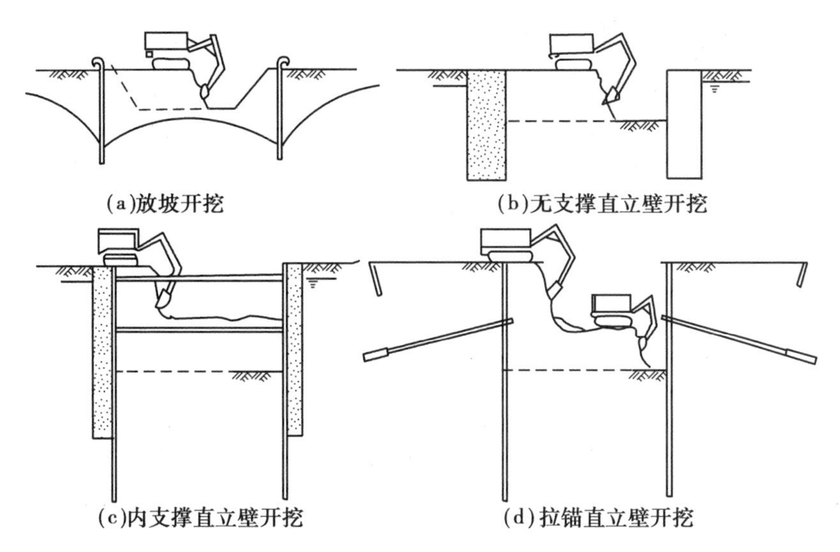

图 1.43 基坑挖土方式

(1)直立壁无支撑开挖工艺

这是一种重力式坝体结构,一般采用水泥土搅拌桩作坝体材料,也可采用粉喷桩等复合桩体作坝体。重力式坝体既挡土又止水,给坑内创造宽敞的施工空间和可降水的施工环境。

基坑深度一般在 5 ~6 m,故可采用反铲挖土机配合运土汽车在地面作业。由于采用止水重力坝,地下水位一般都比较高,因此很少使用正铲下坑挖土作业。

(2)直立壁内支撑开挖工艺

在基坑深度大,地下水位高,周围地质和环境又不允许做拉锚和土钉、土锚杆的情况下,一般采用直立壁内支撑开挖形式。基坑采用内支撑,能有效控制侧壁的位移,具有较高的安全度,但减小了施工机械的作业面,影响挖土机械、运土汽车的效率,增加施工难度。

基坑开挖采用放坡无法保证施工安全或场地无放坡条件时,一般采用支护结构临时支挡,以保证基坑的土壁稳定。基坑支护结构既要确保坑壁稳定、坑底稳定、邻近建筑物与构筑物和管线的安全,又要考虑支护结构施工方便、经济合理、有利于土方开挖和地下工程的建造。

基坑土壁支护主要有横撑式支撑、锚碇式支撑及板桩支护等形式。横撑式土壁支撑根据挡土板的不同,分为水平挡土板和垂直挡土板,前者又分为断续式水平支撑、连续式水平支撑,如图 1.44 所示。对湿度小的黏性土,当挖土深度小于 3 m 时,可用断续式水平支撑;对松散、湿度大的土可用连续式水平支撑,挖土深度可达 5 m;对松散和湿度很高的土,可用垂直挡土板支撑。

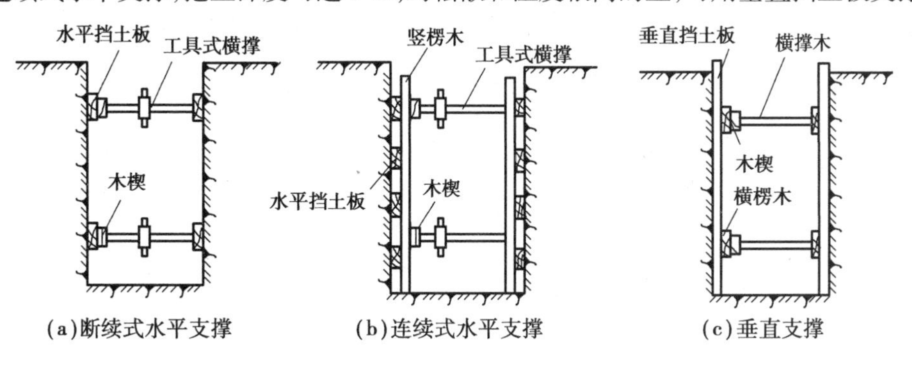

图 1.44 横撑式支撑

(3)直立壁拉锚(或土钉、土锚杆)开挖工艺

当周围的环境和地质允许进行拉锚或采用土钉和土锚杆时,应选用此方式,因为直立壁拉锚开挖使坑内的施工空间宽敞,挖土机械效率较高。在土方施工中,需进行分层、分区段开挖,穿插进行土钉(或土锚杆)施工。土方分层、分区段开挖的范围应和土钉(或土锚杆)的设置位置一致,满足土钉(土锚杆)施工机械的要求,同时也要满足土体稳定性的要求。

1.5 施工排水与降水

在基坑开挖前,应做好地面排水和降低地下水位工作。开挖基坑或沟槽时,土的含水层被切断,地下水会不断地渗入基坑。雨季施工时,地面水也会流入基坑。为了保证施工的正常进行,防止边坡塌方和地基承载力下降,在基坑开挖前和开挖时必须做好排水降水工作。基坑排水降水方法,可分为明排水和井点降水法。

· 1.5.1 明排水法 ·

明排水法(集水井降水法)是采用截、疏、抽的方法来进行排水。即在开挖基坑时,沿坑底周围或中央开挖排水沟,再在沟底设置集水井,使基坑内的水经排水沟流向集水井内,然后用水泵抽出坑外,如图1.45所示。如果基坑较深,可采用分层明沟排水法(图1.46),一层一层地加深排水沟和集水井,逐步达到设计要求的基坑断面和坑底标高。

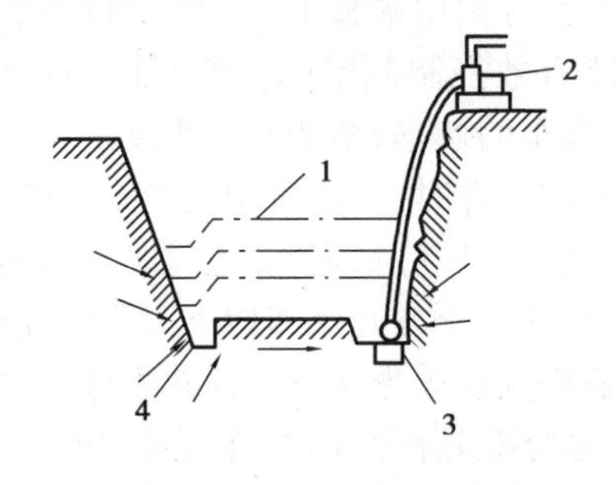

图1.45 集水井降水法

1—基坑;2—水泵;3—集水井;4—排水沟

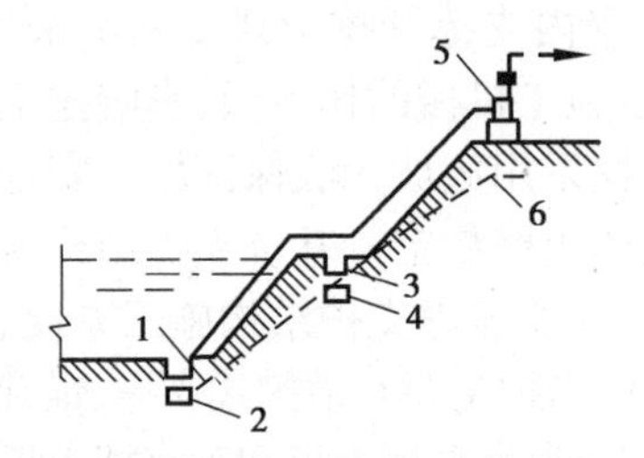

图1.46 分层明沟排水法

1—底层排水沟;2—底层集水井;3—二层排水沟;4—二层集水井;5—水泵;6—水位降低线

为防止基底上的土颗粒随水流失而使土结构受到破坏,集水井应设置于基础范围之外,地下水走向的上游。根据地下水量、基坑平面形状及水泵的抽水能力,每隔20~40 m设置一个集水井。集水井的直径或宽度一般为0.6~0.8 m,其深度随挖土的加深而加深,并保持低于挖土面0.7~1.0 m。井壁可用竹、木等材料简易加固。当基坑挖至设计标高后,井底应低于坑底1.0~2.0 m,并铺设碎石滤水层(0.3 m厚)或下部砾石(0.1 m厚)上部粗砂(0.1 m厚)的双层滤水层,以免由于抽水时间较长而将泥沙抽出,并防止井底的土被扰动。

明排水法设备少,施工简单,应用广泛。但是当基坑开挖深度大,地下水的动水压力和土的组成可能引起流砂、管涌、坑底隆起和边坡失稳时,则宜采用井点降水法。

· 1.5.2 地下水控制 ·

依据场地的水文地质条件、基础规模、开挖深度、各土层的渗透性能等，可选择集水明排、降水以及回灌等方法单独或组合使用。常用地下水控制方法及适用条件宜符合表 1.9 的规定。

表 1.9 常用地下水控制方法及适用条件

<table>
<tr><th colspan="2">方法名称</th><th>土 类</th><th>渗透系数/(cm · s^{-1})</th><th>降水深度(地面以下)/m</th><th>水文地质特征</th></tr>
<tr><td colspan="2">集水明排</td><td rowspan="6">填土、黏性土、粉土、砂土</td><td rowspan="3">$1\times10^{-7}\sim2\times10^{-4}$</td><td>≤3</td><td rowspan="6">上层滞水或潜水</td></tr>
<tr><td rowspan="6">降水</td><td>轻型井点</td><td>≤6</td></tr>
<tr><td>多级轻型井点</td><td>6 ~ 10</td></tr>
<tr><td>喷射井点</td><td>$1\times10^{-7}\sim2\times10^{-4}$</td><td>8 ~ 20</td></tr>
<tr><td>电渗井点</td><td>$<1\times10^{-7}$</td><td>6 ~ 10</td></tr>
<tr><td>真空降水管井</td><td>$>1\times10^{-5}$</td><td>>6</td></tr>
<tr><td>降水管井</td><td>黏性土、粉土、砂土、碎石土、黄土</td><td>$>1\times10^{-5}$</td><td>>6</td><td>含水丰富的潜水、承压水和裂隙水</td></tr>
<tr><td colspan="2">回灌</td><td>填土、粉土、砂土、碎石土、黄土</td><td>$>1\times10^{-5}$</td><td>不限</td><td>不限</td></tr>
</table>

1)井点降水

井点降水，就是在基坑开挖前，预先在基坑四周埋设一定数量的滤水管(井)，利用抽水设备从中抽水，使地下水位降落到坑底以下，直至施工结束为止。这样，可使所挖的土始终保持干燥状态，改善施工条件，同时还使动力水压力方向向下，从根本上防止流砂发生，并增加土中有效应力，提高土的强度或密实度。因此，井点降水法不仅是一种施工措施，也是一种地基加固方法，采用井点降水法降低地下水位可适当改陡边坡以减少挖土数量，但在降水过程中，基坑附近的地基土壤会有一定沉降，施工时应加以注意。

井点降水法有轻型井点、电渗井点、喷射井点、降水管井、真空降水管井，应根据基坑开挖深度、拟建场地的水文地质条件、设计要求等，在现场进行抽水试验确定降水参数，并制订合理的降水方案，各类降水井的布置要求宜符合表 1.10 的规定。

表 1.10 各类降水井的布置要求

降水井类型	降水深度(地面以下)/m	降水布置要求
轻型井点	≤6	井点管排距不宜大于 20 m，滤管顶端宜位于坑底以下 1 ~ 2 m。井管内真空度不应小于 65 kPa

续表

降水井类型	降水深度（地面以下）/m	降水布置要求
电渗井点	6 ~ 10	利用喷射井点或轻型井点设置，配合采用电渗法降水。较适用于黏性土，采用前，应进行降水试验确定参数
多级轻型井点	6 ~ 10	井点管排距不宜大于 20 m，滤管顶端宜位于坡底和坑底以下 1 ~ 2 m。井管内真空度不应小于 65 kPa
喷射井点	8 ~ 20	井点管排距不宜大于 40 m，井点深度与井点管排距有关，应比基坑设计开挖深度大 3 ~ 5 m
降水管井	>6	井管轴心间距不宜大于 25 m，成孔直径不宜小于 600 mm，坑底以下的滤管长度不宜小于 5 m，井底沉淀管长度不宜小于 1 m
真空降水管井		利用降水管井采用真空降水，井管内真空度不应小于 65 kPa

轻型井点降低地下水位，是沿基坑周围以一定的间距埋入井点管（下端为滤管）至蓄水层，在地面上用集水总管将各井点管连接起来，并在一定位置设置抽水设备，利用真空泵和离心泵的真空吸力作用，使地下水经滤管进入井管，然后经总管排出，从而降低地下水位。

轻型井点设备由管路系统和抽水设备组成，如图 1.47 所示。管路系统由滤管、井点管、弯联管及总管等组成。滤管（图 1.48）是长 1.0 ~ 1.2 m、外径为 38 ~ 51 mm 的无缝钢管，管壁上钻有直径为 12 ~ 19 mm 的星棋状排列的滤孔，滤孔面积为滤管表面积的 20% ~ 25%。滤管外面包括两层孔径不同的滤网。内层为细滤网，采用 30 ~ 40 眼/cm^2 的铜丝布或尼龙丝布；外层为粗滤网，采用 5 ~ 10 眼/cm^2 的塑料纱布。为使流水畅通，管壁与滤网之间用塑料管或铁丝绕成螺旋形隔开，滤管外面再绕一层粗铁丝保护，滤管下端为一铸铁头。

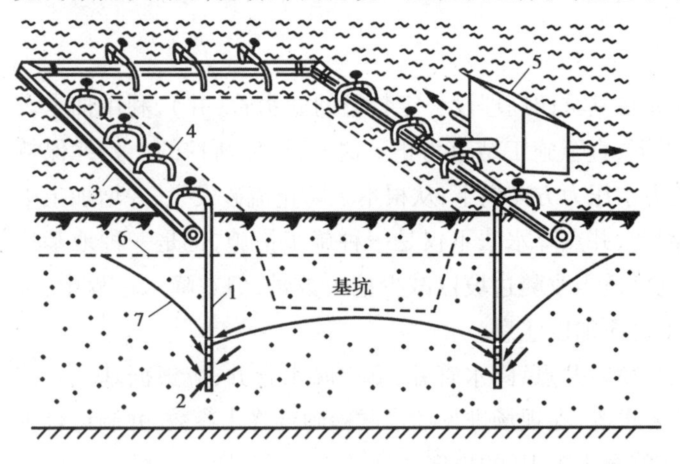

图 1.47　轻型井点降低地下水位图

1—井点管；2—滤管；3—总管；4—弯联管；5—水泵房；6—原有地下水位线；7—降低后地下水位线

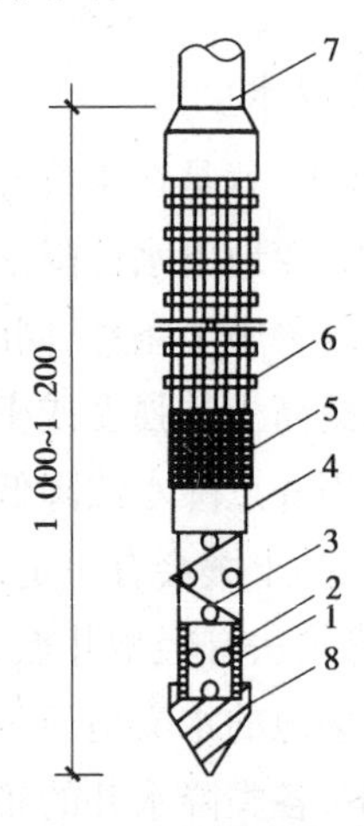

图 1.48　滤管构造

1—滤管；2—管壁上的小孔；3—缠绕的塑料管；4—细滤网；5—粗滤网；6—粗铁丝保护网；7—井点管；8—铸铁头

井点管用直径38～55 mm、长6～9 m的无缝钢管或焊接钢管制成，下接滤管，上端通过弯联管与总管相连。弯联管一般采用橡胶软管或透明塑料管，后者可以随时观察井点管出水情况。井点管水平间距宜为0.8～1.6 m(可根据不同土质和预降水时间确定)。

集水总管为直径100～127 mm的无缝钢管，每节长4 m，各节间用橡皮套管连接，并用钢箍箍紧，防止漏水。总管上装有与井点管连接的短接头，间距为0.8 m或1.2 m。

抽水设备由真空泵、离心泵和水气分离器(又称为集水箱)等组成。

2)**截水**

由于井点降水会引起周围地层的不均匀沉降，但在高水位地区开挖深基坑必须采用降水措施以保证地下工程的顺利进展，因此，一方面要保证基坑工程的施工，另一方面又要防范对周围环境引起的不利影响。施工时一方面设置地下水位观测孔，并对临近建筑、管线进行监测，在降水系统运转过程中随时检查观测孔中的水位，发现沉降量达到报警值时应及时采取措施。同时如果施工区周围有湖、河等贮水体时，应在井点和贮水体之间设置止水帷幕，以防抽水造成与贮水体穿通，引起大量涌水，甚至带出土颗粒，产生流砂现象。在建筑物和地下管线密集区等对地面沉降控制有严格要求的地区开挖深基坑，应尽可能采取止水帷幕，并进行坑内降水的方法，一方面可疏干坑内地下水，以利开挖施工；另一方面可利用止水帷幕切断坑外地下水的涌入，大大减小对周围环境的影响。

止水帷幕的厚度应满足基坑防渗要求，当地下含水层渗透性较强、厚度较大时，可采用悬挂式竖向截水与坑内井点降水相结合，或采用悬挂式竖向截水与水平封底相结合的方案。

3)**回灌**

场地外缘设置回灌系统也是减小降水对周围环境影响的有效方法。回灌系统包括回灌井点和砂沟、砂井回灌两种形式。回灌井点是在抽水井点设置线外4～5 m处，以间距3～5 m插入注水管，将井点中抽取的水经过沉淀后用压力注入管内，形成一道水墙，以防止土体过量脱水，而基坑内仍可保持干燥。这种情况下抽水管的抽水量约增加10%，则可适当增加抽水井点的数量。回灌可采用井点、砂井、砂沟等。

1.6 基坑验槽

基坑(槽)开挖完毕后，应由施工单位、勘察单位、设计单位、监理单位、建设单位及质检监督部门等有关人员共同进行质量检验。

①表面检查验槽。根据槽壁土层分布，判断基底是否已挖至设计要求的土层，观察槽底土的颜色是否均匀一致，是否有软硬不同，是否有杂质、瓦砾及古井、枯井等。

②钎探检查验槽。用锤将钢钎打入槽底土层内，根据每打入一定深度的锤击次数来判断地基土质情况，此法主要适用于砂土及一般黏性土。

本章小结

本章主要学习了岩土的工程分类及工程性质、土方工程量计算及场地土方调配、土方工程施工方法、基坑开挖与支护、施工排水与降水等。通过学习，应达到以下要求：

(1)熟悉岩土的工程分类及工程性质；

(2)掌握土方工程量计算及场地土方调配方法；

(3)掌握土方工程施工方法；

(4)熟悉基坑开挖与支护方法；

(5)熟悉施工排水与降水方法。

思考题与习题

1.1 土的工程分类是按什么划分的？

1.2 试述土的基本性质及其对土方施工的影响。

1.3 试述场地平整土方量计算的步骤和方法。

1.4 什么是明排水法？有何特点？

1.5 试分析土壁塌方的预防措施。

1.6 人工开挖基坑时，应注意哪些事项？

1.7 填土压实有哪些方法？影响填土压实的主要因素有哪些？

1.8 某基础的底面尺寸为42.9 m×13.2 m，深度为H=3.6 m，基坑坡度系数m=0.5，最初可松性系数K_s=1.25，最后可松性系数K'_s=1.04。基础附近有一个废弃的大坑（体积为905 m^3）。如果用基坑挖出的土填入大坑并进行夯实，问基坑挖出的土能否填满大坑？若有余土，则外运土量是多少？

1.9 某施工场地方格网及角点自然标高如题图1.9所示，方格网边长a=30 m，设计要求泄水坡度沿长度方向为2‰，沿宽度方向为1‰。试确定场地设计标高（不考虑土的可松性影响），并计算挖填土方量。

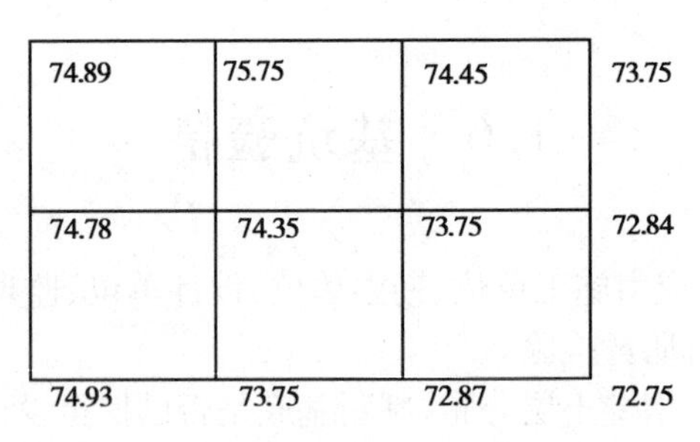

题1.9图

2 地基处理与基础工程施工工艺

2.1 地基处理

· *2.1.1 地基处理的方法* ·

在建筑工程中遇到工程结构的荷载较大，地基土质又较软弱（强度不足或压缩性大），不能作为天然地基时，可针对不同情况，采取各种人工加固处理的方法，以改善地基性质、提高承载力、增加稳定性、减少地基变形和基础埋置深度。

地基处理的原理是："将土质由松变实"，"将土的含水量由高变低"，即可达到地基加固的目的。表2.1是按照地基原理进行分类的，在选择地基处理方案时，应考虑上部结构、基础和地基的共同作用，并经过技术经济比较，选用地基处理方案或加强上部结构和处理地基相结合的方案。

表2.1 地基处理方法分类

编号	分　类	处理方法	原理及作用	适用范围
1	碾压及夯实	重锤夯实，机械碾压，振动压实，强夯（动力固结）	利用压实原理，通过机械碾压夯击，把地基土压实，强夯则利用强大的夯击能，在地基中产生强烈的冲击波和动应力，迫使土动力固结密实	适用于碎石土、砂土、粉土、低饱和度的黏性土、杂填土等，对饱和黏性土应慎重采用
2	换土垫层	砂石垫层，素土垫层，灰土垫层，矿渣垫层	以砂石、素土、灰土和矿渣等强度较高的材料置换地基表层软弱土，提高持力层的承载力，扩散应力，减少沉降量	适用于处理暗沟、暗塘等软弱土地基
3	排水固结	天然地基预压，砂井预压，塑料排水带预压，真空预压，降水预压	在地基中增设竖向排水体，加速地基的固结和强度增长，提高地基的稳定性，加速沉降发展，使基础沉降提前完成	适用于处理饱和软弱土层，对于渗透性极低的泥炭土，必须慎重对待

续表

编号	分 类	处理方法	原理及作用	适用范围
4	振密挤密	振冲挤密,灰土挤密桩,砂桩,石灰桩,爆破挤密	采用一定的技术措施,通过振动或挤密,使土体的孔隙减少,强度提高,必要时,在振动挤密的过程中,回填砂、砾石、灰土、素土等,与地基土组成复合地基,从而提高地基的承载力,减少沉降量	适用于处理松砂、粉土、杂填土及湿陷性黄土
5	置换及拌入	振冲置换,深层搅拌,高压喷射注浆,石灰桩等	采用专门的技术措施,以砂、碎石等置换软弱土地基中部分软弱土,或在部分软弱土地基中掺入水泥、石灰或砂浆等形成加固体,与未处理部分土组成复合地基,从而提高地基承载力,减少沉降量	黏性土、冲填土、粉砂、细砂等。振冲置换法对于不排水抗剪强度小于 20 kPa 时慎用
6	加 筋	土工合成材料加筋,锚固,树根桩,加筋土	在地基或土体中埋设强度较大的土工合成材料、钢片等加筋材料,使地基或土体能承受抗拉力,防止断裂,保持整体性,提高刚度,改变地基土体的应力场和应变场,从而提高地基的承载力,改善变形特性	软弱土地基,填土及陡坡填土、砂土
7	其他	灌浆,冻结,托换技术,纠偏技术	通过独特的技术措施处理软弱土地基	根据实际情况确定

· 2.1.2 换土垫层法施工 ·

换土垫层法也称换填法,它是将基础底面以下处理范围内的软弱土层部分或全部挖去,然后分层换填密度大、强度高、水稳定性好的砂、碎石或灰土等材料及其他性能稳定和无侵蚀性的材料,并碾压、夯实或振实至要求的密实度为止。目前常用的垫层施工方法,主要有机械碾压法、重锤夯实法和振动压实(平板压实)法。

1)机械碾压法

机械碾压法是采用压路机、推土机、羊足碾或其他压实机械来压实地基土。施工时先将拟建建筑物范围一定深度内的软弱土挖去,然后在基坑底部碾压,再将砂石、素土或灰土等垫层材料分层铺垫在基坑内,逐层压实。

2)重锤夯实法

重锤夯实法是用起重机械将夯锤提升到一定高度,然后自由落锤,不断重复夯击以加固地基。重锤夯实法一般适用于地下水位距地表 0.8 m 以上,有效夯实深度内土的饱和度小于并接近 0.6 时。当夯击振动对邻近建筑物或设备产生有害影响时,不得采用重锤夯实。

采用重锤夯实法施工时，应控制土的最优含水量，使土粒间有适当的水分滑润，夯击时易于互相滑动挤压密实。同时应防止土的含水量过大，避免夯击成“橡皮土”。

3）振动压实法

振动压实法是利用振动压实机（图2.1）来压实非黏性土或黏粒含量少、透水性较好的松散杂填土地基的方法。

振动压实的效果与填土成分、振动时间等因素有关。振动时间越长，效果越好，但振动超过一定时间后，振动引起的下沉基本稳定，再继续振动也不能进一步压实。因此，施工前应进行试振，确定振动时间。振动压实施工时，先振基槽两边，后振中间，其振实的标准是以振动机原地振实不再继续下沉为合格，并辅以轻便触探试验检验其均匀性及影响深度。

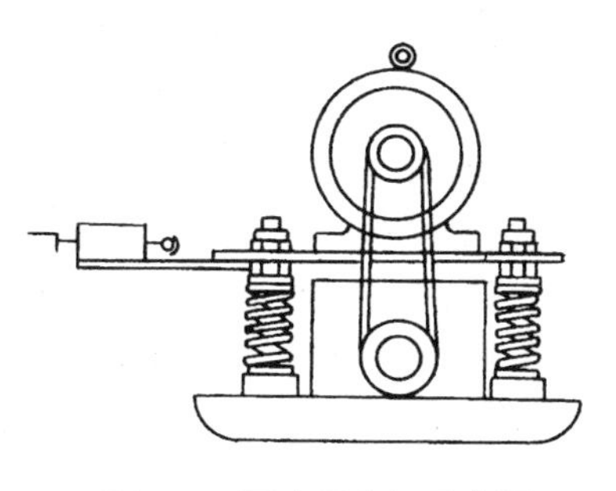

图2.1　振动压实机示意图

· 2.1.3　振冲地基施工 ·

振冲地基又称为振冲桩复合地基，即利用起重机吊起振冲器，启动潜水电机带动偏心块，使振动器产生高频振动，同时启动水泵，通过喷嘴喷射出高压水流，在边振边冲的共同作用下将振动器沉到土中的预定深度；经清孔后，向孔内逐段填入碎石，或不加填料，使其在振动作用下被挤密实，达到要求的密实度后即可提升振动器；如此重复填料和振密，直至地面，在地基中形成一个大直径的密实桩体与原地基构成复合地基，从而提高地基的承载力，减少地基沉降的加固方法。振冲地基是一种快速、经济、有效的加固方法。

振冲地基按加固机理和效果的不同，分为振冲置换法和振冲密实法两类。

1）振冲置换法

振冲置换法是在地基土中借振冲器成孔，振密填料置换，制成以碎石、砂砾等散粒材料组成的桩体，与原地基土一起构成复合地基，使地基承载力提高，沉降减少，故又称为振冲置换碎石桩法。

振冲置换法适用于处理不排水抗剪强度不小于20 kPa的黏性土、粉土、饱和黄土和人工填土等地基。振冲置换法加固地基的深度一般为14 m，最大达18 m，置换率一般为10%～30%，每米桩的填料量为0.3～0.7 m^3，直径为0.7～1.2 m。

振冲置换法施工工艺如图2.2所示，可按下列步骤进行：

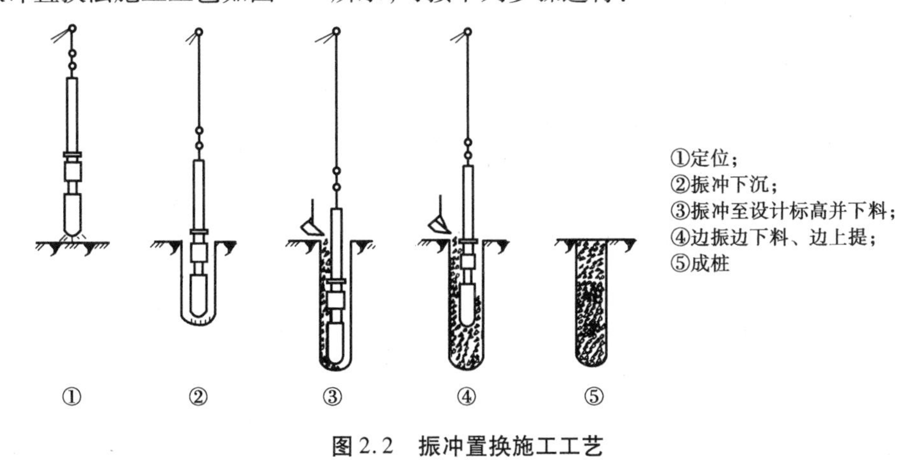

图2.2　振冲置换施工工艺

①清理平整施工场地，布置桩位。

②施工机具就位，使振冲器对准桩位。

③启动水泵和振冲器，使振冲器徐徐沉入土中，直至达到设计处理深度以上0.3～0.5 m，记录振冲器经各深度的电流值和时间，提升振冲器至孔口。

④重复上一步骤1或2次，使孔内泥浆变稀，然后将振冲器提出孔口。

⑤向孔内倒入一批填料，将振冲器沉入填料中进行振密，此时电流随填料的密实而逐渐增大。电流必须超过规定的密实电流，若达不到规定值，应向孔内继续加填料振密，记录这一深度的最终电流量和填料量。

⑥将振冲器提出孔口，继续制作上部的桩段。

⑦重复步骤⑤、⑥，自下而上地制作桩体，直至孔口。

⑧关闭振冲器和水泵。

振冲置换法成孔顺序一般有围幕法、排孔法、跳打法等，如图2.3所示。

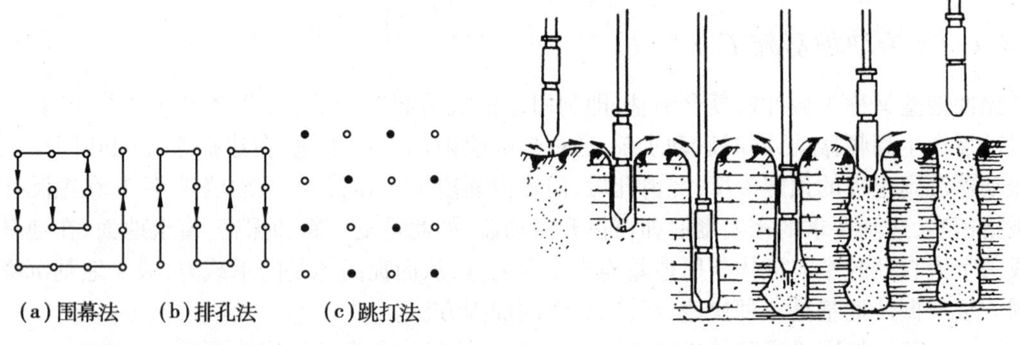

图2.3　振冲置换法成孔顺序

图2.4　振冲密实法施工工艺

2)振冲密实法

振冲密实法是利用振动和压力水使砂层液化，砂颗粒相互挤密，重新排列，孔隙减少，从而提高地基承载力和抗液化能力，故又称为振冲挤密砂桩法。振冲密实法适用于处理砂土和粉土等地基，不加填料的振冲密实法仅适用于处理黏土粒含量小于10%的粗砂、中砂地基。

加填料的振冲密实法施工可按下列步骤进行：

①清理平整场地，布置振冲点。

②施工机具就位，在振冲点上安放钢护筒，使振冲器对准护筒的轴心。

③启动水泵和振冲器，使振冲器徐徐沉入砂层。

④振冲器达设计处理深度后，将水压和水量降至孔口有一定量回水，但无大量细颗粒带出的程度，将填料堆于护筒周围。

⑤填料在振冲器振动下依靠自重沿护筒周壁下沉至孔底，在电流升高到规定的控制值后，将振冲器上提0.3～0.5 m。

⑥重复上一步骤，直至完成全孔处理，详细记录各深度的最终电流值、填料量等。

⑦关闭振冲器和水泵。

不加填料的振冲密实施工方法与加填料的大体相同。使振冲器沉至设计处理深度，留振至电流稳定地大于规定值后，将振冲器上提0.3～0.5 m。如此重复进行，直至完成全孔处理。在中粗砂层中施工时，如遇振冲器不能贯入，可增设辅助水管，加快下沉速率。

振冲密实法施工工艺如图2.4所示。振冲密实法的施工顺序宜沿平行直线逐点进行。

· 2.1.4 深层搅拌地基施工 ·

深层搅拌法是利用水泥或水泥砂浆、石灰作为固化剂，通过特制的搅拌机械，在地基深处就地将软土和固化剂强制搅拌，固化剂和软土之间会产生一系列物理化学反应，使软土硬结成具有整体性、水稳定性和一定强度的地基，与天然地基形成复合地基，从而提高地基承载力，增大变形模量。深层搅拌法是用于加固饱和黏性土地基的一种新技术。

(1)施工工艺

深层搅拌法的施工工艺流程如图2.5所示，即：深层搅拌机定位→预搅下沉→喷浆搅拌提升→重复搅拌下沉→重复搅拌提升直至孔口→关闭搅拌机，清洗→移至下一根桩位，重复以上工序。

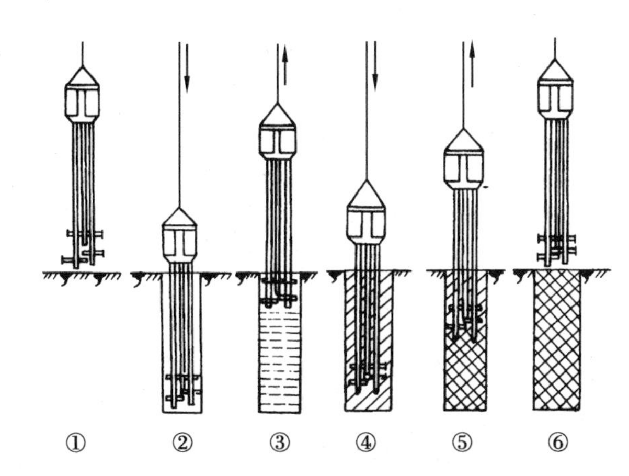

图2.5 深层搅拌法工艺流程

(2)施工要点

①深层搅拌施工前应先整平场地，清除桩位处地上、地下一切障碍物(包括大块石、树根和生活垃圾等)，场地低洼处用黏性土料回填夯实，不得用杂填土回填。

②施工前应标定搅拌机械的灰浆泵输浆量、灰浆经输浆管到达搅拌机喷浆口的时间和起吊设备提升速度等施工参数，并根据设计要求通过成桩试验，确定灰浆的配合比。

③施工使用的固化剂和外掺剂必须通过加固土室内试验检验才能使用。固化剂浆液应严格按预定的配合比拌制，并应有防离析措施。泵送必须连续，拌制浆液量、固化剂与外掺剂的用量以及泵送浆液的时间等应有专人记录。

④保证起吊设备的平整度和导向架的垂直度，搅拌桩的垂直度偏差不得超过1.5%，桩位偏差不得大于50 mm。

⑤搅拌机预搅下沉时，不宜冲水。当遇到较硬土层下沉太慢时，方可适量冲水，但应考虑冲水成桩对桩身强度的影响。

⑥控制搅拌机的提升速度和次数，记录搅拌机每米下沉或提升的时间，深度记录误差不得大于50 mm，时间记录误差不得大于5 s，施工中发现的问题及处理情况均应注明。

⑦每天加固完毕，应用水清洗储料罐、砂浆泵、深层搅拌机及相应管道，以备再用。

2.2 浅基础施工

浅基础,根据使用材料性能不同可分为无筋扩展基础(刚性基础)和扩展基础(柔性基础)。

无筋扩展基础又称为刚性基础,一般是由砖、石、素混凝土、灰土和三合土等材料建造的墙下条形基础或柱下独立基础。其特点是抗压强度高,而抗拉、抗弯、抗剪性能差,适用于6层和6层以下的民用建筑和轻型工业厂房。无筋扩展基础的截面尺寸有矩形、阶梯形和锥形等。墙下及柱下基础截面形式如图2.6所示。为保证无筋扩展基础内的拉应力及剪应力不超过基础的允许抗拉、抗剪强度,一般基础的刚性角及台阶宽高比应满足设计及施工规范要求。

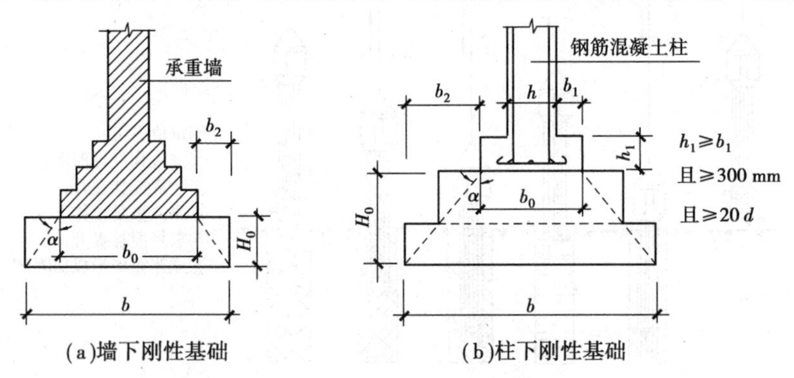

图2.6 无筋扩展基础截面形式

b—基础底面宽度;b_0—基础顶面的墙体宽度或柱脚宽度;H_0—基础高度;b_2—基础台阶宽度

扩展基础一般均为钢筋混凝土基础,按构造形式不同又可分为条形基础(包括墙下条形基础与柱下独立基础)、杯口基础、筏形基础、箱形基础等。

· 2.2.1 砖基础 ·

砖基础用普通烧结砖与水泥砂浆砌成。砖基础砌成的台阶形状称为“大放脚”,有等高式和不等高式两种,如图2.7所示。等高式大放脚是两皮一收,两边各收进1/4砖长;不等高式大放脚是两皮一收与一皮一收相间隔,两边各收进1/4砖长。大放脚的底宽应根据计算确定,各层大放脚的宽度应为半砖宽的整数倍。在大放脚的下面一般做垫层。垫层材料可用3∶7或2∶8灰土,也可用1∶2∶4或1∶3∶6碎砖三合土。为了防止土中水分沿砖块中毛细管上升而侵蚀墙身,应在室内地坪以下一皮砖处设置防潮层。防潮层一般用1∶2水泥防水砂浆,厚约20 mm。

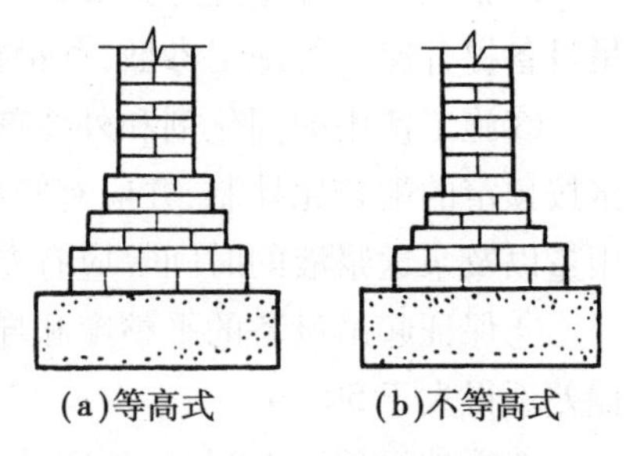

图2.7 砖基础大放脚形式

砖基础施工要点如下:

①基槽(坑)开挖:应设置好龙门桩及龙门板,标明基础、墙身和轴线的位置。

②大放脚的形式:当地基承载力大于150 kPa时,采用等高式大放脚,即两皮一收;否则,

应采用不等高式大放脚,即两皮一收与一皮一收相间隔,基础底宽应由计算确定。

③砖基础若不在同一深度,则应先由底往上砌筑。在高低台阶接头处,下面台阶要砌一定长度(一般不小于基础扩大部分的高度)的实砌体,砌到上面后与上面的砖一起退台。

④砖基础接槎应留成斜槎,如因条件限制留成直槎时,应按规范要求设置拉结筋。

· 2.2.2 砌石基础 ·

在石料丰富的地区,可因地制宜利用本地资源优势,做成砌石基础。基础采用的石料分毛石和料石两种,一般建筑采用毛石较多,价格低廉、施工简单。毛石又可分为乱毛石和平毛石。用水泥砂浆以铺浆法砌筑时,灰缝厚度为 20 ~ 30 mm。毛石应分皮卧砌,上下错缝,内外搭接,砌第一层石块时,基底要坐浆。石块大面向下,基础最上一层石块宜选用平面较大较好的石块砌筑。砌石基础如图 2.8 所示。

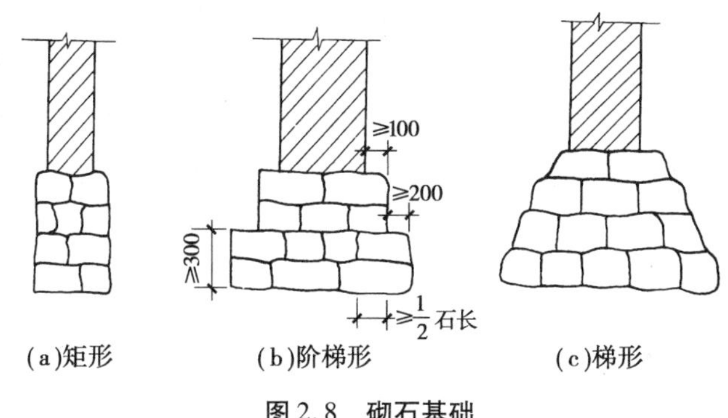

图 2.8 砌石基础

· 2.2.3 钢筋混凝土条形基础 ·

墙下或柱下钢筋混凝土条形基础较为常见,工程中柱下基础底面形状很多情况是矩形的,我们称为柱下独立基础,它是条形基础的一种特殊形式,有时也统一称为条形基础或条式基础。条形基础构造如图 2.9、图 2.10 所示。条形基础的抗弯和抗剪性能良好,可在竖向荷载较大、地基承载力不高的情况下采用;因为高度不受台阶宽高比的限制,故适于“宽基浅埋”的场合使用,其横断面一般呈倒 T 形。

1)构造要求

①垫层厚度一般为 100 mm。

②底板受力钢筋的最小直径不宜小于 8 mm,间距不宜大于 200 mm。当有垫层时钢筋保护层的厚度不宜小于 35 mm,无垫层时不宜小于 70 mm。

③插筋的数目与直径应和柱内纵向受力钢筋相同。插筋的锚固及柱的纵向受力钢筋的搭接长度,按国家现行设计规范的规定执行。

2)工艺流程

工艺流程为:土方开挖、验槽→混凝土垫层施工→恢复基础轴线、边线,校正标高→基础钢筋,柱、墙钢筋安装→基础模板及支撑安装→钢筋、模板验收→混凝土浇筑、试块制作→养护、模板拆除。

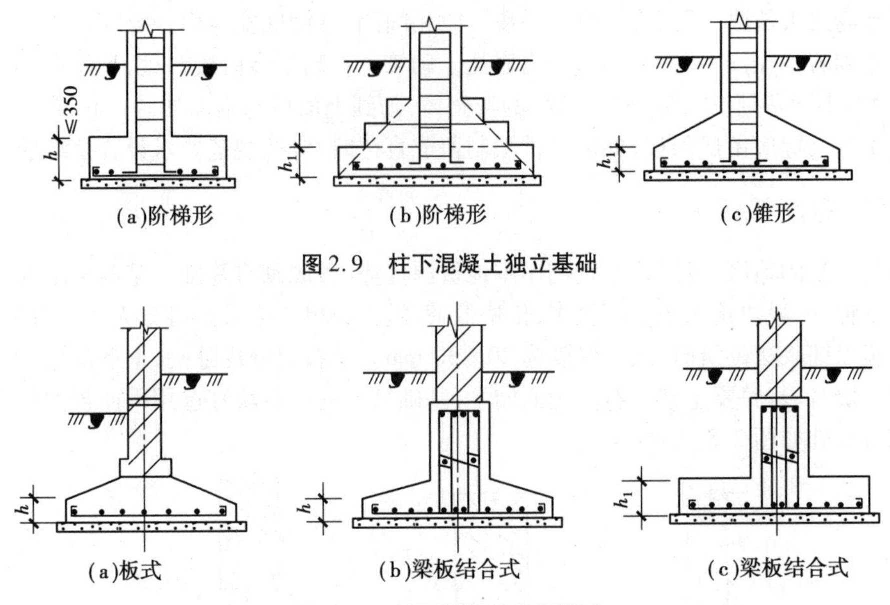

(a)阶梯形　(b)阶梯形　(c)锥形

图 2.9　柱下混凝土独立基础

(a)板式　(b)梁板结合式　(c)梁板结合式

图 2.10　墙下混凝土条形基础

3)施工要点

①混凝土浇筑前应进行验槽,轴线、基坑(槽)尺寸和土质等均应符合设计要求。

②基坑(槽)内浮土、积水、淤泥、杂物等均应清除干净。基底局部软弱土层应挖去,用灰土或砂砾回填夯实至基底相平。

③当基槽验收合格后,浇筑混凝土垫层以保护地基。

④钢筋经验收合格后浇筑混凝土。

⑤质量检查。混凝土的质量检查,主要包括施工过程中的质量检查和养护后的质量检查。

· 2.2.4　*杯口基础* ·

杯口基础常用于装配式钢筋混凝土柱的基础,形式有一般杯口基础、双杯口基础、高杯口基础等。

1)杯口模板

杯口模板可用木模板或钢模板,可做成整体式,也可做成两半形式,中间各加楔形板一块。拆模时,先取出楔形板,然后分别将两半杯口模板取出。为便于拆模,杯口模板外可包钉薄铁皮一层。支模时杯口模板要固定牢固。在杯口模板底部留设排气孔,避免出现空鼓,如图 2.11 所示。

(a)　(b)

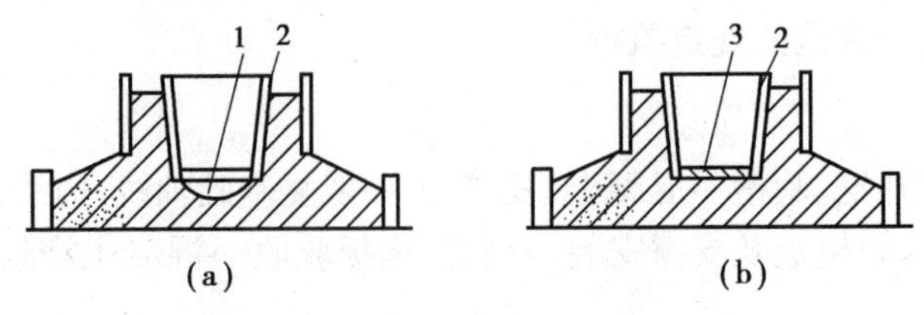

图 2.11　杯口内模板排气孔示意图

1—空鼓;2—杯口模板;3—底板留排气孔

2）混凝土浇筑

混凝土要先浇筑至杯底标高，方可安装杯口内模板。为保证杯底标高准确，一般在杯底留有 50 mm 厚的细石混凝土找平层，在浇筑基础混凝土时，要仔细控制标高。

· 2.2.5 筏形基础 ·

筏形基础由整板式钢筋混凝土板（平板式）或由钢筋混凝土底板和梁（梁板式）两种类型组成，适用于有地下室或地基承载能力较低而上部荷载较大的基础。筏形基础在外形和构造上如倒置的钢筋混凝土楼盖，分为梁板式和平板式两类，如图 2.12 所示。

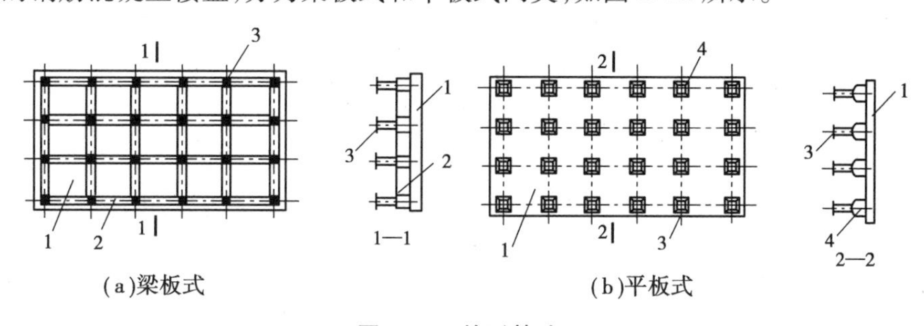

图 2.12 筏形基础

1—底板；2—梁；3—柱；4—支墩

施工要点如下：

①根据地质勘探和水文资料，地下水位较高时，应采用降低水位的措施，使地下水位降低至基底以下不少于 500 mm，保证在无水情况下进行基坑开挖和钢筋混凝土筏体施工。

②根据筏形基础结构情况、施工条件等确定施工方案。

③混凝土筏形基础施工完毕后，表面应加以覆盖和洒水养护，以保证混凝土的质量。

2.3 桩基础施工

桩基础简称桩基，是由基桩（沉入土中的单桩）和连接于基桩桩顶的承台共同组成。桩基础的作用是将上部结构的荷载传递到深部较坚硬、压缩性较小、承载力较大的土层或岩层上，或使软弱土层受挤压，提高地基土的密实度和承载力，以保证建筑物的稳定性，减少地基沉降。

按桩的传力方式不同，将桩基分为端承桩和摩擦桩，如图 2.13 所示。端承桩就是穿过软土层并将建筑物的荷载直接传递给坚硬土层的桩。摩擦桩是将桩沉至软弱土层一定深度，用以挤密软弱土层，提高土层的密实度和承载能力，上部结构的荷载主要由桩身侧面与土之间的摩擦力承受，桩间阻力也承受少量的荷载。

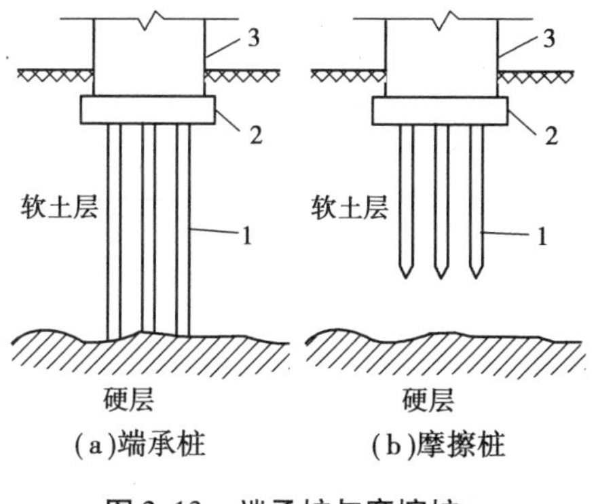

图 2.13 端承桩与摩擦桩

1—桩；2—承台；3—上部结构

按桩的施工方法不同,有预制桩和灌注桩两类。预制桩是在工厂或施工现场用不同的建筑材料制成的各种形状的桩,然后用打桩设备将预制好的桩沉入地基土中。灌注桩是在设计桩位上先成孔,然后放入钢筋骨架,再浇筑混凝土而成的桩。灌注桩按成孔方法的不同,分为泥浆护壁成孔灌注桩、干作业钻孔灌注桩、人工挖孔灌注桩、沉管灌注桩等。

· 2.3.1 钢筋混凝土预制桩施工 ·

钢筋混凝土预制桩是在预制构件厂或施工现场预制,用沉桩设备在设计位置将其沉入土中。其特点是:坚固耐久,不受地下水或潮湿环境影响,能承受较大荷载,施工机械化程度高,进度快,能适应不同土层施工。

钢筋混凝土预制桩有方形实心断面桩和圆柱体空心断面桩。

方桩截面边长多为250~550 mm,如在工厂制作,长度不宜超过12 m;如在现场预制,长度不宜超过30 m。桩的接头不宜超过两个。

管桩直径多为400~600 mm,壁厚80~100 mm,每节长度8~10 m,用法兰连接,桩的接头不宜超过4个,下节桩底端可设桩尖,亦可以是开口的。

目前最常用的预制桩是预应力混凝土管桩。它是一种细长的空心等截面预制混凝土构件,是在工厂经先张预应力、离心成型、高压蒸养等工艺生产而成的。管桩按桩身混凝土强度等级的不同分为PC桩(C60,C70)和PHC桩(C80);按桩身抗裂弯矩的大小分为A型、AB型和B型(A型最大,B型最小);外径有300,400,500,550和600 mm,壁厚为65~125 mm,常用节长7~12 m,特殊节长4~5 m。

钢筋混凝土预制桩施工前,应根据施工图设计要求、桩的类型、成孔过程对土的挤压情况、地质探测和试桩等资料,制订施工方案。一般的施工程序如图2.14所示。

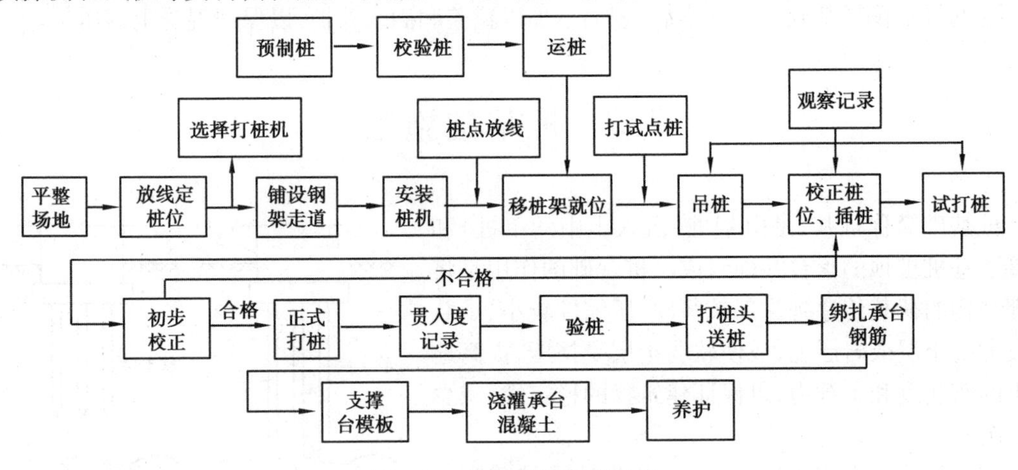

图2.14 预制桩施工程序图

1)打桩前的准备

桩基础工程在施工前,应根据工程规模的大小和复杂程度,编制整个分部工程施工组织设计或施工方案。沉桩前,现场准备工作的内容有处理障碍物、平整场地、抄平放线、铺设水电管网、沉桩机械设备的进场和安装以及桩的供应等。

(1)处理障碍物

打桩施工前,应认真处理影响施工的高空、地上和地下的障碍物。必要时可与城市管理、供水、供电、煤气、电信、房管等有关单位联系,对施工现场周围(一般为 10 m 以内)的建筑物、驳岸、地下管线等做全面检查,予以加固,采取隔振措施或拆除。

(2)场地平整

施工场地应平整、坚实(坡度不大于 10%),必要时宜铺设道路,经压路机碾压密实,场地四周应设置排水措施。

(3)抄平放线定桩位

依据施工图设计要求,把桩基定位轴线桩的位置在施工现场准确地测定出来,并作出明显的标志(用小木桩或撒白石灰点标出桩位,或用设置龙门板拉线法确定桩位)。在打桩现场附近设置 2 ~4 个水准点,用以抄平场地和作为检查桩入土深度的依据。桩基轴线的定位点及水准点应设置在不受打桩影响的地方。正式打桩之前,应对桩基的轴线和桩位复查一次,以免因小木桩挪动、丢失而影响施工。

(4)进行打桩试验

施工前应做数量不少于 2 根桩的打桩工艺试验,用以了解桩的沉入时间、最终沉入度、持力层的强度、桩的承载力以及施工过程中可能出现的各种问题和反常情况等,以便检验所选的打桩设备和施工工艺,确定是否符合设计要求。

(5)确定打桩顺序

打桩顺序直接影响到桩基础的质量和施工速度,应根据桩的密集程度(桩距大小),桩的规格、长短,桩的设计标高、工作面布置、工期要求等综合考虑,合理确定打桩顺序。根据桩的密集程度,打桩顺序一般分为逐排打设、自中部向四周打设和由中间向两侧打设 3 种,如图 2.15 所示。当桩布置较密时(桩中心距不大于 4 倍桩的直径或边长),应由中间向两侧对称施打或由中间向四周施打;当桩布置较疏时(桩中心距大于 4 倍桩的边长或直径),可采用上述两种打法,或逐排单向打设。

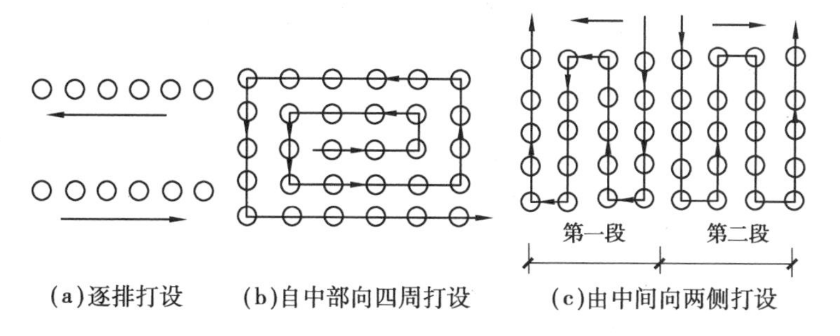

图 2.15 打桩顺序

根据基础的设计标高和桩的规格,宜按先深后浅、先大后小、先长后短的顺序进行打桩。但一侧毗邻建筑物时,应由毗邻建筑物处向另一方向施打。

(6)其他准备

其他准备包括桩帽、垫衬和打桩设备机具准备。

2)桩的制作、运输、堆放

(1)桩的制作

较短的桩多在预制厂生产,较长的桩一般在打桩现场附近或打桩现场就地预制。

桩分节制作时,单节长度的确定应满足桩架的有效高度、制作场地条件、运输与装卸能力的要求,同时应避免桩尖接近硬持力层或桩尖处于硬持力层中接桩,上节桩和下节桩应尽量在同一纵轴线上预制,使上下节钢筋和桩身减少偏差。

制桩时,应做好浇筑日期、混凝土强度、外观检查、质量鉴定等记录,以供验收时查用。每根桩上应标明编号、制作日期,如不预埋吊环,则应标明绑扎位置。

(2)桩的运输

混凝土预制桩达到设计强度70%方可起吊,达到100%后方可进行运输。如提前吊运,必须验算合格。桩在起吊和搬运时,吊点应符合设计规定,如无吊环,设计又未作规定时,绑扎点的数量及位置按桩长而定,应符合起吊弯矩最小的原则,可按图2.16所示位置捆绑。钢丝绳与桩之间应加衬垫,以免损坏棱角。起吊时应平稳提升,吊点同时离地,如要长距离运输,可采用平板拖车或轻轨平板车。长桩搬运时,桩下要设置活动支座。经过搬运的桩,还应进行质量复查。

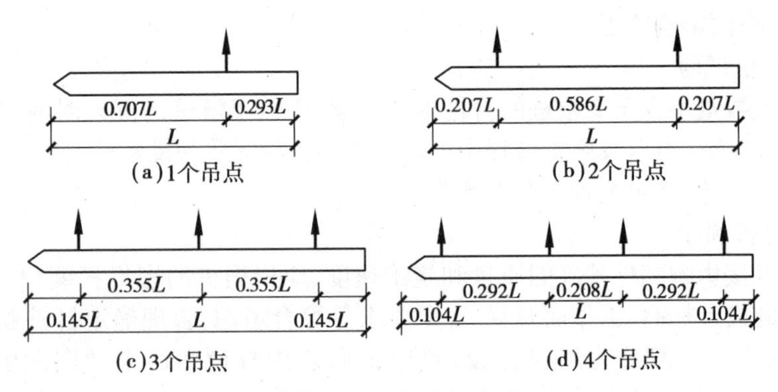

图2.16 吊点的合理位置

(3)桩的堆放

桩堆放时,地面必须平整、坚实,垫木间距应根据吊点确定,各层垫木应位于同一垂直线上,最下层垫木应适当加宽,堆放层数不宜超过4层。不同规格的桩,应分别堆放。

3)锤击沉桩施工

混凝土预制桩的沉桩方法有锤击沉桩、静力压桩、振动沉桩等。锤击沉桩也称打入桩(图2.17),是利用桩锤下落产生的冲击能量将桩沉入土中。锤击沉桩是混凝土预制桩最常用的沉桩方法。

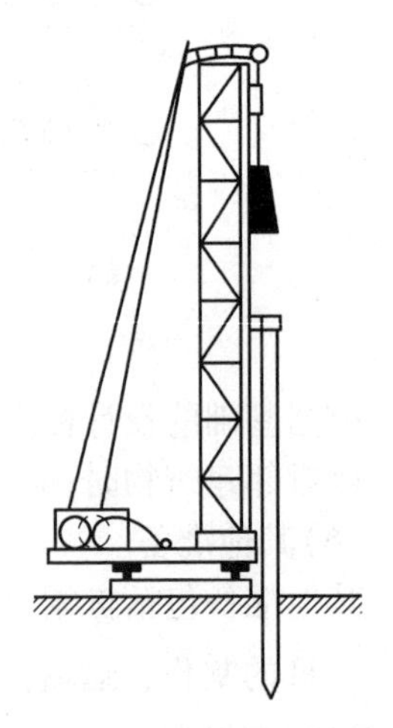

图2.17 打入桩施工示意图

(1)打桩设备及选择

打桩所用的机具设备主要包括桩锤、桩架及动力装置。

①桩锤:把桩打入土中的主要机具,有落锤、汽锤(单动汽锤和双动汽锤)、柴油桩锤、振动桩锤等。桩锤的类型应根据施工现场情况、机具设备条件及工作方式和工作效率等条件来选择;桩锤的重量一般根据桩重和土质的沉桩难易程度选择,宜选择重锤低击。

②桩架:支持桩身和桩锤,在打桩过程中引导桩的方向及维持桩的稳定,并保证桩锤沿着所要求方向冲击桩体的设备。桩架

一般由底盘、导向杆、起吊设备、撑杆等组成。

桩架的形式多种多样，常用的桩架有两种基本形式：一种是沿轨道行驶的多能桩架，另一种是装在履带底盘上的履带式桩架。多能桩架由定柱、斜撑、回转工作台、底盘及传动机构组成。它的机动性和适应性很大，在水平方向可作360°回转，导架可以伸缩和前后倾斜，底座下装有铁轮，底盘在轨道上行走。这种桩架适用于各种预制桩及灌注桩施工。履带式桩架以履带式起重机为主机，配备桩架工作装置组成。这种桩架操作灵活、移动方便，适用于各种预制桩和灌注桩的施工。

桩架的选用应根据桩的长度、桩锤的类型及施工条件等因素确定。通常，桩架的高度=桩长+桩锤高度+桩帽高度+滑轮组高度+桩锤位移高度。

③打桩机械的动力装置：根据所选桩锤而定，主要有卷扬机、锅炉、空气压缩机等。当采用空气锤时，应配备空气压缩机；当选用蒸汽锤时，则要配备蒸汽锅炉和卷扬机。

(2)打桩工艺

①吊桩就位。按既定的打桩顺序，先将桩架移至桩位处并用缆风绳拉牢，然后将桩运至桩架下，利用桩架上的滑轮组，由卷扬机提升桩。当桩提升至直立状态后，即可将桩送入桩架的龙门导管内，同时把桩尖准确地安放到桩位上，并与桩架导管相连接，以保证打桩过程中不发生倾斜或移动。桩插入时垂直偏差不得超过0.5%。桩就位后，为了防止击碎桩顶，在桩锤与桩帽、桩帽与桩之间应放上硬木、粗草纸或麻袋等桩垫作为缓冲层，桩帽与桩顶四周应留5～10 mm的间隙，如图2.18所示。然后进行检查，当桩身、桩帽和桩锤在同一轴线上时即可开始打桩。

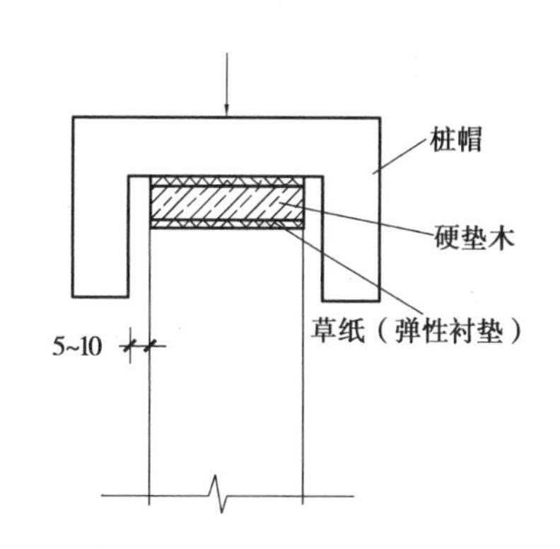

图2.18　自落锤桩帽构造示意图

②打桩。打桩时采用“重锤低击”可取得良好的效果，这是因为这样桩锤对桩头的冲击小，回弹也小，桩头不易损坏，大部分能量都用于克服桩身与土的摩阻力和桩尖阻力上，桩就能较快地沉入土中。

初打时地层软，沉降量较大，宜低锤轻打，随着沉桩加深(1～2 m)，速度减慢，再酌情增加起锤高度，要控制锤击应力。打桩时应观察桩锤回弹情况，如经常回弹较大时则说明锤太轻，不能使桩下沉，应及时更换。至于桩锤的落距以多大为宜，根据实践经验，一般情况下，单动汽锤以0.6 m左右为宜，柴油锤不超过1.5 m，落锤不超过1.0 m为宜。打桩时要随时注意贯入度变化情况，当贯入度骤减，桩锤有较大回弹时，表示桩尖遇到障碍，此时应将桩锤落距减小，加快锤击。如上述情况仍存在，则应停止锤击，查其原因进行处理。

在打桩过程中，如突然出现桩锤回弹、贯入度突增，锤击时桩弯曲、倾斜、颤动、桩顶破坏加剧等情况，则表明桩身可能已破坏。

打桩最后阶段，沉降太小时，要避免硬打，如难沉下，要检查桩垫、桩帽是否适宜，需要时可更换或补充软垫。

③接桩。预制桩施工中，由于受场地、运输及桩机设备等限制，而将长桩分为多节进行制作。混凝土预制方桩接头数量不宜超过2个，预应力管桩接头数量不宜超过4个。接桩时要注意新接桩节与原桩节的轴线一致。目前预制桩的接桩工艺主要有硫磺胶泥浆锚法、电焊接桩和法兰螺栓接桩3种。前一种适用于软弱土层，后两种适用于各类土层。

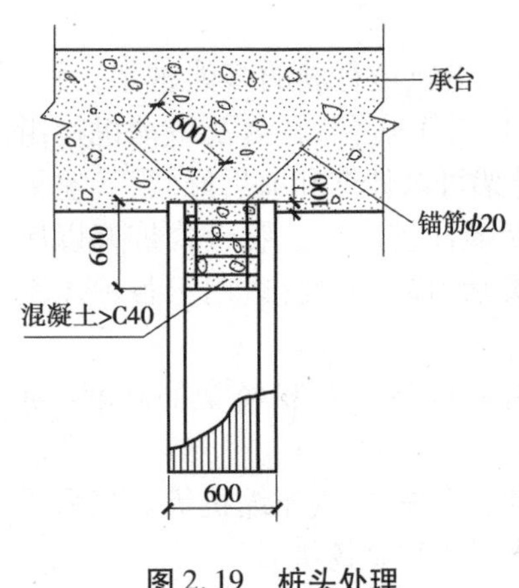

图 2.19 桩头处理

④打入末节桩体。

a. 送桩。设计要求送桩时，送桩器(杆)的中心线应与桩身吻合一致方能送桩。送桩器(杆)下端宜设置桩垫，要求厚薄均匀。若桩顶不平可用麻袋或厚纸垫平。送桩留下的桩孔应立即回填密实。

b. 截桩。在打完各种预制桩开挖基坑时，按设计要求的桩顶标高将桩头多余的部分截去。截桩头时不能破坏桩身，要保证桩身的主筋伸入承台，长度应符合设计要求。当桩顶标高在设计标高以下时，在桩位上挖成喇叭口，凿掉桩头混凝土，剥出主筋并焊接接长至设计要求长度，与承台钢筋绑扎在一起，用桩身同强度等级的混凝土与承台一起浇筑接长桩身，如图 2.19 所示。

4) **静力压桩施工**

静力压桩是在软土地基上，利用静力压桩机或液压压桩机用无振动的静压力(自重和配重)将预制桩压入土中的一种工艺。静力压桩已在我国沿海软土地基上较为广泛地采用，与普通的打桩和振动沉桩相比，压桩可以消除噪声和振动的公害，故特别适用于医院和有防震要求部门附近的施工。

静力压桩机(图 2.20)的工作原理：通过安置在压桩机上的卷扬机的牵引，由钢丝绳、滑轮及压梁，将整个桩机的自重力(800 ~ 1 500 kN)反压在桩顶上，以克服桩身下沉时与土的摩擦力，迫使预制桩下沉。桩架高度 10 ~ 40 m，压入桩长度已达 37 m，桩断面为 400 mm×400 mm ~ 500 mm×500 mm。

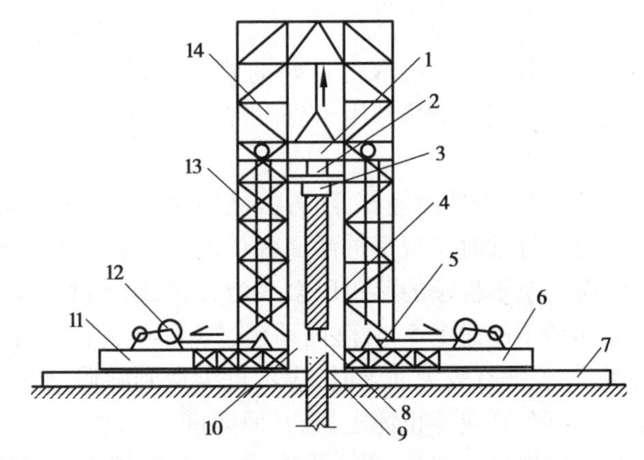

图 2.20 静力压桩机示意图

1—活动压梁；2—油压表；3—桩帽；4—上段桩；5—加重物仓；6—底盘；
7—轨道；8—上段接桩锚筋；9—下段桩；10—桩架；11—底盘；12—卷扬机；
13—加压钢绳滑轮组；14—桩架导向笼

现较多采用 WYJ-200 型和 WYJ-400 型压桩机，静压力有 2 000 kN 和 4 000 kN 两种，单根制桩长度可达 20 m。压桩施工，一般情况下都采取分段压入，逐段接长的方法。接桩的方法目前有焊接法、法兰接法和浆锚法 3 种。

焊接法接桩(图 2.21)时,必须对准下节桩并垂直无误后,用点焊将拼接角钢连接固定,再次检查位置正确后方可正式焊接。施焊时,应两人同时对角对称地进行,以防止节点变形不均匀而引起桩身歪斜。焊缝要连续饱满。

浆锚法接桩(图 2.22)时,首先将上节桩对准下节桩,使 4 根锚筋插入锚筋孔中(直径为锚筋直径的 2.5 倍),下落压梁并套住桩顶,然后将桩和压梁同时上升约 200 mm(以 4 根锚筋不脱离锚筋孔为度)。此时,安设好施工夹箍(施工夹箍由 4 块木板,内侧用人造革包裹 40 mm 厚的树脂海绵块而成),将熔化的硫磺胶泥注满锚筋孔内和接头平面上,然后将上节桩和压梁同时下落,当硫磺胶泥冷却并拆除施工夹箍后,即可继续加荷施压。

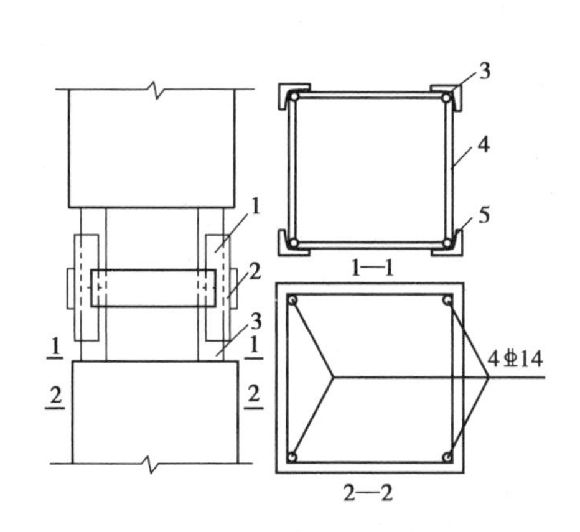

图 2.21　焊接法接桩节点构造

1—拼接角钢;2—连接钢板;3—钢筋;4—箍筋;5—焊缝

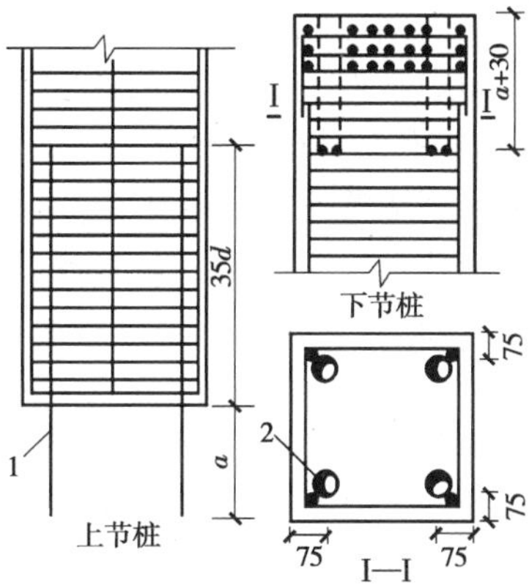

图 2.22　浆锚法接桩节点构造

1—锚筋;2—锚筋孔

为保证接桩质量,应做到:锚筋应刷净并调直;锚筋孔内应有完好螺纹,无积水、杂物和油污;接桩时接点的平面和锚筋孔内应灌满胶泥;灌注时间不得超过 2 min;灌注后停歇时间应符合有关规定。

5)其他沉桩方法

(1)水冲沉桩法

水冲沉桩法是锤击沉桩的一种辅助方法。它是利用高压水流经过桩侧面或空心管内部的射水管冲击桩尖附近土层,便于锤击沉桩。一般是边冲水边打桩,当沉桩至最后 1 ~ 2 m 时停止冲水,用锤击至规定标高。水冲法适用于砂土和碎石土,有时对于特别长的预制桩,单靠锤击有一定困难时,亦用水冲法辅助之。

(2)振动法沉桩法

振动法沉桩是利用振动机,将桩与振动机连接在一起,振动机产生的振动力通过桩身使土体振动,使土体的内摩擦角减小、强度降低而将桩沉入土中。此法在砂土中效率最高。

· *2.3.2　灌注桩施工* ·

混凝土灌注桩是直接在施工现场的桩位上成孔,然后在孔内安装钢筋笼,浇筑混凝土成桩。与预制桩相比,灌注桩具有不受地层变化限制,不需要接桩和截桩,节约钢材、振动小、噪声小等特点,但施工工艺复杂,影响质量的因素多。灌注桩按成孔方法分为钻孔灌注桩、人工挖孔灌注桩、沉管灌注桩等。

1)灌注桩施工准备工作

(1)确定成孔施工顺序

①对土没有挤密作用的钻孔灌注桩和干作业成孔灌注桩,应结合施工现场条件,按桩机移动的原则确定成孔顺序。

②对土有挤密作用和振动影响的冲孔灌注桩、沉管灌注桩、爆扩孔桩等,为保证邻桩不受影响造成事故,一般可结合现场施工条件确定成孔顺序:间隔1个或2个桩位成孔;在邻桩混凝土初凝前或终凝后成孔;5根以上单桩组成的群桩基础,中间的桩先成孔,外围的桩后成孔;同一个桩基础的爆扩灌注桩,可采用单爆或联爆法成孔。

③人工挖孔桩,当桩净距小于2倍桩直径且小于2.5 m时,桩应采用间隔开挖。排桩跳挖的最小净距不得小于4.5 m,孔深不宜大于40 m。

(2)桩孔结构的控制

桩孔结构的要素是桩孔直径、桩孔深度、护筒的直径和长度及其与地下水位的对应关系。

①桩孔直径的偏差应符合规范规定,在施工中,如桩孔直径偏小,则不能满足设计要求(桩承载力不够);如直径偏大,则使工程成本增加,影响经济效益。对桩孔直径的检测,一般可用自制的一根长3 m、外径等于桩直径的圆管或钢筋笼下入孔内。如果能顺利下入,则保证了孔径不小于设计尺寸,同时又检测了孔形,并保证了孔的垂直度误差。对于桩孔位偏差,在检测点和施工时,要从严控制,在施工开始、中间、终孔都应用经纬仪测定。

②桩孔深度应根据桩型来确定控制标准。对桩孔的深度,一般先以钻杆和钻具粗挖,再以标准测量绳吊铊测量。对孔底沉渣,常用检测方法是:用两根标准测绳,一根吊以3 kg重的钢锥,另一根吊以平底铊,下入孔底,这两根测绳长度之差即为沉渣厚度。

③护筒的位置主要取决于地层的稳定情况和地下水位的位置。

(3)钢筋笼的制作

①钢筋笼制作的准备工作:

a. 先对钢筋除污和除锈、调直。

b. 为便于吊装运输,钢筋笼制作长度不宜超过8 m,如较长,应分段制作。两段钢筋笼的连接应采用焊接,焊接方法和接头长度应符合设计要求或有关规范的规定。

②钢筋笼的制作:制作钢筋笼,可采用专用工具,人工制作。首先计算主筋长度并下料,弯制加强箍和缠绕筋,然后焊制钢筋笼。先将加强箍与主筋焊接,再焊接缠绕筋。制作钢筋笼时,要求主筋环向均匀布置,箍筋的直径及间距、主筋的保护层、加强箍的间距等均应符合设计规定。焊好钢筋笼后,在钢筋笼的上、中、下部的同一横截面上,应对称设置4个钢筋"耳环"或混凝土垫块,并应在吊放前进行垂直校直。

③钢筋笼的运输、吊装:钢筋笼在运输、吊装过程中,要防止钢筋扭曲变形(可在钢筋笼上绑扎直木杆)。吊放入孔内时,应对准孔位慢放,严禁高起猛落,强行下放,防止倾斜、弯折或碰撞孔壁。为防止钢筋笼上浮,可采用叉杆对称地点焊在孔口护筒上。

(4)混凝土的配制

混凝土所用粗骨料可选用卵石和碎石,但应优先选用卵石,其最大粒径,钢筋混凝土桩不宜大于50 mm,并不得大于钢筋最小净距的1/3;对于素混凝土桩,不得大于桩径的1/4,一般以不大于70 mm为宜。细骨料应选用级配合理、质地坚硬、洁净的中粗砂,每立方混凝土的水泥用量不小于350 kg。混凝土中可掺入外加剂,从而改善或赋予混凝土某些性能,但必须符合有关要求。

(5)混凝土的浇筑

桩孔检查合格后,应尽快灌注混凝土。灌注桩可根据实际情况,选用如下几种灌注方法:导管法,该法可用于孔内水下灌注;串筒法,该法用于孔内无水或渗水量小时的灌注;混凝土泵,用于混凝土量大的灌注。

灌注混凝土时,桩顶灌注标高应超过桩顶设计标高1.0 m以上,混凝土充盈系数不应小于1.0,在1.0~1.3较为合适。灌注时环境温度低于0 ℃时,混凝土应采取保温措施。灌注过程中,应由专人作好记录。

桩身混凝土必须留有试件,直径大于1 m的深桩,每根桩应不少于1组试块,每个浇筑台班不得少于1组。做试块时,应进行反复插捣,使试块密实,表面应抹平。一般在养护8~12 h后即可脱模养护。冬天可放入地窖中,夏天可放入水池中。在施工现场养护混凝土试块时,难度较大,一定要加强养护。

2)**钻孔灌注桩**

钻孔灌注桩是指利用钻孔机械钻出桩孔,并在孔中浇筑混凝土(或先在孔中吊放钢筋笼)而成的桩。根据钻孔机械的钻头是否在土壤的含水层中施工,钻孔灌注桩又分为泥浆护壁成孔和干作业成孔两种施工方法。

(1)泥浆护壁成孔灌注桩

泥浆护壁成孔是利用原土自然造浆或人工造浆浆液进行护壁,通过循环泥浆将被钻头切下的土块携带排出孔外成孔,然后安装绑扎好的钢筋笼,导管法水下灌注混凝土沉桩。此法适用于任何地下水的土层,但在岩溶发育地区慎用。

①施工工艺流程。泥浆护壁成孔灌注桩施工工艺流程,如图2.23所示。

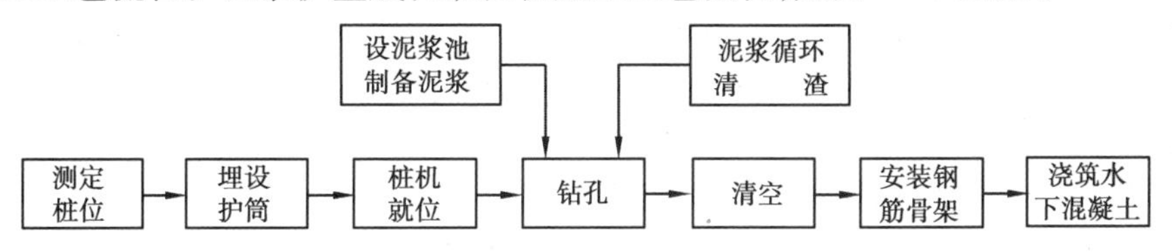

图2.23　泥浆护壁成孔灌注桩工艺流程图

②施工准备。

a.埋设护筒:护筒是用4~8 mm厚钢板制成的圆筒,其内径应大于钻头直径100 mm,其上部宜开设1~2个溢浆孔(图2.24)。护筒的作用是固定桩孔位置,防止地面水流入,保护孔口,增高桩孔内水压力,防止塌孔和成孔时引导钻头方向。

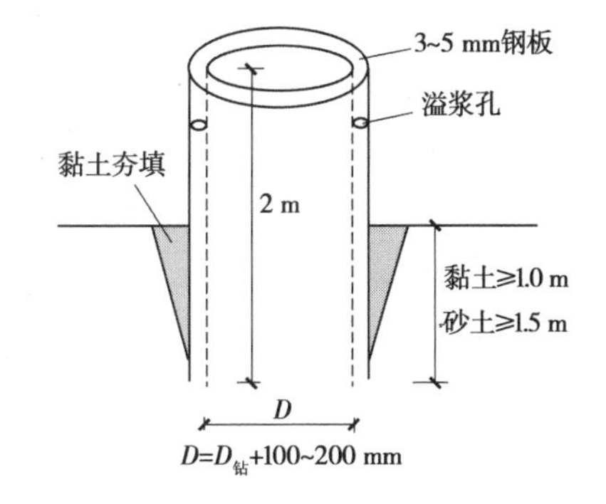

图2.24　护筒埋设示意图

埋设护筒时,先挖去桩孔处地表土,将护筒埋入土中,保证其位置准确、稳定。护筒中心与桩位中心的偏差不得大于50 mm,护筒与坑壁之间用黏土填实,以防漏水。护筒的埋设深度,在黏土中不宜小于1.0 m,在砂土中不宜小于1.5 m。护筒顶面应高于地面0.4~0.6 m,并应保持孔内泥浆面高出地下水位1 m以上,在受水位涨落影响时,泥浆面应高出最高水位1.5 m以上。

b.制备泥浆:泥浆由水、黏土、化学处理剂和一些惰性物质组成。泥浆在桩孔内吸附在孔壁上，将土壁上孔隙填渗密实，避免孔内壁漏水，保持护筒内水压稳定；同时，泥浆在孔外受压差的作用，部分水渗入地层，在地层表面形成一层固体颗粒的胶结物——泥饼。性能良好的泥浆，失水量小，泥饼薄而韧密，具有较强的黏结力，可以稳固土壁，防止塌孔；泥浆有一定黏度，通过循环泥浆可将切削碎的泥石渣屑悬浮后排出，起到携砂、排土的作用；同时，泥浆对钻头有冷却和润滑作用，保证钻头和钻具保持冷却和在孔内顺利起落。

制备泥浆的方法：在黏性土中成孔时可在孔中注入清水，钻机旋转时，切削土屑与水旋伴，用原土造浆，泥浆相对密度应控制在1.1～1.2；在其他土中成孔时，泥浆制备应选用高塑性黏土或膨润土；在砂土和较厚的夹砂层中成孔时，泥浆相对密度应控制在1.2～1.4。施工中应经常测定泥浆相对密度，并定期测定黏度、含砂率和胶体率等指标。

③成孔。桩架安装就位后，挖泥浆槽、沉淀池，接通水电，安装水电设备，制备要求相对密度的泥浆。用第一节钻杆（每节钻杆长约5 m，按钻进深度用钢销连接）接好钻机，另一端接上钢丝绳，吊起潜水钻对准埋设的护筒，悬离地面，先空钻然后慢慢钻入土中；注入泥浆，待整个潜水钻入土后，观察机架是否垂直平稳，检查钻杆是否平直，再正常钻进。

泥浆护壁成孔灌注桩成孔方法按成孔机械分类，有钻机成孔（回转钻机成孔、潜水钻机成孔、冲击钻机成孔）和冲抓锥成孔，其中以钻机成孔应用最多。

a. 回转钻机成孔。回转钻机是由动力装置带动钻机回转装置转动，再由其带动带有钻头的钻杆移动，由钻头切削土层，适用于地下水位较高的软、硬土层，如淤泥、黏性土、砂土、软质岩层。

回转钻机的钻孔方式根据泥浆循环方式的不同，分为正循环回转钻机成孔和反循环回转钻机成孔。正循环回转钻机成孔的工艺如图2.25所示。由空心钻杆内部通入泥浆或高压水，从钻杆底部喷出，携带钻下的土渣沿孔壁向上流动，由孔口将土渣带出流入泥浆池。反循环回转钻机成孔的工艺如图2.26所示。泥浆带渣流动的方向与正循环回转钻机成孔的情形相反。反循环工艺的泥浆上流速度较高，能携带较大的土渣。

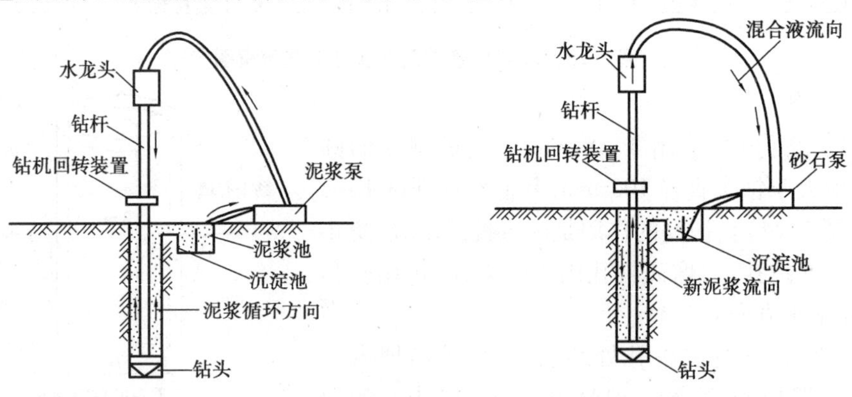

图2.25　正循环回转钻机成孔工艺原理图　　图2.26　反循环回转钻机成孔工艺原理图

b. 潜水钻机成孔。潜水钻机成孔示意图如图2.27所示。潜水钻机是一种将动力、变速机构、钻头连在一起加以密封，潜入水中工作的一种体积小而轻的钻机。这种钻机的钻头有多种形式，以适应不同桩径和不同土层的需要，钻头可带有合金刀齿，靠电机带动刀齿旋转切削土层或岩层。钻头靠桩架悬吊吊杆定位，钻孔时钻杆不旋转，仅钻头部分放置切削下来的泥渣并通过泥浆循环排出孔外。

c. 冲击钻机成孔。冲击钻机通过机架、卷扬机把带刃的重钻头（冲击锤）提高到一定高度，靠自由下落的冲击力切削破碎岩层或冲击土层成孔，如图 2.28 所示。部分碎渣和泥浆挤压进孔壁，大部分碎渣用掏渣筒掏出。此法设备简单、操作方便，对于有孤石的砂卵石岩、坚质岩、岩层均可成孔。

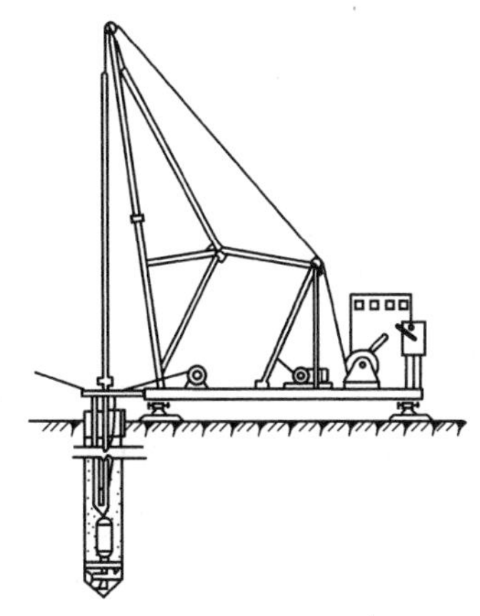

图 2.27　潜水钻机钻孔示意图

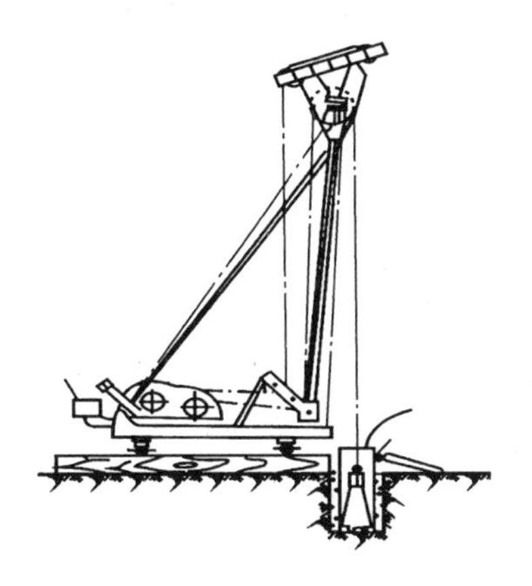

图 2.28　简易冲击钻孔机示意图

冲击钻头有十字形、工字形、人字形等，常用十字形冲击钻头。在钻头锥顶与提升钢丝绳间设有自动转向装置，冲击锤每冲击一次转动一个角度，从而保证桩孔冲成圆孔。

d. 冲抓锥成孔。冲抓锥（图 2.29）锥头上有一重铁块和活动抓片，通过机架和卷扬机将冲抓锥提升到一定高度，下落时松开卷筒刹车，抓片张开，锥头便自由下落冲入土中，然后开动卷扬机提升锥头，这时抓片闭合抓土。冲抓锥整体提升至地面上卸去土渣，依次循环成孔。

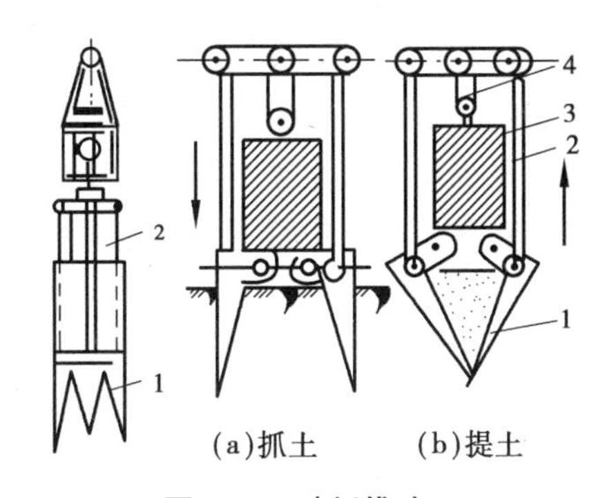

图 2.29　冲抓锥头

1—抓片；2—连杆；3—压重；4—滑轮组

④清孔。成孔后，即进行验孔和清孔。验孔是用探测器检查桩位、直径、深度和孔道情况；清孔即清除孔底沉渣、淤泥浮土，以减少桩基的沉降量，提高承载能力。

泥浆护壁成孔清孔时，对于土质较好不易坍塌的桩孔，可用空气吸泥机清孔，气压为 0.5 MPa，使管内形成强大高压气流向上涌，同时不断地补足清水，被搅动的泥渣随气流上涌从喷口排出，直至喷出清水为止。对于稳定性较差的孔壁，应采用泥浆循环法清孔或抽筒排渣，清孔后的泥浆相对密度应控制在 1.15 ~ 1.25；原土造浆的孔，清孔后泥浆相对密度应控制在 1.1 左右。清孔时，必须及时补充足够的泥浆，并保持浆面稳定。

⑤水下浇筑混凝土。在灌注桩、地下连续墙等基础工程中，常要直接在水下浇筑混凝土。其方法是利用导管输送混凝土并使之与环境水隔离，依靠管中混凝土的自重，使管口周围的混凝土在已浇筑的混凝土内部流动、扩散，以完成混凝土的浇筑工作，如图 2.30 所示。

施工时，先将导管放入孔中（其下部距离底面约 100 mm），用麻绳或铅丝将球塞悬吊在导管内水位以上 0.2 m（塞顶铺 2 ~ 3 层稍大于导管内径的水泥纸袋，再散铺一些干水泥，以防混凝土中骨料卡住球塞），然后浇入混凝土，当球塞以上导管和承料漏斗装满混凝土后，剪断球塞吊绳，混凝土靠自重推动球塞下落，冲向基底，并向四周扩散。球塞冲出导管，浮至水面，可

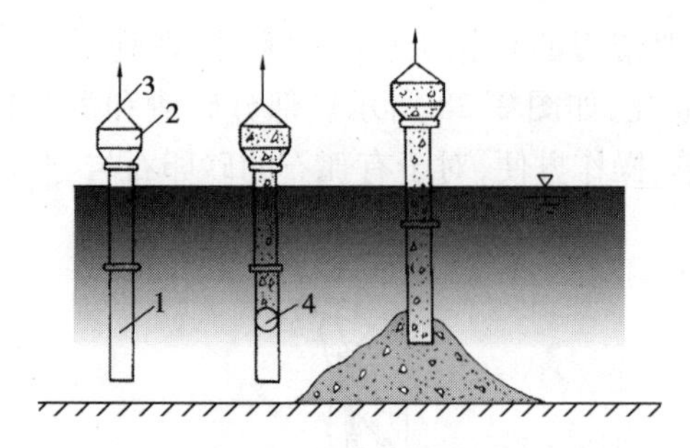

图2.30　导管法浇筑水下混凝土示意图

1—导管;2—承料漏斗;3—提升机具;4—球塞

重复使用。冲入基底的混凝土将管口包住,形成混凝土堆。同时不断地将混凝土浇入导管中,管外混凝土面不断被管内的混凝土挤压而上升。随着管外混凝土面的上升,导管也逐渐提高(到一定高度,可将导管顶段拆下)。但不能提升过快,必须保证导管下端始终埋入混凝土内,其最大埋置深度不宜超过5 m。混凝土浇筑的最终高程应高于设计标高约100 mm,以便清除强度低的表层混凝土(清除应在混凝土强度达到2~2.5 N/mm^2后方可进行)。

导管由每段长度为2.5~3.0 m(脚管为2~3 m)、管径200~250 mm、壁厚不小于3 mm的钢管用法兰盘加止水胶垫用螺栓连接而成。承料漏斗位于导管顶端,漏斗上方装有振动设备以防混凝土在导管中阻塞。提升机具用来控制导管的提升与下降,常用的提升机具有卷扬机、电动葫芦、起重机等。球塞可用软木、橡胶、泡沫塑料等制成,其直径比导管内径小15~20 mm。

每根导管的作用半径一般不大于3 m,所浇混凝土覆盖面积不宜大于30 m^2,当面积过大时,可用多根导管同时浇筑。混凝土浇筑应从最深处开始,相邻导管下口的标高差不应超过导管间距的1/20~1/15,并保证混凝土表面均匀上升。

导管法浇筑水下混凝土的关键:一是保证混凝土的供应量大于导管内混凝土必须保持的高度和开始浇筑时导管埋入混凝土堆内必需的埋置深度所要求的混凝土量;二是严格控制导管提升高度,且只能上下升降,不能左右移动,以避免造成管内返水事故。

(2)干作业成孔灌注桩

干作业成孔灌注桩是先用钻孔机在桩位处进行钻孔,然后在桩孔内放入钢筋骨架,再灌筑混凝土而成桩。其施工过程如图2.31所示。

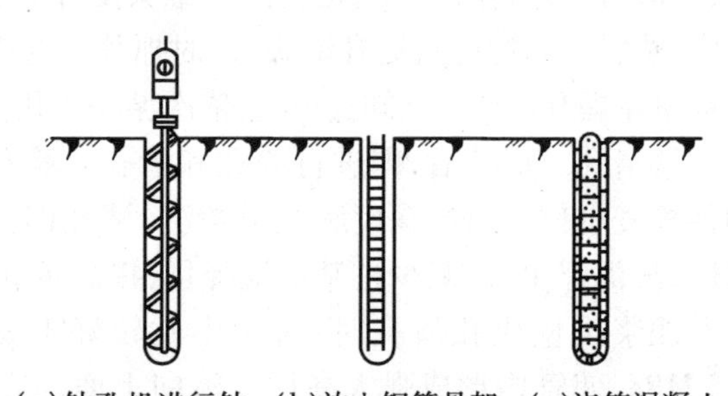

(a)钻孔机进行钻　(b)放入钢筋骨架　(c)浇筑混凝土

图2.31　螺旋钻孔机钻孔灌注桩施工过程示意图

干作业成孔一般采用螺旋钻孔机钻孔。螺旋钻机根据钻杆形式不同可分为整体式螺旋、装配式长螺旋和短螺旋3种。螺旋钻杆是一种动力旋动钻杆,它是使钻头的螺旋叶旋转削土,土块由钻头旋转上升而带出孔外。螺旋钻头外径分别为ϕ400 mm,ϕ500 mm,ϕ600 mm,钻孔深度相应为12 m,10 m,8 m。适用于成孔深度内没有地下水的一般黏土层、砂土及人工填土地基,不适于有地下水的土层和淤泥质土。

干作业成孔灌注桩的施工工艺为:螺旋钻孔机就位对中→钻进成孔、排土→钻至预定深度,停钻→起钻,测孔深、孔斜、孔径→清理孔底虚土→钻孔机移位→安放钢筋笼→安放混凝土溜筒→灌注混凝土成桩→桩头养护。

钻孔机就位后,钻杆垂直对准桩位中心,开钻时先慢后快,减少钻杆的摇晃,及时纠正钻孔的偏斜或位移。钻孔时，螺旋刀片旋转削土，削下的土沿整个钻杆螺旋叶片上升而涌出孔外，钻杆可逐节接长直至钻到设计要求规定的深度。在钻孔过程中，若遇到硬物或软岩，应减速慢钻或提起钻头反复钻，穿透后再正常进钻。在砂卵石、卵石或淤泥质土夹层中成孔时，这些土层的土壁不能直立，易造成塌孔，这时钻孔可钻至塌孔下 1 ~2 m 以内，用低强度等极细石混凝土回填至塌孔 1 m 以上，待混凝土初凝后，再钻至设计要求深度；也可用3∶7 夯实灰土回填代替混凝土处理。

钻孔至规定要求深度后，孔底一般都有较厚的虚土，需要进行专门处理。清孔的目的是将孔内的浮土、虚土取出，减少桩的沉降。常用的方法是采用 25 ~30 kg 的重锤对孔底虚土进行夯实，或投入低坍落度素混凝土，再用重锤夯实；或是钻孔机在原深处空转清土，然后停止旋转，提钻卸土。

用导向钢筋将钢筋骨架送入孔内，同时防止泥土杂物掉进孔内。钢筋骨架就位后，应立即灌注混凝土，以防塌孔。灌注时，应分层浇筑、分层捣实，每层厚度 50 ~60 cm。

3）人工挖孔灌注桩

人工挖孔灌注桩是采用人工挖掘方法成孔，然后放置钢筋笼，浇筑混凝土而成的桩基础。其施工特点是：设备简单，无噪声、无振动、不污染环境，对施工现场周围原有建筑物的影响小；施工速度快，可按施工进度要求决定同时开挖桩孔的数量，必要时各桩孔可同时施工；土层情况明确，可直接观察到地质变化，桩底沉渣能清除干净，施工质量可靠。尤其当高层建筑选用大直径的灌注桩，而施工现场又在狭窄的市区时，采用人工挖孔比机械挖孔具有更大的适应性。但其缺点是人工耗量大、开挖效率低、安全操作条件差等。

施工时，为确保挖土成孔施工安全，必须考虑预防孔壁坍塌和流砂现象发生的措施。因此，施工前应根据地质水文资料，拟订出合理的护壁措施和降排水方案。护壁方法有很多，可以采用现浇混凝土护壁、沉井护壁、喷射混凝土护壁等。

（1）现浇混凝土护壁

现浇混凝土护壁法施工即分段开挖、分段浇筑混凝土护壁，既能防止孔壁坍塌，又能起到防水作用。现浇混凝土护壁施工工艺流程如图 2.32 所示。

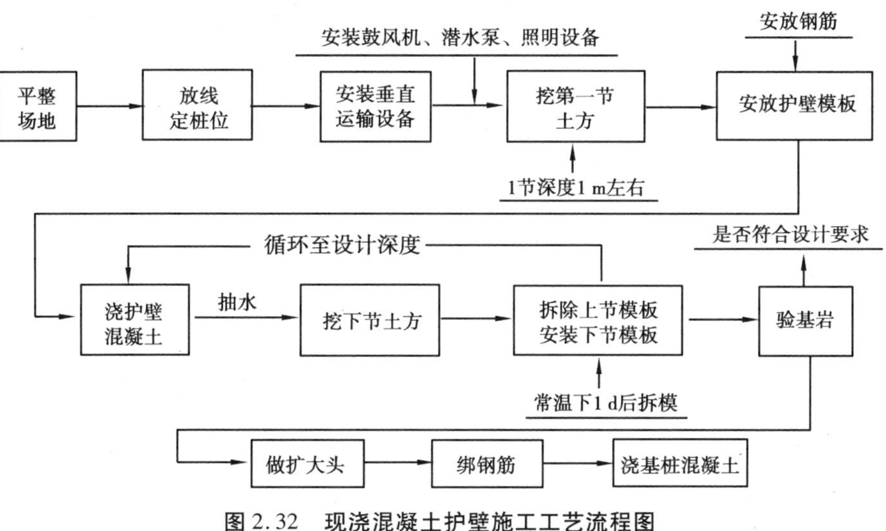

图 2.32　现浇混凝土护壁施工工艺流程图

桩孔采取分段开挖,每段高度取决于土壁直立的能力,一般0.5~1.0 m为一施工段,开挖井孔直径为设计桩径加混凝土护壁厚度。

护壁施工即支设护壁内模板(工具式活动钢模板)后浇筑混凝土,模板的高度取决于开挖土方施工段的高度,一般为1 m,由4~8块活动钢模板组合而成,支成有锥度的内模。内模支设后,吊放用角钢和钢板制成的两半圆形合成的操作平台入桩孔内,置于内模板顶部,以放置料具和浇筑混凝土操作之用。

当护壁混凝土强度达到1 MPa(常温下约24 h)时可拆除模板,开挖下段的土方,再支模浇筑护壁混凝土,如此循环,直至挖到设计要求的深度。

当桩孔挖到设计深度,并检查孔底土质是否已达到设计要求后,再在孔底挖成扩大头。待桩孔全部成型后,用潜水泵抽出孔底的积水,然后立即浇筑混凝土。当混凝土浇筑至钢筋笼的底面设计标高时,再吊入钢筋笼就位,并继续浇筑桩身混凝土而形成桩基。

(2)沉井护壁

当桩径较大、挖掘深度大、地质复杂、土质差(松软弱土层)且地下水位高时,应采用沉井护壁法挖孔施工。

沉井护壁施工是先在桩位上制作钢筋混凝土井筒,井筒下捣制钢筋混凝土刃脚,然后在筒内挖土掏空,井筒靠其自重或附加荷载来克服筒壁与土体之间的摩擦阻力,边挖边沉,使其垂直地下沉到设计要求深度。

4)沉管灌注桩

沉管灌注桩是利用锤击打桩设备或振动沉桩设备,将带有钢筋混凝土的桩尖(或钢板靴)或带有活瓣式桩靴的钢管沉入土中(钢管直径应与桩的设计尺寸一致),形成桩孔,然后放入钢筋骨架并浇筑混凝土,随之拔出套管,利用拔管时的振动将混凝土捣实,便形成所需要的灌注桩。利用锤击沉桩设备沉管、拔管成桩,称为锤击沉管灌注桩;利用振动器振动沉管、拔管成桩,称为振动沉管灌注桩。

在沉管灌注桩施工过程中,对土体有挤密作用和振动影响,施工中应结合现场施工条件,考虑成孔的顺序,即间隔一个或两个桩位成孔;在邻桩混凝土初凝前或终凝后成孔;一个承台下桩数在5根以上者,中间的桩先成孔,外围的桩后成孔。

为了提高桩的质量和承载能力,沉管灌注桩常采用单打法、复打法、反插法等施工工艺。单打法又称一次拔管法,拔管时每提升0.5~1.0 m,振动5~10 s,然后再拔管0.5~1.0 m,这样反复进行,直至全部拔出;复打法是在同一桩孔内连续进行两次单打,或根据需要进行局部复打,施工时应保证前后两次沉管轴线重合,并在混凝土初凝之前进行。反插法是钢管每提升0.5~1.0 m,再下插0.3~0.5 m,这样反复进行,直至全部拔出。施工时,注意及时补充套筒内的混凝土,使管内混凝土面保持

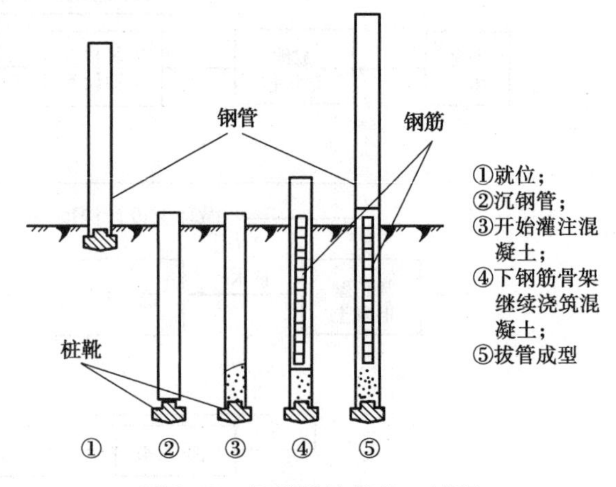

图2.33 沉管灌注桩施工过程

一定高度并高于地面。

(1)锤击沉管灌注桩

锤击沉管灌注桩适宜于一般黏性土、淤泥质土和人工填土,其施工过程如图 2.33 所示。施工工艺流程如图 2.34 所示。

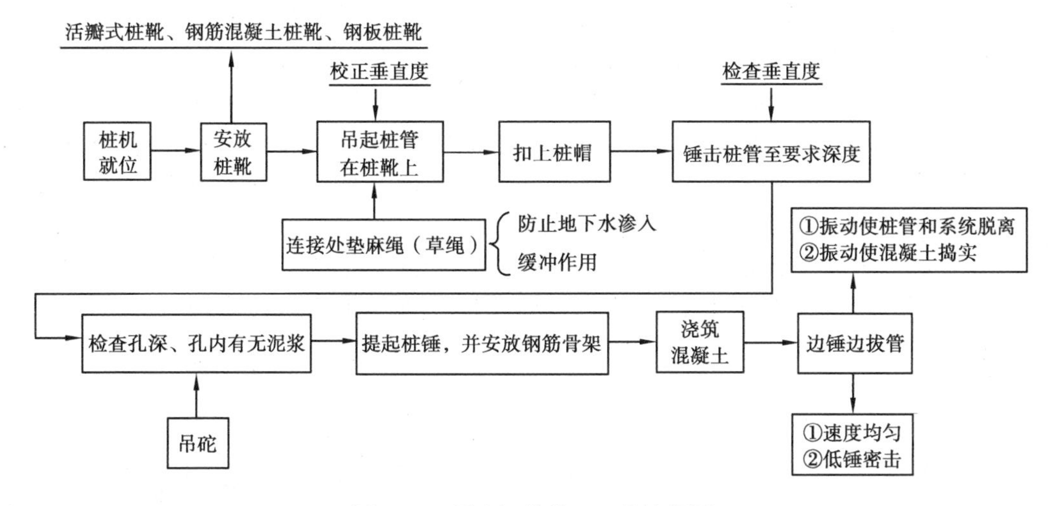

图 2.34 锤击沉管施工工艺流程图

锤击沉管灌注桩施工要点:

①桩尖与桩管接口处应垫麻(或草绳)垫圈,以作缓冲层和防止地下水渗入管内。沉管时先用低锤锤击,观察无偏移后再正常施打。

②拔管前,应先锤击或振动套管,在测得混凝土确已流出套管时方可拔管。

③桩管内混凝土应尽量填满,拔管时要均匀,保持连续密锤轻击,并控制拔管速度,一般土层宜为 1 m/min,软弱土层和软硬土层交界处宜为 0.3 ~0.8 m/min,淤泥质软土不宜大于 0.8 m/min。

④在管底未拔到桩顶设计标高前,倒打或轻击不得中断,注意使管内的混凝土保持略高于地面,并保持到全管拔出为止。

⑤桩的中心距在 5 倍桩管外径以内或小于 2 m 时,均应跳打施工;中间空出的桩须待邻桩混凝土达到设计强度的 50% 以后方可施打。

(2)振动沉管灌注桩

振动沉管灌注桩采用激振器或振动冲击沉管。其施工过程为:

①桩机就位:将桩尖活瓣合拢对准桩位中心,利用振动器及桩管自重把桩尖压入土中。

②沉管:开动振动箱,桩管即在强迫振动下迅速沉入土中。沉管过程中,应经常探测管内有无水或泥浆,如发现水、泥浆较多,应拔出桩管,用砂回填桩孔后方可重新沉管。

③上料:桩管沉到设计标高后停止振动,放入钢筋笼,再上料斗将混凝土灌入桩管内,一般应灌满桩管或略高于地面。

④拔管:开始拔管时,应先启动振动箱 8 ~10 min,并用吊锤测得桩尖活瓣确已张开,混凝土确已从桩管中流出以后,卷扬机方可开始抽拔桩管,边振边拔。一般土层中拔管速度宜为 1.2 ~1.5 m/min,在软弱土层中拔管速度宜为 0.6 ~0.8 m/min。

2.4 地下连续墙施工

地下连续墙施工，即在工程开挖土方之前，用特制的挖槽机械在泥浆护壁的情况下，每次开挖一定长度（一个单元槽段）的沟槽，待开挖至设计深度并清除沉淀下来的泥渣后，将在地面上加工好的钢筋骨架（一般称为钢筋笼）用起重机械吊入充满泥浆的沟槽内，然后通过导管向沟槽内浇筑混凝土，由于混凝土是由沟槽底部开始逐渐向上浇筑，所以随着混凝土的浇筑，泥浆也被置换出来，待混凝土浇至设计标高后，一个单元槽段即施工完毕，如图2.35所示。各个槽段之间由特制的接头连接，便形成连续的地下钢筋混凝土墙。如呈封闭状，则工程开挖土方后，地下连续墙既可挡土又可止水，有利于地下工程和深基坑的施工。若将用作支护挡墙的地下连续墙又作为建筑物地下室或地下构筑物的结构外墙，即所谓的“两墙合一”，则经济效益更加显著。

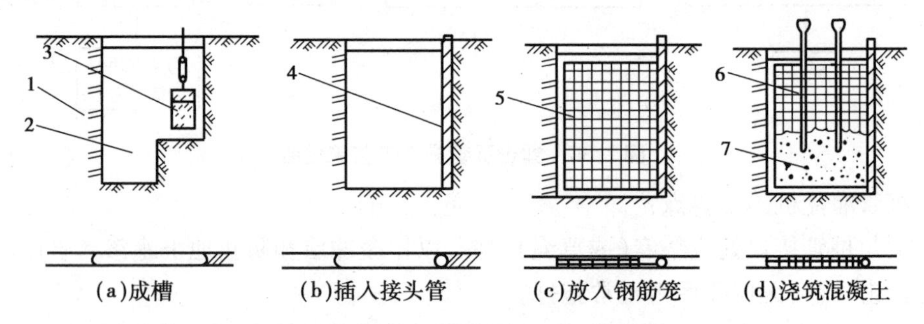

图2.35 地下连续墙施工过程示意图

1—已完成的单元槽段；2—泥浆；3—成槽机；4—接头管；
5—钢筋笼；6—导管；7—浇筑的混凝土

· 2.4.1 构造处理 ·

1）混凝土强度及保护层

现浇钢筋混凝土地下连续墙，其设计混凝土强度等级不得低于C30，考虑到在泥浆中浇筑，施工时要求提高到不得低于C35。

混凝土保护层厚度根据结构的重要性、骨料粒径、施工条件及工程和水文地质条件而定。根据现浇地下连续墙是在泥浆中浇筑混凝土的特点，对于正式结构，其混凝土保护层厚度不应小于70 mm；对于用作支护结构的临时结构，则不应小于40 mm。

2）接头设计

常用的施工接头有以下几种形式：

（1）接头管（亦称锁口管）接头

这是目前地下连续墙施工中应用最多的一种接头形式。接头管接头的施工顺序如图2.36所示。

（2）接头箱接头

接头箱接头可以使地下连续墙形成整体接头，是一种可用于传递剪力和拉力的刚性接头，接头的刚度较好,施工方法与接头管接头相似,只是以接头箱代替了接头管。

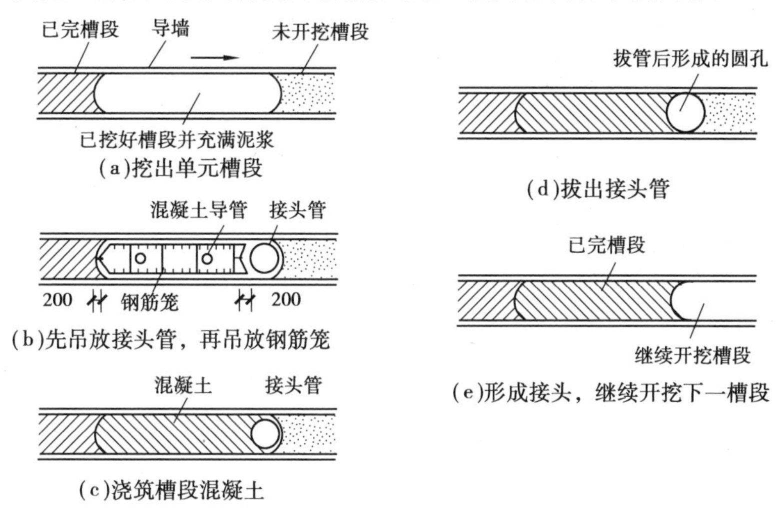

图 2.36 接头管接头的施工顺序

U 形接头管与滑板式接头箱施工的钢板接头,是另一种整体式接头的做法。它是在两相邻单元槽段的交界处利用 U 形接头管放入开有方孔且焊有封头钢板的接头钢板,以增强接头的整体性。U 形接头管与滑板式接头的施工顺序如图 2.37 所示。

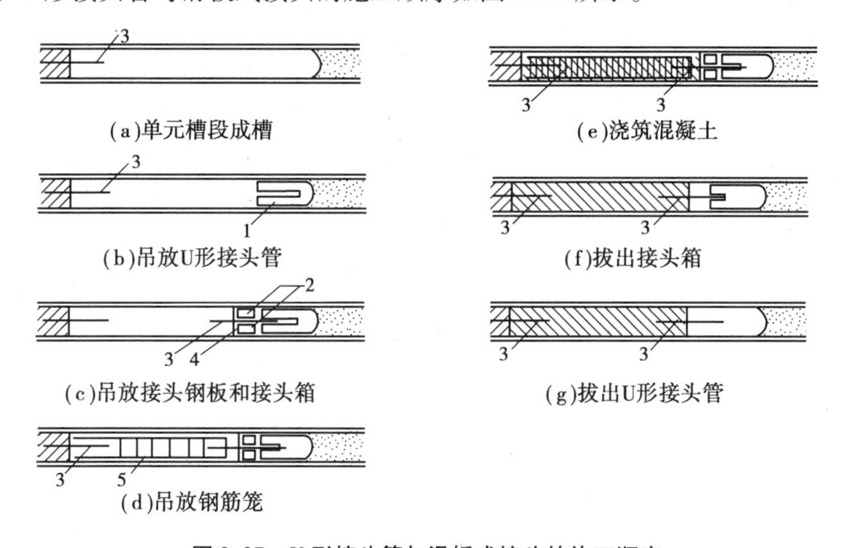

图 2.37 U 形接头管与滑板式接头的施工顺序

1—U 形接头管;2—接头箱;3—接头钢板;4—封头钢板;5—钢筋笼

(3)隔板式接头

隔板的形状分为平隔板、榫形隔板和 V 形隔板。由于隔板与槽壁之间难免有缝隙,为防止新浇筑的混凝土渗入,要在钢筋笼的两边铺贴维尼龙等化纤布。化纤布可把单元槽段钢筋笼全部罩住,也可以只有 2 ~3 m 宽。要注意吊入钢筋笼时不要损坏化纤布。

带有接头钢筋的榫形隔板式接头,能使各单元墙段形成一个整体,是一种较好的接头方式。但插入钢筋笼较困难,且接头处混凝土的流动亦受到阻碍,施工时要特别加以注意。

(4)结构接头

地下连续墙与内部结构的楼板、柱、梁、底板等连接的结构接头,常用的有预埋连接钢筋法、预埋连接钢板法和预埋钢筋锥螺纹接头法。

这些做法是将预埋件与钢筋笼固定,浇筑混凝土后将预埋钢筋弯折出墙面或使预埋件外露,然后与梁、板等受力钢筋进行焊接连接。近年来结构接头利用最多的方法是预埋锥(直)螺纹套筒,将其与钢筋笼固定,要求位置十分准确,挖土露出后即可与梁、板受力钢筋连接。

· 2.4.2　地下连续墙施工 ·

1)施工前的准备工作

在进行地下连续墙设计和施工之前,必须认真调查现场情况和地质、水文等情况,以确保施工的顺利进行。

2)施工工艺

现浇钢筋混凝土地下连续墙的施工工艺通常如图 2.38 所示。其中,修筑导墙、泥浆制备与处理、挖深槽、钢筋笼的制作与吊放以及混凝土的浇筑是地下连续墙施工中的主要工序。

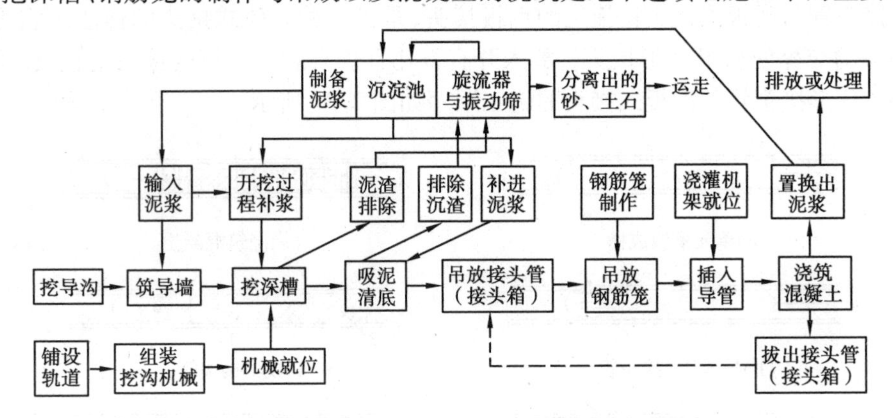

图 2.38　现浇混凝土地下连续墙的施工工艺

(1)修筑导墙

导墙是地下连续墙挖槽之前修筑的临时结构,对挖槽起重要作用。导墙的作用:主要为地下连续墙定位置、定标高;成槽时为挖槽机定向;储存和排泄泥浆,防止雨水混入;稳定泥浆;支承挖槽机具、钢筋笼和接头管、混凝土导管等设备的施工重量;保持槽顶面土体的稳定,防止土体塌落。

现浇钢筋混凝土导墙施工顺序:平整场地→测量定位→挖槽及处理弃土→绑扎钢筋→支模板→浇筑混凝土→拆模并设置横撑→导墙外侧回填土(如无外侧模板不进行此项工作)。

(2)泥浆护壁

地下连续墙的深槽是在泥浆护壁下进行挖掘的,泥浆在成槽过程中的作用有护壁、携渣、冷却和润滑作用。

(3)挖深槽

挖槽的主要工作包括单元槽段划分、挖槽机械的选择与正确使用、制订防止槽壁坍塌的措施和特殊情况的处理方法等。

①单元槽段划分。地下连续墙施工时,预先沿墙体长度方向把地下墙划分为多个某种长度的“单元槽段”。单元槽段的最小长度不得小于一个挖掘段,即不得小于挖掘机械的挖土工作装置的一次挖土长度。

②挖槽机械选择。在地下连续墙施工中,常用的挖槽机械按其工作机理主要分为挖斗式、回转式和冲击式三大类。

a. 挖斗式挖槽机。挖斗式挖槽机是以斗齿切削土体,切削下来的土体收容在斗体内,再从沟槽内提出地面开斗卸土,然后又返回沟槽内挖土,如此重复循环作业进行挖槽。

为了保证挖掘方向,提高成槽精度,可采用以下两种措施:一种是在抓斗上部安装导板,即成为国内常用的导板抓斗;另一种是在挖斗上装长导杆,导杆沿着机架上的导向立柱上下滑动,成为液压抓斗,这样既保证了挖掘方向又增加了斗体自重,提高了对土的切入力。

b. 回转式挖槽机。这类挖槽机是以回转的钻头切削土体进行挖掘,钻下的土渣随循环的泥浆排出地面。按照钻头数目,回转式挖槽机分为单头钻和多头钻。单头钻主要用来钻导孔,多头钻用来挖槽。

c. 冲击式挖槽机。目前,我国使用的主要是钻头冲击式挖槽机,它是通过各种形状钻头的上下运动,冲击破碎土层,借助泥浆循环把土渣携出槽外。它适用于黏性土、硬土和夹有孤石等较为复杂的地层情况。钻头冲击式挖槽机的排土方式有正循环方式和反循环方式两种。

(4)清底

在挖槽结束后清除槽底沉淀物的工作称为清底。

清除沉渣的方法常用的有:砂石吸力泵排泥法、压缩空气升液排泥法、潜水泥浆泵排泥法、抓斗直接排泥法。清底后,槽内泥浆的相对密度应在 1.15 g/cm^3 以下。

清底一般安排在插入钢筋笼之前进行,对于采用泥浆反循环法进行挖槽的,可在挖槽后紧接着进行清底工作。另外,单元槽段接头部位附着的土渣和泥皮会显著降低接头处的防渗性能,宜用刷子刷除或用水枪喷射高压水流进行冲洗。

(5)钢筋笼加工与吊放

钢筋笼根据地下连续墙墙体配筋图和单元槽段的划分来制作。单元槽段的钢筋笼应装配成一个整体。必须分段时,宜采用焊接或机械连接,接头位置宜选在受力较小处,并相互错开。

(6)混凝土浇筑

混凝土配合比的设计与灌注桩导管法相同。地下连续墙的混凝土浇筑机具可选用履带式起重机、卸料翻斗、混凝土导管和储料斗,并配备简易浇筑架,组成一套设备。为便于混凝土向料斗供料和装卸导管,还可以选用混凝土浇筑机架进行地下连续墙的浇筑,机架可以在导墙上沿轨道行驶。

本章小结

本章主要介绍了地基处理方法,桩基础、地下连续墙等的施工工艺。通过学习,应达到以下要求:

(1)熟悉地基加固与处理的施工工艺。

(2)掌握钢筋混凝土预制桩的施工工艺。

(3)掌握泥浆护壁成孔灌注桩、干作业成孔灌注桩、人工挖孔灌注桩及沉管灌注桩的施工工艺。

(4)熟悉地下连续墙的施工工艺。

思考题与习题

2.1　地基加固有哪些方法?

2.2　试述强夯法的夯实方法。

2.3　试述钢筋混凝土预制桩的制作、起吊、运输、堆放等环节的主要工艺要求。

2.4　试述钢筋混凝土预制桩的施工过程及质量要求。

2.5　打桩易出现哪些问题?分析其出现原因,如何避免?

2.6　试述泥浆护壁成孔灌注桩的施工过程及注意事项。

2.7　试述人工挖孔灌注桩的特点和工艺流程。

2.8　试述沉管灌注桩的施工工艺。

2.9　试述地下连续墙的施工过程。

3 砌筑及墙体保温工程施工工艺

3.1 脚手架

· *3.1.1 脚手架的作用和种类* ·

脚手架又称脚手，是砌筑过程中堆放材料和工人进行操作不可缺少的临时设施，它直接影响到施工作业的顺利开展和安全，也关系到工程质量和劳动生产率。建筑施工脚手架应由架子工搭设，脚手架的宽度一般为1.5～2.0 m，砌筑用脚手架的每步架高度一般为1.2～1.4 m，装饰用脚手架的每步架高度一般为1.6～1.8 m。砌筑用脚手架必须满足使用要求，安全可靠，构造简单，便于装拆、搬运，经济省料并能多次周转使用。

脚手架可根据与施工对象的位置关系、支承特点、结构形式以及使用的材料等划分为多种类型。

按照支承部位和支承方式划分：

①落地式：搭设（支座）在地面、楼面、屋面或其他平台结构之上的脚手架。

②悬挑式：采用悬挑方式支设的脚手架，其支挑方式又有3种，即架设于专用悬挑梁上、架设于专用悬挑三角桁架上和架设于由撑拉杆件组合的支挑结构上。其支挑结构有斜撑式、斜拉式、拉撑式和顶固式等多种。

③附墙悬挂脚手架：在上部或中部挂设于墙体挑挂件上的定型脚手架。

④悬吊脚手架：悬吊于悬挑梁或工程结构之下的脚手架。

⑤升降式脚手架（简称“爬架”）：附着于工程结构，依靠自身提升设备实现升降的悬空脚手架。

⑥水平移动脚手架：带行走装置的脚手架或操作平台架。

按其所用材料分为：木脚手架、竹脚手架和金属脚手架。

按其结构形式分为：多立杆式、碗扣式、门式、方塔式、附着式升降脚手架及悬吊式脚手架等。

下面分别介绍几种常用脚手架。

· *3.1.2 扣件式钢管脚手架* ·

扣件式钢管脚手架属于多立杆式外脚手架中的一种。其特点是：杆配件数量少，装卸方便，利于施工操作；搭设灵活，搭设高度大；坚固耐用，使用方便。

多立杆式脚手架由立杆、大横杆、小横杆、斜撑、脚手板等组成。其特点是每步架高可根据施工需要灵活布置，取材方便，钢、木、竹等均可应用。

1）构造要求

扣件式脚手架是由标准的钢管杆件和特制扣件组成的脚手架骨架与脚手板、防护构件、连墙件等组成的，是目前最常用的一种脚手架。

多立杆式脚手架分为双排式和单排式两种。双排式沿外墙侧设两排立杆，小横杆两端支承在内外二排立杆上，多、高层房屋均可采用，当房屋高度超过 50 m 时需要专门设计。单排式沿墙外侧仅设一排立杆，其小横杆与大横杆连接，另一端支承在墙上，仅适用于荷载较小、高度较低、墙体有一定强度的多层房屋。多立杆式脚手架如图 3.1 所示。

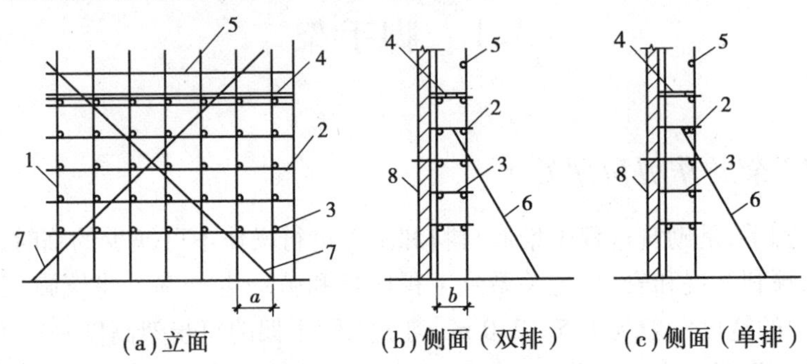

图 3.1　多立杆式脚手架

1—立杆；2—大横杆；3—小横杆；4—脚手板；5—栏杆；6—抛撑；7—斜撑（剪刀撑）；8—墙体

(1)钢管杆件

钢管杆件包括立杆、大横杆、小横杆、剪刀撑、斜杆和抛撑（在脚手架立面之外设置的斜撑）。

钢管杆件一般采用外径为 48.3 mm、壁厚 3.6 mm 的焊接钢管或无缝钢管，也有外径为 50 ~ 51 mm、壁厚 3 ~ 4 mm 的焊接钢管或其他钢管。用于立杆、大横杆、剪刀撑和斜杆的钢管的最大长度为 4 ~ 6.5 m，最大质量不宜超过 25 kg，以便适合人工操作。用于小横杆的钢管长度宜在 1.8 ~ 2.2 m，以适应脚手宽的需要。

(2)扣件

扣件为杆件的连接件，有可锻铸铁铸造扣件和钢板压制扣件两种。扣件的基本形式有 3 种：对接扣件，用于两根钢管的对接连接；旋转扣件，用于两根钢管呈任意角度交叉的连接；直角扣件，用于两根钢管呈垂直交叉的连接。扣件形式如图 3.2 所示。

图 3.2　扣件形式

(3)脚手板

脚手板一般用厚 2 mm 的钢板压制而成，长 2 ~ 4 m、宽 250 mm，表面应有防滑措施。也可采用厚度不小于 50 mm 的杉木板或松木板，长 3 ~ 6 m、宽 200 ~ 250 mm；或者采用竹脚手板，有竹笆板和竹片板两种形式。脚手板的材质应符合规定,且脚手板不得有超过允许的变形和缺陷。

(4)连墙件

连墙件将立杆与主体结构连接在一起,可用钢管、型钢或粗钢筋等制作,其间距见表3.1。

表3.1 连墙件布置最大间距

脚手架类型	脚手架高度/m	竖向间距 h/m	水平间距 l_a/m	每根连墙件覆盖面积/m^2
双排落地	≤50	$3h$	$3l_a$	≤40
双排悬挑	>50	$2h$	$3l_a$	≤27
单排	≤24	$3h$	$3l_a$	≤40

注:h——步距;l_a——纵距。

每个连墙件抗风荷载的最大面积应小于40 m^2。连墙件需从底部第一根纵向水平杆处开始设置,附墙件与结构的连接应牢固,通常采用预埋件连接。

连墙杆每3步5跨设置一根,不仅可以防止架子外倾,同时还可增加立杆的纵向刚度,如图3.3所示。

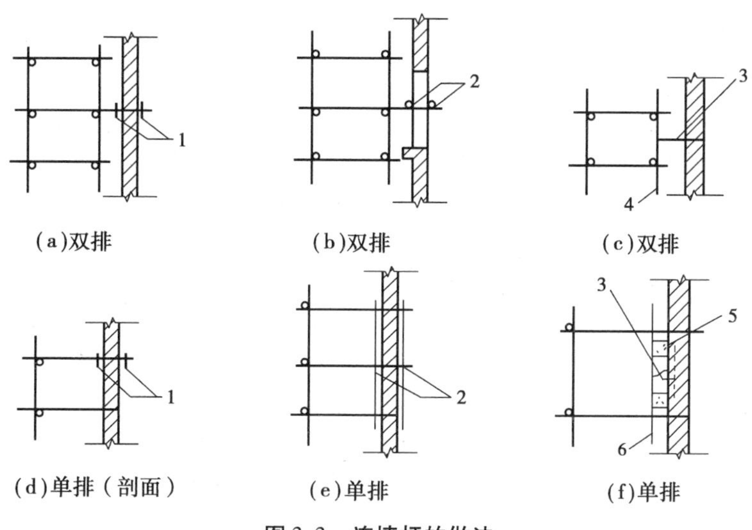

图3.3 连墙杆的做法

1—扣件;2—短钢管;3—铅丝与墙内埋设的钢筋环拉住;4—顶墙横杆;5—木楔;6—短钢管

(5)底座

扣件式钢管脚手架的底座用于承受脚手架立柱传递下来的荷载,底座一般采用厚 8 mm、边长150~200 mm的钢板作底板,上焊150 mm高的钢管。底座形式有内插式和外套式两种,如图3.4所示。内插式的外径 D_1 比立杆内径小2 mm,外套式的内径 D_2 比立杆外径大2 mm。

2)扣件式钢管脚手架的搭设要求

①扣件式钢管脚手架搭设范围内的地基要夯实找平,做好排水处理,防止积水浸泡地基。

②立杆中大横杆步距和小横杆间距可按表3.2选用,最下一层步距可放大到1.8 m,以便于底层施工人员的通行和运输。

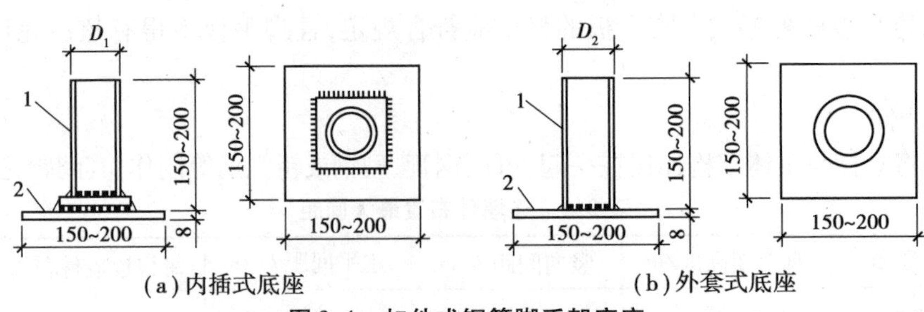

(a)内插式底座　　(b)外套式底座

图 3.4　扣件式钢管脚手架底座

1—承插钢管;2—钢板底座

表 3.2　扣件式钢管脚手架构造尺寸和施工要求

用途	构造形式	立杆离墙面的距离/m	立杆间距/m		操作层小横杆间距/m	大横杆步距/m	小横杆挑向墙面的悬距/m
			横向	纵向			
砌筑	单排	0.5	1.2 ~ 1.5	2	0.67	1.2 ~ 1.4	0.45
	双排		1.5	2	1	1.2 ~ 1.4	
装饰	单排	0.5	1.2 ~ 1.5	2.2	1.1	1.6 ~ 1.8	0.45
	双排		1.5	2.2	1.1	1.6 ~ 1.8	

注:①立杆底座须在底下垫以木板或垫块。杆件搭设时应注意立杆垂直,竖立第一节立柱时,每 6 跨应暂设一根抛撑(垂直于大横杆,一端支承在地面上),直至固定件架设好后方可根据情况拆除。

②剪刀撑设置在脚手架两端的双跨内和中间每隔 30 m 净距的双跨内,仅在架子外侧与地面呈 45°布置。搭设时将一根斜杆扣在小横杆的伸出部分,同时随着墙体的砌筑,设置连墙杆与墙锚拉,扣件要拧紧。

③脚手架的拆除按由上而下逐层向下的顺序进行,严禁上下同时作业。严禁将整层或数层固定件拆除后再拆脚手架。严禁抛扔,卸下的材料应集中。严禁行人进入施工现场,要统一指挥、上下呼应、保证安全。

3.1.3　碗扣式钢管脚手架

1)基本构造

碗扣式钢管脚手架由钢管立杆、横杆、碗扣接头等组成。其基本构造和搭设要求与扣件式钢管脚手架类似,不同之处主要在于碗扣接头。

碗扣接头是该脚手架系统的核心部件,它由上碗扣、下碗扣、横杆接头和上碗扣的限位销等组成,如图 3.5 所示。上碗扣、下碗扣和限位销按 60 cm 间距设置在钢管立杆之上,其中下碗扣和限位销则直接焊在立杆上。组装时,将上碗扣的缺口对准限位销后,把横杆接头插入下碗扣内,压紧和旋转上碗扣,利用限位销固定上碗扣。碗扣接头可同时连接 4 根横杆,可以互相垂直或偏转一定角度。

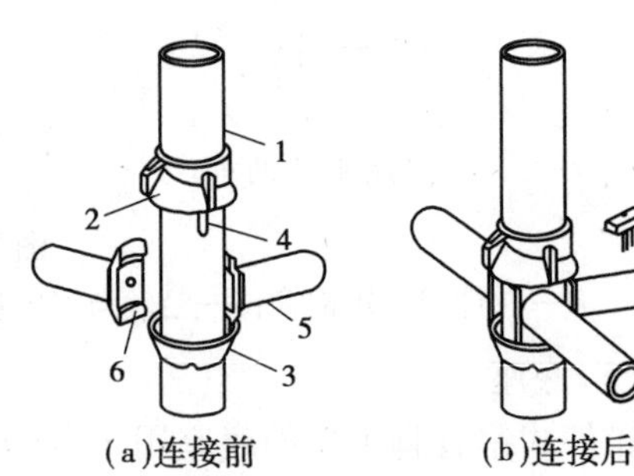

(a)连接前　　(b)连接后

图 3.5　碗扣接头

1—立杆;2—上碗扣;3—下碗扣;4—限位销;5—横杆;6—横杆接头

2)碗扣式脚手架的搭设要求

碗扣式钢管脚手架立杆横距为 1.2 m,纵距根据脚手架荷载可为 1.2 m,1.5 m,1.8 m,

2.4 m,步距为1.8 m,2.4 m。搭设时立杆的接长缝应错开,第一层立杆应用长1.8 m和3.0 m的立杆错开布置,往上均用3.0 m长杆,至顶层再用1.8 m和3.0 m两种长度找平。高30 m以下脚手架垂直度应在1/200以内,高30 m以上脚手架垂直度应控制在1/400~1/600,总高垂直度偏差应不大于100 mm。

· 3.1.4 门式钢管脚手架 ·

1)构造要求

门式钢管脚手架由门式框架、剪刀撑和水平梁架或脚手板构成基本单元,如图3.6(a)所示。将基本单元连接起来即构成整片脚手架,如图3.6(b)所示。

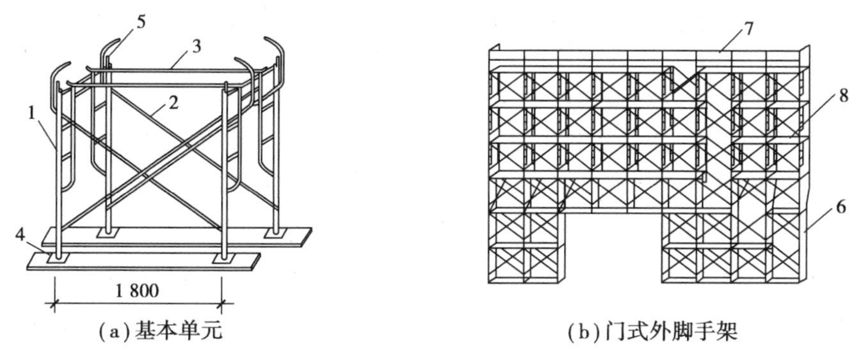

(a)基本单元

(b)门式外脚手架

图3.6 门式钢管脚手架

1—门式框架;2—剪刀撑;3—水平梁架;4—螺旋基脚;5—连接器;6—梯子;7—栏杆;8—脚手板

2)门式钢管脚手架的搭设与拆除

门式钢管脚手架一般按以下程序搭设:铺放垫木(板)→拉线,放底座→自一端起立门架并随即装剪刀撑→装水平梁架(或脚手板)→装梯子→需要时装设纵向水平杆→装设连墙杆→重复上述步骤,逐层向上安装→装加强整体刚度的长剪刀撑→装设顶部栏杆。

搭设门式脚手架时,基底必须先平整夯实,并铺设可调底座,以免产生塌陷和不均匀沉降。应严格控制第一步门式框架垂直度偏差不大于2 mm,门架顶部的水平偏差不大于5 mm。外墙脚手架必须通过扣墙管与墙体拉结,并用扣件把钢管和处于相交方向的门架连接起来。整片脚手架必须适量设置水平加固杆(纵向水平杆),前3层要每层设置,3层以上则每隔3层设1道。在架子外侧面设置长剪刀撑。使用连墙管或连墙器将脚手架与建筑物连接。高层脚手架应增加连墙点布设密度。拆除架子时应自上而下进行,部件拆除顺序与安装顺序相同。门式脚手架架设超过10层,应加设辅助支撑,一般在高8~11层门式框架之间,宽5个门式框架之间,加设一组,使部分荷载由墙体承受。

· 3.1.5 满堂脚手架 ·

①单层厂房、礼堂、大餐厅的平顶施工,可搭满堂脚手架。

②满堂脚手架立杆底部应夯实或垫板。

③四角设抱角斜撑,四边设剪刀撑,中间每隔4排立杆沿纵长方向设一道剪刀撑,所有斜

撑和剪刀撑均须由底到顶连续设置。

④封顶用双扣绑扎，立杆大头朝上，脚手板铺好后不露杆头。

⑤上料井口四角设安全护栏。

· 3.1.6 升降式脚手架 ·

升降式脚手架(图3.7)简称爬架，是沿结构外表面满搭的脚手架，在结构和装修工程施工中应用较为方便。升降式脚手架自身分为两大部件，分别依附和固定在建筑结构上。主体结构施工阶段，升降式脚手架利用自身带有的升降机构和升降动力设备，使两个部件互为利用，交替松开固定，交替爬升，其爬升原理同爬升模板；装饰施工阶段，交替下降。

该形式的脚手架搭设高度为3～4个楼层，不占用塔吊。相对落地式外脚手架，省材料、省人工，适用于高层框架、剪力墙和筒体结构的快速施工。

升降式脚手架的升降运动是通过手动或电动倒链交替对活动架和固定架进行升降来实现的。从升降架的构造来看，活动架和固定架之间能够进行上下相对运动。当脚手架工作时，活动架和固定架均用附墙螺栓与墙体锚固，两架之间无相对运动；当脚手架需要升降时，活动架与固定架中的一个架子仍然锚固在墙体上，使用倒链对另一个架子进行升降，两架之间便产生相对运动。通过活动架和固定架交替附墙，互相升降，脚手架即可沿着墙体上的预留孔逐层升降。爬升可分段进行，视设备、劳动力和施工进度而定，每个爬升过程提升1.5～2 m。

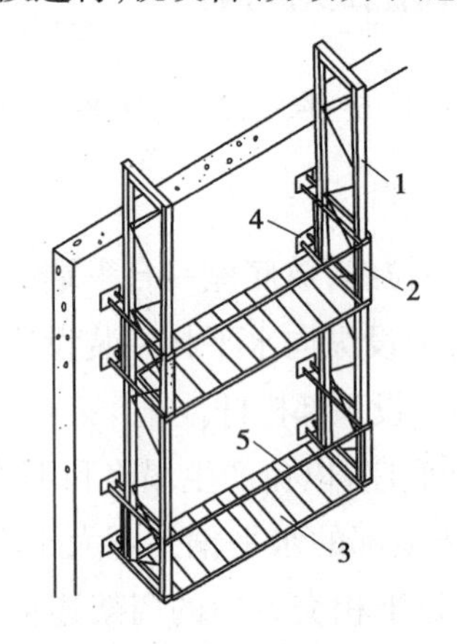

图3.7 升降式脚手架

1—内架；2—外套架；3—外手板；

4—附墙装置；5—栏杆

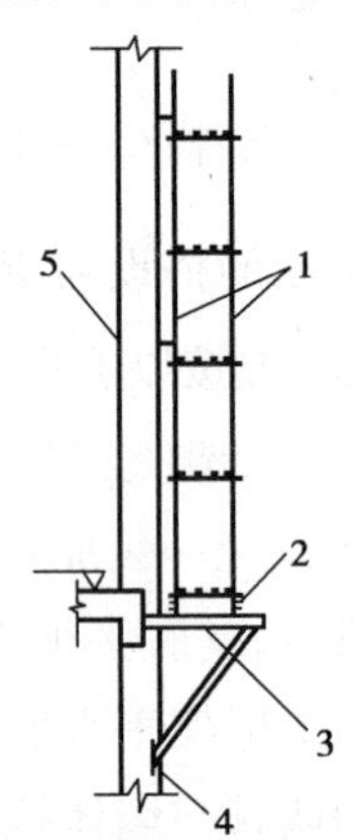

图3.8 悬挑脚手架

1—钢管脚手架；2—型钢横梁；

3—三角支撑架；4—预埋件；5—钢筋混凝土柱(墙)

· 3.1.7 悬挑式脚手架 ·

悬挑式脚手架(图3.8)简称挑架，搭设在建筑物外边缘向外伸出的悬挑结构上，将脚手架荷载全部或部分传递给建筑结构。

悬挑支承结构有用型钢焊接制作的三角桁架下撑式结构，以及用钢丝绳斜拉住水平型钢挑梁的斜拉式结构两种主要形式。

在悬挑结构上搭设的双排外脚手架与落地式脚手架相同,分段悬挑脚手架的高度一般控制在25 m以内。该形式的脚手架适用于高层建筑施工。由于脚手架是沿建筑物高度分段搭设,故在一定条件下,当上层还在施工时,其下层即可提前交付使用;而对于有裙房的高层建筑,则可使裙房与主楼不受外脚手架的影响,同时展开施工。

· 3.1.8 外挂式脚手架 ·

外挂式脚手架(图3.9)随主体结构逐层向上施工,用塔吊吊升,悬挂在挑梁上。在装饰施工阶段,该脚手架改为从屋顶吊挂,逐层下降。吊挂式脚手架的吊升单元(吊篮架子)宽度宜控制在5~6 m,每一吊升单元的自重宜在1 t以内。该形式的脚手架适用于高层框架和剪力墙结构施工。

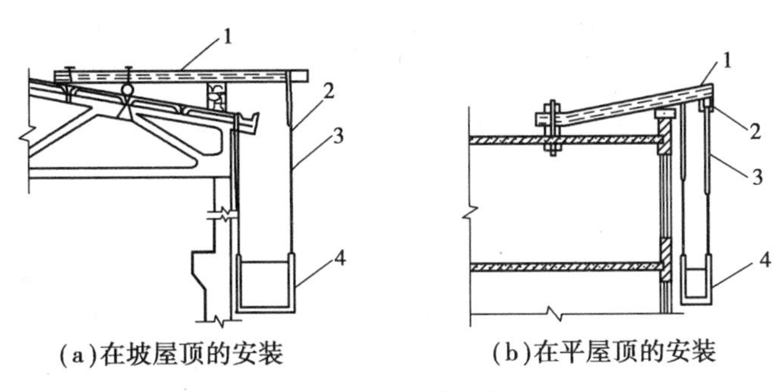

(a)在坡屋顶的安装　　(b)在平屋顶的安装

图3.9　吊挂脚手架

1—挑梁;2—吊环;3—吊索;4—吊篮

3.2 垂直运输设施

垂直运输设施是指担负垂直输送材料和施工人员上下的机械设备和设施。在砌筑施工过程中,各种材料(砖、砂浆)、工具(脚手架、脚手板)及各层楼板都需要用垂直运输机具来完成。目前,砌筑工程中常用的垂直运输设施有塔式起重机、井字架、龙门架、独杆提升机、建筑施工电梯等。

1)塔吊

塔吊又称塔机或塔式起重机,具有提升、回转等功能,不仅是重要的吊装设备,也是重要的垂直运输设备,尤其在吊运长、大、重的物料时有明显优势,故在可能的条件下宜优先选用。塔式起重机塔身竖直,起重臂安装在塔身顶部,具有较大的工作空间,起重高度大。塔式起重机的类型较多,广泛用于多层砖混及多高层现浇或装配钢筋混凝土工程的施工。

塔式起重机由金属结构部分、机械传动部分、电气控制与安全保护部分以及与外部支撑设施组成。金属结构部分包括行走台车架、支腿、底架平台、塔身、套架、回转支承、转台、驾驶室、塔帽、起重臂架、平衡臂架以及绳轮系统、支架等。机械传动部分包括起升机构、行走机构、变幅机构、回转机构、液压顶升机构、电梯卷扬机构以及电缆卷筒等。电器控制与安全保护部分包括电动机、控制器、动力线、照明灯、各安全保护装置以及中央集电环等。外部支撑设施包括轨道基础及附着支撑等。

2）**井字架**

在垂直运输过程中，井字架的特点是稳定性好，运输量大，可以搭设较大的高度，是施工中最常用、最简便的垂直运输设施，如图3.10所示。

除用型钢或钢管加工的定型井架外，还有用脚手架材料搭设而成的井架。井架多为单孔井架，但也可构成两孔或多孔井架。

3）**龙门架**

龙门架是由两根三角形或矩形截面的立柱及天轮梁（横梁）构成的门式架。立柱是由若干个格构柱用螺栓拼装而成，而格构柱是用角钢及钢管焊接而成或直接用厚壁钢管构成门架。龙门架设有滑轮、导轨、吊盘、安全装置以及起重索、缆风绳等，其构造如图3.11所示。

龙门架构造简单、制作容易、用材少、装拆方便，但刚度和稳定性较差，一般适用于中小型工程。

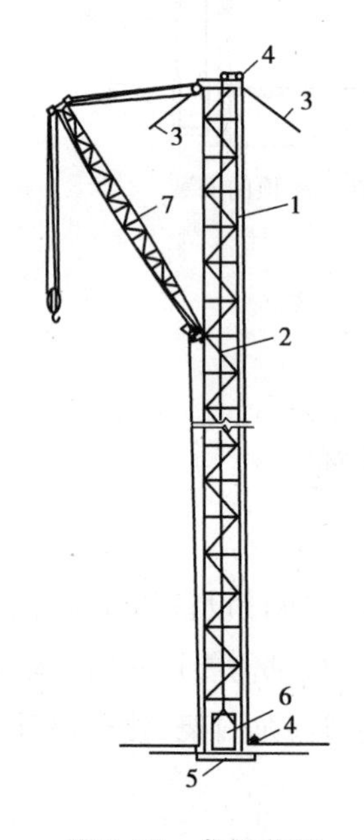

图3.10　角钢井架

1—井架；2—钢丝绳平撑；3—缆风绳；
4—滑轮；5—垫梁；6—吊盘；7—辅助吊臂

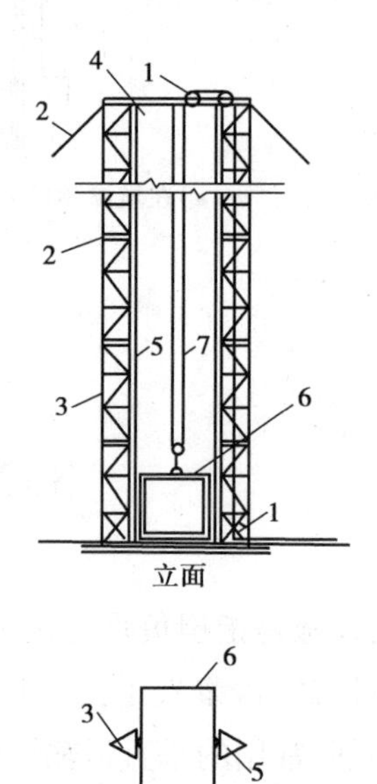

图3.11　龙门架的基本构造形式

1—滑轮；2—缆风绳；3—立柱；
4—横梁；5—导轨；6—吊盘；7—钢丝绳

4）**建筑施工电梯**

目前，在高层建筑施工中常采用人货两用的建筑施工电梯，它的吊笼装在井架外侧，沿齿条式轨道升降，附着在外墙或其他建筑物结构上，可载重货物1.0～1.2 t，亦可容纳12～15人。其高度随着建筑物主体结构施工而接高，可达100 m，如图3.12所示。它特别适用于高层建筑，也可用于多层厂房和一般楼房施工中的垂直运输。

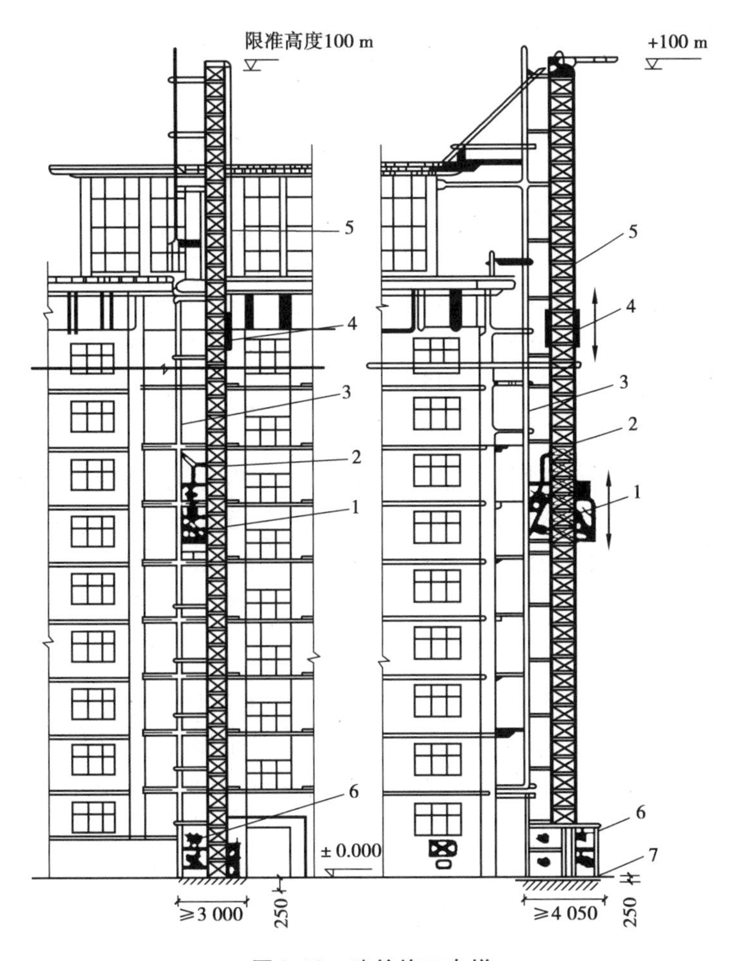

图 3.12 建筑施工电梯

1—吊笼;2—小吊杆;3—架设安装杆;4—平衡安装杆;5—导航架;6—底笼;7—混凝土基础

3.3 砌筑材料

砌筑工程所用材料主要是砖、石、砌块以及砌筑砂浆。

1)砌筑用砖

(1)砖的种类

按所用原材料分,有黏土砖、页岩砖、煤矸石砖、粉煤灰砖、灰砂砖和炉渣砖等;按生产工艺,可分为烧结砖和非烧结砖,其中非烧结砖又可分为压制砖、蒸养砖和蒸压砖等;按有无孔洞,可分为空心砖和实心砖。常见砖的强度等级和尺寸,见表3.3。

(2)砌砖前的准备

①选砖:砖的品种、强度等级必须符合设计要求,并应规格一致;用于清水墙、柱表面的砖,外观要求尺寸准确、边角整齐、色泽均匀,无裂纹、掉角、缺棱和翘曲等严重现象。

表 3.3　常见砖的强度等级和尺寸

种　类	尺寸/mm	强度等级	备注
普通黏土砖、灰砂砖、粉煤灰砖	240×115×53	MU10, MU15, MU20, MU25, MU30（蒸压灰砂砖无 MU30）	
烧结多孔砖（承重）	P 型:240×115×90 M 型:190×190×90	MU10,MU15,MU20,MU25,MU30	
烧结空心砖（非承重）	长度:390,290,240,190,180(175),140 宽度:190,180(175),140,115 高度:180(175),140,115,90	MU3.5,MU5.0,MU7.5,MU10.0	

②浇水湿润:为避免砖吸收砂浆中过多的水分而影响黏结力,砖应提前 1 ~2 d 浇水湿润,并可除去砖面上的粉末。烧结普通砖含水率宜为 10% ~15%,但浇水过多会产生砌体走样或滑动。灰砂砖、粉煤灰砖也不宜浇水过多,其含水率控制在 5% ~8% 为宜。

2）砌筑用石

(1)分类

砌筑用石分为毛石和料石两类。毛石未经加工,厚度≥150 mm,体积≥0.01 m^3,分为刮毛石和平毛石。刮毛石是指形状不规则的石块;平毛石是指形状不规则,但有两个平面大致平行的石块。料石经加工,外观规矩,各面尺寸≥200 mm;按其加工面的平整程度,料石可分为细料石、半细料石、粗料石和毛料石 4 种。

石料按其表观密度大小分为轻石和重石两类。表观密度不大于 18 kN/m^3 者为轻石,表观密度大于 18 kN/m^3 者为重石。

(2)强度等级

根据石料的抗压强度值,将石料分为 MU20,MU30,MU40,MU50,MU60,MU80,MU100 共 7 个强度等级。

3）砌块

(1)砌块的种类

砌块代替黏土砖作为墙体材料,是墙体改革的一个重要途径。砌块按形状分为实心砌块和空心砌块两种;按制作原料分为粉煤灰、加气混凝土、混凝土、硅酸盐、石膏砌块等数种;按规格分为小型砌块、中型砌块和大型砌块,砌块高度在 115 ~380 mm 称为小型砌块,高度在 380 ~980 mm 称为中型砌块,高度大于 980 mm 称为大型砌块。

(2)砌块的规格

砌块的规格、型号与建筑的层高、开间和进深有关。由于建筑的功能要求、平面布置和立面体型各不相同,就必须选择一组符合统一模数的标准砌块,以适应不同建筑平面的变化。由于砌块的规格、型号的多少与砌块幅面尺寸的大小有关,即砌块幅面尺寸大,规格、型号就多,砌块幅面尺寸小,规格、型号就少。因此,合理地制订砌块的规格,有助于促进砌块生产的发展,加速施工进度,保证工程质量。

普通混凝土小型空心砌块主规格尺寸为 390 mm×190 mm×190 mm,辅助规格尺寸为 290 mm×190 mm×90 mm。

(3)砌块的等级

普通混凝土小型空心砌块按其强度分为 MU5.0,MU7.5,MU10.0,MU15.0,MU20.0,MU25.0。

轻集料混凝土小型空心砌块按其强度分为 MU2.5,MU3.5,MU5,MU7.5,MU10。

粉煤灰混凝土小型空心砌块按其强度分为 MU3.5,MU5,MU7.5,MU10,MU15,MU20。

4)砌筑砂浆

砌筑砂浆按组成材料的不同分为水泥砂浆、石灰砂浆和水泥混合砂浆。砌筑所用砂浆的强度等级有 M30,M25,M20,M15,M10,M7.5,M5 共 7 个等级。

选择砂浆时应注意:

①砂浆种类选择及其强度等级的确定,应根据设计要求。

②水泥砂浆和水泥混合砂浆可用于砌筑潮湿环境和强度要求较高的砌体,但对于基础一般采用水泥砂浆。

③石灰砂浆宜用于砌筑干燥环境中以及强度要求不高的砌体,不宜用于砌筑潮湿环境的砌体及基础,因为石灰属气硬性胶凝材料,在潮湿环境中,石灰膏不但难以结硬,而且会出现溶解流散现象。

砂浆制备与使用应注意:

①拌制砂浆用水,水质应符合现行国家标准《混凝土用水标准》(JGJ 63—2006)的规定。

②配制砌筑砂浆时,各组分材料应采用质量计量。

③砌筑砂浆应采用机械搅拌,搅拌时间自投料完算起应符合下列规定:水泥砂浆和水泥混合砂浆不得少于 2 min;水泥粉煤灰砂浆和掺用外加剂的砂浆不得少于 3 min;掺增塑剂的砂浆,其搅拌时间应符合现行行业标准《砌筑砂浆增塑剂》(JG/T 164)的有关规定。

④现场拌制的砂浆应随拌随用,拌制的砂浆应在 3 h 内使用完毕;当施工期间最高气温超过 30 ℃时,应在 2 h 内使用完毕。

⑤砂浆应进行强度检验。

3.4 砌体施工

· *3.4.1 砌体施工的基本要求* ·

砌体除采用符合质量要求的原材料外,还必须有良好的砌筑质量,以使砌体有良好的整体性、稳定性和受力性能。施工的基本要求是:灰缝横平竖直,砂浆饱满,厚薄均匀;砌块应上下错缝,内外搭砌,接槎可靠,以保证砌体的整体性;同时组砌要有规律,少砍砖,以提高砌筑效率,节约材料,冬期施工还要采取相应的措施。

· *3.4.2 砖砌体施工* ·

1)砖墙的组砌形式

用普通砖砌筑的砖墙,依其墙面组砌形式不同,常用以下几种:一顺一丁、三顺一丁、梅花丁。

(1)一顺一丁(满顶满条)

一顺一丁砌法,是一皮中全部顺砖与一皮中全部丁砖相互间隔砌成,上下皮间的竖缝相互错开 1/4 砖长,如图 3.13(a)所示。这种砌法各皮间错缝搭接牢靠,墙体整体性较好,操作中变化小,易于掌握,砌筑时墙面也容易控制平直。但竖缝不易对齐,在墙的转角、丁字接头、门窗洞口等处都要砍砖,因此砌筑效率受到一定限制。当砌 24 墙时,顶砖层的砖有两个面露出墙面(也称出面砖较多),故对砖的质量要求较高。这种砌法在砌筑中采用较多,它的墙面形式有两种:一种是顺砖层上下对齐(称十字缝),另一种是顺砖层上下相错半砖(称骑马缝)。

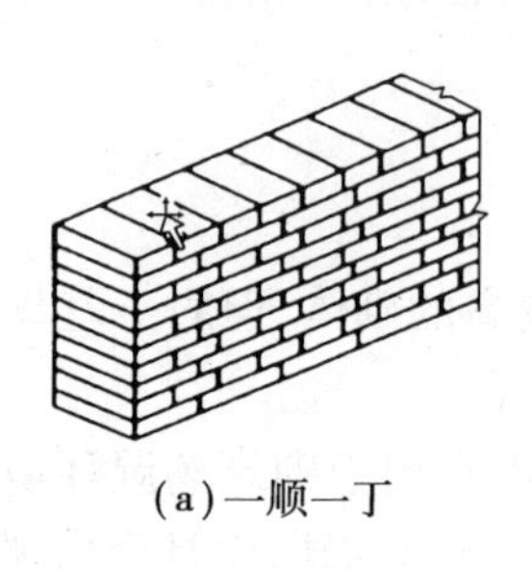

(a)一顺一丁

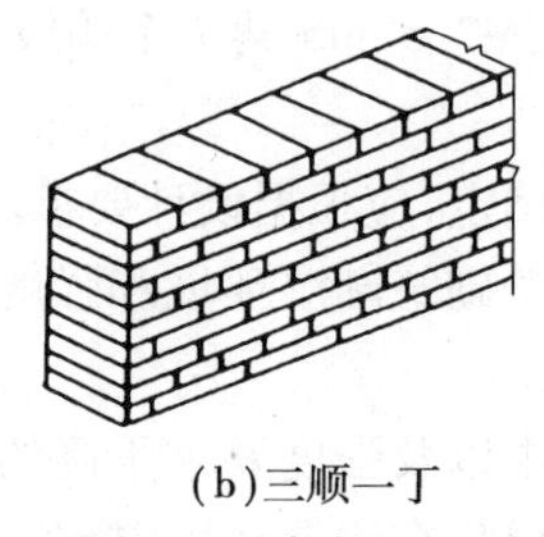

(b)三顺一丁

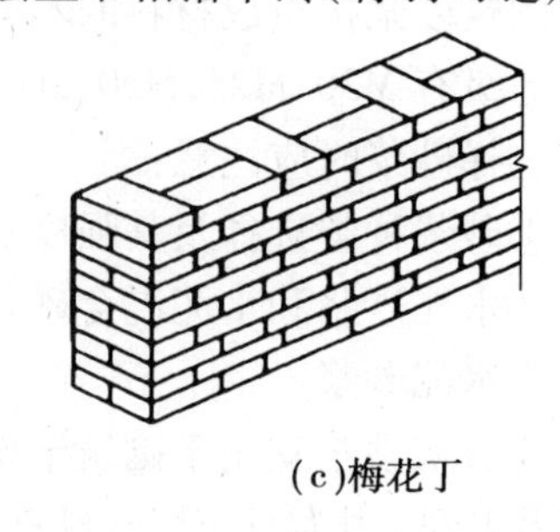

(c)梅花丁

图 3.13　砖墙组砌形式图

(2)三顺一丁

三顺一丁砌法,是三皮中全部顺砖与一皮中全部丁砖间隔砌成,上下皮顺砖与丁砖间竖缝错开 1/4 砖长,上下皮顺砖间竖缝错开 1/2 砖长,如图 3.13(b)所示。这种砌法出面砖较少,同时在墙的转角、丁字与十字接头、门窗洞口处砍砖较少,故可提高工效。但由于顺砖层较多反面,墙面的平整度不易控制,当砖较湿或砂浆较稀时,顺砖层不易砌平且容易向外挤出,影响质量。该法砌的墙其抗压强度接近"一顺一丁"砌法,受拉受剪力学性能均较"一顺一丁"砌法为强。

(3)梅花丁

梅花丁砌法,是每皮中丁砖与顺砖相隔,上皮丁砖坐中于下皮顺砖,上下皮间竖缝相互错开 1/4 砖长,如图 3.13(c)所示。该砌法内外竖缝每皮都能错开,故抗压整体性较好,墙面容易控制平整,竖缝易于对齐,特别是当砖长、宽比例出现差异时,竖缝易控制。但顶、顺砖交替砌筑,操作时容易搞错,比较费工,抗拉强度不如三顺一丁砌法。因这种砌法外形整齐美观,所以多用于砌筑外墙。

除以上介绍的几种外,砖墙砌筑还有五顺一丁砌法、全顺砌法、全丁砌法、两平一侧砌法、空斗墙等。

五顺一丁砌法与三顺一丁砌法基本相同,仅在两个丁砖层中间多砌两皮顺砖。全顺砌法(条砌法),每皮砖全部用顺砖砌筑,两皮间竖缝搭接 1/2 砖长,此种砌法仅用于半砖隔断墙。全丁砌法,每皮全部用丁砖砌筑,两皮间竖缝搭接为 1/4 砖长,此种砌法一般多用于圆形建筑物,如水塔、烟囱、水池、圆仓等。两平一侧砌法(18 cm 墙),两皮平砌的顺砖旁砌一皮侧砖,其厚度为 18 cm,两平砌层间竖缝应错开 1/2 砖长,平砌层与侧砌层间竖缝可错开 1/4 或 1/2 砖长,此种砌法比较费工,墙体的抗震性能较差,但能节约用砖量。空斗墙有两种砌法:一是有眠空斗墙,是将砖侧砌(称斗)与平砌(称眠)相互交替叠砌而成,形式有一斗一眠及多斗一眠等;第二种称为无眠空斗墙,是由两块砖侧砌的平行壁体及互相间用侧砖丁砌横向连接而成。

当采用一顺一丁组砌时,七分头的顺面方向依次砌顺砖,丁面方向依次砌丁砖,如图 3.14

(a)所示。砖墙的丁字接头处,应分皮相互砌通,内角相交处的竖缝应错开1/4砖长,并在横墙端头处加砌七分头砖,如图3.14(b)所示。砖墙的十字接头处,应分皮相互砌通,立角处的竖缝相互错开1/4砖长,如图3.14(c)所示。

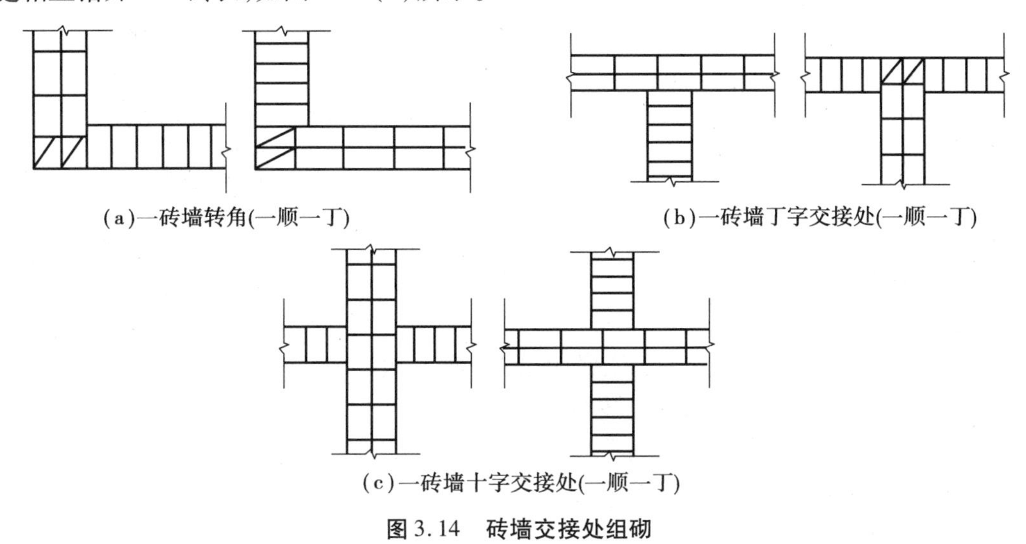
(a)一砖墙转角(一顺一丁)

(b)一砖墙丁字交接处(一顺一丁)

(c)一砖墙十字交接处(一顺一丁)

图3.14　砖墙交接处组砌

2)砌筑工艺

砖墙砌筑的施工过程一般有抄平、放线、摆砖、立皮数杆、盘角、挂线、砌砖、勾缝、清理等工序。

(1)抄平

砌墙前应在基础防潮层或楼面上定出各层标高,厚度不大于20 mm时用1∶3水泥砂浆找平,厚度大于20 mm时一般用C15细石混凝土找平,使各段砖墙底部标高符合设计要求。

(2)放线

根据龙门板上给定的控制轴线及图纸上标注的墙体尺寸,在基础顶面上用墨线弹出墙的轴线和墙的宽度线,并定出门洞口位置线。利用预先引测在外墙面上的墙身中心轴线,借助于经纬仪把墙身中心轴线引测到楼层上去,或用线坠挂,对准外墙面上的墙身中心轴线,从而向上引测,如图3.15所示。根据标高控制点,测出水平标高,为竖向尺寸控制确定基准。

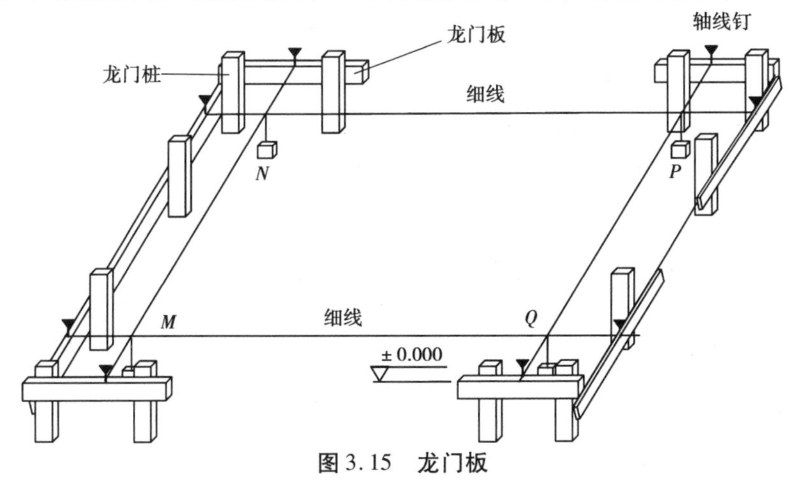

图3.15　龙门板

(3)摆砖

摆砖是指在放线的基面上按选定的组砌方式用干砖试摆。尽量使门窗垛符合砖的模数,偏差可通过竖缝调整,以减小砍砖数量,并保证砖及砖缝排列整齐、均匀,以提高砌砖效率。摆砖的目的是核对所放的墨线在门窗洞口、附墙垛等处是否符合砖的模数,尽可能减少砍砖。

(4)立皮数杆

皮数杆是指在其上画有每皮砖和砖缝厚度以及门窗洞口、过梁、楼板、梁底、预埋件等标高位置的一种木制标杆,如图3.16所示。

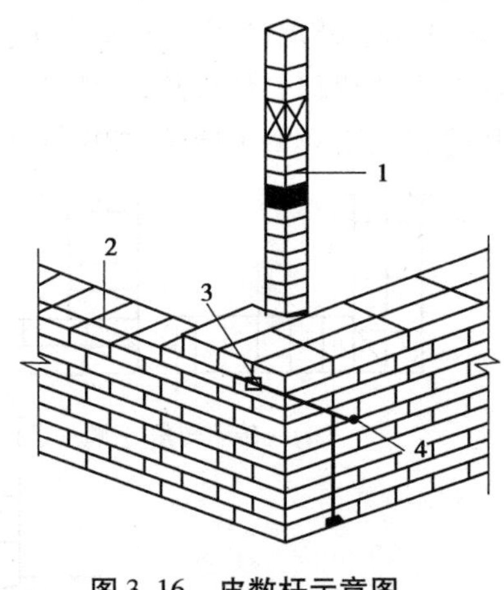

图3.16　皮数杆示意图

1—皮数杆;2—准线;
3—竹片;4—圆铁钉

(5)盘角、挂线

墙角是控制墙面横平竖直的主要依据,因此,一般砌筑时应先砌墙角。墙角砖层高度必须与皮数杆相符合,做到"三皮一吊,五皮一靠",墙角必须双向垂直。

为保证砌体垂直平整,砌筑时必须挂线,一般24墙可单面挂线,37墙及以上的墙则应双面挂线。

(6)砌砖

砌砖的操作方法有很多,常用的是"三一"砌砖法和挤浆法。"三一"砌砖法的操作要点是一铲灰、一块砖、一挤揉,并随手将挤出的砂浆刮去,操作时砖块要放平、跟线。挤浆法即先用砖刀或小方铲在墙上铺500~750 mm长的砂浆,用砌刀调整好砂浆的厚度,再将砖沿砂浆面向接口处推进并揉压,使竖向灰缝有2/3高的砂浆,再用砖刀将砖调平。用挤浆法砌筑时,要求砂浆的和易性一定要好。

(7)勾缝、清理

清水墙砌完后,要进行墙面修正及勾缝。墙面勾缝应横平竖直、深浅一致、搭接平整,不得有丢缝、开裂和黏结不牢等现象。砖墙勾缝宜采用凹缝或平缝,凹缝深度一般为4~5 mm。勾缝完毕后,应进行墙面、柱面和落地灰的清理。

· *3.4.3　混凝土小型空心砌块砌体工程施工* ·

砌筑墙体时,小砌块的产品龄期不应小于28 d。承重墙体使用的小砌块应完整、无破损、无裂缝。小砌块表面的污物应在砌筑时清理干净,灌孔部位的小砌块应清除掉底部孔洞周围的混凝土毛边。当砌筑厚度大于190 mm的小砌块墙体时,宜在墙体内外侧双面挂线。小砌块应将生产时的底面朝上反砌于墙上。小砌块墙内不得混砌黏土砖或其他墙体材料。当需局部嵌砌时,应采用强度等级不低于C20的适宜尺寸的配套预制混凝土砌块。

小砌块砌体应孔对孔、肋对肋错缝搭砌,搭砌应符合下列规定:

①单排孔小砌块的搭接长度应为块体长度的1/2,多排孔小砌块的搭接长度不宜小于砌块长度的1/3。

②当个别部位不能满足搭砌要求时,应在此部位的水平灰缝中设钢筋网片,且网片两端与该位置的竖缝距离不得小于400 mm,或采用配块。

③墙体竖向通缝不得超过2皮小砌块,独立柱不得有竖向通缝。

④墙体转角处和纵横交接处应同时砌筑。临时间断处应砌成斜槎,斜槎水平投影长度不应小于斜槎高度。临时施工洞口可预留直槎,但在补砌洞口时,应在直槎上下搭砌的小砌块孔洞内用强度等级不低于 Cb20 或 C20 的混凝土灌实(图 3.17)。

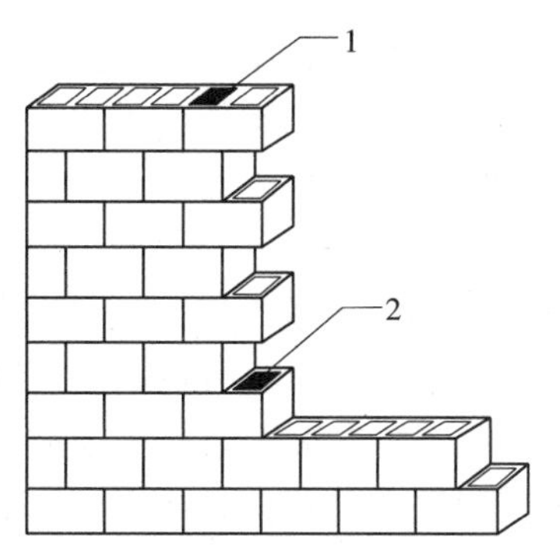

图 3.17　施工临时洞口直槎砌筑示意图

1—先砌洞口灌孔混凝土(随砌随灌);2—后砌洞口灌孔混凝土(随砌随灌)

⑤厚度为 190 mm 的自承重小砌块墙体宜与承重墙同时砌筑。厚度小于 190 mm 的自承重小砌块墙宜后砌,且应按设计要求预留拉结筋或钢筋网片。

⑥砌筑小砌块时,宜使用专用铺灰器铺放砂浆,且应随铺随砌。当未采用专用铺灰器时,砌筑时的一次铺灰长度不宜大于 2 块主规格块体的长度。水平灰缝应满铺下皮小砌块的全部壁肋或单排、多排孔小砌块的封底面;竖向灰缝宜将小砌块一个端面朝上满铺砂浆,上墙应挤紧,并应加浆插捣密实。

⑦砌筑小砌块墙体时,对一般墙面,应及时用原浆勾缝,勾缝宜为凹缝,凹缝深度宜为 2 mm;对装饰夹心复合墙体的墙面,应采用勾缝砂浆进行加浆勾缝,勾缝宜为凹圆或 V 形缝,凹缝深度宜为 4 ~5 mm。

⑧小砌块砌体的水平灰缝厚度和竖向灰缝宽度宜为 10 mm,但不应小于 8 mm,也不应大于 12 mm,且灰缝应横平竖直。

⑨需移动砌体中的小砌块或砌筑完成的砌体被撞动时,应重新铺砌。

⑩砌入墙内的构造钢筋网片和拉结筋应放置在水平灰缝的砂浆层中,不得有露筋现象。钢筋网片应采用点焊工艺制作,且纵横筋相交处不得重叠点焊,应控制在同一平面内。

⑪直接安放钢筋混凝土梁、板或设置挑梁墙体的顶皮小砌块应正砌,并应采用强度等级不低于 Cb20 或 C20 混凝土灌实孔洞,其灌实高度和长度应符合设计要求。

⑫固定现浇圈梁、挑梁等构件侧模的水平拉杆、扁铁或螺栓所需的穿墙孔洞,宜在砌体灰缝中预留,或采用设有穿墙孔洞的异形小砌块,不得在小砌块上打洞。利用侧砌的小砌块孔洞进行支模时,模板拆除后应采用强度等级不低于 Cb20 或 C20 混凝土填实孔洞。

⑬砌筑小砌块墙体应采用双排脚手架或工具式脚手架。当需在墙上设置脚手眼时,可采用辅助规格的小砌块侧砌,利用其孔洞作脚手眼,墙体完工后应采用强度等级不低于 Cb20 或 C20 的混凝土填实。

⑭正常施工条件下,小砌块砌体每日砌筑高度宜控制在 1.4 m 或一步脚手架高度内。

· 3.4.4 配筋砌体工程施工 ·

1）配筋砖砌体施工

钢筋砖过梁内的钢筋应均匀、对称放置，过梁底面应铺1∶2.5水泥砂浆层，其厚度不宜小于30 mm；钢筋应埋入砂浆层中，两端伸入支座砌体内的长度不应小于240 mm，并应有90°弯钩埋入墙的竖缝内。钢筋砖过梁的第一皮砖应丁砌。

网状配筋砌体的钢筋网宜采用焊接网片。

由砌体和钢筋混凝土或配筋砂浆面层构成的组合砌体构件，其连接受力钢筋的拉结筋应在两端做成弯钩，并在砌筑砌体时正确埋入。组合砌体构件的面层施工，应在砌体外围分段支设模板，每段支模高度宜在500 mm以内，浇水润湿模板及砖砌体表面，分层浇筑混凝土或砂浆，并振捣密实；钢筋砂浆面层施工可采用分层抹浆的方法，面层厚度应符合设计要求。

设置钢筋混凝土构造柱的砌体，应按先砌墙后浇筑构造柱混凝土的顺序施工。浇筑混凝土前应将砖砌体与模板浇水润湿，并清理模板内残留的杂物。构造柱混凝土可分段浇筑，每段高度不宜大于2 m，浇筑时应采用小型插入式振动棒边浇筑边振捣的方法。钢筋混凝土构造柱的竖向受力钢筋应在基础梁和楼层圈梁中锚固，锚固长度应符合设计要求。墙体与构造柱的连接处应砌成马牙槎。

2）配筋砌块砌体施工

配筋砌块砌体应采用专用砌筑砂浆和专用灌孔混凝土。

芯柱的纵向钢筋应通过清扫口与基础圈梁、楼层圈梁、连系梁伸出的竖向钢筋绑扎搭接或焊接连接，搭接或焊接长度应符合设计要求。当钢筋直径大于22 mm时，宜采用机械连接。

芯柱竖向钢筋应居中设置，顶端固定后再浇筑芯柱混凝土。

配筋砌块砌体剪力墙的水平钢筋，在凹槽砌块的混凝土带中的锚固、搭接长度应符合设计要求。

配筋砌块砌体剪力墙两平行钢筋间的净距不应小于50 mm。水平钢筋搭接时应上下搭接，并应加设短筋固定（图3.18）。水平钢筋两端宜锚入端部灌孔混凝土中。

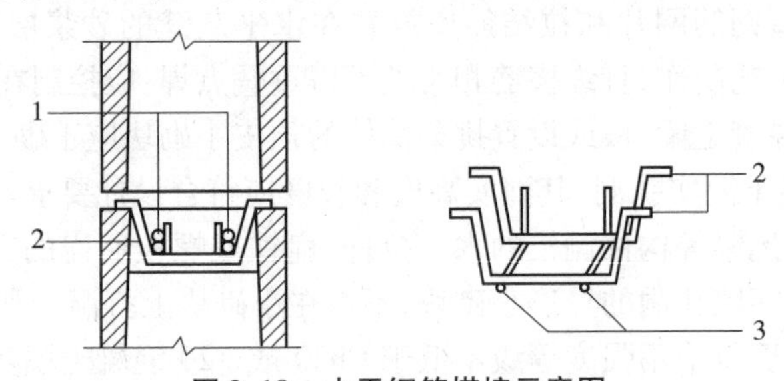

图3.18　水平钢筋搭接示意图

1—水平搭接钢筋；2—搭接部位固定支架的兜筋；3—固定支架加设的短筋

浇筑芯柱混凝土时，其连续浇筑高度不应大于1.8 m。

当剪力墙墙端设置钢筋混凝土柱作为边缘构件时，应按先砌砌块墙体，后浇筑混凝土柱的施工顺序，墙体中的水平钢筋应在柱中锚固，并应满足钢筋的锚固长度要求。

·3.4.5 填充墙砌体工程施工·

1）烧结空心砖砌体施工

烧结空心砖墙应侧立砌筑，孔洞应呈水平方向。空心砖墙底部宜砌筑3皮普通砖，且门窗洞口两侧一砖范围内应采用烧结普通砖砌筑。

砌筑空心砖墙的水平灰缝厚度和竖向灰缝宽度宜为10 mm，且不应小于8 mm，也不应大于12 mm。竖缝应采用刮浆法，先抹砂浆后再砌筑。

砌筑时，墙体的第一皮空心砖应进行试摆。排砖时，不够半砖处应采用普通砖或配砖补砌，半砖以上的非整砖宜采用无齿锯加工制作。

烧结空心砖砌体组砌时应上下错缝，交接处应咬槎搭砌，掉角严重的空心砖不宜使用。转角及交接处应同时砌筑，不得留直槎，留斜槎时斜槎高度不宜大于1.2 m。

外墙采用空心砖砌筑时，应采取防雨水渗漏的措施。

2）轻骨料混凝土小型空心砌块砌体施工

当小砌块墙体孔洞中需填充隔热或隔声材料时，应砌一皮填充一皮，且应填满，不得捣实。

轻骨料混凝土小型空心砌块填充墙砌体，在纵横墙交接处及转角处应同时砌筑；当不能同时砌筑时，应留成斜槎，斜槎水平投影长度不应小于高度的2/3。

当砌筑带保温夹心层的小砌块墙体时，应将保温夹心层一侧靠置室外，并应对孔错缝。左右相邻小砌块中的保温夹心层应互相衔接，上下皮保温夹心层间的水平灰缝处宜采用保温砂浆砌筑。

3）蒸压加气混凝土砌块砌体施工

填充墙砌筑时应上下错缝，搭接长度不宜小于砌块长度的1/3，且不应小于150 mm。当不能满足时，在水平灰缝中应设置双向钢筋或钢筋网片加强，加强筋从砌块搭接的错缝部位起，每侧搭接长度不宜小于700 mm。

蒸压加气混凝土砌块采用薄层砂浆砌筑法砌筑时应符合下列规定：

①砌筑砂浆应采用专用黏结砂浆。

②砌块不得用水浇湿，其灰缝厚度宜为2～4 mm。

③砌块与拉结筋的连接，应预先在相应位置的砌块上表面开设凹槽，砌筑时钢筋应居中放置在凹槽砂浆内。

④砌块砌筑过程中，当在水平面和垂直面上有超过2 mm的错边量时，应采用钢齿磨板和磨砂板磨平方可进行下道工序施工。

采用非专用黏结砂浆砌筑时，水平灰缝厚度和竖向灰缝宽度不应超过15 mm。

3.5 墙体保温工程施工

墙体保温工程一般有外墙外保温和外墙内保温两种形式。这里学习外墙外保温工程施工。

外墙外保温系统是由保温层、防护层和固定材料构成，并固定在外墙外表面的非承重保温构造的总称,简称外保温系统。

外墙外保温工程是将外保温系统通过施工或安装,固定在外墙外表面上所形成的建筑构造实体,简称外保温工程。

· 3.5.1 粘贴保温板薄抹灰外保温系统施工 ·

粘贴保温板薄抹灰外保温系统由黏结层、保温层、抹面层和饰面层构成,如图 3.19 所示。黏结层材料应为胶黏剂;保温层材料可为 EPS 板、XPS 板和 PUR 板或 PIR 板;抹面层材料应为抹面胶浆,抹面胶浆中满铺玻纤网;饰面层可为涂料或饰面砂浆。

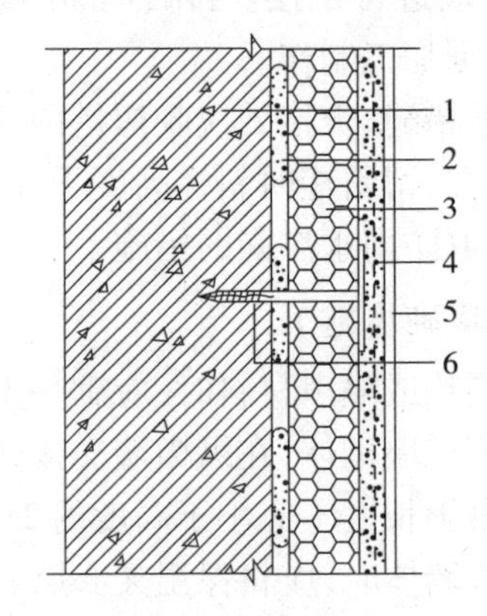

图 3.19 粘贴保温板薄抹灰外保温系统

1—基层墙体;2—胶黏剂;3—保温板;4—抹面胶浆复合玻纤网;5—饰面层;6—锚栓

①当粘贴保温板薄抹灰外保温系统做找平层时,找平层应与基层墙体黏结牢固,不得有脱层、空鼓、裂缝,面层不得有粉化、起皮、爆灰等现象。

②保温板应采用点框粘法或条粘法固定在基层墙体上,EPS 板与基层墙体的有效粘贴面积不得小于保温板面积的 40%,并宜使用锚栓辅助固定;XPS 板和 PUR 板或 PIR 板与基层墙体的有效粘贴面积不得小于保温板面积的 50%,并应使用锚栓辅助固定。

③受负风压作用较大的部位宜增加锚栓辅助固定。保温板宽度不宜大于 1 200 mm,高度不宜大于 600 mm。保温板应按顺砌方式粘贴,竖缝应逐行错缝。保温板应粘贴牢固,不得有松动。

④XPS 板内外表面应做界面处理。

⑤墙角处保温板应交错互锁。门窗洞口四角处保温板不得拼接,应采用整块保温板切割成形。

· 3.5.2 胶粉聚苯颗粒保温浆料外保温系统施工 ·

胶粉聚苯颗粒保温浆料外保温系统由界面层、保温层、抹面层和饰面层构成,如图 3.20 所示。界面层材料应为界面砂浆;保温层材料应为胶粉聚苯颗粒保温浆料,经现场拌和均匀后抹在基层墙体上;抹面层材料应为抹面胶浆,抹面胶浆中满铺玻纤网;饰面层可为涂料或饰面砂浆。

①胶粉聚苯颗粒保温浆料保温层设计厚度不宜过 100 mm。

②胶粉聚苯颗粒保温浆料宜分遍抹灰,每遍间隔应在前一遍保温浆料终凝后进行,每遍抹

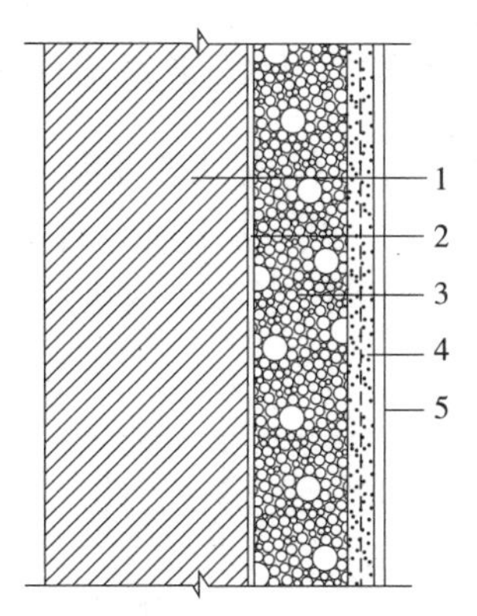

图 3.20　胶粉聚苯颗粒保温浆料外保温系统

1—基层墙体;2—界面砂浆;3—保温浆料;4—抹面胶浆复合玻纤网;5—饰面层

灰厚度不宜超过 20 mm。第一遍抹灰应压实,最后一遍应找平并搓平。

· 3.5.3　EPS 板现浇混凝土外保温系统施工 ·

EPS 板现浇混凝土外保温系统应以现浇混凝土外墙作为基层墙体,EPS 板为保温层,EPS 板内表面(与现浇混凝土接触的表面)开有凹槽,内外表面均应满涂界面砂浆,如图 3.21 所示。

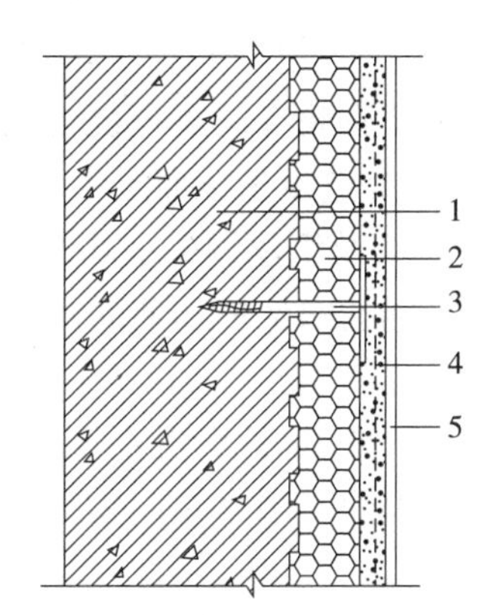

图 3.21　EPS 板现浇混凝土外保温系统

1—现浇混凝土外墙;2—EPS 板;3—辅助固定件;4—抹面胶浆复合玻纤网;5—饰面层

①施工时应将 EPS 板置于外模板内侧,并安装辅助固定件。EPS 板表面应做抹面胶浆抹面层,抹面层中满铺玻纤网;饰面层可为涂料或饰面砂浆。

②进场前 EPS 板内外表面应预喷刷界面砂浆。EPS 板宽度宜为 1 200 mm,高度宜为建筑物层高。辅助固定件每平方米宜设 2 ~ 3 个。

③水平分隔缝宜按楼层设置。垂直分隔缝宜按墙面面积设置,在板式建筑中不宜大于 30 m^2,在塔式建筑中宜留在阴角部位。

④宜采用钢制大模板施工。混凝土墙外侧钢筋保护层厚度应符合设计要求。混凝土一次浇注高度不宜大于 1 m。混凝土应振捣密实均匀,墙面及接槎处应光滑、平整。混凝土结构验收后,保温层中的穿墙螺栓孔洞应使用保温材料填塞,EPS 板缺损或表面不平整处宜使用胶粉聚苯颗粒保温浆料修补和找平。

· 3.5.4 EPS 钢丝网架板现浇混凝土外保温系统施工 ·

EPS 钢丝网架板现浇混凝土外保温系统应以现浇混凝土外墙作为基层墙体,EPS 钢丝网架板为保温层,钢丝网架板中的 EPS 板外侧开有凹槽(图 3.22)。施工时应将钢丝网架板置于外墙外模板内侧,并在 EPS 板上安装辅助固定件。钢丝网架板表面应涂抹掺外加剂的水泥砂浆抹面层,外表可做饰面层。

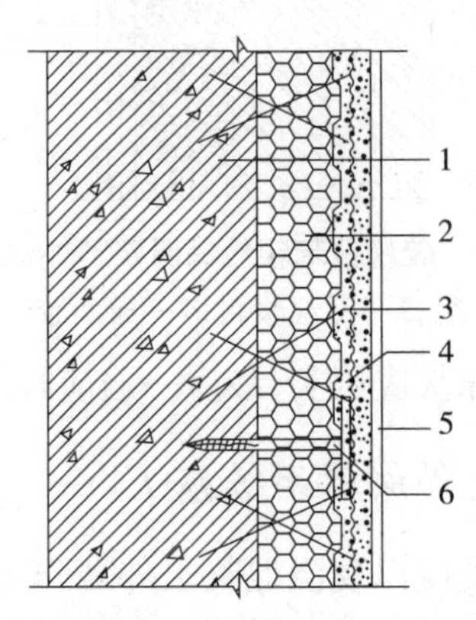

图 3.22 EPS 钢丝网架板现浇混凝土外保温系统

1—现浇混凝土外墙;2—EPS 钢丝网架板;3—掺外加剂的水泥砂浆抹面层;
4—钢丝网架;5—饰面层;6—辅助固定件

①EPS 钢丝网架板构造设计和施工安装应注意现浇混凝土侧压力影响,抹面层应均匀平整且厚度不宜大于 25 mm,钢丝网应完全包覆于抹面层中。

②进场前 EPS 钢丝网架板内外表面及钢丝网架上均应预喷刷界面砂浆。

③应采用钢制大模板施工。EPS 钢丝网架板和辅助固定件安装位置应准确。混凝土墙外侧钢筋保护层厚度应符合设计要求。

④辅助固定件每平方米不应少于 4 个,锚固深度不得小于 50 mm。

⑤EPS 钢丝网架板竖缝处应连接牢固。阳角及门窗洞口等处应附加钢丝角网,附加的钢丝角网应与原钢丝网架绑扎牢固。

⑥在每层层间宜留水平分隔缝,分隔缝宽度为 15 ~ 20 mm。分隔缝处的钢丝网和 EPS 板应断开。抹灰前应嵌入塑料分隔条或泡沫塑料棒,外表应用建筑密封膏嵌缝。垂直分隔缝宜按墙面面积设置,在板式建筑中不宜大于 30 m^2,在塔式建筑中宜留在阴角部位。

⑦混凝土一次浇筑高度不宜大于 1 m。混凝土应振捣密实均匀,墙面及接槎处应光滑、平整。

⑧混凝土结构验收后,保温层中的穿墙螺栓孔洞应使用保温材料填塞,EPS 钢丝网架板缺损或表面不平整处宜使用胶粉聚苯颗粒保温浆料修补和找平。

· 3.5.5 胶粉聚苯颗粒浆料贴砌 EPS 板外保温系统施工 ·

胶粉聚苯颗粒浆料贴砌 EPS 板外保温系统由界面砂浆层、胶粉聚苯颗粒贴砌浆料层、EPS 板保温层、胶粉聚苯颗粒贴砌浆料层、抹面层和饰面层构成,如图 3.23 所示。抹面层中应满铺玻纤网,饰面层可为涂料或饰面砂浆。

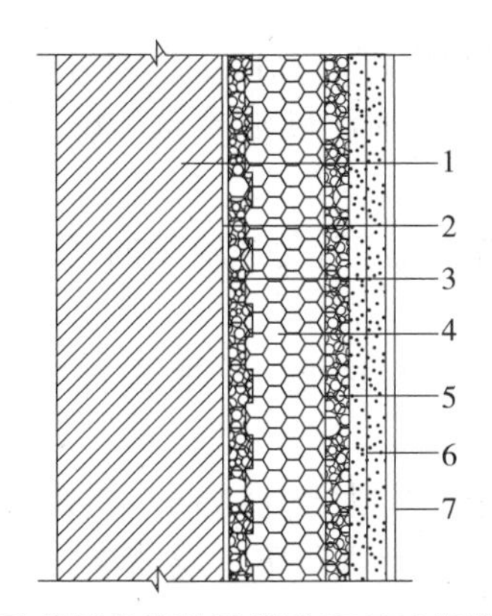

图 3.23 胶粉聚苯颗粒浆料贴砌 EPS 板外保温系统

1—基层墙体;2—界面砂浆;3—胶粉聚苯颗粒贴砌浆料;4—EPS 板;
5—胶粉聚苯颗粒贴砌浆料;6—抹面胶浆复合玻纤网;7—饰面层

进场前 EPS 板内外表面应预喷刷界面砂浆。单块 EPS 板面积不宜大于 0.3 m^2,EPS 板与基层墙体的粘贴面上宜开设凹槽。

胶粉聚苯颗粒浆料贴砌 EPS 板外保温系统的施工应符合下列规定:

①基层墙体表面应喷刷界面砂浆。

②EPS 板应使用贴砌浆料砌筑在基层墙体上,EPS 板之间的灰缝宽度宜为 10 mm,灰缝中的贴砌浆料应饱满。

③按顺砌方式贴砌 EPS 板,竖缝应逐行错缝,墙角处排板应交错互锁,门窗洞口四角处 EPS 板不得拼接,应采用整块 EPS 板切割成形,EPS 板接缝应离开角部至少 200 mm。

④EPS 板贴砌完成 24 h 之后,应采用胶粉聚苯颗粒贴砌浆料进行找平,找平层厚度不宜小于 15 mm。

⑤找平层施工完成 24 h 之后,应进行抹面层施工。

· 3.5.6 现场喷涂硬泡聚氨酯外保温系统施工 ·

现场喷涂硬泡聚氨酯外保温系统由界面层、现场喷涂硬泡聚氨酯保温层、界面砂浆层、找平层、抹面层和饰面层组成,如图 3.24 所示。抹面层中应满铺玻纤网,饰面层可为涂料或饰面砂浆。

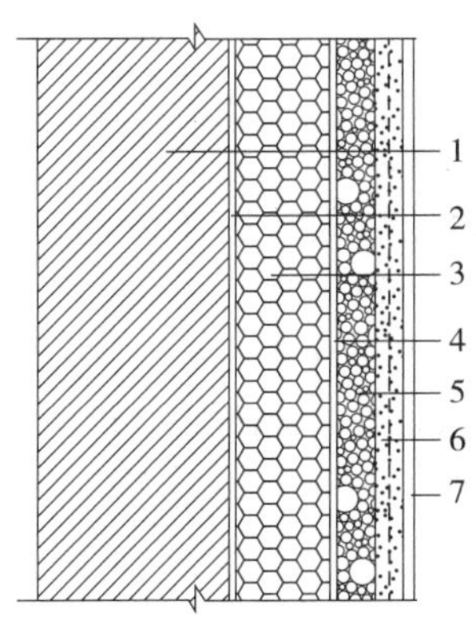

图 3.24 现场喷涂硬泡聚氨酯外保温系统

1—基层墙体;2—界面层;3—喷涂硬泡聚氨酯;4—界面砂浆;5—找平层;6—抹面胶复合玻纤网;7—饰面层

①喷涂硬泡聚氨酯时,施工环境温度不宜低于10 ℃,风力不宜大于三级,空气相对湿度宜小于85%,不应在雨天、雪天施工。当喷涂硬泡聚氨酯施工中途下雨、下雪时,作业面应采取遮盖措施。

②喷涂时应采取遮挡或保护措施,应避免建筑物的其他部位和施工场地周围环境受污染,并应对施工人员进行劳动保护。

③阴阳角及不同材料的基层墙体交接处应采取适当方式喷涂硬泡聚氨酯,保温层应连续不留缝。

④硬泡聚氨酯的喷涂厚度每遍不宜大于15 mm。当需进行多层喷涂作业时,应在已喷涂完毕的硬泡聚氨酯保温层表面不粘手后进行下一层喷涂。当日的施工作业面应当日连续喷涂完毕。

⑤喷涂过程中应保持硬泡聚氨酯保温层表面平整度,喷涂完毕后保温层平整度偏差不宜大于6 mm。应及时抽样检验硬泡聚氨酯保温层的厚度,最小厚度不得小于设计厚度。应在硬泡聚氨酯喷涂完工2 h后进行下道工序施工。硬泡聚氨酯保温层的表面找平宜采用轻质保温浆料。

本章小结

本章主要介绍了脚手架、垂直运输设施、砌筑用材料,以及常见砌体的工艺流程、施工要点,墙体保温工程施工工艺等。通过学习,应达到以下要求:

(1)熟悉脚手架构造要求、搭拆要求、方法;

(2)掌握垂直运输机械类型;

(3)掌握砌筑材料技术要求;

(4)熟悉砌体施工工艺;

(5)熟悉外墙外保温工程施工工艺。

思考题与习题

3.1　砌筑用砂浆有哪些种类?适用在什么场合?

3.2　对砂浆制备和使用有什么要求?

3.3　砖墙砌体主要有哪几种砌筑形式?各有何特点?

3.4　简述砖墙砌筑的施工工艺和施工要点。

3.5　何谓“三一砌砖法”?其优点是什么?

3.6　简述混凝土小型空心砌块砌体工程施工工艺。

3.7　简述配筋砖砌体施工工艺。

3.8　简述配筋砌块砌体施工工艺。

3.9　简述烧结空心砖砌体施工工艺。

3.10　简述轻骨料混凝土小型空心砌块砌体施工工艺。

3.11 简述蒸压加气混凝土砌块砌体施工工艺。

3.12 简述粘贴保温板薄抹灰外保温系统施工方法。

3.13 简述 EPS 板现浇混凝土外保温系统施工方法。

3.14 简述 EPS 钢丝网架板现浇混凝土外保温系统施工方法。

3.15 简述现场喷涂硬泡聚氨酯外保温系统施工方法。

4 混凝土结构工程施工工艺

4.1 钢筋工程施工

· *4.1.1 钢筋的验收与配料* ·

1)钢筋的验收与储存

(1)钢筋的验收

钢筋进场应有出厂证明书或试验报告单,每捆(盘)钢筋应有标牌。钢筋应无有害的表面缺陷,按盘卷交货的钢筋应将头尾有害缺陷部分切除。钢筋进场时,应按国家现行相关标准的规定抽取试件做屈服强度、抗拉强度、伸长率、弯曲性能和重量偏差检验,检验结果应符合相应标准的规定。

(2)钢筋的储存

钢筋进场后,必须严格按批分等级、牌号、直径、长度挂牌存放,不得混淆。钢筋应尽量堆入仓库或料棚内。条件不具备时,应选择地势较高、土质坚硬的场地存放。堆放时,钢筋下部应垫高,离地至少 20 cm 高,以防钢筋锈蚀。在堆场周围应挖排水沟,以利泄水。

2)钢筋的下料计算

钢筋的下料是指识读工程图纸,计算钢筋下料长度和编制配筋表。

(1)钢筋下料长度

①钢筋长度:施工图(钢筋图)中所指的钢筋长度是钢筋外缘至外缘之间的长度,即外包尺寸。

②混凝土保护层厚度:是指最外层钢筋外边缘至混凝土表面的距离,其作用是保护钢筋在混凝土中不被锈蚀。混凝土的保护层厚度一般用水泥砂浆垫块或塑料卡垫在钢筋与模板之间来控制。塑料卡的形状有塑料垫块和塑料环圈两种。塑料垫块用于水平构件,塑料环圈用于垂直构件。

③钢筋接头增加值:由于钢筋直条的供货长度一般为 6 ~ 10 m,而有的钢筋混凝土结构的尺寸很大,需要对钢筋进行接长。钢筋接头增加值见表 4.1 至表 4.4。

表 4.1 钢筋对焊长度损失值 单位:mm

钢筋直径	<16	16 ~ 25	>25
损失值	20	25	30

表 4.2 钢筋搭接焊最小搭接长度

焊接类型	HPB300	HRB400
双面焊	$4d$	$5d$
单面焊	$8d$	$10d$

表 4.3 纵向受拉钢筋搭接长度

钢筋种类及同一区段内搭接钢筋面积百分率		混凝土强度等级																
		C20	C25		C30		C35		C40		C45		C50		C55		C60	
		$d<25$	$d\leqslant25$	$d>25$	$d\leqslant25$	$d>25$	$d\leqslant25$	$d>25$	$d\leqslant25$	$d>25$	$d\leqslant25$	$d>25$	$d\leqslant25$	$d>25$	$d\leqslant25$	$d>25$	$d<25$	$d>25$
HPB300	≤25%	$47d$	$41d$	—	$36d$	—	$34d$	—	$30d$	—	$29d$	—	$28d$	—	$26d$	—	$25d$	—
	50%	$55d$	$48d$	—	$42d$	—	$39d$	—	$35d$	—	$34d$	—	$32d$	—	$31d$	—	$29d$	—
	100%	$62d$	$54d$	—	$48d$	—	$45d$	—	$40d$	—	$38d$	—	$37d$	—	$35d$	—	$34d$	—
HRB400 HRBF400 RRB400	≤25%	—	$48d$	$53d$	$42d$	$47d$	$38d$	$42d$	$35d$	$38d$	$34d$	$37d$	$32d$	$36d$	$31d$	$35d$	$30d$	$34d$
	50%	—	$56d$	$62d$	$49d$	$55d$	$45d$	$49d$	$41d$	$45d$	$39d$	$43d$	$38d$	$42d$	$36d$	$41d$	$35d$	$39d$
	100%	—	$64d$	$70d$	$56d$	$62d$	$51d$	$56d$	$46d$	$51d$	$45d$	$50d$	$43d$	$48d$	$42d$	$46d$	$40d$	$45d$
HRB500 HRBF500	≤25%	—	$58d$	$64d$	$52d$	$56d$	$47d$	$52d$	$43d$	$48d$	$41d$	$44d$	$38d$	$42d$	$37d$	$41d$	$36d$	$40d$
	50%	—	$67d$	$74d$	$60d$	$66d$	$55d$	$60d$	$50d$	$56d$	$48d$	$52d$	$45d$	$49d$	$43d$	$48d$	$42d$	$46d$
	100%	—	$77d$	$85d$	$69d$	$75d$	$62d$	$69d$	$58d$	$64d$	$54d$	$59d$	$51d$	$56d$	$50d$	$54d$	$48d$	$53d$

表 4.4 纵向受拉钢筋抗震搭接长度

钢筋种类及同一区段内搭接钢筋面积百分率			混凝土强度等级																
			C20	C25		C30		C35		C40		C45		C50		C55		C60	
			$d\leqslant25$	$d\leqslant25$	$d>25$	$d\leqslant25$	$d>25$	$d\leqslant25$	$d>25$	$d\leqslant25$	$d>25$	$d\leqslant25$	$d>25$	$d\leqslant25$	$d>25$	$d\leqslant25$	$d>25$	$d\leqslant25$	$d>25$
一、二级抗震等级	HPB300	≤25%	$54d$	$47d$	—	$42d$	—	$38d$	—	$35d$	—	$34d$	—	$31d$	—	$30d$	—	$29d$	—
		50%	$63d$	$55d$	—	$49d$	—	$45d$	—	$41d$	—	$39d$	—	$36d$	—	$35d$	—	$34d$	—
	HRB400 HRBF400	≤25%	—	$55d$	$61d$	$48d$	$54d$	$44d$	$48d$	$40d$	$44d$	$38d$	$43d$	$37d$	$42d$	$36d$	$40d$	$35d$	$38d$
		50%	—	$64d$	$71d$	$56d$	$63d$	$52d$	$56d$	$46d$	$52d$	$45d$	$50d$	$43d$	$49d$	$42d$	$46d$	$41d$	$45d$
	HRB500 HRBF500	≤25%	—	$66d$	$73d$	$59d$	$65d$	$54d$	$59d$	$49d$	$55d$	$47d$	$52d$	$44d$	$48d$	$43d$	$47d$	$42d$	$46d$
		50%	—	$77d$	$85d$	$69d$	$76d$	$63d$	$69d$	$57d$	$64d$	$55d$	$60d$	$52d$	$56d$	$50d$	$55d$	$49d$	$53d$
三级抗震等级	HPB300	≤25%	$49d$	$43d$	—	$38d$	—	$35d$	—	$31d$	—	$30d$	—	$29d$	—	$23d$	—	$26d$	—
		50%	$57d$	$50d$	—	$45d$	—	$41d$	—	$36d$	—	$35d$	—	$34d$	—	$32d$	—	$31d$	—
	HRB335 HRBF335	≤25%	$48d$	$42d$	—	$36d$	—	$34d$	—	$31d$	—	$29d$	—	$28d$	—	$26d$	—	$26d$	—
		50%	$56d$	$49d$	—	$42d$	—	$39d$	—	$36d$	—	$34d$	—	$32d$	—	$31d$	—	$31d$	—
	HRB400 HRBF400	≤25%	—	$50d$	$55d$	$44d$	$49d$	$41d$	$44d$	$36d$	$41d$	$35d$	$40d$	$34d$	$38d$	$32d$	$36d$	$31d$	$35d$
		50%	—	$59d$	$64d$	$52d$	$57d$	$48d$	$52d$	$42d$	$48d$	$41d$	$46d$	$39d$	$45d$	$38d$	$42d$	$36d$	$41d$
	HRB500 HRBF500	≤25%	—	$60d$	$67d$	$54d$	$59d$	$49d$	$54d$	$46d$	$50d$	$43d$	$47d$	$41d$	$44d$	$40d$	$43d$	$38d$	$42d$
		50%	—	$70d$	$78d$	$63d$	$69d$	$57d$	$63d$	$53d$	$59d$	$50d$	$55d$	$48d$	$52d$	$46d$	$50d$	$45d$	$49d$

④钢筋弯曲调整值:钢筋有弯曲时,在弯曲处的内侧发生收缩,外皮却出现延伸,而中心线则保持原有尺寸。钢筋长度的度量方法系指外包尺寸,因此钢筋弯曲以后存在一个调整值,在计算下料长度时必须加以扣除。根据理论推理和实践经验,列于表4.5中。

表4.5　钢筋弯折的弯曲调整值表

弯钩角度	弯弧内直径 D	弯弧内半径 R	弧段中心线长度	弧段外包量度值	弯曲调整值	备　注
180°	2.5d	1.25d	5.5d	9d	−3.5d	HPB300
135°	4d	2d	5.89d	14.49d	−8.59d	HRB400
	6d	3d	8.25d	19.31d	−11.07d	HRB500(d<28 mm)
	7d	3.5d	9.42d	21.73d	−12.3d	HRB500(d≥28 mm)
90°	4d	2d	3.93d	6d	−2.07d	HRB400
	6d	3d	5.5d	8d	−2.5d	HRB500(d<28 mm)
	7d	3.5d	6.28d	9d	−2.72d	HRB500(d≥28 mm)
	8d	4d	7.07d	10d	−2.93d	框架柱、梁钢筋(d≤25 mm)
	12d	6d	10.21d	14d	−3.79d	框架柱、梁钢筋(d>25 mm)
	12d	6d	10.21d	14d	−3.79d	顶层边节点框架柱、梁钢筋(d≤25 mm)
	16d	8d	13.35d	18d	−4.65d	顶层边节点框架柱、梁钢筋(d>25 mm)
60°	5d	2.5d	3.14d	4.04d	−0.9d	HRB400
	6d	3d	3.67d	4.62d	−0.95d	HRB500(d<28 mm)
	7d	3.5d	4.19d	5.2d	−1.01d	HRB500(d≥28 mm)
45°	5d	2.5d	2.36d	2.9d	−0.54d	HRB400
	6d	3d	2.75d	3.31d	−0.56d	HRB500(d<28 mm)
	7d	3.5d	3.14d	3.73d	−0.59d	HRB500(d≥28 mm)
30°	5d	2.5d	1.57d	1.88d	−0.3d	HRB400
	6d	3d	1.83d	2.14d	−0.31d	HRB500(d<28 mm)
	7d	3.5d	2.09d	2.41d	−0.32d	HRB500(d≥28 mm)

⑤钢筋弯钩增加值:弯钩形式最常用的有半圆弯钩、直弯钩和斜弯钩。钢筋弯钩增加值见表4.6。受力钢筋的弯钩和弯折应符合下列规定:

a. HPB300级钢筋末端应做180°弯钩,其弯弧内直径不应小于钢筋直径的2.5倍,弯钩的平直段长度不应小于钢筋直径的3倍。

b. 当设计要求钢筋末端需做135°弯钩时,HRB400级带肋钢筋的弯弧内直径不应小于钢筋直径的4倍,弯钩的平直段长度应符合设计要求。

c. 钢筋做不大于90°的弯折时,弯折处的弯弧内直径不应小于钢筋直径的5倍。

表 4.6　弯钩的量度差值与增加长度表

弯钩角度	弯弧内直径 D	弯弧内半径 R	弧段中心线长度	弧段外包量度值	量度差值	弯钩平直段长度	弯钩增加长度	备　注
180°	2.5d	1.25d	5.5d	2.25d	3.25d	3d	6.25d	HPB300
135°	4d	2d	5.89d	3d	2.89d	5d	7.89d	纵筋、非抗震箍筋:HRB400
	6d	3d	8.25d	4d	4.25d	5d	9.25d	纵筋、非抗震箍筋:HRB500(d<28 mm)
	7d	3.5d	9.42d	4.5d	4.92d	5d	9.92d	纵筋、非抗震箍筋:HRB500(d≥28 mm)
	4d	2d	5.89d	3d	2.89d	10d	12.89d	抗震箍筋:HRB400
	6d	3d	8.25d	4d	4.25d	10d	14.25d	抗震箍筋:HRB500(d<28 mm)
	7d	3.5d	9.42d	4.5d	4.92d	10d	14.92d	抗震箍筋:HRB500(d≥28 mm)
90°	4d	2d	3.93d	3d	0.93d	12d	12.93d	HRB400
	6d	3d	5.5d	4d	1.5d	12d	13.5d	HRB500(d<28 mm)
	7d	3.5d	6.28d	4.5d	1.78d	12d	13.78d	HRB500(d≥28 mm)
	4d	2d	3.93d	3d	0.93d	5d	5.93d	非抗震箍筋:HRB400
	6d	3d	5.5d	4d	1.5d	5d	6.5d	非抗震箍筋:HRB500(d<28 mm)
	7d	3.5d	6.28d	4.5d	1.78d	5d	6.78d	非抗震箍筋:HRB500(d≥28 mm)
	4d	2d	3.93d	3d	0.93d	10d	10.93d	抗震箍筋:HRB400
	6d	3d	5.5d	4d	1.5d	10d	11.5d	抗震箍筋:HRB500(d<28 mm)
	7d	3.5d	6.28d	4.5d	1.78d	10d	11.78d	抗震箍筋:HRB500(d≥28 mm)

d. 除焊接封闭式箍筋外,箍筋的末端应做弯钩,弯钩形式应符合设计要求;当无具体要求时,应符合下列规定:

- 箍筋弯钩的弯弧内直径除应满足上述要求外,尚应不小于纵向受力钢筋的直径。
- 箍筋弯钩的弯折角度:对一般结构构件,不应小于 90°;对有抗震设防要求或设计有专门要求的结构构件,不应小于 135°;
- 箍筋弯折后平直段长度:对一般结构构件,不应小于箍筋直径的 5 倍;对有抗震设防要求或设计有专门要求的结构构件,不应小于箍筋直径的 10 倍和 75 mm 的较大值。

为了箍筋计算方便,一般将箍筋的弯钩增加长度、弯折减少长度两项合并成一箍筋调整值,见表 4.7。计算时将箍筋外包尺寸或内皮尺寸加上箍筋调整值即为箍筋下料长度。

表 4.7　箍筋调整值

箍筋量度方法	箍筋直径/mm			
	4~5	6	8	10~12
量外包尺寸	40	50	60	70
量内皮尺寸	80	100	120	150~170

(2)钢筋下料长度的计算

直筋下料长度=构件长度+搭接长度-保护层厚度+弯钩增加长度

弯起筋下料长度=直段长度+斜段长度+搭接长度-弯折减少长度+弯钩增加长度

箍筋下料长度=直段长度+弯钩增加长度-弯折减少长度

=箍筋周长+箍筋调整值

3)钢筋配料

钢筋配料是钢筋加工中的一项重要工作,合理地配料能使钢筋得到最大限度的利用,并使钢筋的安装和绑扎工作简单化。钢筋配料是依据钢筋表合理安排同规格、同品种的下料,使钢筋的出厂规格长度能够得以充分利用,或库存的各种规格和长度的钢筋得以充分利用。

①归整相同规格和材质的钢筋。下料长度计算完毕后,把相同规格和材质的钢筋进行归整和组合,同时根据现有钢筋的长度和能够及时采购到的钢筋的长度进行合理组合加工。

②合理利用钢筋的接头位置。对有接头的配料,在满足构件中接头的对焊或搭接长度、接头错开的前提下,必须根据钢筋原材料的长度来考虑接头的布置。要充分考虑原材料被截下的一段长度的合理使用,如果能够使一根钢筋正好分成几段钢筋的下料长度,则是最佳方案。但往往难以做到,因此在配料时,要尽量地使被截下的一段能够长一些,这样才不致使余料成为废料,从而使钢筋得到充分利用。

③钢筋配料应注意的事项。配料计算时,要考虑钢筋的形状和尺寸在满足设计要求的前提下,有利于加工安装;配料时,要考虑施工需要的附加钢筋,如板双层钢筋中保证上层钢筋位置的撑脚、墩墙双层钢筋中固定钢筋间距的撑铁、柱钢筋骨架增加四面斜撑等。

根据钢筋下料长度计算结果和配料选择后,汇总编制钢筋配料单。在钢筋配料单中必须反映出工程部位、构件名称、钢筋编号、钢筋简图及尺寸、钢筋直径、钢号、数量、下料长度、钢筋质量等。列入加工计划的配料单,将每一编号的钢筋制作一块料牌(图 4.1)作为钢筋加工的依据,并在安装中作为区别各工程部位、构件和各种编号钢筋的标志。钢筋配料单和料牌应严格校核,必须准确无误,以免返工浪费。

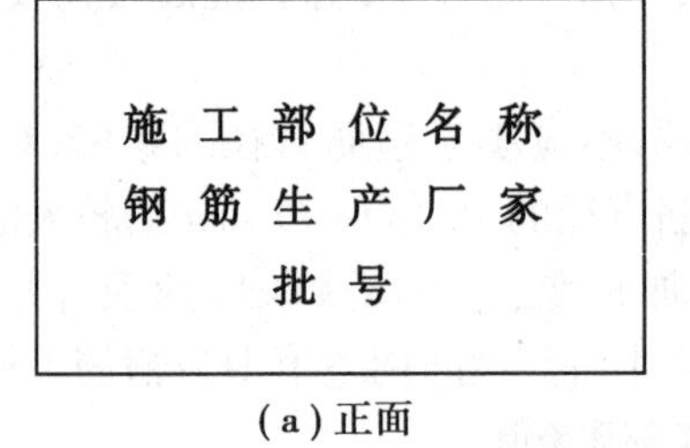

(a)正面

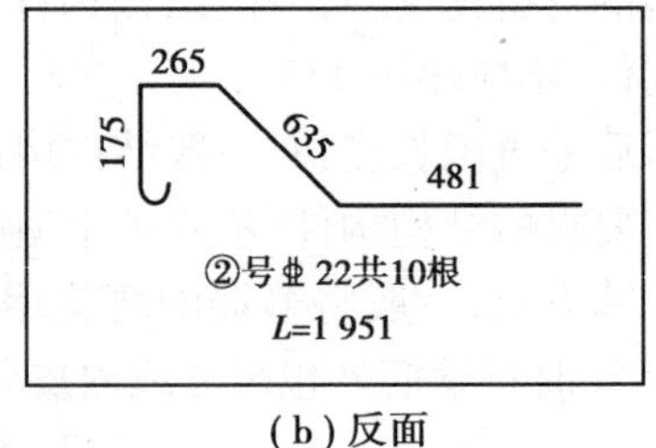

(b)反面

图 4.1 钢筋料牌

【例 4.1】 某教学楼第一层楼的 KL1,共计 5 根,如图 4.2 所示,KL1 钢筋布置如图 4.3 所示。梁、柱混凝土强度等级为 C30,混凝土保护层厚度均取 20 mm,抗震等级为三级,柱截面尺寸为 500 mm×500 mm。假设柱纵筋直径均为 25 mm,柱箍筋直径均为 10 mm。请对其进行钢筋下料计算,并填写钢筋下料单。

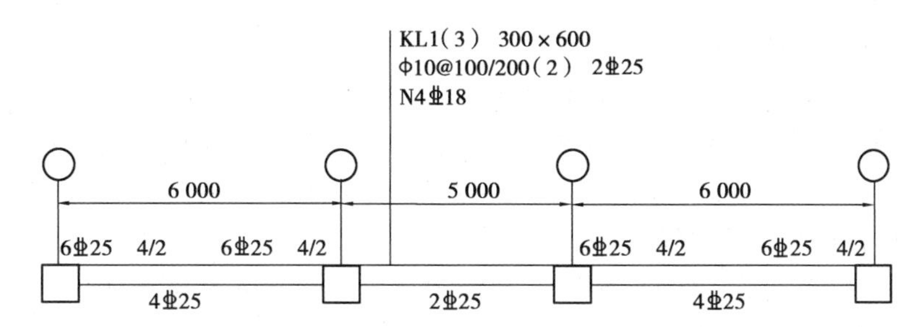

图 4.2 某教学楼第一层楼的 KL1 配筋图

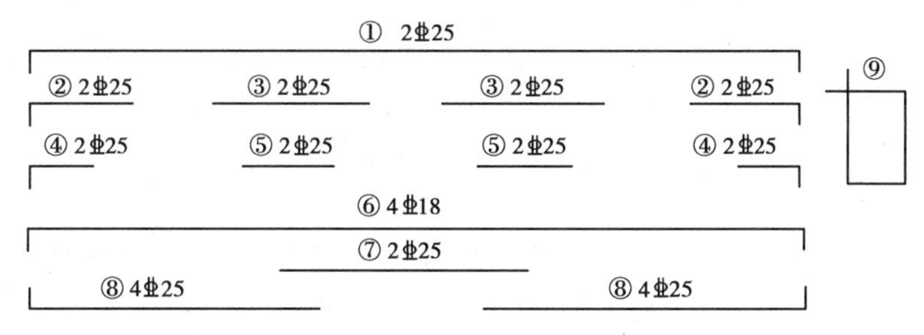

图 4.3 KL1 钢筋布置示意图

【解】 依 16G101-1 图集,查得有关计算数据如下:

C30 混凝土,三级抗震,普通钢筋($d \leqslant 25$)时,$l_{aE} = l_{abE} = 37d$。

1)梁钢筋在端支座的锚固长度

梁纵筋弯锚或直锚判断:端支座宽 500 − 20 = 480(mm) ≤ 锚固长度 $l_{aE} = 37d = 37 \times 18 = 666$(mm)(按最小钢筋直径 18 mm 考虑),因此本例梁纵筋在端支座均需采取弯锚方式。

梁纵筋弯锚时锚固长度计算如下:

(1)梁上部第一排纵筋(①、②钢筋)

直锚段长度 = h_c − 保护层厚度 − 箍筋直径 − 柱纵筋直径 − 25 = 500 − 20 − 10 − 25 − 25 = 420(mm) > $0.4l_{abE} = 0.4 \times 37 \times 25 = 370$(mm),弯锚长度 = $15d = 15 \times 25 = 375$(mm),即锚固长度 = 420 + 375 = 795(mm)。

(2)梁上部第二排纵筋(④钢筋)

直锚段长度 = h_c − 保护层厚度 − 箍筋直径 − 柱纵筋直径 − 25 − 梁上部第一排纵筋直径 − 25 = 500 − 20 − 10 − 25 − 25 − 25 − 25 = 370(mm) = $0.4l_{abE} = 0.4 \times 37 \times 25 = 370$(mm),弯锚长度 = $15d = 15 \times 25 = 375$(mm),即锚固长度 = 370 + 375 = 745(mm)。

(3)梁下部第一排纵筋(⑧钢筋)

$0.4l_{abE} = 0.4 \times 37 \times 25 = 370$(mm),弯锚长度 = $15d = 15 \times 25 = 375$(mm),375(梁上部纵筋弯锚长度)+ 375(梁下部纵筋弯锚长度)= 750(mm) > 600 mm(梁高),即梁上、下部纵筋弯锚部分重合。⑧钢筋要满足直锚段长度 ≥ $0.4l_{abE}$,⑧钢筋弯锚部分只能在①、②钢筋弯锚部分之间,且和两者之间不能留净距。故直锚段长度 = h_c − 保护层厚度 − 箍筋直径 − 柱纵筋直径 − 25 − 梁上部第一排纵筋直径 = 500 − 20 − 10 − 25 − 25 − 25 = 395(mm) > $0.4l_{abE}$ = 370(mm),即锚固长度 395 + 375 = 770(mm)。

(4)梁侧面抗扭钢筋(⑥钢筋)

直锚段长度 = h_c − 保护层厚度 − 箍筋直径 − 柱纵筋直径 − 25 = 500 − 20 − 10 − 25 − 25 = 420(mm) > $0.4l_{abE} = 0.4 \times 37 \times 18 = 266$(mm),弯锚长度 = $15d = 15 \times 18 = 270$(mm),即锚固

长度 = 420 + 270 = 690(mm)。

注:当框架梁的端支座宽度不足以设置直锚时,须将框架梁纵筋伸至支座(柱)外侧纵筋内侧(其直锚段长度须 $\geq 0.4l_{abE}$)。$0.4l_{abE}$ 表示端支座梁钢筋弯锚时进入支座(柱)中水平段锚固长度最小值,$15d$ 表示在支座(柱)中竖直段钢筋的锚固长度值。

2)下部纵筋在中间支座的锚固(仅⑦、⑧钢筋)

因为 $l_{aE} = 37 \times 25 = 925$(mm) > $0.5h_c + 5d = 0.5 \times 500 + 5 \times 25 = 375$(mm),所以⑦、⑧钢筋在中间支座处的直锚长度为925 mm。

3)量度差

纵向钢筋的弯折角度为90°,依据平法图集构造要求,框架梁主筋的弯曲半径 $R=4d$。

⌀25 钢筋量度差为 $2.93d = 2.93 \times 25 = 73$(mm);

⌀18 钢筋量度差为 $2.93d = 2.93 \times 18 = 53$(mm)。

4)各编号钢筋下料长度计算

①号钢筋下料长度 = 梁长 - 左端柱宽/2 - 右端柱宽/2 + 左端支座锚固长度 + 右端支座锚固长度 - 2 × 量度差值 = (6 000 + 5 000 + 6 000) - 500/2 - 500/2 + 795 + 795 - 2 × 73 = 17 944(mm)

②号筋下料长度 = $L_{n1}/3$ + 端支座锚固长度 - 量度差值 = (6 000 - 500)/3 + 795 - 73 = 2 555(mm)

③号钢筋下料长度 = $2 \times L_{nmax}(L_{n1}, L_{n2})/3$ + 中间柱宽 = 2 × (6 000 - 500)/3 + 500 = 4 167(mm)

式中 L_{nmax}——支座左右两跨净跨较大值;

L_{n1}——支座左跨净跨值;

L_{n2}——支座右跨净跨值。

④号筋下料长度 = $L_{n1}/4$ + 端支座锚固长度 - 量度差值 = (6 000 - 500)/4 + 745 - 73 = 2 047(mm)

⑤号筋下料长度 = $2 \times L_{nmax}(L_{n1}, L_{n2})/4$ + 中间柱宽 = 2 × (6 000 - 500)/4 + 500 = 3 250(mm)

⑥号筋下料长度 = 梁长 - 左端柱宽/2 - 右端柱宽/2 + 左端支座锚固长度 + 右端支座锚固长度 - 2 × 量度差值 = (6 000 + 5 000 + 6 000) - 500/2 - 500/2 + 690 + 690 - 2 × 53 = 17 774(mm)

⑦号筋下料长度 = 左侧中间支座锚固值 + L_{n2} + 右侧中间支座锚固值 = 925 + (5 000 - 500) + 925 = 6 350(mm)

⑧号筋下料长度 = L_{n1} + 端支座锚固长度 + 中间支座锚固值 - 量度差值 = (6 000 - 500) + 770 + 925 - 73 = 7 122(mm)

⑨号筋下料长度 = 2 × (梁高 + 梁宽) - 8 × 保护层厚度 + $25.8d$ = 2 × (600 + 300) - 8 × 20 + 25.8 × 10 = 1 898(mm)

d 为箍筋直径。

5)箍筋数量计算

加密区长度为900 mm(取 $1.5h_b$ 与500 mm的大值,则 1.5 × 600 mm = 900 mm > 500 mm)

每个加密区箍筋数量 = (900 - 50)/100 + 1 ≈ 10(个)

边跨非加密区箍筋数量 = (6 000 - 500 - 900 - 900)/200 - 1 ≈ 18(个)

中跨非加密区箍筋数量 = (5 000 - 500 - 900 - 900)/200 - 1 = 13(个)

每根梁箍筋总数量 = 10 × 6 + 18 × 2 + 13 = 109(个)

编制钢筋下料表见表 4.8。

表 4.8　钢筋下料表

构　件	钢筋	简　图	直径/mm	钢筋级别	下料长度/mm	单位根数/根	合计根数/根
KL1 梁共 5 根	①		25	Ф	17 944	2	10
	②		25	Ф	2 555	4	20
	③		25	Ф	4 167	4	20
	④		25	Ф	2 047	4	20
	⑤		25	Ф	3 250	4	20
	⑥		18	Ф	17 774	4	20
	⑦		25	Ф	6 350	2	10
	⑧		25	Ф	7 122	8	40
	⑨		10	Φ	1 898	109	545

4)钢筋代换

钢筋的级别、钢号和直径应按设计要求采用,若施工中缺乏设计图中所要求的钢筋,在征得设计单位的同意并办理设计变更文件后,可按下述原则进行代换:

①当构件按强度控制时,可按强度相等的原则代换,称为“等强代换”。如设计中所用钢筋强度为f_{y1},钢筋总面积为A_{s1};代换后钢筋强度为f_{y2},钢筋总面积为A_{s2},应使代换前后钢筋的总强度相等,即

$$A_{s2} f_{y2} \geqslant f_{y1} A_{s1}$$

$$A_{s2} \geqslant (f_{y1}/f_{y2}) \cdot A_{s1}$$

②当构件按最小配筋率配筋时,可按钢筋面积相等的原则进行代换,称为“等面积代换”。

· *4.1.2　钢筋内场加工* ·

1)钢筋除锈

钢筋由于保管不善或存放时间过久,就会受潮生锈。在生锈初期,钢筋表面呈黄褐色,称水锈或色锈,这种水锈除在焊点附近必须清除外,一般可不处理。但是当钢筋锈蚀进一步发展,钢筋表面已形成一层锈皮,受锤击或碰撞可见其剥落,这种铁锈不能很好地与混凝土黏结,影响钢筋和混凝土的握裹力,并且在混凝土中继续发展,需要清除。

钢筋除锈方式有 3 种:一是手工除锈,如用钢丝刷、砂堆、麻袋砂包、砂盘等擦锈;二是机械除锈;三是在钢筋的其他加工工序的同时除锈,如在冷拉、调直过程中除锈。

2)钢筋调直

钢筋在使用前必须经过调直,否则会影响钢筋受力,甚至会使混凝土提前产生裂缝,如未调直而直接下料,会影响钢筋的下料长度,并影响后续工序的质量。

钢筋调直一般采用机械调直,常用的调直机械有钢筋调直机、弯筋机、卷扬机等。钢筋调直机用于圆钢筋的调直和切断,并可清除其表面的氧化皮和污迹。

3)钢筋切断

钢筋切断有手工剪断、机械切断、氧气切割 3 种方法。

手工切断的工具有断线钳(用于切断 5 mm 以下的钢丝)、手动液压钢筋切断机(用于切断直径 16 mm 以下的钢筋和直径 25 mm 以下的钢绞线)。

机械切断一般采用钢筋切断机,它将钢筋原材料或已调直的钢筋切断,主要类型有机械式、液压式和手持式。机械式钢筋切断机有偏心轴立式、凸轮式和曲柄连杆式等。

直径大于 40 mm 的钢筋一般用氧气切割。

4)钢筋弯曲成型

钢筋弯曲成型有手工和机械弯曲成型两种方法。钢筋弯曲机有机械钢筋弯曲机、液压钢筋弯曲机和钢筋弯箍机等。

目前数控钢筋弯曲机成型应用较多。如图 4.4 所示,数控钢筋弯曲机是由工业计算机精确控制弯曲以替代人工弯曲的机械,最大能加工 $\phi32$ mm 螺纹钢。它采用专用控制系统,结合触摸屏控制界面,操作方便,电控程序内可储存上百种图形数据库。弯曲主轴由伺服控制,弯曲精度高,一次性可弯曲多根钢筋,是传统加工设备生产能力的 10 倍以上。

图 4.4　数控钢筋弯曲机

· 4.1.3　钢筋接头的连接 ·

钢筋的接头连接有焊接和机械连接两类。常用的钢筋焊接机械有电阻焊接机、电弧焊接机、气压焊接机及电渣压力焊机等。钢筋机械连接方法主要有钢筋套筒挤压连接、锥螺纹套筒连接等。

1)钢筋焊接

钢筋焊接方式有电阻点焊、闪光对焊、电弧焊、电渣压力焊、埋弧压力焊、气压焊等,其中对焊用于接长钢筋,点焊用于焊接钢筋网,埋弧压力焊用于钢筋与钢板的焊接,电渣压力焊用于现场焊接竖向钢筋。

(1)电阻点焊

电阻点焊是利用电流通过焊件时产生的电阻热作为热源,并施加一定的压力,使交叉连接的钢筋接触处形成一个牢固的焊点,将钢筋焊合起来。点焊时,将表面清理好的钢筋叠合在一起,放在两个电极之间预压夹紧,使两根钢筋交接点紧密接触。当踏下脚踏板时,带动压紧机构使上电极压紧钢筋,同时断路器也接通电路,电流经变压器次级线圈引到电极,接触点处在极短的时间内产生大量的电阻热,使钢筋加热到熔化状态,在压力作用下两根钢筋交叉焊接在一起。当放松脚踏板时,电极松开,断路器随着杠杆下降,断开电路,点焊结束。

(2)闪光对焊

闪光对焊是利用电流通过对接的钢筋时产生的电阻热作为热源使金属熔化,产生强烈飞溅,并施加一定压力而使之焊合在一起的焊接方式。对焊不仅能提高工效,节约钢材,还能充分保证焊接质量。

闪光对焊机由机架、导向机构、移动夹具和固定夹具、送料机构、夹紧机构、电气设备、冷却系统及控制开关等组成,如图 4.5 所示。闪光对焊机适用于水平钢筋非施工现场连接,以及适用于直径 10 ~40 mm 的各种热轧钢筋的焊接。

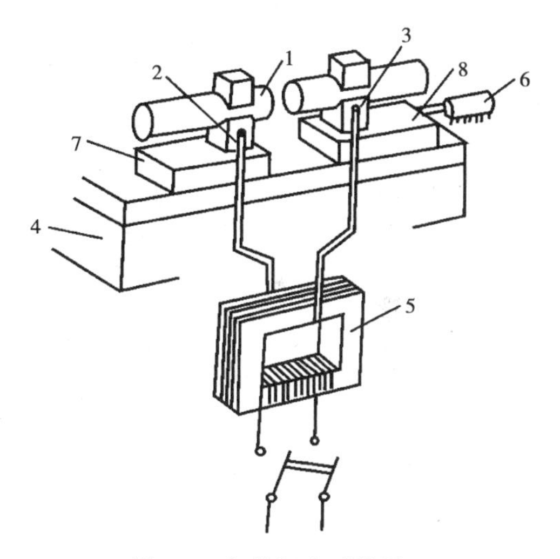

图 4.5 钢筋闪光对焊原理

1—焊接的钢筋;2—固定电极;3—可动电极;4—机座;5—变压器;6—平动顶压机构;7—固定支座;8—滑动支座

(3)电弧焊

钢筋电弧焊是以焊条作为一极,钢筋为另一极,利用焊接电流通过产生的电弧热进行焊接的一种熔焊方法。电弧焊又分手弧焊、埋弧压力焊等。

①手弧焊。手弧焊是利用手工操纵焊条进行焊接的一种电弧焊。手弧焊用的焊机有交流弧焊机(焊接变压器)、直流弧焊机(焊接发电机)等。电弧焊是利用电焊机(交流变压器或直流发电机)的电弧产生的高温(可达 6 000 ℃),将焊条末端和钢筋表面熔化,使熔化了的金属焊条流入焊缝,冷凝后形成焊缝接头。焊条的种类很多,根据钢材等级和焊接接头形式选择焊条,如结 420、结 500 等。焊接电流和焊条直径应根据钢筋级别、直径、接头形式和焊接位置进行选择。钢筋电弧焊的接头形式有搭接接头、帮条接头、坡口接头等,如图 4.6 所示。

②埋弧压力焊。埋弧压力焊是将钢筋与钢板安放成 T 形,利用焊接电流通过时在焊剂层下产生电弧,形成熔池,加压完成的一种压焊方法。埋弧压力焊具有生产效率高、质量好等优

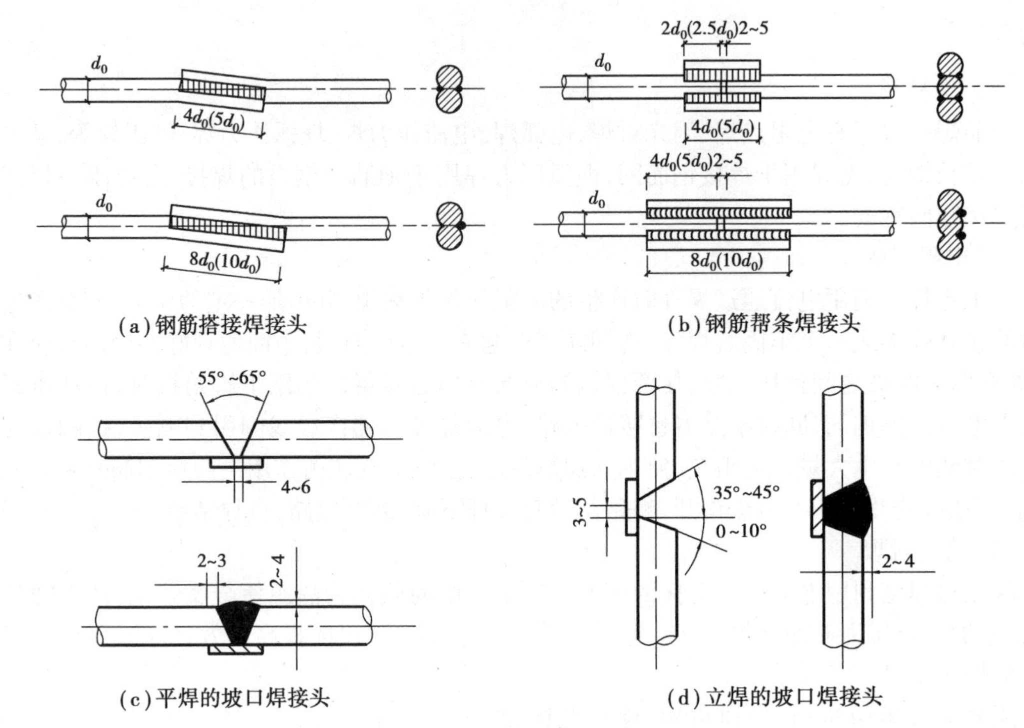

(a)钢筋搭接焊接头

(b)钢筋帮条焊接头

(c)平焊的坡口焊接头

(d)立焊的坡口焊接头

图4.6 钢筋电弧焊的接头形式

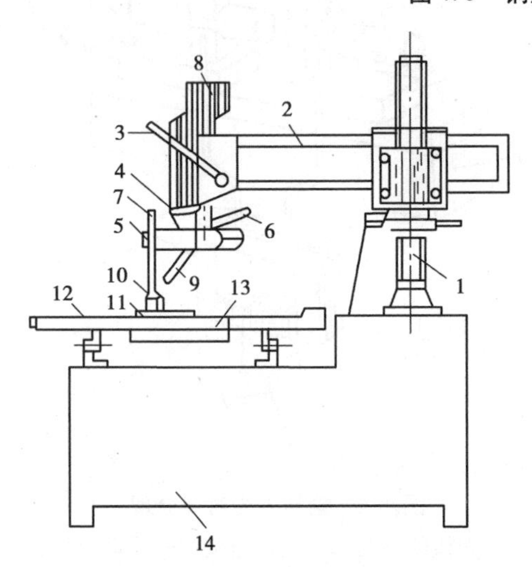

图4.7 埋弧压力焊机

1—立柱;2—摇臂;3—压柄;4—工作头;5—钢筋夹头;6—手柄;7—钢筋;8—焊剂料箱;9—焊剂漏口;10—铁圈;11—预埋钢板;12—工作平台;13—焊剂储斗;14—机座

点,适用于各种预埋件、T形接头、钢筋与钢板的焊接。预埋件钢筋压力焊适用于热轧直径6~25 mmHPB300光圆钢筋、HRB400带肋钢筋的焊接,钢板为普通碳素钢,厚度为6~20 mm。埋弧压力焊机主要由焊接电源、焊接机构和控制系统(控制箱)三部分组成。如图4.7所示,工作线圈(副线圈)分别接入活动电极(钢筋夹头)及固定电极(电磁吸铁盘)。焊机结构采用摇臂式,摇臂固定在立柱上,可作左右回转活动;摇臂本身可作前后移动,以便焊接时能取得所需要的工作位置。摇臂末端装有可上下移动的工作头,其下端是用导电材料制成的偏心夹头,夹头接工作线圈,成活动电极。工作平台上装有平面型电磁吸铁盘,拟焊钢板放置其上,接通电源,能被吸住而固定不动。

在埋弧压力焊时,钢筋与钢板之间引燃电弧之后,由于电弧作用使局部用材及部分焊剂熔化和蒸发,蒸发气体形成一个空腔,空腔被熔化的焊剂形成的熔渣包围,焊接电弧就在这个空腔内燃烧,在焊接电弧热的作用下,熔化的钢筋端部和钢板金属形成焊接熔池。待钢筋整个截面均匀加热到一定温度,将钢筋向下顶压,随即切断焊接电源,冷却凝固后形成焊接接头。

(4)气压焊

气压焊是利用氧气和乙炔气,按一定比例混合燃烧的火焰,将被焊钢筋两端加热,使其达到热塑状态,经施加适当压力,使其接合的固相焊接法。钢筋气压焊适用于 14 ~40 mm 各种热轧钢筋,也能进行不同直径钢筋间的焊接,还可用于钢轨焊接。被焊材料有碳素钢、低合金钢、不锈钢和耐热合金等。钢筋气压焊设备轻便,可进行水平、垂直、倾斜等全方位焊接,具有节省钢材、施工费用低等优点。

钢筋气压焊接机由供气装置(氧气瓶、溶解乙炔瓶等)、多嘴环管加热器、加压器(油泵、顶压油缸等)、焊接夹具及压接器等组成,如图 4.8 所示。

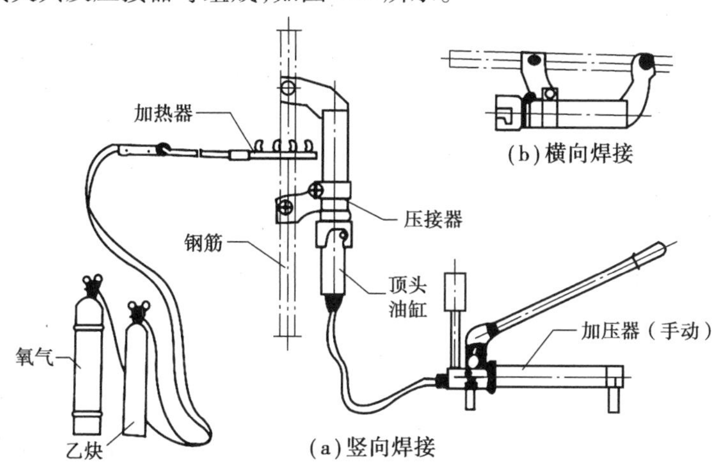

图 4.8　气压焊装置系统图

钢筋气压焊采用氧-乙炔火焰对着钢筋对接处连续加热,淡白色羽状火焰前端要触及钢筋或伸到接缝内,火焰始终不离开接缝,待接缝处钢筋红热时,加足顶锻压力使钢筋端面闭合。钢筋端面闭合后,把加热焰调成乙炔稍多的中性焰,以接合面为中心,多嘴加热器沿钢筋轴向在 2 倍钢筋直径范围内均匀摆动加热。摆幅由小变大,摆速逐渐加快。当钢筋表面变成炽白色,氧化物变成芝麻粒大小的灰白色球状物继而聚集成泡沫,开始随多嘴加热器摆动方向移动时,再加足顶锻压力,并保持压力直到使接合处对称均匀变粗,其直径为钢筋直径的 1.4 ~1.6 倍,变形长度为钢筋直径的 1.2 ~1.5 倍,即可终断火焰,焊接完成。

(5)电渣压力焊

钢筋电渣压力焊是将两根钢筋安放成竖向对接形式,利用焊接电流通过两钢筋端面间隙,在焊剂层下形成电弧过程和电渣过程,产生电弧热和电阻热,熔化钢筋,加压完成的一种焊接方法。钢筋电渣压力焊机操作方便、效率高,适用于竖向或斜向受力钢筋的连接,如直径为 12 ~40 mm 的 HPB300 光圆钢筋、HRB400 月牙肋带肋钢筋连接。

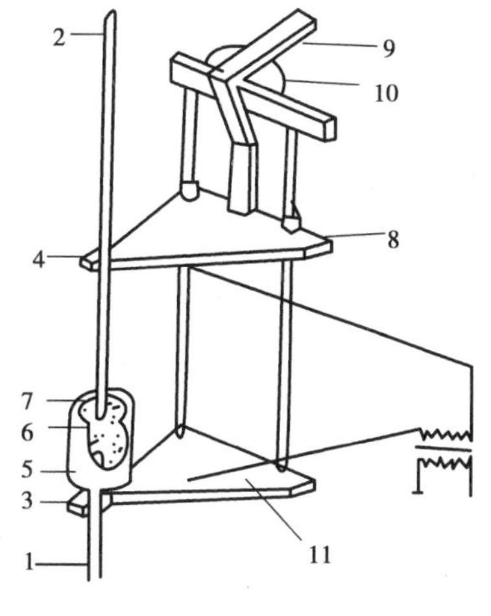

图 4.9　电渣压力焊机构造示意图

1,2—钢筋;3—固定电极;
4—活动电极;5—药盒;6—导电剂;
7—焊药;8—滑动架;9—手柄;
10—支架;11—固定架

电渣压力焊机分为自动电渣压力焊机和手工电渣压力焊机两种。主要由焊接电源(BX2-1000 型焊接变压器)、焊接夹具、操作控制系统、辅件(焊剂盒、回收工具)等组成。如图 4.9 所示为电动凸轮式钢筋自动电渣压力焊机基本构造示意图。将上、下两钢筋端部埋于焊剂之中,两端面之间留有一定间隙。电源接通后,采用接触引燃电弧,焊接电弧在两钢筋之间燃烧,电弧热将两钢筋端部熔化,熔化的金属形成熔池,熔融的焊剂形成熔渣(渣池),覆盖于熔池之上。熔池受到熔渣和焊剂蒸汽的保护,不与空气接触而发生氧化反应。随着电弧的燃烧,两根钢筋端部熔化量增加,熔池和渣池加深,此时应不断将上钢筋下送,至其端部直接与渣池接触时,电弧熄灭。焊接电流通过液体渣池产生的电阻热,继续对两钢筋端部加热,渣池温度可达 1 600 ~2 000 ℃。待上下钢筋端部达到全断面均匀加热时,迅速将上钢筋向下顶压,液态金属和熔渣全部挤出,随即切断焊接电源。冷却后,打掉渣壳,露出带金属光泽的焊包。

2) 钢筋机械连接

钢筋机械连接有挤压连接和螺纹套管连接两种形式。螺纹套管连接又分为锥螺纹套管连接和直螺纹套管连接,现在工程中一般采用直螺纹套管连接。

直螺纹套管连接是通过滚轮将钢筋端头部分压圆并一次性滚出螺纹(图 4.10),利用螺纹的机械咬合力传递拉力或压力。直螺纹套管连接适用于连接 HRB400 级、HRBF400 级钢筋,优点是工序简单、速度快、不受气候因素影响。

(1)连接套筒

连接套筒有标准型、扩口型、变径型、正反丝型。标准型是右旋内螺纹的连接套筒接套。扩口型是在标准型连接套的一端增加 45°~60°扩口段,用于钢筋较难对中的场合。变径型是右旋内螺纹的变直径连接套,用于连接不同直径的钢筋。正反丝型是左、右旋内螺纹的等直径连接套,用于钢筋不能转动而要求对接的场合。

图 4.10　直螺纹钢筋连接

图 4.11　钢筋直螺纹滚丝机

(2)施工机具

直螺纹套管连接施工中所用的主要机具包括钢筋套丝机、镦粗机、扳手。

钢筋直螺纹滚丝机(图 4.11)由机架、夹紧机构、进给拖板、减速机及滚丝头、冷却系统、电器系统组成。使用时,把钢筋端头部位一次快速直接滚制,使纹丝机头部位产生冷性硬化,从而使强度得到提高,使钢筋丝头达到与母材相同。

(3)螺纹加工

①按钢筋规格调整钢筋螺纹加工长度并调整好滚丝头内孔最小尺寸。

②按钢筋规格更换涨刀环,并按规定的丝头加工尺寸调整好剥肋直径尺寸。

③调整剥肋挡块及滚压行程开关位置,保证剥肋及滚压螺纹的长度符合丝头加工尺寸的规定。

④钢筋丝头长度的确定。确定原则:以钢筋连接套筒长度的一半为钢筋丝扣长度,由于钢筋的开始端和结束端存在不完整丝扣,初步确定钢筋丝扣的有效长度见表 4.9。允许偏差为 0~2P(P 为螺距),施工中一般按 0~1P 控制。

表 4.9　钢筋丝头加工参数

钢筋直径/mm	有效螺纹数量/扣	有效螺纹长度/mm	螺距/mm
18	9	27.5	2.5
20	10	30	2.5
22	11	32.5	2.5
25	11	35	3.0
28	11	40	3.0
32	13	45	3.0

(4)直螺纹钢筋连接

直螺纹钢筋连接流程如图 4.12 所示。

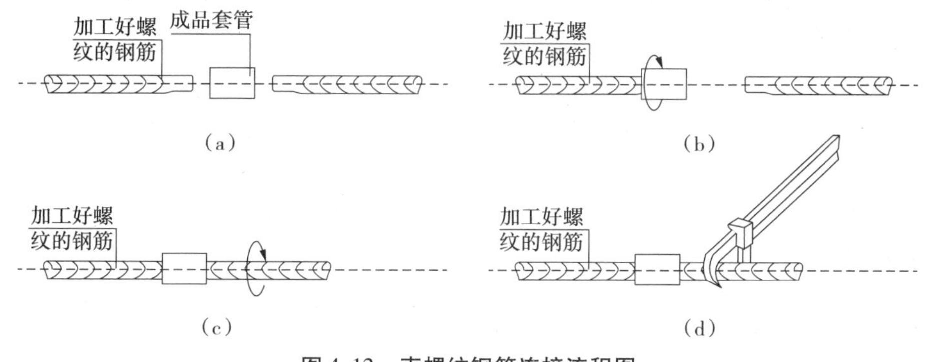

图 4.12　直螺纹钢筋连接流程图

①连接钢筋时,钢筋规格和套筒的规格必须一致,钢筋螺纹的形式、螺距、螺纹外径和套筒匹配,并确保钢筋和套筒的丝扣应干净、完好无损。

②滚压直螺纹接头的连接应用管钳或扳手进行施工。

③连接钢筋时,应对准轴线将钢筋拧入套筒。

④接头拼接完成后,应使两个丝头在套筒中央位置互相顶紧,套筒每端不得有一扣以上的完整丝扣外露,加长型丝扣的外露丝扣数不受限制,但应有明显标记,以检查进入套筒的丝头长度是否满足要求。

· 4.1.4 钢筋的现场安装 ·

1）隐蔽工程验收

浇筑混凝土之前，应进行钢筋隐蔽工程验收。隐蔽工程验收应包括下列主要内容：

①纵向受力钢筋的牌号、规格、数量、位置。

②钢筋的连接方式、接头位置、接头质量、接头面积百分率、搭接长度、锚固方式及锚固长度。

③箍筋、横向钢筋的牌号、规格、数量、间距、位置，箍筋弯钩的弯折角度及平直段长度。

④预埋件的规格、数量和位置。

2）现场安装要求

钢筋采用机械连接或焊接连接时，钢筋机械连接接头、焊接接头的力学性能、弯曲性能应符合国家现行有关标准的规定。钢筋采用机械连接时，螺纹接头应检验拧紧扭矩值，挤压接头应量测压痕直径，检验结果应符合规定。

钢筋接头的位置应符合设计和施工方案要求。有抗震设防要求的结构中，梁端、柱端箍筋加密区范围内不应进行钢筋搭接。接头末端至钢筋弯起点的距离不应小于钢筋直径的 10 倍。

①当纵向受力钢筋采用机械连接接头或焊接接头时，同一连接区段内纵向受力钢筋的接头面积百分率应符合设计要求；当设计无具体要求时，应符合下列规定：

a. 受拉接头，不宜大于 50%；受压接头，可不受限制。

b. 直接承受动力荷载的结构构件中，不宜采用焊接；当采用机械连接时，不应超过 50%。

②当纵向受力钢筋采用绑扎搭接接头时，接头的设置应符合下列规定：

a. 接头的横向净间距不应小于钢筋直径，且不应小于 25 mm。

b. 同一连接区段内，纵向受拉钢筋的接头面积百分率应符合设计要求；当设计无具体要求时，应符合下列规定：

- 梁类、板类及墙类构件不宜超过 25%，基础筏板不宜超过 50%；
- 柱类构件不宜超过 50%；
- 当工程中确有必要增大接头面积百分率时，对梁类构件不应大于 50%。

③梁、柱类构件的纵向受力钢筋搭接长度范围内箍筋的设置应符合设计要求；当设计无具体要求时，应符合下列规定：

a. 箍筋直径不应小于搭接钢筋较大直径的 1/4。

b. 受拉搭接区段的箍筋间距不应大于搭接钢筋较小直径的 5 倍，且不应大于 100 mm。

c. 受压搭接区段的箍筋间距不应大于搭接钢筋较小直径的 10 倍，且不应大于 200 mm。

d. 当柱中纵向受力钢筋直径大于 25 mm 时，应在搭接接头两个端面外 100 mm 范围内各设置二道箍筋，其间距宜为 50 mm。

3）钢筋安装

钢筋加工后运至现场进行安装。钢筋绑扎、安装前，应先熟悉图样，核对钢筋配料单和钢筋加工牌，研究与有关工种的配合，确定施工方法。

钢筋的接长、钢筋骨架或钢筋网的成型应优先采用焊接或机械连接,如果不能采用焊接或骨架过大过重不便于运输安装时,可采用绑扎的方法。钢筋绑扎一般采用20~22号铁丝,铁丝过硬时可经退火处理。绑扎时应注意钢筋位置是否准确,绑扎是否牢固,搭接长度及绑扎点位置是否符合规范要求。钢筋绑扎的细部构造应符合下列规定:

①钢筋的绑扎搭接接头应在接头中心和两端用铁丝扎牢。

②墙、柱、梁钢筋骨架中各垂直面钢筋网交叉点应全部扎牢;板上部钢筋网的交叉点应全部扎牢,底部钢筋网除边缘部分外可间隔交错扎牢。

③梁、柱的箍筋弯钩及焊接封闭箍筋的对焊点应沿纵向受力钢筋方向错开设置。构件同一表面,焊接封闭箍筋的对焊接头面积百分率不宜超过50%。

④填充墙构造柱纵向钢筋宜与框架梁钢筋共同绑扎。

⑤梁及柱中箍筋、墙中水平分布钢筋及暗柱箍筋、板中钢筋距构件边缘的距离宜为50 mm。

钢筋安装应与模板安装相配合。柱钢筋现场绑扎时,一般在模板安装前进行;柱钢筋采用预制安装时,可先安装钢筋骨架,然后安装柱模板,或先安装三面模板,待钢筋骨架安装后再钉第四面模板。梁的钢筋一般在梁模板安装后,再安装或绑扎;断面高度较大(大于600 mm)或跨度较大、钢筋较密的大梁,可留一面侧模,待钢筋安装或绑扎完后再钉。楼板钢筋绑扎应在楼板模板安装后进行,并应按设计先画线,然后摆料、绑扎。

钢筋保护层应按设计或规范的要求正确确定。工地常用预制水泥垫块垫在钢筋与模板之间,以控制保护层厚度。垫块应布置成梅花形,其相互间距不大于1 m。上下双层钢筋之间的尺寸,可绑扎短钢筋或设置撑脚来控制。

4.2 模板工程施工

· 4.2.1 模板构造 ·

模板与其支撑体系组成模板系统。模板系统是一个临时架设的结构体系,其中模板是新浇混凝土成型的模具,它与混凝土直接接触,使混凝土构件具有要求的形状、尺寸和表面质量;支撑体系是指支撑模板,承受模板、构件及施工中各种荷载的作用,并使模板保持要求的空间位置的临时结构。

模板应保证混凝土浇筑后的各部分形状和尺寸以及相互位置的准确性;具有足够的稳定性、刚度及强度;装拆方便,能够多次周转使用,形式要尽量做到标准化、系列化;接缝应不易漏浆,表面应光洁平整。

1)模板的分类

①按模板形状分为平面模板和曲面模板。平面模板又称为侧面模板,主要用于结构物垂直面;曲面模板用于某些形状特殊的部位。

②按模板材料分为木模板、竹模板、钢模板、混凝土预制模板、塑料模板、橡胶模板等。

③按模板受力条件分为承重模板和侧面模板。承重模板主要承受混凝土重量和施工中的垂直荷载;侧面模板主要承受新浇混凝土的侧压力,侧面模板按其支承受力方式又分为简支模

板、悬臂模板和半悬臂模板。

④按模板使用特点分为固定式、拆移式、移动式和滑动式。固定式用于形状特殊的部位，不能重复使用。后3种模板都能重复使用，或连续使用在形状一致的部位。但其使用方式有所不同：拆移式模板需要拆散移动；移动式模板的车架装有行走轮，可沿专用轨道使模板整体移动；滑动式模板是以千斤顶或卷扬机为动力，可在混凝土连续浇筑的过程中，使模板面紧贴混凝土面滑动。

2）**定型组合钢模板**

定型组合钢模板系列包括钢模板、连接件、支承件3个部分。其中，钢模板包括平面钢模板和拐角模板；连接件有U形卡、L形插销、钩头螺栓、紧固螺栓、蝶形扣件等；支承件有圆钢管、薄壁矩形钢管、内卷边槽钢、单管伸缩支撑等。

（1）钢模板的规格和型号

钢模板包括平面模板、阳角模板、阴角模板和连接角模，如图4.13所示。单块钢模板由面板、边框和加劲肋焊接而成。面板厚2.3 mm或2.5 mm，边框和加劲肋上面按一定距离（如150 mm）钻孔，可利用U形卡和L形插销等拼装成大块模板。

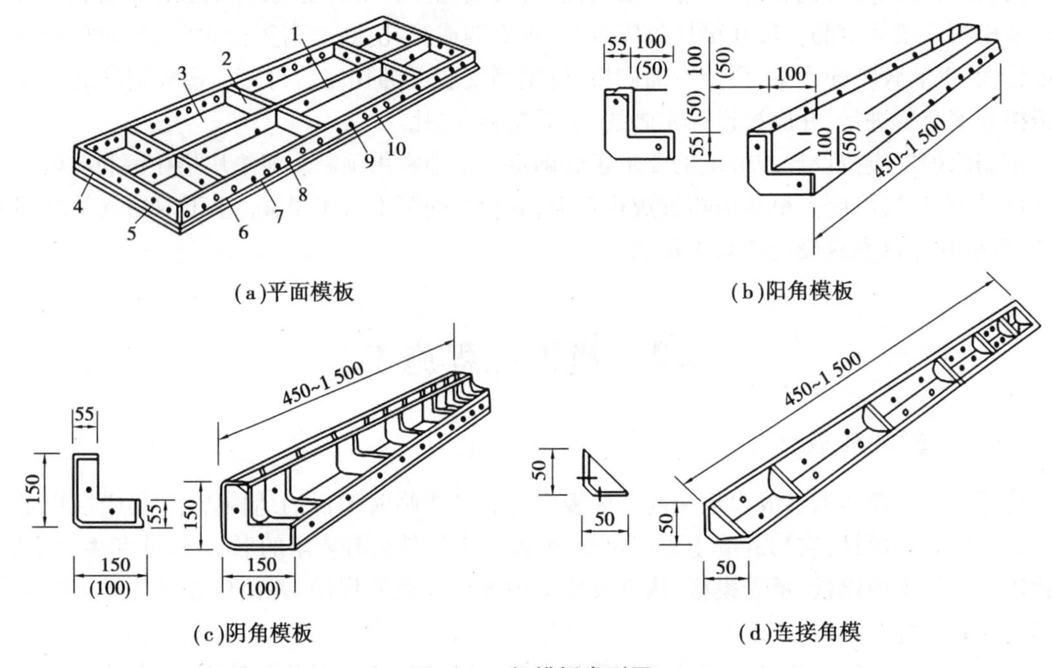

(a)平面模板　(b)阳角模板

(c)阴角模板　(d)连接角模

图4.13　钢模板类型图

1—中纵肋；2—中横肋；3—面板；4—横肋；5—插销孔；6—纵肋；7—凸棱；8—凸鼓；9—U形卡孔；10—钉子孔

钢模板的宽度以50 mm进级，长度以150 mm进级，其规格和型号已做到标准化、系列化。如型号为P3015的钢模板，P表示平面模板，3015表示宽×长为300 mm×1 500 mm；又如型号为Y1015的钢模板，Y表示阳角模板，1015表示宽×长为100 mm×1 500 mm。如拼装时出现不足模数的空隙时，可镶嵌木条补缺，用钉子或螺栓将木条与板块边框上的孔洞连接。

（2）连接件

①U形卡：用于钢模板之间的连接与锁定，使钢模板拼装密合。U形卡安装间距一般不大

于 300 mm，即每隔一孔卡插一个，安装方向一顺一倒相互交错，如图 4.14 所示。

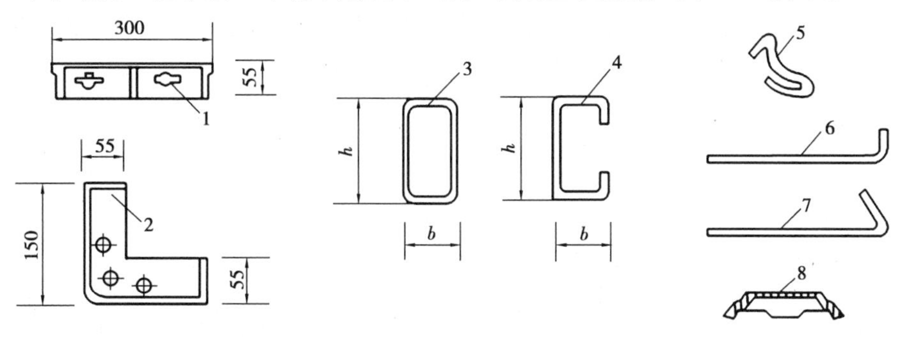

图 4.14 定型组合钢模板系列(单位:cm)

1—平面钢模板;2—拐角钢模板;3—薄壁矩形钢管;4—内卷边槽钢;

5—U 形卡;6—L 形插销;7—钩头螺栓;8—蝶形扣件

②L 形插销：插入模板两端边框的插销孔内，用于增强钢模板纵向拼接的刚度和保证接头处板面平整，如图 4.15(b)所示。

③钩头螺栓：用于钢模板与内、外钢楞之间的连接固定，使之成为整体。安装间距一般不大于 600 mm，长度应与采用的钢楞尺寸相适应，如图 4.15(c)所示。

④对拉螺栓：用来保持模板与模板之间的设计厚度并承受混凝土侧压力及水平荷载，使模板不致变形，如图 4.15(d)所示。

⑤紧固螺栓：用于紧固钢模板内外钢楞，增强组合模板的整体刚度，长度与采用的钢楞尺寸相适应，如图 4.15(e)所示。

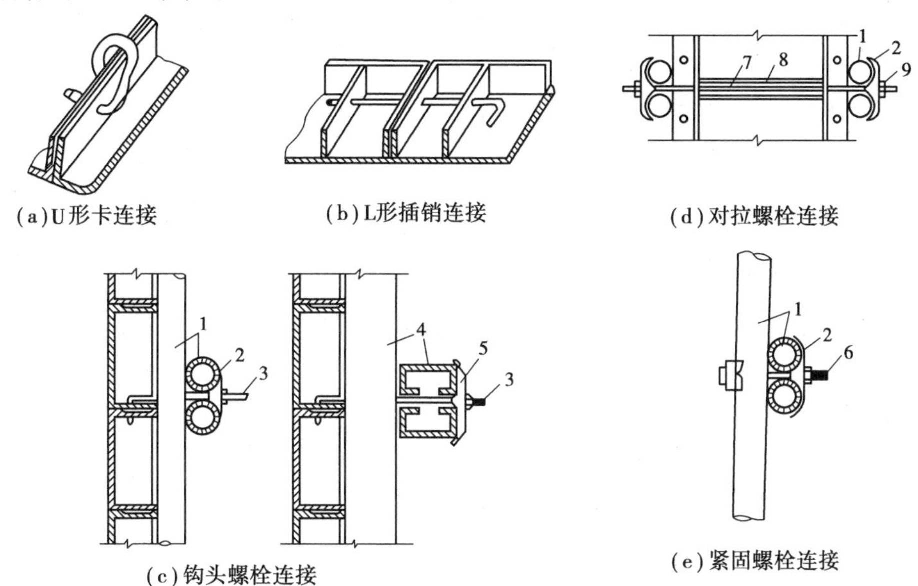

图 4.15 钢模板连接件

1—圆钢管钢楞;2—“3”形扣件;3—钩头螺栓;4—内卷边槽钢钢楞;5—蝶形扣件;

6—紧固螺栓;7—对拉螺栓;8—塑料套管;9—螺母

⑥扣件：用于将钢模板与钢楞紧固，与其他配件一起将钢模板拼装成整体。按钢楞的不同形状尺寸，分别采用蝶形扣件和“3”形扣件，其规格分为大小两种。

(3)支承件

配件的支承件包括钢楞、柱箍、梁卡具、圈梁卡具、钢桁架、斜撑、组合支柱、钢管脚手支架、平面可调桁架和曲面可变桁架等,如图 4.16 至图 4.19 所示。

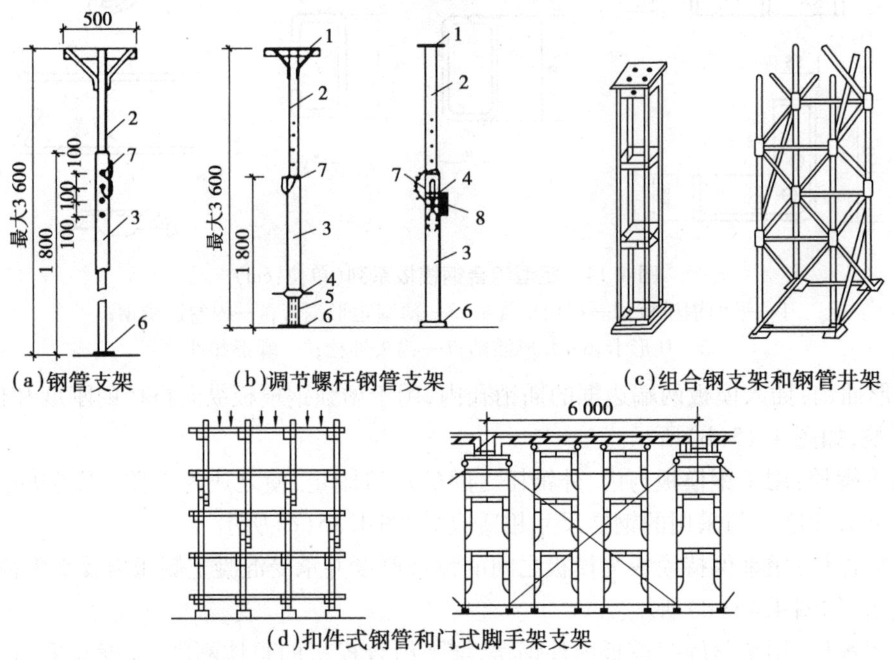

图 4.16　钢支架

1—顶板;2—插管;3—套管;4—转盘;5—螺杆;6—底板;7—插销;8—转动手柄

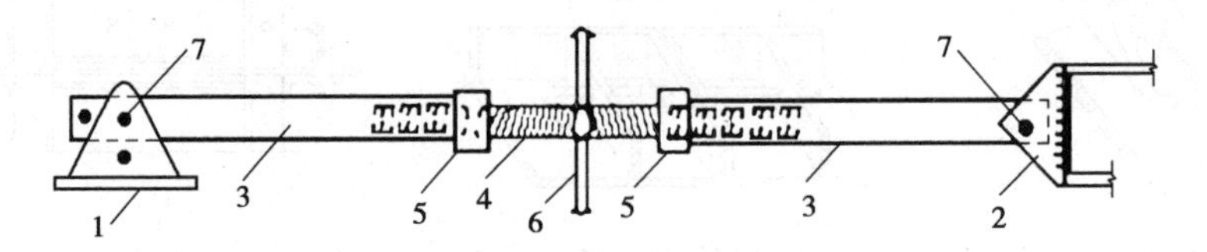

图 4.17　斜撑

1—底座;2—顶撑;3—钢管斜撑;4—花篮螺丝;5—螺母;6—旋杆;7—销钉

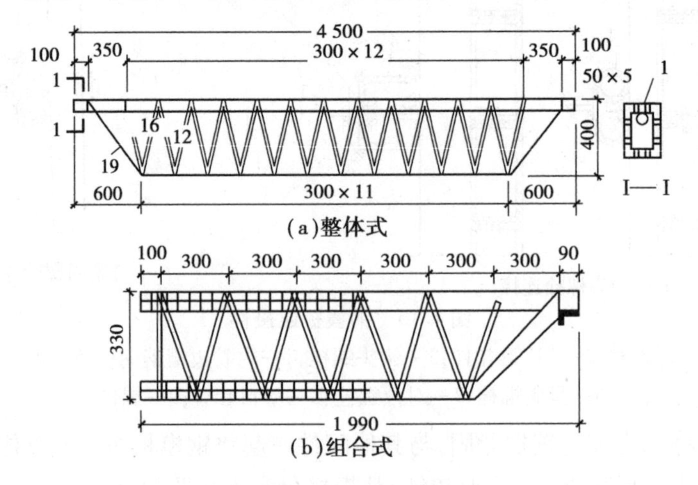

图 4.18　钢桁架

3）木模板

木模板的木材主要采用松木和杉木，其含水率不宜过高，以免干裂，材质不宜低于三等材。

木模板的基本元件是拼板，它由板条和拼条（木档）组成，如图 4.20 所示。板条厚 25～50 mm，宽度不宜超过 200 mm，以保证在干缩时缝隙均匀，浇水后缝隙要严密且板条不翘曲，但梁底板的板条宽度不受限制，以免漏浆。拼条截面尺寸为 25 mm×35 mm～50 mm×50 mm，拼条间距根据施工荷载大小及板条的厚度而定，一般取 400～500 mm。图 4.21 和图 4.22 分别是楼梯模板和阶梯形基础模板。

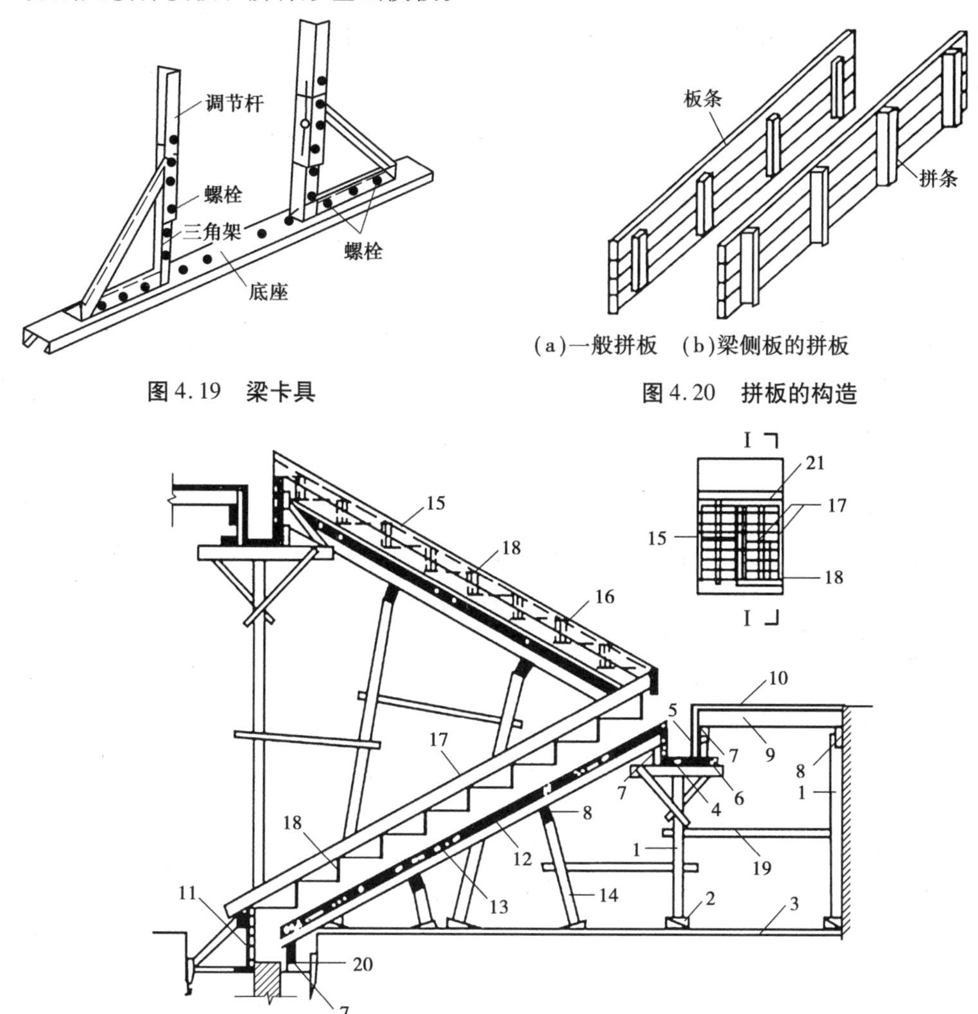

图 4.19 梁卡具

图 4.20 拼板的构造

图 4.21 楼梯模板

1—支柱（顶撑）；2—木楔；3—垫板；4—平台梁底板；5—侧板；6—夹板；7—托木；
8—杠木；9—木楞；10—平台底板；11—梯基侧板；12—斜木楞；13—楼梯底板；14—斜向顶撑；
15—外帮板；16—横档木；17—反三角板；18—踏步侧板；19—拉杆；20—木桩

4）钢框胶合板模板

钢框胶合板模板是指钢框与木胶合板或竹胶合板结合使用的一种模板。钢框胶合板模板由钢框和防水木、竹胶合板平铺在钢框上，用沉头螺栓与钢框连牢，构造如图 4.23 所示。用于面板的竹胶合板是用竹片或竹帘涂胶黏剂,纵横向铺放,组坯后热压成型。为使钢框竹胶合板板面光滑平整,便于脱模和增加周转次数,一般板面采用涂料覆面处理或浸胶纸覆面处理。

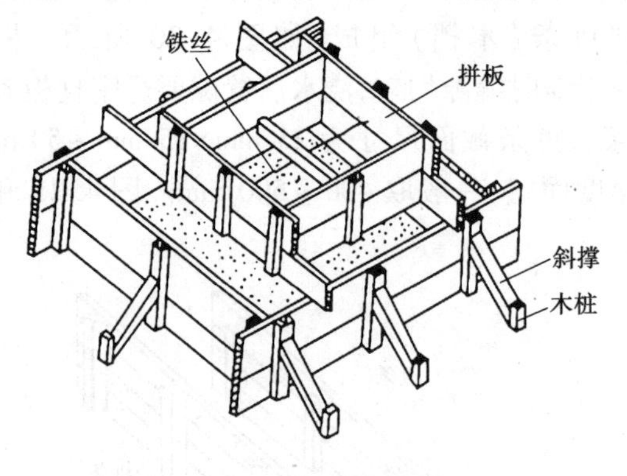

图 4.22　阶梯形基础模板

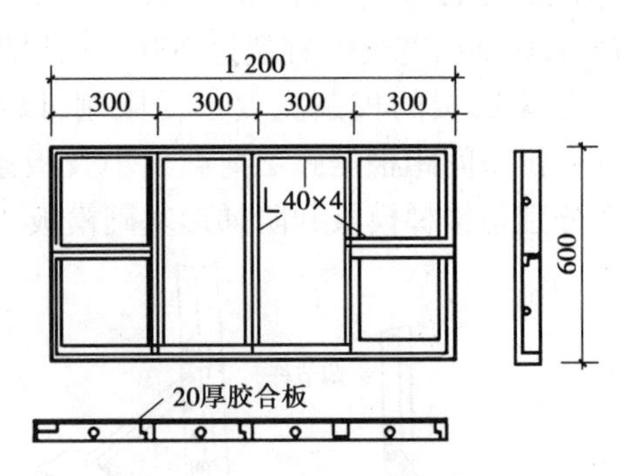

图 4.23　钢框胶合板模板

5)**滑动模板**

滑动模板简称滑模,是在混凝土连续浇筑过程中,可使模板面紧贴混凝土面滑动的模板。采用滑模施工要比常规施工节约木材(包括模板和脚手板等)70%左右,节约劳动力30%~50%,缩短施工周期30%~50%。滑模施工的结构整体性好、抗震效果明显,适用于高层或超高层抗震建筑物和高耸构筑物施工。滑模施工的设备便于加工、安装、运输。

(1)滑模系统的组成

①模板系统:包括提升架、围圈、模板及加固、连接配件。

②施工平台系统:包括工作平台、外圈走道、内外吊脚手架。

③提升系统:包括千斤顶、油管、分油器、针形阀、控制台、支承杆及测量控制装置。滑模构造如图 4.24 所示。

(2)主要部件的构造及作用

①提升架:是整个滑模系统的主要受力部分。各项荷载集中传至提升架,最后通过装设在提升架上的千斤顶传至支承杆上。提升架由横梁、立柱、牛腿及外挑架组成。各部分尺寸及杆件断面应通盘考虑并经计算确定。

②围圈:是模板系统的横向连接部分,将模板按工程平面形状组合为整体。围圈也是受力部件,它既承受混凝土侧压力产生的水平推力,又承受模板的重量,以及滑动时产生的摩阻力等竖向力。在有些滑模系统设计中,也将施工平台支承在围圈上。围圈架设在提升架的牛腿上,各种荷载将最终传至提升架上。围圈一般用型钢制作。

③模板:是混凝土成型的模具,要求板面平整、尺寸准确、刚度适中。模板高度一般为90~120 cm、宽度为50 cm,但根据需要也可加工成小于50 cm的异形模板。模板通常用钢材制作,也有用其他材料制作的,如钢木组合模板,是用硬质塑料板或玻璃钢等材料作面板的有机材料复合模板。

④施工平台:施工平台是滑模施工中各工种的作业面及材料、工具的存放场所。施工平台应视建筑物的平面形状、开门大小、操作要求及荷载情况设计。施工平台必须有可靠的强度及必要的刚度,确保施工安全,防止平台变形导致模板倾斜。如果跨度较大时,在平台下应设置承托桁架。

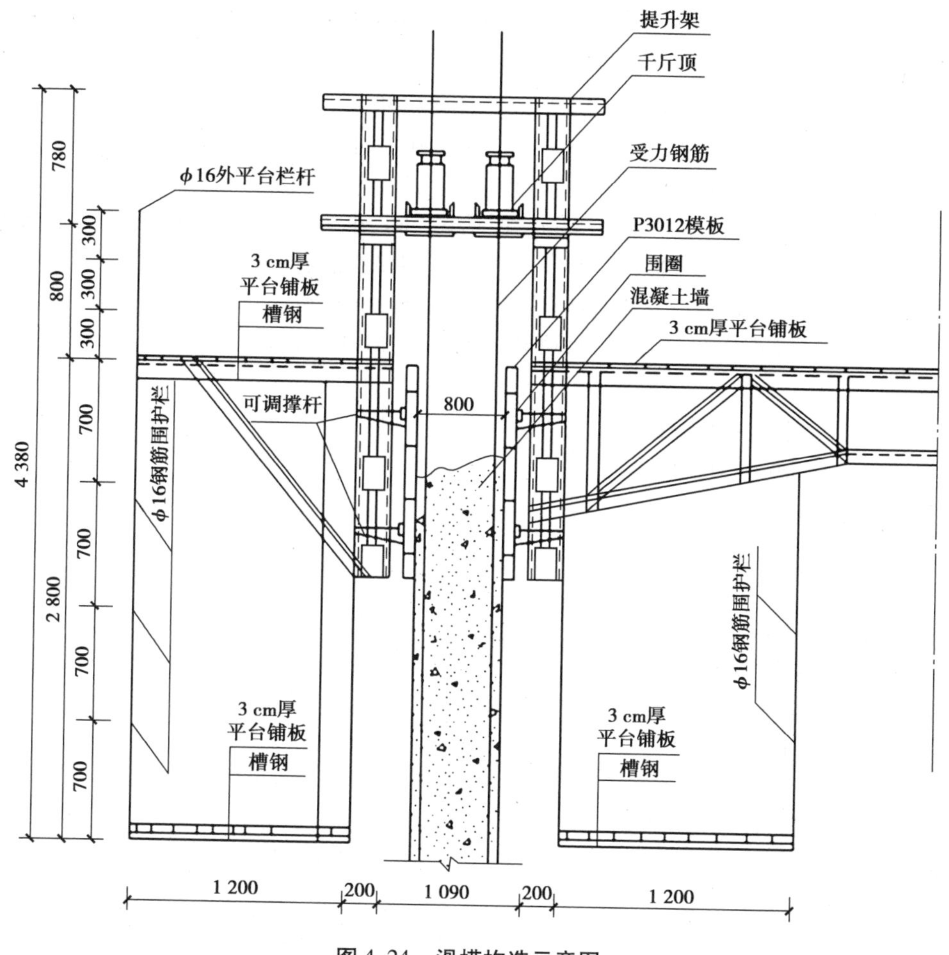

图4.24　滑模构造示意图

⑤吊脚手架：用于对已滑出的混凝土结构进行处理或修补，要求沿结构内外两侧周围布置。吊脚手架的高度一般为1.8 m，可以设双层或3层。吊脚手架要有可靠的安全设备及防护设施。

⑥提升设备：由液压千斤顶、液压控制台、油路及支承杆组成。支承杆可用直径25 mm的光圆钢筋作支承杆，每根支承杆长度以3.5～5 m为宜。支承杆的接头可用螺栓连接（支承杆两头加工成阴阳螺纹）或现场用小坡口焊接连接。若回收重复使用，则需要在提升架横梁下附设支承杆套管。如有条件并经设计部门同意，则该支承杆钢筋可以直接浇灌在混凝土中以代替部分结构配筋，可利用50%～60%。

6）爬升模板

爬升模板是在混凝土墙体浇筑完毕后，利用提升装置将模板自行提升到上一个楼层，浇筑上一层墙体的垂直移动式模板。爬升模板采用整片式大平模，模板由面板及肋组成，而不需要支撑系统；提升设备采用电动螺杆提升机、液压千斤顶或导链。爬升模板是将大模板工艺和滑升模板工艺相结合，既保持了大模板施工墙面平整的优点，又保持了滑模利用自身设备使模板向上提升的优点，墙体模板能自行爬升而不依赖塔吊。爬升模板适用于高层建筑墙体、电梯井壁、管道间混凝土施工。

爬升模板由钢模板、提升架和提升装置三部分组成,如图4.25所示。

7)台模

台模是浇筑钢筋混凝土楼板的一种大型工具式模板。在施工中可以整体脱模和转运,利用起重机从浇筑完的楼板下吊出,转移至上一楼层,中途不再落地,因此亦称"飞模"。台模按其支架结构类型分为立柱式台模、桁架式台模、悬架式台模等。

台模适用于各种结构的现浇混凝土,适用于小开间、小进深的现浇楼板施工。单座台模面板的面积从2~6 m^2 到60 m^2 以上。台模整体性好,混凝土表面容易平整,施工进度快。

台模由台面、支架(支柱)、支腿、调节装置、行走轮等组成,如图4.26所示。台面是直接接触混凝土的部件,表面应平整光滑,具有较高的强度和刚度。目前常用的面板有钢板、胶合板、铝合金板、工程塑料板及木板等。

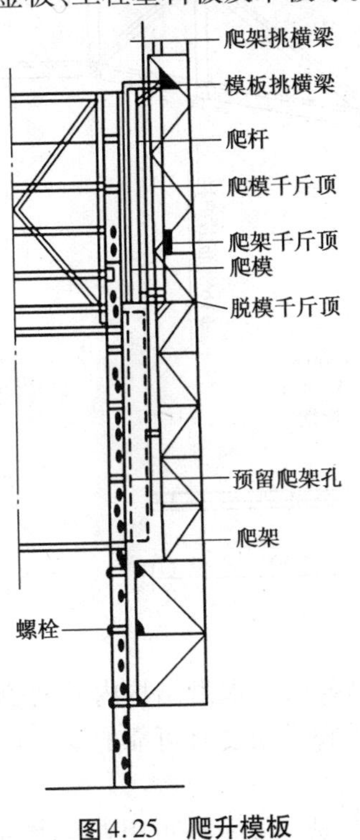

图4.25 爬升模板

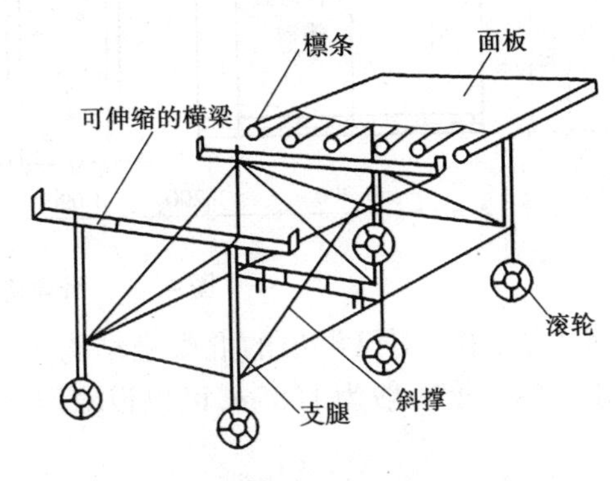

图4.26 台模

· 4.2.2 模板设计 ·

常用定型模板在其适用范围内一般无须进行设计或验算。而对一些特殊结构、新型体系模板或超出适用范围的一般模板,则应进行设计或验算。由于模板为一临时性系统,因此对钢模板及其支架的设计,其设计荷载值可乘以系数0.85予以折减;对木模板及其支架系统设计,其设计荷载值可乘以系数0.9予以折减;对冷弯薄壁型钢不予折减。

作用在模板系统上的荷载分为永久荷载和可变荷载。永久荷载包括模板与支架的自重、新浇混凝土自重及对模板侧面的压力、钢筋自重等。可变荷载包括施工人员及施工设备荷载、振捣混凝土时产生的荷载、倾倒混凝土时产生的荷载。计算模板及其支架时,应根据构件的特点及模板的用途进行荷载组合,各项荷载标准值按下列规定确定:

(1)模板及其支架自重标准值

可根据模板设计图纸或类似工程的实际支模情况予以计算荷载,对肋形楼板或无梁楼板的荷载可参考表4.10。

表4.10 楼板模板自重标准值 单位:N/mm^2

模板构件名称	木模板	定型组合钢模板	钢框胶合板模板
平面模板及小楞的自重	300	500	400
楼板模板的自重(其中包括梁模板)	500	750	600
楼板模板及其支架的自重(楼层高度为4 m以下)	750	1 100	950

(2)新浇混凝土自重标准值

普通混凝土可采用24 kN/m^2,其他混凝土根据其实际密度确定。

(3)钢筋自重标准值

钢筋自重标准值根据工程图纸确定。一般梁板结构每立方钢筋混凝土的钢筋重量为楼板1.1 kN,梁1.5 kN。

(4)施工人员及施工设备荷载标准值

①计算模板及直接支承模板的小楞时,均布荷载为2.5 kN/m^2,并应另以集中荷载2.5 kN再进行验算,比较两者所得弯矩值取大者。

②计算直接支承小楞结构构件时,其均布荷载可取1.5 kN/m^2。

③计算支架立柱及其他支承结构构件时,均布荷载取1.0 kN/m^2。

对大型浇筑设备(上料平台、混凝土泵等)按实际情况计算;混凝土堆集料高度超过100 mm以上时,按实际高度计算;模板单块宽度小于150 mm时,集中荷载可分布在相邻的两块板上。

(5)振捣混凝土时产生的荷载标准值

对水平面模板为2.0 kN/m^2,对垂直面模板为4.0 kN/m^2。

(6)新浇混凝土对模板的侧压力标准值

影响新浇混凝土对模板侧压力的因素主要有混凝土材料种类、温度、浇筑速度、振捣方式、凝结速度等。此外,还与混凝土坍落度大小、构件厚度等有关。

当采用内部振捣器振捣,新浇筑的普通混凝土作用于模板的最大侧压力,可按式(4.1)和式(4.2)计算,并取较小值。

$$F=0.22\gamma_c t_0\beta_1\beta_2 V^{\frac{1}{2}} \tag{4.1}$$

$$F=\gamma_c H \tag{4.2}$$

式中 F——新浇混凝土的最大侧压力,kN/m^2;

γ_c——混凝土的重力密度,kN/m^3;

t_0——新浇混凝土的初凝时间,h,可按实测确定,当缺乏资料时,可采用 $t_0=200/(T+15)$ 计算(T为混凝土的温度);

V——混凝土的浇筑速度,m/h;

H——混凝土侧压力计算位置处至新浇混凝土顶面的总高度,m;

β_1——外加剂影响修正系数,不掺外加剂取1.0,掺具有缓凝作用的外加剂时取1.2;

β_2——混凝土坍落度影响修正系数,坍落度小于3 cm时取0.85,5~9 cm时取1.0,坍落度为11~15 cm时取1.15。

(7)倾倒混凝土时产生的荷载标准值

倾倒混凝土时,对垂直面模板产生的水平荷载标准值见表4.11。

表4.11 倾倒混凝土时产生的水平荷载标准值

向模板中供料的方法	水平荷载/($kN \cdot m^{-2}$)
用溜槽、串筒或导管输出	2
用容量小于0.2 m^3 的运输器具倾倒	2
用容量为0.2~0.8 m^3 的运输器具倾倒	4
用容量大于0.8 m^3 的运输器具倾倒	6

(8)风荷载标准值

对风压较大地区及受风荷载作用易倾倒的模板,须考虑风荷载作用下的抗倾倒稳定性。其标准值按式(4.3)计算:

$$W_k = 0.8\beta_z \mu_s \mu_z w_0 \tag{4.3}$$

式中 W_k——风荷载标准值,kN/m^2;

β_z——高度 z 处的风振系数;

μ_s——风荷载体型系数;

μ_z——风压高度变化系数;

w_0——基本风压,kN/m^2。

β_z,μ_s,μ_z,w_0 的取值均按《建筑结构荷载规范》(GB 50009—2012)的规定采用。

计算模板及其支架的荷载设计值时,应采用上述各项荷载标准值乘以相应的分项系数求得,荷载分项系数见表4.12。

表4.12 荷载分项系数 γ_i

项次	荷载类别	γ_i
1	模板及支架自重	1.2
2	新浇混凝土自重	
3	钢筋自重	
4	施工人员及施工设备荷载	1.4
5	振捣混凝土时产生的荷载	
6	新浇混凝土对模板侧面的压力	1.2
7	倾倒混凝土时产生的荷载	1.4
8	风荷载	1.4

计算模板及支架的荷载效应组合见表4.13。

为了便于计算,模板结构设计计算时可作适当简化,即所有荷载可假定为均匀荷载。单元宽度面板、内楞和外楞、小楞和大楞或桁架均可视为梁,支撑跨度等于或多于两跨的可视为连续梁,并视实际情况可分别简化为简支梁、悬臂梁、两跨或三跨连续梁。

当验算模板及其支架的刚度时,其变形值不得超过下列数值:

表 4.13 计算模板及支架的荷载效应组合

构件模板组成	参与组合的荷载项	
	计算承载能力	验算刚度
平板和薄壳的模板及其支架	1,2,3,4	1,2,3
梁和拱模板的底板及支架	1,2,3,5	1,2,3
梁、拱、柱(边长≤300 mm)、墙(厚≤100 mm)的侧面模板	5,6	6
厚大结构、柱(边长>300 mm)、墙(厚>100 mm)的侧面模板	6,7	6

①结构表面外露的模板,为模板构件跨度的 1/400。

②结构表面隐蔽的模板,为模板构件跨度的 1/250。

③支架压缩变形值或弹性挠度为相应结构自由跨度的 1/1 000。当验算模板及其支架在风荷载作用下的抗倾倒稳定性时,抗倾倒系数不应小于 1.15。

模板系统的设计包括选型、选材、荷载计算、拟订制作安装和拆除方案、绘制模板图等。

· 4.2.3 模板制作安装与拆除 ·

1) 模板制作安装

模板应按图加工、制作。通用性强的模板宜制作成定型模板。

模板面板背侧的木方高度应一致。制作胶合板模板时,其板面拼缝处应密封。地下室外墙和人防工程墙体的模板对拉螺栓中部应设止水片,止水片应与对拉螺栓环焊。

与通用钢管支架匹配的专用支架,应按图加工、制作。搁置于支架顶端可调托座上的主梁,可采用木方、木工字梁或截面对称的型钢制作。

支架立柱和竖向模板安装在基土上时,应符合下列规定:

①应设置具有足够强度和支承面积的垫板,且应中心承载。

②基土应坚实,并应有排水措施;对湿陷性黄土,应有防水措施;对冻胀性土,应有防冻融措施。

③对软土地基,当需要时可采用堆载预压的方法调整模板面的安装高度。

竖向模板安装时,应在安装基层面上测量放线,并应采取保证模板位置准确的定位措施。对竖向模板及支架,安装时应有临时稳定措施。安装位于高空的模板时,应有可靠的防倾覆措施。应根据混凝土一次浇筑高度和浇筑速度,采取合理的竖向模板抗侧移、抗浮和抗倾覆措施。

对跨度不小于 4 m 的梁、板,其模板起拱高度宜为梁、板跨度的 1/1 000 ~ 3/1 000。

支架的垂直斜撑和水平斜撑应与支架同步搭设,架体应与成形的混凝土结构拉结。钢管支架的垂直斜撑和水平斜撑的搭设应符合国家现行有关钢管脚手架标准的规定。

对现浇多层、高层混凝土结构,上、下楼层模板支架的立杆应对准,模板及支架钢管等应分散堆放。

模板安装应保证混凝土结构构件各部分形状、尺寸和相对位置准确,并应防止漏浆。

模板安装应与钢筋安装配合进行,梁柱节点的模板宜在钢筋安装后安装。

模板与混凝土接触面应清理干净并涂刷脱模剂,脱模剂不得污染钢筋和混凝土接槎处。

模板安装完成后,应将模板内杂物清除干净。

后浇带的模板及支架应独立设置。

固定在模板上的预埋件、预留孔和预留洞均不得遗漏,且应安装牢固、位置准确。

2）模板拆除

模板拆除时,可采取先支的后拆、后支的先拆,先拆非承重模板、后拆承重模板的顺序,并应从上而下进行拆除。

当混凝土强度达到设计要求时,方可拆除底模及支架;当设计无具体要求,同条件养护试件的混凝土抗压强度应符合表4.14的规定。

表4.14　底模拆除时的混凝土强度要求

构件类型	构件跨度/m	按达到设计混凝土强度等级值的百分率计/%
板	≤2	≥50
	>2,≤8	≥75
	>8	≥100
梁、拱、壳	≤8	≥75
	>8	≥100
悬臂结构		≥100

当混凝土强度能保证其表面及棱角不受损伤时,方可拆除侧模。

多个楼层间连续支模的底层支架拆除时间,应根据连续支模的楼层间荷载分配和混凝土强度的增长情况确定。

快拆支架体系的支架立杆间距不应大于2 m。拆模时应保留立杆并顶托支承楼板,拆模时的混凝土强度可取构件跨度为2 m并按表4.14的规定确定。

对于后张预应力混凝土结构构件,侧模宜在预应力张拉前拆除;底模支架不应在结构构件建立预应力前拆除。

拆下的模板及支架杆件不得抛扔,应分散堆放在指定地点,并应及时清运。

模板拆除后应将其表面清理干净,应对变形和损伤部位进行修复。

4.3　混凝土工程施工

· *4.3.1　施工准备* ·

混凝土施工准备工作包括:施工缝处理、设置卸料入仓的辅助设备、模板安装、钢筋架设、预埋件埋设、施工人员的组织、浇筑设备及其辅助设施的布置、浇筑前的检查验收等。

1)施工缝处理

如果由于技术或施工组织上的原因,不能对混凝土结构一次连续浇筑完毕,而必须停歇较长的时间，其停歇时间已超过混凝土的初凝时间，致使混凝土已初凝，当继续浇筑混凝土时，形成了接缝，即为施工缝。

(1)施工缝的留设位置

施工缝的设置原则是一般宜留在结构受力(剪力)较小且便于施工的部位。柱子的施工缝宜留在基础与柱子交接处的水平面上，或梁的下面，或吊车梁牛腿的下面、吊车梁的上面、无梁楼盖柱帽的下面，如图4.27所示。高度大于1 m的钢筋混凝土梁的水平施工缝，应留在楼板底面下20～30 mm处，当板下有梁托时，留在梁托下部。单向平板的施工缝，可留在平行于短边的任何位置处。对于有主次梁的楼板结构，宜顺着次梁方向浇筑，施工缝应留在次梁跨度的中间1/3范围内，如图4.28所示。

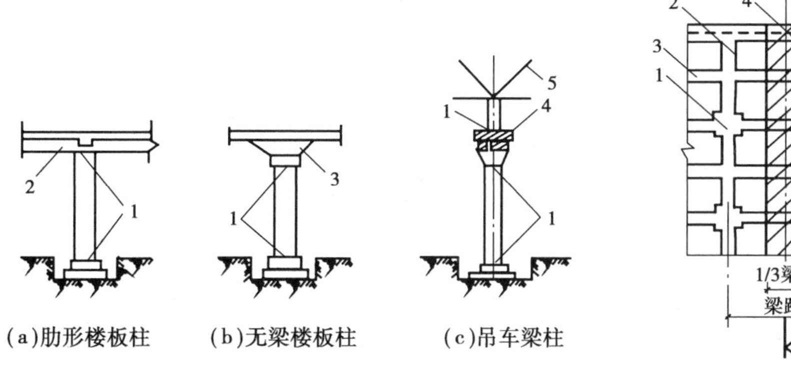

(a)肋形楼板柱　(b)无梁楼板柱　(c)吊车梁柱

图4.27　柱子施工缝的位置

1—施工缝；2—梁；3—柱帽；4—吊车梁；5—屋架

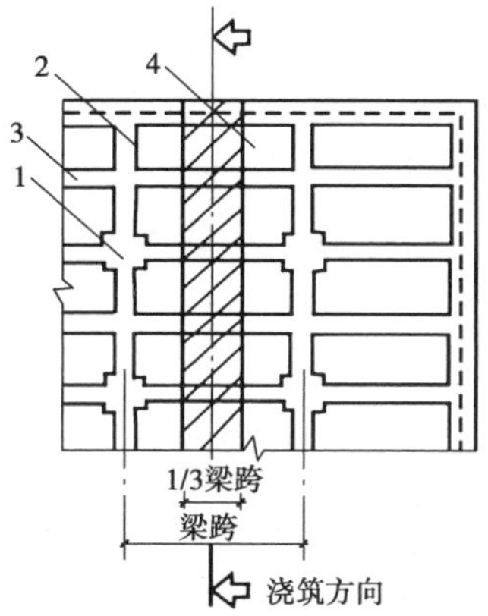

图4.28　有梁板的施工缝位置

1—柱；2—主梁；3—次梁；4—板

(2)施工缝的处理

施工缝处继续浇筑混凝土时，应待混凝土的抗压强度不小于1.2 MPa方可进行；施工缝浇筑混凝土之前，应除去施工缝表面的水泥薄膜、松动石子和软弱的混凝土层，处理方法有风砂枪喷毛、高压水冲毛、风镐凿毛或人工凿毛，并加以充分湿润和冲洗干净，不得有积水；浇筑时，施工缝处宜先铺水泥浆(水泥：水=1：0.4)，或与混凝土成分相同的水泥砂浆一层，厚度为30～50 mm，以保证接缝的质量；浇筑过程中，施工缝应细致捣实，使其紧密结合。

2)仓面准备

①机具设备、劳动组合、照明、水电供应、所需混凝土原材料的准备等。

②应检查仓面施工的脚手架、工作平台、安全网等是否牢固，检查电源开关、动力线路是否符合安全规定。

③仓位的浇筑高程、上升速度、特殊部位的浇筑方法和质量要求等技术问题，须事先进行技术交底。

④地基或施工缝处理完毕并养护一定时间，已浇好的混凝土强度达到2.5 MPa后方可在仓面进行放线，安装模板、钢筋和预埋件，架设脚手架等作业。

3)模板、钢筋及预埋件检查

开仓浇筑前，必须按照设计图纸和施工规范的要求，对仓面安设的模板、钢筋及预埋件进行全面检查验收，签发合格证。

· 4.3.2 混凝土的拌制 ·

混凝土拌制是按照混凝土配合比设计要求，将其各组成材料（砂、石、水泥、水、外加剂及掺合料等）拌和成均匀的混凝土料，以满足浇筑需要。混凝土制备的过程包括储料、供料、配料和拌和。其中，配料和拌和是主要生产环节，也是质量控制的关键，要求品种无误、配料准确、拌和充分。

1）混凝土配料

①配料。配料是按设计要求，称量每次拌和混凝土的材料用量。配料的精度直接影响混凝土的质量。混凝土配料要求采用质量配料法，即将砂、石、水泥、矿物掺合料按质量计量，水和外加剂溶液按质量折算成体积计量，称量的允许偏差见表4.15。设计配合比中的加水量根据水灰比计算确定，并以饱和面干状态的砂子为标准。由于水灰比对混凝土强度和耐久性影响极为重大，绝不能任意变更；施工采用的砂子，其含水量又往往较高，在配料时采用的加水量应扣除砂子表面含水量及外加剂中的水量。

表4.15 混凝土原材料计量的允许偏差

材料名称	每盘计量允许偏差	累计计量允许偏差
水泥、矿物掺合料	±2%	±1%
粗、细骨料	±3%	±2%
水、外加剂	±2%	±1%

【例4.2】 设混凝土实验室配合比为：水泥 ：砂子 ：石子 = 1 ：x ：y，测得砂子的含水率为 w_x，石子的含水率为 w_y，则施工配合比应为：1 ：$x(1+w_x)$ ：$y(1+w_y)$。

已知C20混凝土的实验室配合比（质量比）为：水泥 ：砂 ：石 = 1 ：2.56 ：4.21，水灰比为0.55，经测定砂的含水率为2%，石子的含水率为1%，每1 m^3 混凝土的水泥用量330 kg，则施工配合比为：

$$1:2.56(1+2\%):4.21(1+1\%)=1:2.61:4.25$$

每1 m^3 混凝土材料用量为：

水泥：330 kg；

砂子：330 kg×2.61 = 861.3 kg；

石子：330 kg×4.25 = 1 402.5 kg；

水：330 kg×0.55−330 kg×2.56×2%−330 kg×4.21×1% = 150.711 kg。

施工中往往以整袋水泥为下料单位，每搅拌一次称为一盘。因此，求出每1 m^3 混凝土材料用量后，还必须根据工地现有搅拌机出料容量确定每次需用几袋水泥，然后按水泥用量算出砂、石子的每盘用量。例4.2中，如采用JZ500型搅拌机，出料容量为0.5 m^3，则每搅拌一次的装料数量为：

水泥：330 kg×0.5 = 165 kg（取3袋水泥，即150 kg）；

砂子：861.3 kg×150/330 = 391.5 kg；

石子：1 402.5 kg×150/330 = 637.5 kg；

水：150.711 kg×150/330 = 68.505 kg。

②给料。给料是将混凝土各组分从料仓按要求送进称料斗。给料设备的工作机构常与称量设备相连,当需要给料时,控制电路开通,进行给料。当计量达到要求时,即断电停止给料。常用的给料设备有皮带给料机、给料闸门、电磁振动给料机、叶轮给料机、螺旋给料机等。

③称量。混凝土配料称量的设备有简易秤(地磅)、电动磅秤、自动配料杠杆秤、电子秤、配水箱及定量水表。

2)混凝土拌和

混凝土拌和的方法有人工拌和与机械拌和两种。用拌和机拌和混凝土较广泛,能提高拌和质量和生产率。

(1)拌和机械

拌和机械有自落式和强制式两种,见表4.16。

表4.16 混凝土搅拌机类型

自落式			强制式			
鼓筒式	双锥式		立轴式			卧轴式(单轴双轴)
	反转出料	倾翻出料	涡浆式	行星式		
				定盘式	盘转式	

自落式搅拌机是通过筒身旋转,带动搅拌叶片将物料提高,在重力作用下物料自由坠下,反复进行,互相穿插、翻拌、混合,使混凝土各组分搅拌均匀。图4.29为锥形反转出料搅拌机外形,它主要由上料装置、搅拌筒、传动机构、配水系统和电气控制系统等组成。

图4.29 锥形反转出料机外形图

强制式混凝土搅拌机一般筒身固定,搅拌机片旋转,对物料施加剪切、挤压、翻滚、滑动、混合,使混凝土各组分搅拌均匀,如图4.30所示。

搅拌机使用前应按照“十字作业法”(清洁、润滑、调整、紧固、防腐)的要求检查离合器、制动器、钢丝绳等各个系统和部位,是否机件齐全、机构灵活、运转正常,并按规定位置加注润滑油脂;进行空转检查,检查搅拌机旋转方向是否与机身箭头一致,空车运转是否达到要求值。在确认以上情况正常后,搅拌筒内加清水搅拌3 min后将水放出,方可投料搅拌。

(2)混凝土拌和

①开盘操作。在完成上述检查工作后,即可开盘搅拌,为不改变混凝土设计配合比,补偿黏附在筒壁、叶片上的砂浆,第一盘应减少石子约30%,或多加水泥、砂各15%。

②正常运转。确定原材料投入搅拌筒内的先后顺序,应综合考虑能否保证混凝土的搅拌质量,提高混凝土的强度,减少机械的磨损与混凝土的黏罐现象,减少水泥飞扬,降低电耗以及

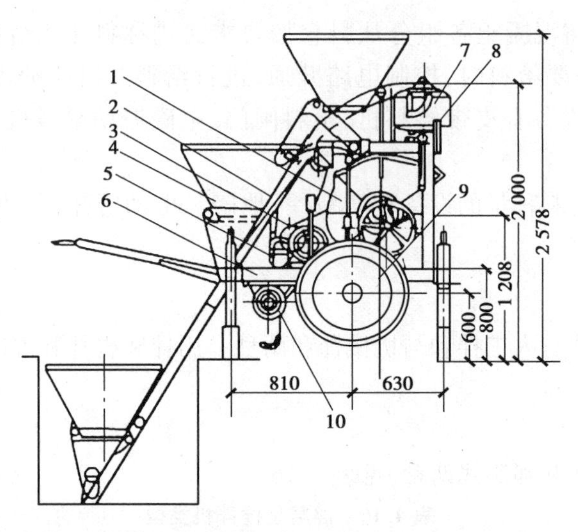

图4.30 单卧轴强制式搅拌机结构图(单位:mm)

1—搅拌装置;2—上料架;3—料斗操纵手柄;4—料斗;5—水泵;6—底盘;
7—水箱;8—供水装置操纵手柄;9—车轮;10—传动装置

提高生产率等多种因素。按原材料加入搅拌筒内的投料顺序的不同,普通混凝土的搅拌方法可分为一次投料法、二次投料法和水泥裹砂法等。

一次投料法是目前最普遍采用的方法。它是将砂、石、水泥和水一起同时加入搅拌筒中进行搅拌。为了减少水泥的飞扬和水泥的黏罐现象,向搅拌机上料斗中投料时,投料顺序宜先倒砂(或石)再倒水泥,然后倒入石子(或砂),将水泥加在砂、石之间,最后由上料斗将干物料送入搅拌筒内,加水搅拌。

二次投料法又分为预拌水泥砂浆法和预拌水泥净浆法。预拌水泥砂浆法是先将水泥、砂和水加入搅拌筒内进行充分搅拌,成为均匀的水泥砂浆后,再加入石子搅拌成均匀的混凝土。国内一般是用强制式搅拌机拌制水泥砂浆 1 ~1.5 min,然后再加入石子搅拌 1 ~1.5 min。国外对这种工艺还设计了一种双层搅拌机(称为复式搅拌机),其上层搅拌机搅拌水泥砂浆,搅拌均匀后,再送入下层搅拌机与石子一起搅拌成混凝土。预拌水泥净浆法是先将水泥和水充分搅拌成均匀的水泥净浆后,再加入砂和石搅拌成混凝土。国外曾设计一种搅拌水泥净浆的高速搅拌机,其不仅能将水泥净浆搅拌均匀,而且对水泥还有活化作用。国内外的试验表明,二次投料法搅拌的混凝土与一次投料法相比较,混凝土强度可提高 15%,在强度相同的情况下可节约水泥 15% ~20%。

水泥裹砂法又称为 SEC 法,采用这种方法拌制的混凝土称为 SEC 混凝土或造壳混凝土。该法的搅拌程序是先加一定量的水使砂表面的含水量调到某一规定的数值后(一般为 15% ~25%),再加入石子并与湿砂拌匀,然后将全部水泥投入与砂石共同拌和,使水泥在砂石表面形成一层低水灰比的水泥浆壳,最后将剩余的水和外加剂加入搅拌成混凝土。采用 SEC 法制备的混凝土与一次投料法相比,强度可提高 20% ~30%,混凝土不易产生离析和泌水现象,工作性好。

从原材料全部投入搅拌筒中时起到开始卸料时止所经历的时间称为搅拌时间,为获得混合均匀、强度和工作性都能满足要求的混凝土所需的最低限度的搅拌时间称为最短搅拌时间,这个时间随搅拌机的类型与容量，骨料的品种、粒径及对混凝土的工作性要求等因素的不同而异。混凝土搅拌质量直接和搅拌时间有关，搅拌时间应满足表 4.17 的要求。

表 4.17 混凝土搅拌的最短时间 单位：s

混凝土坍落度/mm	搅拌机机型	搅拌机出料量/L		
		<250	250～500	>500
≤40	强制式	60	90	120
>40 且<100	强制式	60	60	90
≥100	强制式	60		

注：①混凝土搅拌的最短时间是指全部材料装入搅拌筒中起到开始卸料止的时间；

②当掺有外加剂与矿物掺合料时，搅拌时间应适当延长；

③采用自落式搅拌机时，搅拌时间宜延长 30 s；

④当采用其他形式的搅拌设备时，搅拌的最短时间也可按设备说明书的规定或经试验确定。

混凝土拌合物的搅拌质量应经常检查，混凝土拌合物颜色均匀一致，无明显的砂粒、砂团及水泥团，石子完全被砂浆所包裹，说明其搅拌质量较好。

每班作业后应对搅拌机进行全面清洗，并在搅拌筒内放入清水及石子运转 10～15 min 后放出，再用竹扫帚洗刷外壁。搅拌筒内不得有积水，以免筒壁及叶片生锈，如遇冰冻季节应放尽水箱及水泵中的存水，以防冻裂。每天工作完毕后，搅拌机料斗应放至最低位置，不准悬于半空。电源必须切断，锁好电闸箱，保证各机构处于空位。

3)混凝土搅拌站

在混凝土施工工地，通常把骨料堆场、水泥仓库、配料装置、拌和机及运输设备等比较集中地布置，组成混凝土拌和站，或采用成套的混凝土工厂（拌和楼）来制备混凝土。

搅拌站根据其组成部分在竖向布置方式的不同，分为单阶式和双阶式。在单阶式混凝土搅拌站中，原材料一次提升后经过集料斗，然后靠自重下落进入称量和搅拌工序。这种工艺流程，原材料从一道工序到下一道工序的时间短、效率高、自动化程度高、搅拌站占地面积小，适用于产量大的固定式大型混凝土搅拌站，如图 4.31 所示。

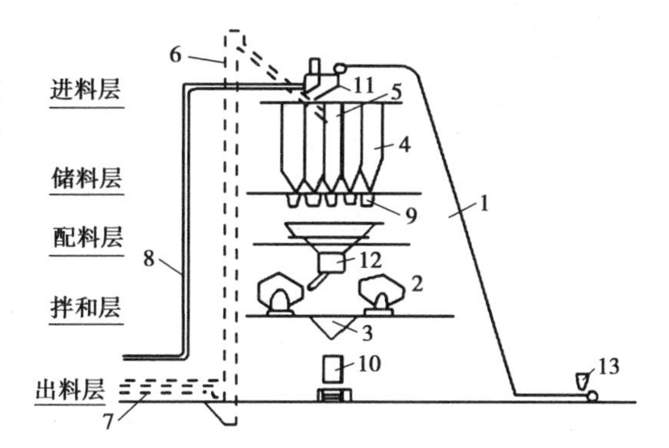

图 4.31 混凝土拌和楼布置示意图（单阶式）

1—皮带机；2—拌和机；3—出料斗；4—骨料仓；5—水泥仓；6—斗式提升机；7—螺旋机；8—风送水泥管道；9—集料斗；10—混凝土吊罐；11—回转漏斗；12—回转喂料器；13—进料斗

在双阶式混凝土搅拌站中，原材料经第一次提升后经过集料斗，下落经称量配料后，再经过第二次提升进入搅拌机，如图 4.32 所示。

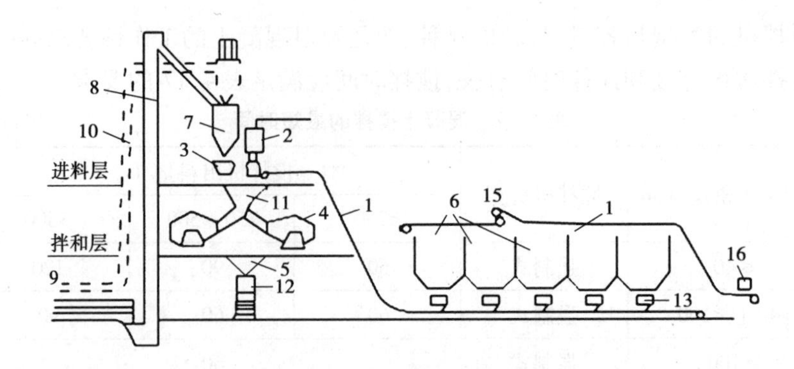

图 4.32　混凝土拌和楼布置示意图(双阶式)

1—皮带机;2—水箱及量水器;3—水泥料斗及磅秤;4—拌和机;5—出料斗;
6—骨料仓;7—水泥仓;8—斗式提升机;9—螺旋机;10—风送水泥管道;11—集料斗;
12—混凝土吊罐;13—配料器;14—回转喂料器;15—卸料小车;16—进料斗

· 4.3.3　混凝土运输 ·

混凝土运输是整个混凝土施工中的一个重要环节,对工程质量和施工进度影响较大。由于混凝土拌和后不能久存,而且在运输过程中对外界的影响敏感,运输方法不当或疏忽大意都会降低混凝土质量,甚至造成废品。

混凝土在运输过程中应满足:运输设备应不吸水、不漏浆,运输过程中不发生混凝土拌合物分离、严重泌水及过多降低坍落度;同时运输两种以上强度等级的混凝土时,应在运输设备上设置标志,以免混淆;尽量缩短运输时间,减少转运次数,运输时间不得超过表 4.18 规定。因故停歇过久,混凝土产生初凝时,应作废料处理。在任何情况下,严禁中途加水;运输道路基本平坦,避免拌合物振动、离析、分层;混凝土运输工具及浇筑地点,必要时应有遮盖或保温设施,以避免因日晒、雨淋、受冻而影响混凝土的质量;混凝土拌合物自由下落高度以不大于 2 m 为宜,超过此界限时应采用缓降措施。

表 4.18　混凝土从搅拌机中卸出后到浇筑完毕的延续时间

混凝土强度等级	延续时间/min	
	气温<25 ℃	气温≥25 ℃
≤C30	120	90
>C30	90	60

注:①掺用外加剂或采用快硬水泥拌制混凝土时,应按试验确定;
②轻骨料混凝土的运输、浇筑时间应适当缩短。

混凝土运输分地面水平运输、垂直运输和楼面水平运输 3 种。地面运输时,短距离多用双轮手推车、机动翻斗车;长距离宜用自卸汽车、混凝土搅拌运输车。垂直运输可采用各种井架、龙门架和塔式起重机作为垂直运输工具。对于浇筑量大、浇筑速度比较稳定的大型设备基础和高层建筑,宜采用混凝土泵,也可采用自升式塔式起重机或爬升式塔式起重机来运输。

1)人工运输

人工运输混凝土常用手推车、架子车和斗车等。用手推车和架子车时,要求运输道路路面平整,随时清扫干净,防止混凝土在运输过程中受到强烈振动。道路纵坡一般要求平缓,局部不宜大于15%,一次爬高不宜超过2~3 m,运输距离不宜超过200 m。

2)机动翻斗车

机动翻斗车是混凝土工程中使用较多的水平运输机械。它轻便灵活、转弯半径小、速度快且能自动卸料。车前装有容量为476 L的翻斗,载重量约1 t,最高时速20 km/h,适用于短途运输混凝土或砂石料。

3)混凝土搅拌运输车

混凝土搅拌运输车(图4.33)是运送混凝土的专用设备。它的特点是在运量大、运距远的情况下,能保证混凝土的质量均匀。一般当混凝土制备点(商品混凝土站)与浇筑点距离较远时使用混凝土搅拌运输车,其运送方式有两种:一是在10 km范围内作短距离运送时,只作运输工具使用,即将拌和好的混凝土接送至浇筑点,在运输途中为防止混凝土分离,让搅拌筒只作低速搅动,使混凝土拌合物不致分离、凝结;二是在运距较长时,搅拌运输两者兼用,即先在混凝土拌和站将干料——砂、石、水泥按配比装入搅拌筒内,并将水注入配水箱,开始只作干料运送,然后在距使用点10~15 min路程时,启动搅拌筒回转,并向搅拌筒注入定量的水,这样在运输途中边运输边搅拌成混凝土拌合物,送至浇筑点卸出。

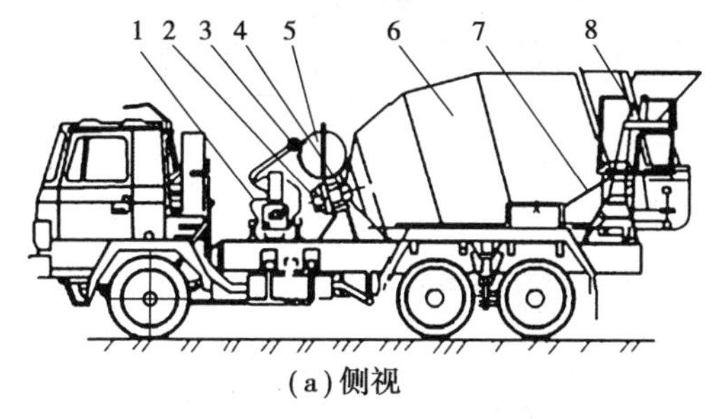

(a)侧视

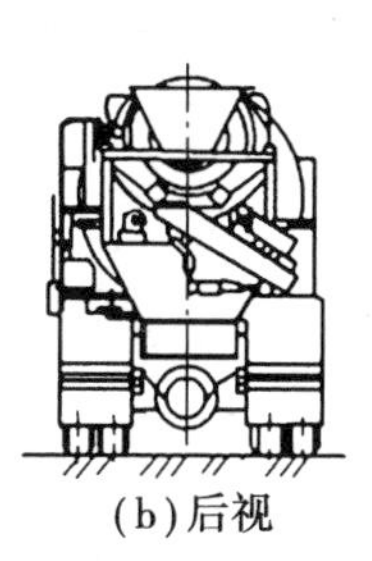
(b)后视

图4.33 搅拌运输车外形图

1—泵连接组件;2—减速机总成;3—液压系统;4—机架;5—供水系统;
6—搅拌筒;7—操纵系统;8—进出料装置

4)混凝土辅助运输设备

运输混凝土的辅助设备有吊罐、骨料斗、溜槽、溜管等,如图4.34所示。其用于混凝土装料、卸料和转运入仓,对保证混凝土质量和运输工作顺利进行起着相当大的作用。

5)混凝土泵

泵送混凝土是将混凝土拌合物从搅拌机出口通过管道连续不断地泵送到浇筑仓面的一种施工方法。工程上使用较多的是液压活塞式混凝土泵,它是通过液压缸的压力油推动活塞,再通过活塞杆推动混凝土缸中的工作活塞来压送混凝土。混凝土泵可同时完成水平运输和垂直运输工作。

泵送混凝土的设备主要由混凝土泵、输送管道和布料装置构成。混凝土泵有活塞泵、气压泵和挤压泵等几种类型,而以活塞泵应用较多。活塞泵又根据其构造原理不同分为机械式和

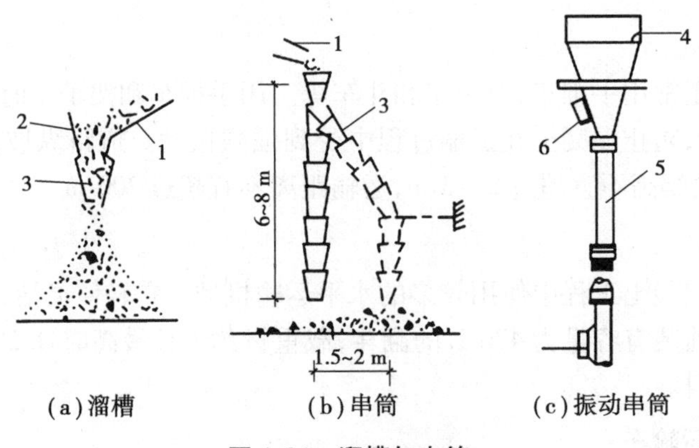

(a)溜槽　(b)串筒　(c)振动串筒

图 4.34　溜槽与串筒

1—溜槽;2—挡板;3—串筒;4—漏斗;5—节管;6—振动器

液压式两种,常用液压式。混凝土泵分拖式(地泵)和泵车(图 4.35)两种形式。图 4.36 为 HBT60 拖式混凝土泵示意图,它主要由混凝土泵送系统、液压操作系统、混凝土搅拌系统、油脂润滑系统、冷却和水泵清洗系统以及用来安装和支承上述系统的金属结构车架、车桥、支脚和导向轮等组成。

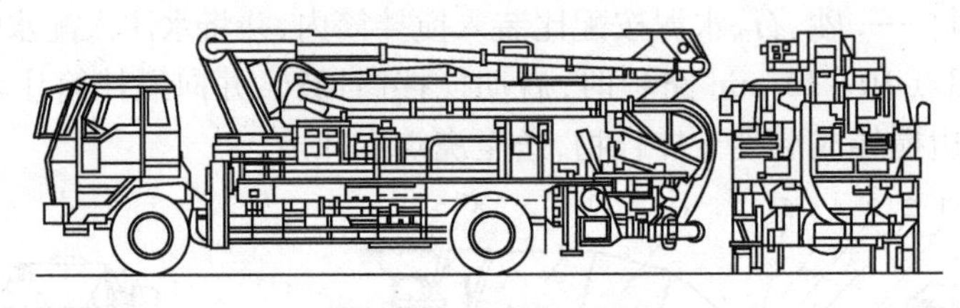

图 4.35　混凝土泵车

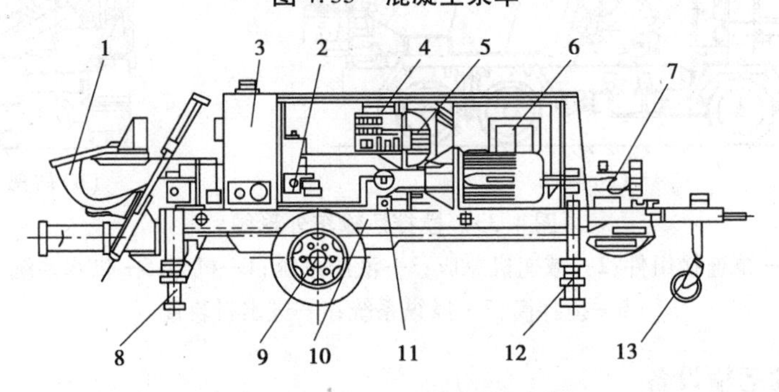

图 4.36　HBT60 拖式混凝土泵

1—料斗;2—集流阀组;3—油箱;4—操作盘;5—冷却器;6—电器柜;7—水泵;
8—后支脚;9—车桥;10—车架;11—排出量手轮;12—前支腿;13—导向轮

· *4.3.4　混凝土浇筑* ·

混凝土成型就是将混凝土拌合料浇筑在符合设计尺寸要求的模板内,加以捣实,使其具有良好的密实性,达到设计强度的要求。混凝土成型过程包括浇筑与捣实,是混凝土工程施工的关键,将直接影响构件的质量和结构的整体性。因此,混凝土经浇筑捣实后应内实外光、尺寸准确、表面平整、钢筋及预埋件位置符合设计要求、新旧混凝土结合良好。

1)浇筑前的准备工作

①对模板及其支架进行检查,应确保标高、位置尺寸正确,强度、刚度、稳定性及严密性满足要求;模板中的垃圾、泥土和钢筋上的油污应加以清除;木模板应浇水润湿,但不允许留有积水。

②对钢筋及预埋件应请工程监理人员共同检查钢筋的级别、直径、排放位置及保护层厚度是否符合设计和规范要求,并认真作好隐蔽工程记录。

③准备和检查材料、机具等;注意天气预报,不宜在雨雪天气浇筑混凝土。

④做好施工组织和技术、安全交底工作。

2)浇筑工作的一般要求

①混凝土应在初凝前浇筑,如混凝土在浇筑前有离析现象,需重新拌和后才能浇筑。

②浇筑时,混凝土的自由倾落高度:对于素混凝土或少筋混凝土,由料斗进行浇筑时,不应超过 2 m;对于竖向结构(如柱、墙),浇筑混凝土的高度不超过 3 m;对于配筋较密或不便捣实的结构,不宜超过 60 cm,否则应采用串筒、溜槽和振动串筒下料,以防产生离析。

③浇筑竖向结构混凝土前,底部应先浇入 50 ~ 100 mm 厚与混凝土成分相同的水泥砂浆,以避免产生蜂窝麻面现象。

④混凝土浇筑时的坍落度应符合设计要求。

⑤为了使混凝土振捣密实,混凝土必须分层浇筑。

⑥为保证混凝土的整体性,浇筑工作应连续进行。当由于技术或施工组织上的原因必须间歇时,其间歇时间应尽可能缩短,并应在前层混凝土凝结之前,将次层混凝土浇筑完毕。间歇的最长时间应按所用水泥品种及混凝土条件确定。

⑦正确留置施工缝。施工缝位置应在混凝土浇筑之前确定,并宜留置在结构受剪力较小且便于施工的部位。柱应留水平缝,梁、板、墙应留垂直缝。

⑧在混凝土浇筑过程中,应随时注意模板及其支架、钢筋、预埋件及预留孔洞的情况,当出现不正常的变形、位移时,应及时采取措施进行处理,以保证混凝土的施工质量。

⑨在混凝土浇筑过程中应及时认真填写施工记录。

3)整体结构浇筑

为保证结构的整体性和混凝土浇筑工作的连续性,应在下一层混凝土初凝之前将上层混凝土浇筑完毕。因此,在编制浇筑施工方案时,首先应计算每小时需要浇筑的混凝土的数量 Q,即:

$$Q = \frac{V}{t_1 - t_2} \tag{4.4}$$

式中 V——每个浇筑层中混凝土的体积,m^3;

t_1——混凝土初凝时间,h;

t_2——运输时间,h。

根据式(4.4)即可计算所需搅拌机、运输工具和振捣器的数量,并据此拟订混凝土浇筑方案和组织施工。

4)混凝土浇筑工艺

(1)铺料

开始浇筑前,要在老混凝土面上先铺一层 2 ~ 3 cm 厚的水泥砂浆(接缝砂浆),以保证新混凝土与基岩或老混凝土结合良好。砂浆的水灰比应较混凝土水灰比减少0.03～0.05。混凝土的浇筑应按一定厚度、次序、方向分层推进。

铺料厚度应根据拌和能力、运输距离、浇筑速度、气温及振捣器的性能等因素确定。一般情况下，浇筑层的允许最大厚度不应超过表4.19规定的数值，如采用低流态混凝土及大型强力振捣设备时，其浇筑层厚度应根据试验确定。

表4.19 混凝土浇筑层厚度

<table>
<tr><th>项次</th><th colspan="2">捣实混凝土的方法</th><th>浇筑层厚度/mm</th></tr>
<tr><td>1</td><td colspan="2">插入式振捣</td><td>振捣器作用部分长度的1.25倍</td></tr>
<tr><td>2</td><td colspan="2">表面振动</td><td>200</td></tr>
<tr><td rowspan="3">3</td><td rowspan="3">人工捣固</td><td>在基础、无筋混凝土或配筋稀疏的结构中</td><td>250</td></tr>
<tr><td>在梁、墙、板、柱结构中</td><td>200</td></tr>
<tr><td>在配筋密列的结构中</td><td>150</td></tr>
<tr><td rowspan="2">4</td><td rowspan="2">轻骨料混凝土</td><td>插入式振捣器</td><td>300</td></tr>
<tr><td>表面振动(振动时须加荷)</td><td>200</td></tr>
</table>

(2)平仓

平仓是把卸入仓内成堆的混凝土摊平到要求的均匀厚度。平仓不好会造成离析，使骨料架空，严重影响混凝土质量。

①人工平仓:人工平仓用铁锹，平仓距离不超过3 m。人工平仓只适用于在靠近模板和钢筋较密的地方，以及设备预埋件等空间狭小的二期混凝土。

②振捣器平仓:振捣器平仓时应将振捣器倾斜插入混凝土料堆下部，使混凝土向操作者位置移动，然后一次一次地插向料堆上部，直至混凝土摊平到规定厚度为止。如将振捣器垂直插入料堆顶部，平仓工效固然较高，但易造成粗骨料沿锥体四周下滑，砂浆则集中在中间形成砂浆窝，影响混凝土匀质性。经过振动摊平的混凝土表面可能已经泛出砂浆，但内部并未完全捣实，切不可将平仓和振捣合二为一，影响浇筑质量。

(3)振捣

振捣是振动捣实的简称，它是保证混凝土浇筑质量的关键工序。振捣的目的是尽可能减少混凝土中的空隙，以消除混凝土内部的孔洞，并使混凝土与模板、钢筋及预埋件紧密结合，从而保证混凝土的最大密实度，提高混凝土质量。

当结构钢筋较密，振捣器难于施工，或混凝土内有预埋件、观测设备，周围混凝土振捣力不宜过大时可采用人工振捣。人工振捣要求混凝土拌合物坍落度大于5 cm，铺料层厚度小于20 cm。人工振捣工具有捣固锤、捣固杆和捣固铲。捣固锤主要用来捣固混凝土的表面；捣固铲用于插边，使砂浆与模板靠紧，防止表面出现麻面；捣固杆用于钢筋稠密的混凝土中，以使钢筋被水泥砂浆包裹，增加混凝土与钢筋之间的握裹力。人工振捣工效低，混凝土质量不易保证。

混凝土振捣主要采用振捣器。振捣器产生小振幅、高频率的振动，使混凝土在其振动作用下，内摩擦力和黏结力大大降低，使干稠的混凝土获得流动性，在重力作用下骨料互相滑动而紧密排列，空隙被砂浆填满，空气被排出，从而使混凝土密实，并填满模板内部空间，且与钢筋紧密结合。

混凝土振捣器的种类如图 4.37 所示。一般工程均采用电动式振捣器。电动插入式振捣器又分为串激式振捣器、软轴振捣器和硬轴振捣器 3 种。插入式振捣器使用较多。

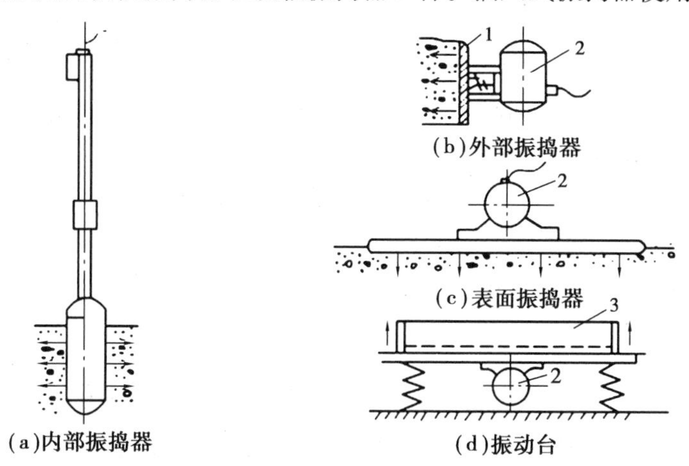

图 4.37 混凝土振捣器

1—模板;2—振捣器;3—振动台

混凝土振捣在平仓之后立即进行,此时混凝土流动性好,振捣容易,捣实质量好。振捣器的选用,对于素混凝土或钢筋稀疏的部位,宜用大直径的振捣棒;坍落度小的干硬性混凝土,宜选用高频和振幅较大的振捣器。振捣作业路线保持一致,并按顺序依次进行,以防漏振。振捣棒尽可能垂直地插入混凝土中,如振捣棒较长或把手位置较高,垂直插入感到操作不便时,也可略带倾斜,但与水平面夹角不宜小于 45°,且每次倾斜方向应保持一致,否则下部混凝土将会发生漏振,如图 4.38 所示。

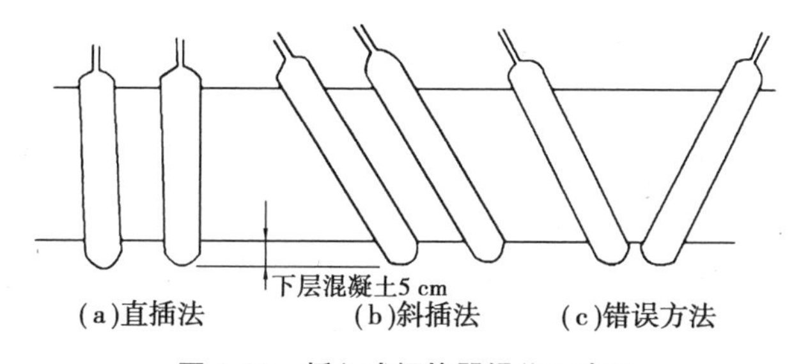

图 4.38 插入式振捣器操作示意图

振捣棒应快插、慢拔。插入过慢,上部混凝土先捣实,就会阻止下部混凝土中的空气和多余的水分向上逸出;拔得过快,周围混凝土来不及填铺振捣棒留下的孔洞,将在每一层混凝土的上半部留下只有砂浆而无骨料的砂浆柱,影响混凝土的强度。为使上下层混凝土振捣密实均匀,可将振捣棒上下抽动,抽动幅度为 5 ~ 10 cm。振捣棒的插入深度,在振捣第一层混凝土时,以振捣器头部不碰到基岩或老混凝土面但相距不超过 5 cm 为宜;振捣上层混凝土时,则应插入下层混凝土 5 cm 左右,使上下两层结合良好。在斜坡上浇筑混凝土时,振捣棒仍应垂直插入,并且应先振低处,再振高处,否则在振捣低处的混凝土时,已捣实的高处混凝土会自行向下流动,致使密实性受到破坏。软轴振捣棒插入深度为棒长的 3/4,过深则软轴和振捣棒结合处容易损坏。

振捣棒在每一孔位的振捣时间,以混凝土不再显著下沉、水分和气泡不再逸出并开始泛浆为准。振捣时间和混凝土坍落度、石子类型及最大粒径、振捣器的性能等因素有关,一般为 20 ~30 s。振捣时间过长,不但降低工效,且使砂浆上浮过多,石子集中下部,混凝土产生离析,严重时,整个浇筑层呈“千层饼”状态。

振捣器的插入间距控制在振捣器有效作用半径的 1.5 倍以内,实际操作时也可根据振捣后在混凝土表面留下的圆形泛浆区域能否在正方形排列(直线行列移动)的 4 个振捣孔径的中点[图 4.39(a)中的 A,B,C,D 点],或三角形排列(交错行列移动)的 3 个振捣孔位的中点[图 4.39(b)中的 A,B,C,D,E,F 点]相互衔接来判断。在模板边、预埋件周围、布置有钢筋的部位以及两罐(或两车)混凝土卸料的交界处,宜适当减少插入间距以加强振捣,但不宜小于振捣棒有效作用半径的 1/2,并注意不能触及钢筋、模板及预埋件。为提高工效,振捣棒插入孔位尽可能呈三角形分布。

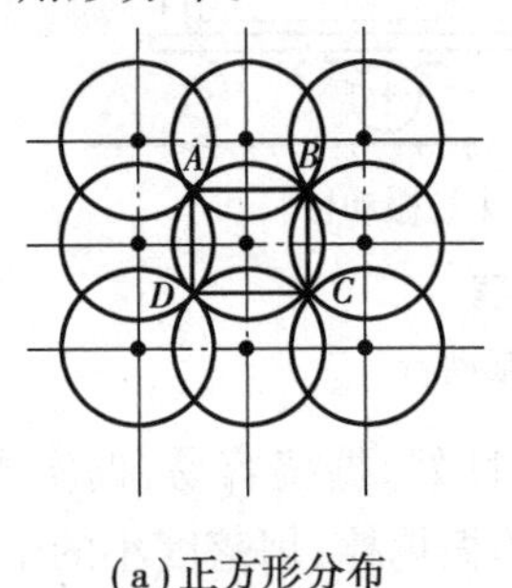

(a)正方形分布

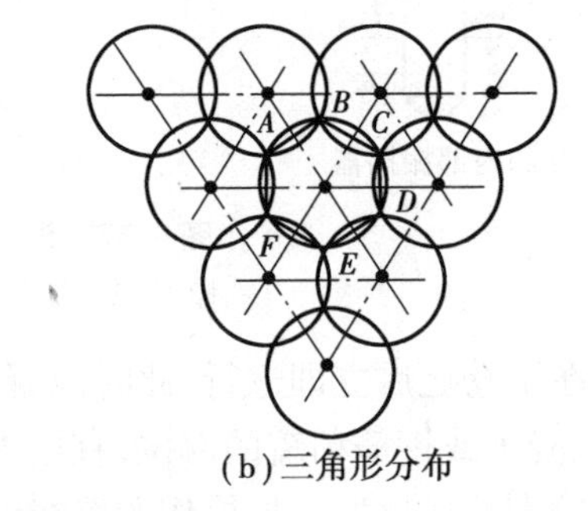

(b)三角形分布

图 4.39　振捣孔位布置图

使用外部式振捣器时,操作人员应穿绝缘胶鞋,戴绝缘手套,以防触电。平板式振捣器要保持拉绳干燥和绝缘,移动和转向时应蹬踏平板两端,不得蹬踏电机。操作时可通过倒顺开关控制电机的旋转方向,使振捣器的电机旋转方向正转或反转,从而使振捣器自动地向前或向后移动。沿铺料路线逐行进行振捣,两行之间要搭接 5 cm 左右,以防漏振。当混凝土拌合物停止下沉、表面平整、往上返浆且已达到均匀状态并充满模壳时,表明已振实,可转移作业面。在转移作业面时,要注意电缆线勿被模板、钢筋露头等挂住,防止拉断或造成触电事故。振捣混凝土时,一般横向和竖向各振捣一遍即可,第一遍主要是密实,第二遍是使表面平整,其中第二遍是在已振捣密实的混凝土面上快速拖行。

附着式振捣器安装时应保证转轴水平或垂直,如图 4.40 所示。在一个模板上安装多台附着式振捣器同时进行作业时,各振捣器频率必须保持一致,相对安装的振捣器的位置应错开。振捣器所装置的构件模板要坚固牢靠,构件的面积应与振捣器的额定振动板面积相适应。

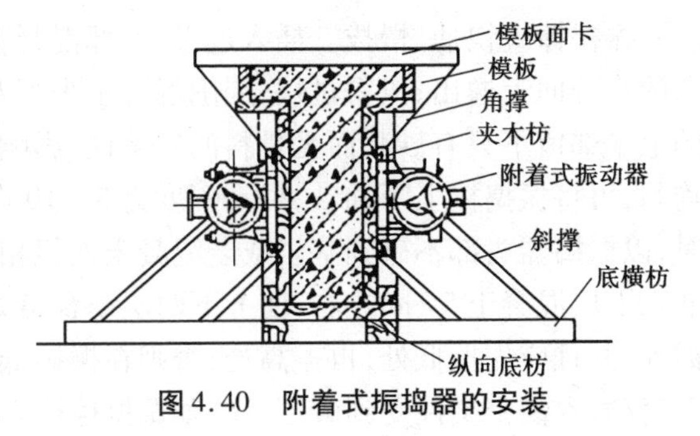

图 4.40　附着式振捣器的安装

混凝土振动台是一种强力振动成型机械装置,必须安装在牢固的基础上,地脚螺栓应有足够的强度并拧紧。在振捣作业中,必须安置牢固可靠的模板锁紧夹具,以保证模板和混凝土与台面一起振动。

· 4.3.5 混凝土的养护 ·

混凝土浇筑完毕后,在一个相当长的时间内应保持其适当的温度和足够的湿度,以创造混凝土良好的硬化条件,这就是混凝土的养护工作。混凝土表面水分不断蒸发,如不设法防止水分损失,水化作用未能充分进行,混凝土的强度将受到影响,还可能产生干缩裂缝。因此,混凝土养护的目的:一是创造有利条件,使水泥充分水化,加速混凝土的硬化;二是防止混凝土成型后因暴晒、风吹、干燥等自然因素影响,出现不正常的收缩、裂缝等现象。

混凝土的养护方法分为自然养护和热养护两类,见表4.20。养护时间取决于当地气温、水泥品种和结构物的重要性。混凝土必须养护至其强度达到1.2 MPa以上,才准在其上行人和架设支架、安装模板,但不得冲击混凝土。

表4.20 混凝土的养护

类别	名 称	说 明
自然养护	洒水(喷雾)养护	在混凝土面不断洒水(喷雾),保持其表面湿润
	覆盖浇水养护	在混凝土面覆盖湿麻袋、草袋、湿砂、锯末等,不断洒水保持其表面湿润
	围水养护	四周围成土埂,将水蓄在混凝土表面
	铺膜养护	在混凝土表面铺上薄膜,阻止水分蒸发
	喷膜养护	在混凝土表面喷上薄膜,阻止水分蒸发
热养护	蒸汽养护	利用热蒸汽对混凝土进行湿热养护
	热水(热油)养护	将水或油加热,将构件搁置在其上养护
	电热养护	对模板加热或微波加热养护
	太阳能养护	利用各种罩、窑、集热箱等封闭装置对构件进行养护

4.4 大体积混凝土施工

我国工程界一般认为当混凝土结构断面最小尺寸大于2 m时,就称为大体积混凝土。随着高层、超高层建筑的大量建造,各种采用大体积混凝土的结构形式,特别是大体积混凝土基础,得到越来越多的应用。但大体积混凝土在施工阶段会因水泥水化热释放引起内外温差过大而产生裂缝。因此,控制混凝土浇筑块体因水化热引起的温升、混凝土浇筑块体的内外温差及降温速度,是防止混凝土出现有害温度裂缝的关键问题。这需要在大体积混凝土结构的设计、混凝土材料的选择、配合比设计、拌制、运输、浇筑、保温养护及施工过程中混凝土内部温度和温度应力的监测等环节,采取一系列的技术措施,预防大体积混凝土温度裂缝的产生。

我们将大体积混凝土温度裂缝控制措施分为设计措施、施工措施和监测措施3个方面。

1)设计措施

①大体积混凝土的强度等级宜在C20~C35范围内选用,利用60 d甚至90 d的后期强度。

②应优先采用水化热低的矿渣水泥配制大体积混凝土。配制混凝土所用水泥7 d的水化

热不大于 25 kJ/kg。

③粗骨料宜采用连续级配,采用 5 ~40 mm 颗粒级配的石子。

④细骨料宜采用中砂,控制含泥量小于 1.5%。

⑤使用掺合料(粉煤灰)及外加剂(减水剂、缓凝剂和膨胀剂)。

⑥大体积混凝土基础除应满足承载力和构造要求外,还应增配承受因水泥水化热引起的温度应力控制裂缝开展的钢筋,以构造钢筋来控制裂缝,配筋尽可能采用小直径、小间距。

⑦当基础设置于岩石地基上时,宜在混凝土垫层上设置滑动层,滑动层构造可采用一毡二油,在夏季施工时也可采用一毡一油。也有涂抹两道海藻酸钠隔离剂,以减小地基水平阻力系数,一般可减小至 1 ~3 kPa。当为软土地基时,可以优先考虑采用砂垫层处理。因为砂垫层可以减小地基对混凝土基础的约束作用。

⑧大体积混凝土工程施工前,应对施工阶段大体积混凝土浇筑块体的温度、温度应力及收缩力进行验算,确定施工阶段大体积混凝土浇筑块体的升温峰值,内外温差不超过 25 ℃,制订温控施工的技术措施。

2)施工措施

①混凝土的浇筑方法可用分层连续浇筑或推移式连续浇筑。大体积混凝土结构多为厚大的桩基承台或基础底板等,整体性要求较高,往往不允许留施工缝,要求一次连续浇筑完毕。根据结构特点不同,可分为全面分层、分段分层、斜面分层等浇筑方案,如图 4.41 所示。

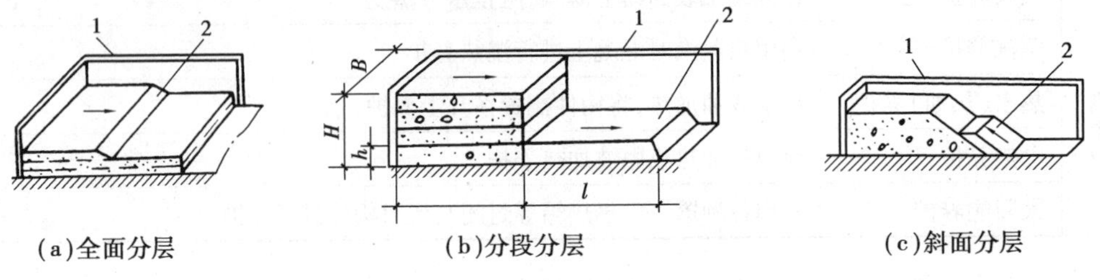

图 4.41　大体积混凝土浇筑方案图

1—模板;2—新浇筑的混凝土

a. 全面分层:当结构平面面积不大时,可将整个结构分为若干层进行浇筑,即第一层全部浇筑完毕后,再浇筑第二层,如此逐层连续浇筑,直至结束。为保证结构的整体性,要求次层混凝土在前层混凝土初凝前浇筑完毕。若结构平面面积为 A(m^2),浇筑分层厚为 h(m),每小时浇筑量为 Q(m^3/h),混凝土从开始浇筑至初凝的延续时间为 T(一般等于混凝土初凝时间减去运输时间,单位:h),为保证结构的整体性,则应满足:

$$Ah \leqslant QT \tag{4.5}$$

$$A \leqslant QT/h \tag{4.6}$$

b. 分段分层:当结构平面面积较大时,全面分层已不适应,这时可采用分段分层浇筑方案。即将结构划分为若干段,每段又分为若干层,先浇筑第一段各层,然后浇筑第二段各层,如此逐层连续浇筑,直至结束。为保证结构的整体性,要求次段混凝土应在前段混凝土初凝前浇筑并与之捣实成整体。若结构的厚度为 H(m)、宽度为 b(m),分段长度为 l(m),为保证结构的整体性,则应满足:

$$l \leqslant \frac{QT}{b(H-b)} \tag{4.7}$$

c. 斜面分层：当结构的长度超过厚度的 3 倍时，可采用斜面分层的浇筑方案。这里，振捣工作应从浇筑层斜面下端开始，逐渐上移，且振捣器应与斜面垂直。

混凝土的摊铺厚度应根据所用振捣器的作用深度及混凝土的和易性确定，当采用泵送混凝土时，混凝土的摊铺厚度不大于 600 mm；当采用非泵送混凝土时，混凝土的摊铺厚度不大于 400 mm。

分层连续浇筑或推移式连续浇筑，其层间的间隔时间应尽量缩短，必须在前层混凝土初凝之前，将其次层混凝土浇筑完毕。层间最长的时间间隔不大于混凝土的初凝时间。当层间间隔时间超过混凝土的初凝时间，层面应按施工缝处理。

②混凝土的拌制、运输必须满足连续浇筑施工以及尽量降低混凝土出罐温度等方面的要求，并应符合下列规定：

a. 炎热季节浇筑大体积混凝土时，混凝土搅拌场站宜对砂、石骨料采取遮阳、降温措施。

b. 当采用泵送混凝土施工时，混凝土的运输宜采用混凝土搅拌运输车，混凝土搅拌运输车的数量应满足混凝土连续浇筑的要求。

c. 必要时采取预冷骨料（水冷法、气冷法等）和加冰搅拌等。

d. 浇筑时间最好安排在低温季节或夜间，若在高温季节施工，则应采取减小混凝土温度回升的措施，譬如尽量缩短混凝土的运输时间、加快混凝土的入仓覆盖速度、缩短混凝土的暴晒时间、混凝土运输工具采取隔热遮阳措施等。对于泵送混凝土的输送管道，应全程覆盖并洒以冷水，以减少混凝土在泵送过程中吸收太阳的辐射热，最大限度地降低混凝土的入模温度。

③在混凝土浇筑过程中，应及时清除混凝土表面的泌水。泵送混凝土的水灰比一般较大，泌水现象也较严重，不及时消除，将会降低结构混凝土的质量。

④混凝土浇筑完毕后，应及时按量控技术措施的要求进行保温养护，并应符合下列规定：

a. 保温养护措施，应使混凝土浇筑块体的里外温差及降温速度满足温控指标的要求。

b. 保温养护的持续时间，应根据温度应力（包括混凝土收缩产生的应力）加以控制、确定，但不得少于 15 d，保温覆盖层的拆除应分层逐步进行。

c. 在保温养护过程中，应保持混凝土表面湿润。保温养护是大体积混凝土施工的关键环节，其目的主要是降低大体积混凝土浇筑块体的内外温差值，以降低混凝土块体的自约束应力；其次是降低大体积混凝土浇筑块体的降温速度，充分利用混凝土的抗拉强度，以提高混凝土块体承受外约束应力的抗裂能力，达到防止或控制温度裂缝的目的。同时，在养护过程中保持良好的湿度和抗风条件，使混凝土在良好的环境下养护。施工人员需根据事先确定的温控指标要求来确定大体积混凝土浇筑后的养护措施。

⑤塑料膜、塑料泡沫板、喷水泥珍珠岩、挂双层草垫等可作为保温材料覆盖混凝土和模板，覆盖层的厚度应根据温控指标的要求计算，并可在混凝土终凝后，在板面做土围堰并灌水 5 ~ 10 cm 深进行保温和养护。水的热容量大，比热容为 4.186 8 kJ/（kg · ℃），覆水层相当于在混凝土表面设置了恒温装置。在寒冷季节可搭设挡风保温棚，并在草袋上设置碘钨灯。

⑥土是良好的养护介质，应及时回填土。

⑦在大体积混凝土拆模后，应采取预防寒潮袭击、突然降温和剧烈干燥等措施。

⑧采用二次振捣技术，改善混凝土强度，提高抗裂性。当混凝土浇筑后即将凝固时，在适当时间内再振捣，可以增加混凝土的密实度，减少内部微裂缝。但必须掌握好二次振捣的时间间隔（以 2 h 为宜），否则会破坏混凝土内部结构，起到相反结果。

⑨利用预埋的冷却水管通低温水以散热降温。混凝土浇筑后立即通水,以降低混凝土的最高温升。

3)监测措施

①大体积混凝土的温控施工中,除应进行水泥水化热的测定外,在混凝土浇筑过程中还应进行混凝土浇筑温度的监测,在养护过程中应进行混凝土浇筑块体升降温、内外温差、降温速度及环境温度等监测。这些监测结果能及时反馈现场大体积混凝土浇筑块内温度变化的实际情况,以及所采用的施工技术措施的效果,为工程技术人员及时采取温控对策提供科学依据。

②混凝土的浇筑温度系指混凝土振捣后位于混凝土上表面以下 50 ~ 100 mm 深处的温度。混凝土浇筑温度的测试每工作班(8 h)应不少于 2 次。大体积混凝土浇筑块体内外温差、降温速度及环境温度的测试一般在前期每 2 ~ 4 h 测一次,后期每 4 ~ 8 h 测一次。

③大体积混凝土浇筑块体温度监测点的布置,以能真实反映混凝土块体的内外温差、降温速度及环境温度为原则。

4.5 框剪结构混凝土施工

· 4.5.1 浇筑要求 ·

浇筑钢筋混凝土框剪结构首先要划分施工层和施工段。施工层一般按结构层划分,而每一施工层如何划分施工段,则要考虑工序数量、技术要求、结构特点等。要做到木工在第一施工层安装完模板,准备转移到第二施工层的第一施工段上时,该施工段所浇筑的混凝土强度应达到允许工人在其上操作的强度(1.2 MPa)。

混凝土浇筑前应做好必要的准备工作,如模板、钢筋和预埋管线的检查和清理以及隐蔽工程的验收;浇筑用脚手架、走道的搭设和安全检查;根据实验室下达的混凝土配合比通知单准备和检查材料等;做好施工用具的准备等。

为保证捣实质量,混凝土应分层浇筑,每层厚度见表 4.19。

浇筑叠合式受弯构件时,应按设计要求确定是否设置支撑,且叠合面应根据设计要求预留凸凹槎(当无要求时,凸凹槎为 6 mm),形成延期粗糙面。

· 4.5.2 浇筑方法 ·

1)混凝土柱的浇筑

(1)混凝土的灌注

①混凝土柱灌注前,柱底基面应先铺 5 ~ 10 cm 厚与混凝土内砂浆成分相同的水泥砂浆后,再分段分层灌注混凝土。

②凡截面在 400 mm×400 mm 以内或有交叉箍筋的混凝土柱,应在柱模侧面开口装上斜溜槽来灌注,每段高度不得大于 2 m,如图 4.42 所示。如箍筋妨碍溜槽安装时,可将箍筋一端解开提起,待混凝土浇至窗口的下口时,卸掉斜溜槽,将箍筋重新绑扎好,用模板封口,柱箍箍紧,继续浇上段混凝土。采用斜溜槽下料时,可将其轻轻晃动,加快下料速度。采用溜筒下料时,

柱混凝土的灌注高度可不受此限制。

③当柱高不超过3.5 m、截面大于400 mm×400 mm且无交叉钢筋时，混凝土可由柱模顶直接倒入；当柱高超过3.5 m时，必须分段灌注混凝土，每段高度不得超过3.5 m。

④柱子浇筑后，应间隔1～1.5 h，待所浇混凝土拌合物初步沉实后，再浇筑上面的梁板结构。

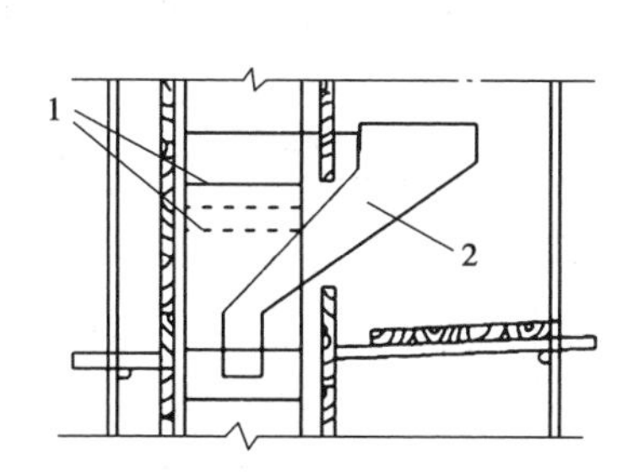

图4.42 小截面柱侧开窗口浇筑

1—钢筋（虚线钢箍暂时向上移）；2—带垂直料筒的下料溜槽

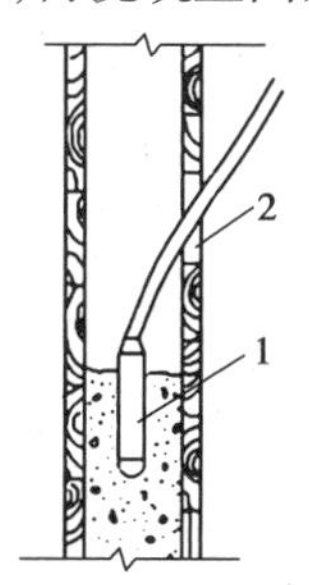

图4.43 插入式振捣器从浇灌洞口插入振捣

1—振捣棒；2—浇灌洞口

（2）混凝土的振捣

①混凝土的振捣一般需3～4人协同操作，其中2人负责下料，1人负责振捣，另1人负责开关振捣器。

②混凝土的振捣尽量使用插入式振捣器。当振捣器的软轴比柱长0.5～1.0 m时，待下料至分层厚度后，将振捣器从柱顶伸入混凝土内进行振捣。当用振捣器振捣比较高的柱子时，则应从柱模侧预留的洞口插入，待振捣器找到振捣位置时，再合闸振捣，如图4.43所示。

③振捣时以混凝土不再塌陷，混凝土表面泛浆，柱模外侧模板拼缝均匀微露砂浆为好。也可用木槌轻击柱侧模判定，如声音沉实，则表示混凝土已振实。

2）混凝土墙的浇筑

（1）混凝土的灌注

①浇筑顺序应先边角后中部，先外墙后隔墙，以保证外部墙体的垂直度。

②高度在3 m以内的外墙和隔墙，混凝土可以从墙顶向模板内卸料，卸料时须在墙顶安装料斗缓冲，以防混凝土发生离析；高度大于3 m的任何截面墙体，均应每隔2 m开洞口，装斜溜槽进料。

③墙体上有门窗洞口时，应从两侧同时对称进料，以防将门窗洞口模板挤偏。

④墙体混凝土浇筑前，应先铺5～10 cm与混凝土内成分相同的水泥砂浆。

（2）混凝土的振捣

①对于截面尺寸较大的墙体，可用插入式振捣器振捣，其方法同柱的振捣。对较窄或钢筋密集的混凝土墙，宜采用在模板外侧悬挂附着式振捣器振捣，其振捣深度约为25 cm。

②遇有门窗洞口时，应在两边同时对称振捣，不得用振捣棒棒头敲击预留孔洞模板、预埋件等。

③当顶板与墙体整体现浇时，楼顶板端头部分的混凝土应单独浇筑，保证墙体的整体性。

3）梁、板混凝土的浇筑

（1）混凝土的灌注

①肋形楼板混凝土的浇筑应顺次梁方向，主次梁同时浇筑。在保证主梁浇筑的前提下，将施工缝留在次梁跨中1/3范围内。

②梁、板混凝土宜同时浇筑,顺次梁方向从一端开始向前推进。当梁高大于 1 m 时,可先浇筑主次梁,后浇筑板,其水平施工缝应布置在板底以下 2 ~ 3 cm 处,如图 4.44(a)所示。凡截面高大于 0.4 m、小于 1 m 的梁,应先分层浇筑梁混凝土,待混凝土平楼板底面后,梁、板混凝土同时浇筑,如图 4.44(b)所示。操作时先将梁的混凝土分层浇筑成阶梯形,并向前赶。当起始点的混凝土到达板底位置时,与板的混凝土一起浇筑。随着阶梯的不断延长,板的浇筑也不断向前推移。

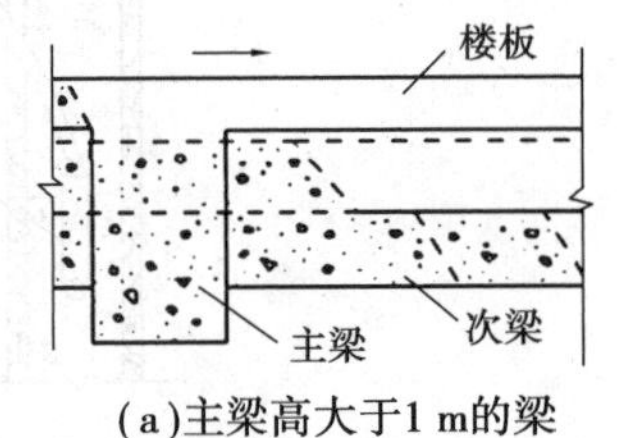

(a)主梁高大于1 m的梁　　(b)主梁高小于1 m,高于0.4 m的梁

图 4.44　梁、板混凝土浇筑

③采用小车或料罐运料时,宜将混凝土料先卸在拌盘上,再用铁锹往梁里浇灌混凝土。在梁的同一位置上,模板两边下料应均衡。浇筑楼板时,可将混凝土料直接卸在楼板上,但应注意不可集中卸在楼板边角或上层钢筋处。楼板混凝土的虚铺高度可高于楼板设计厚度 2 ~ 3 cm。楼板厚度的控制工具如图 4.45 所示。

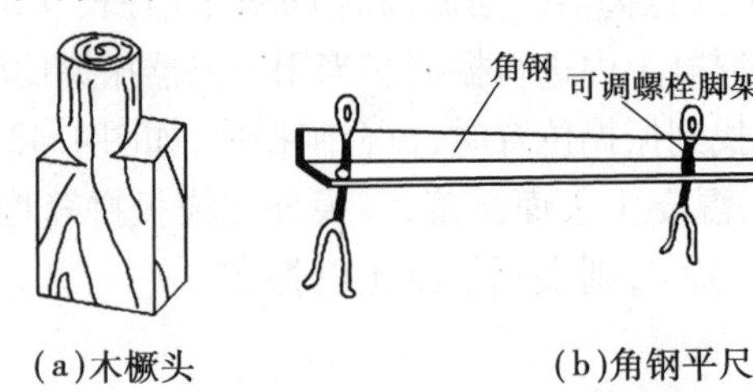

(a)木橛头　　(b)角钢平尺

图 4.45　楼板厚度控制工具

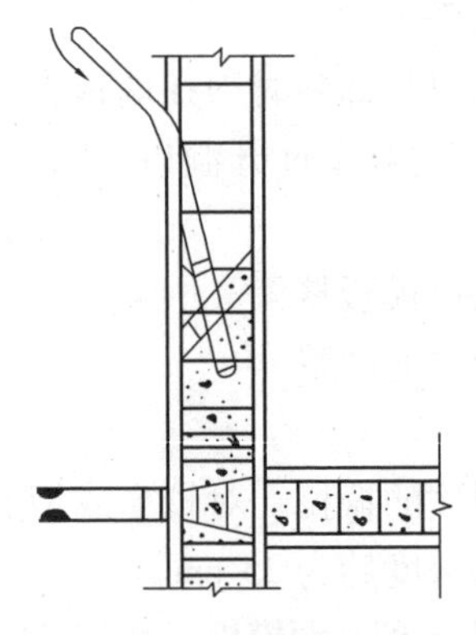

图 4.46　钢筋密集处的振捣

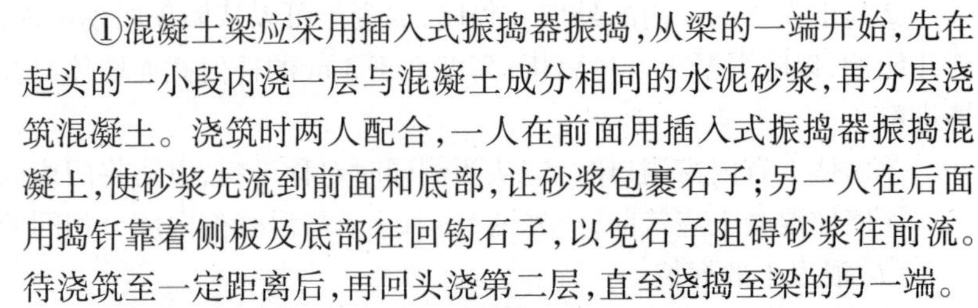

(2)混凝土的振捣

①混凝土梁应采用插入式振捣器振捣,从梁的一端开始,先在起头的一小段内浇一层与混凝土成分相同的水泥砂浆,再分层浇筑混凝土。浇筑时两人配合,一人在前面用插入式振捣器振捣混凝土,使砂浆先流到前面和底部,让砂浆包裹石子;另一人在后面用捣钎靠着侧板及底部往回钩石子,以免石子阻碍砂浆往前流。待浇筑至一定距离后,再回头浇第二层,直至浇捣至梁的另一端。

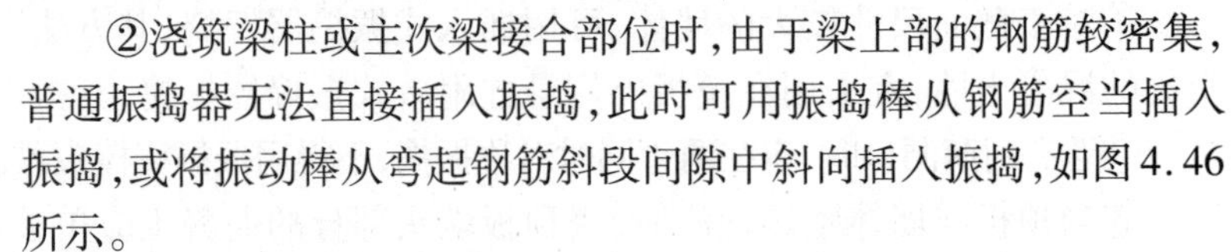

②浇筑梁柱或主次梁接合部位时,由于梁上部的钢筋较密集,普通振捣器无法直接插入振捣,此时可用振捣棒从钢筋空当插入振捣,或将振动棒从弯起钢筋斜段间隙中斜向插入振捣,如图 4.46 所示。

③楼板混凝土的捣固宜采用平板振捣器振捣。当混凝土虚铺有一定工作面后,用平板振捣器来振捣。振捣方向应与浇筑方向垂直。由于楼板的厚度一般在 10 cm 以下,振捣一遍即可密实。但通常为使混凝土板面更平整,可将平板振捣器再快速拖拉一遍,拖拉方向与第一遍的振捣方向垂直。

本章小结

本章主要介绍了钢筋工程、模板工程、混凝土工程、大体积混凝土、框剪结构混凝土等的施工工艺。通过学习,应达到以下要求:

(1)掌握模板的种类、构造、安装、拆除方法;

(2)掌握钢筋的验收与存放、钢筋的连接技术以及钢筋的配料、加工、安装方法;

(3)掌握混凝土的配料、拌和、运输、浇捣、养护和质量检查要求及方法;

(4)熟悉各种类型混凝土结构浇筑施工工艺。

思考题与习题

4.1 定型组合钢模板由哪几部分组成?

4.2 模板在安装过程中,应注意哪些事项?

4.3 模板拆除时要注意哪些事项?

4.4 钢筋下料长度应考虑哪几部分内容?

4.5 钢筋为什么要调直?钢筋调直应符合哪些要求?机械调直可采用哪些机械?

4.6 钢筋切断有哪几种方法?

4.7 钢筋弯曲成型有几种方法?

4.8 钢筋的接头连接分为几类?

4.9 钢筋焊接有几种形式?

4.10 混凝土工程施工缝的处理有哪些要求?

4.11 搅拌机使用前的检查项目有哪些?

4.12 普通混凝土投料有哪些要求?

4.13 混凝土搅拌质量如何进行外观检查?

4.14 如何使用振捣器平仓?

4.15 钢筋配料计算。一钢筋混凝土梁,高 500 mm、宽 250 mm、长 4 800 mm,保护层厚度为 25 mm,梁内钢筋的规格及形状见题 4.15 图。试计算每根钢筋的下料长度。

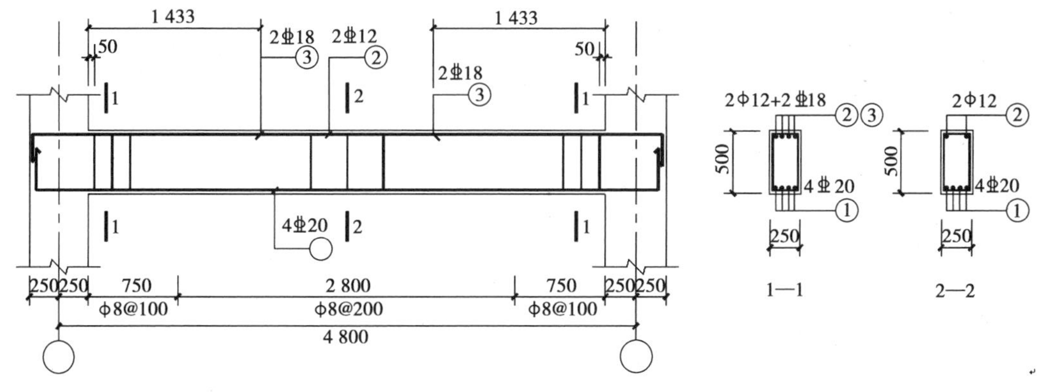

题 4.15 图

4.16 已知C20混凝土的实验室配合比(质量比)为水泥∶砂∶石=1∶2.43∶4.31,水灰比为1∶2,经测定砂的含水率为2.3%,石子的含水率为1.2%,每1 m^3 混凝土的水泥用量345 kg,则施工配合比为多少?工地采用JZ500型搅拌机拌和混凝土,出料容量为0.5 m^3,则每搅拌一次的装料数量为多少?

5　预应力混凝土工程施工工艺

预应力混凝土按施工方法不同,分为先张法和后张法两大类;按钢筋的张拉方法不同,分为机械张拉和电热张拉。后张法中因施工工艺的不同,又分为一般后张法、后张自锚法、无黏结后张法、电热法等。

5.1　先张法施工

先张法是在浇筑混凝土构件之前,将预应力筋临时锚固在台座或钢模上,张拉预应力筋,然后浇筑混凝土构件,待混凝土达到一定强度(一般不低于混凝土标准强度的75%),且预应力筋与混凝土间有足够黏结力时,放松预应力,预应力筋弹性回缩,借助于混凝土与预应力筋间的黏结力对混凝土产生预压应力。

图5.1为采用先张法施工工艺生产预制构件的示意图。先张法生产有台座法、台模法两种。用台座法生产时,预应力筋的张拉、锚固、构件浇筑、养护和预应力筋放松等工序都在台座上进行,预应力筋的张拉力由台座承受。台模法为机组流水、传送带生产方法,此时预应力筋的张拉力由钢台模承受。

本节主要介绍台座法生产预应力混凝土构件的预应力施工方法。

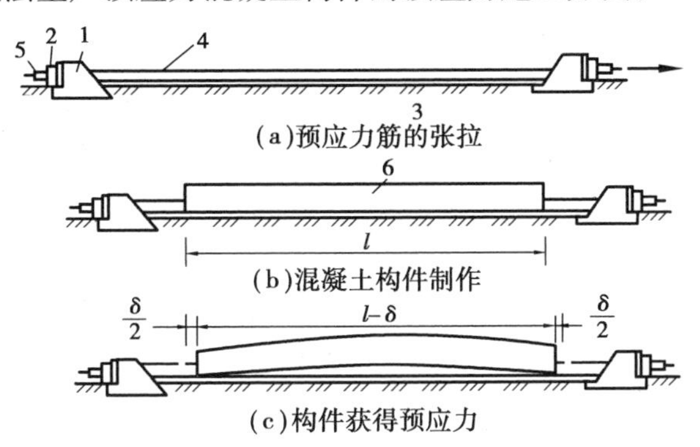

图5.1　先张法生产示意图

1—台座;2—横梁;3—台面;4—预应力筋;5—夹具;6—混凝土构件

· *5.1.1　先张法的施工设备* ·

先张法施工的主要设备包括台座、夹具和张拉设备。

1)台座

用台座法生产预应力混凝土构件时,预应力筋锚固在台座横梁上,台座承受全部预应力筋的拉力,故台座应有足够的强度、刚度和稳定性,以免因台座变形、倾覆或滑移而引起预应力损失。根据承力结构的不同,台座分为墩式台座、槽式台座等。

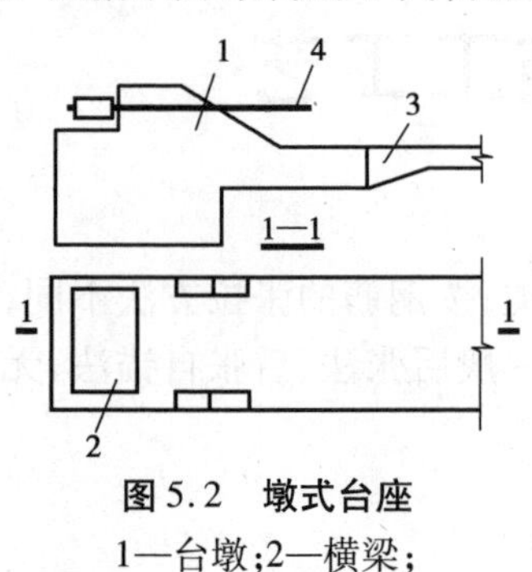

图5.2　墩式台座

1—台墩;2—横梁;
3—局部加厚台面;4—预应力筋

(1)墩式台座

墩式台座由台面、横梁和承力结构等组成,如图5.2所示。台座的长度和宽度由场地大小、构件类型和产量而定,一般长度为100~200 m、宽度为2~4 m。由于台座长度较长,张拉一次可生产多根构件,也可减少因钢筋滑动引起的预应力损失。目前常用台面局部加厚,由台墩与台面共同受力的墩式台座。当生产空心板、平板等平面布筋的小型构件时,由于张拉力不大,可采用简易墩式台座。它将卧梁和台座浇筑成整体,锚固钢丝的角钢用螺栓锚固在卧梁上,可充分利用台面受力。

(2)槽式台座

生产吊车梁、屋架等预应力混凝土构件时,由于张拉力和倾覆力矩都较大,大多采用槽式台座。它具有通长的钢筋混凝土压杆,可承受较大的张拉力和倾覆力矩,其上加砌砖墙,加盖后还可进行蒸气养护,如图5.3所示。为方便混凝土运输和蒸汽养护,槽式台座多低于地面。为便于拆迁,其压杆亦可分段浇制。

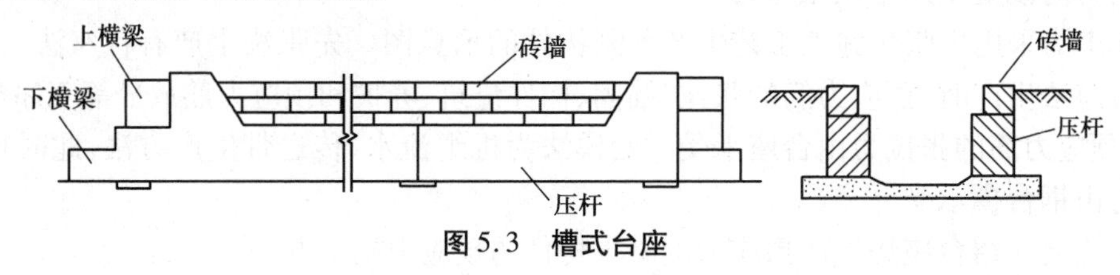

图5.3　槽式台座

2)夹具

夹具是先张法构件施工时保持预应力筋拉力,并将其固定在张拉台座(或设备)上的临时性锚固装置,按其用途不同可分为锚固夹具和张拉夹具。夹具进入施工现场时必须检查其出厂质量证明书,以及其中所列的各项性能指标,并进行必要的静载试验,符合质量要求后方可使用。

(1)锚固夹具

①钢丝锚固夹具:多采用钢质锥形夹具和镦头夹具。钢质锥形夹具多用于锚固直径为3~5 mm的单根钢丝,如图5.4所示。镦头夹具是通过承力板或梳筋板将经过端部热镦或冷镦的钢丝进行锚固,多用于预应力钢丝固定端的锚固,如图5.5所示。

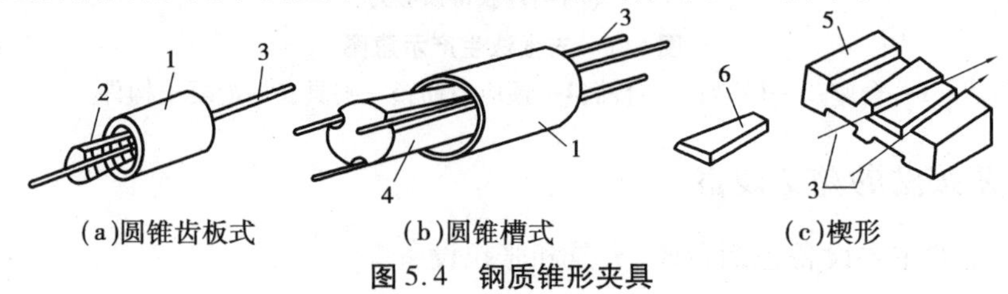

图5.4　钢质锥形夹具

1—套筒;2—齿板;3—钢丝;4—锥塞;5—锚板;6—锲块

②钢筋锚固夹具：钢筋锚固常用圆套筒两片式或三片式夹具，由套筒和夹片组成，如图 5.6 所示。其型号有 YJ12 和 YJ14。用 YC-18 型千斤顶张拉时，适用于锚固直径为 12 mm 和 14 mm 的单根冷拉 HRB400、RRB400 级钢筋。

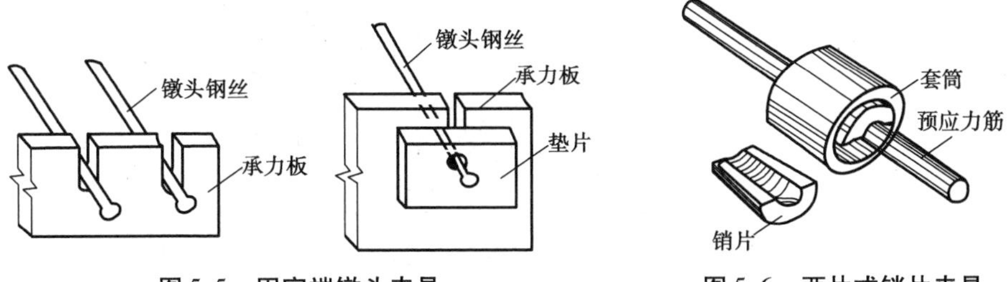

图 5.5　固定端镦头夹具　　　　图 5.6　两片式销片夹具

(2)张拉夹具

常用的张拉夹具有钳式夹具、偏心式夹具和楔形夹具等，如图 5.7 所示。它适用于张拉钢丝和直径 16 mm 以下的钢筋。

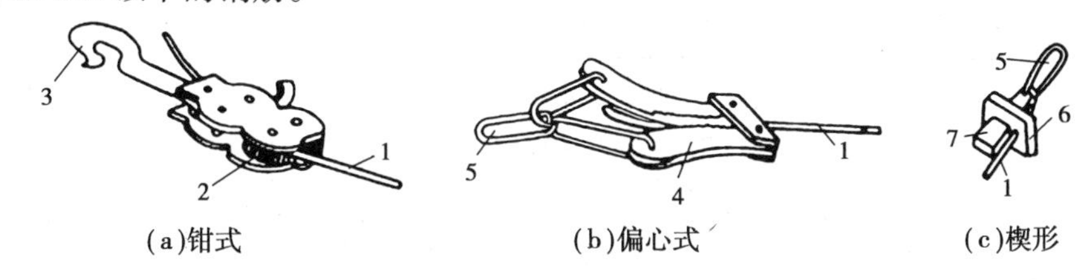

图 5.7　钢丝的张拉夹具

1—钢丝；2—钳齿；3—拉钩；4—偏心齿条；5—拉环；6—锚板；7—锲块

3)张拉设备

张拉设备一般采用液压千斤顶。穿心式千斤顶最大张拉力为 20 kN，最大行程为 200 mm，一般可与圆套筒三片式夹具配合张拉锚固直径为 12 ~ 20 mm 的单根冷拉 HRB400 和 RRB400 级钢筋，也可用于钢绞线或钢丝束的张拉。图 5.8 为 YC-20 型穿心式千斤顶张拉过程示意图。当预应力筋成组张拉时，多采用油压千斤顶进行张拉。

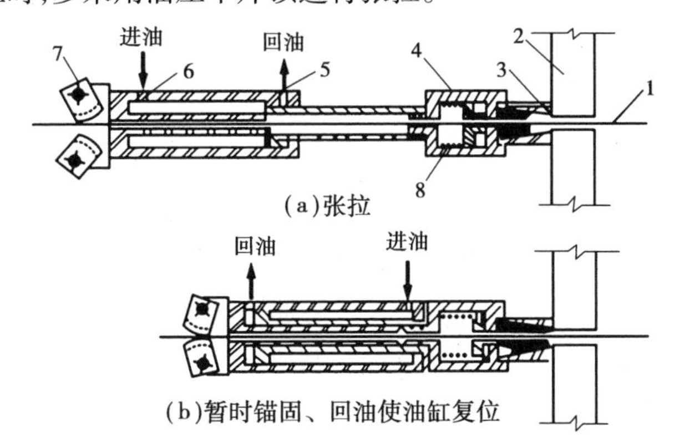

图 5.8　YC-20 型穿心式千斤顶张拉预应力筋示意图

1—预应力筋；2—台座横梁；3—销片夹具；4—弹性顶压头；

5—后油嘴；6—前油嘴；7—偏心夹具；8—弹簧

选择张拉设备时，为了保证设备、人身安全和张拉力准确，张拉设备的张拉力应不小于预应力筋张拉力的 1.5 倍，张拉设备的张拉行程应不小于预应力筋张拉伸长值的 1.1 ~ 1.3 倍。

· 5.1.2 先张法施工工艺 ·

先张法预应力混凝土构件在台座上生产时,其工艺流程一般如图5.9所示。

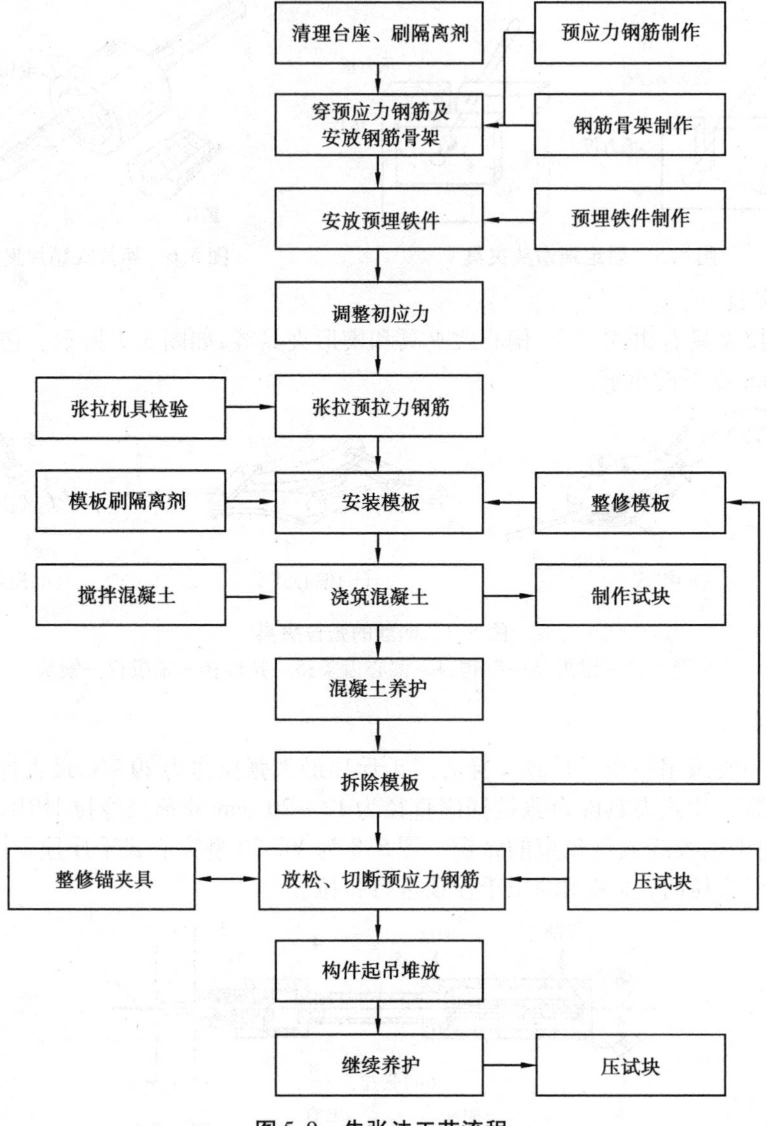

图5.9 先张法工艺流程

预应力混凝土先张法施工工艺的特点:预应力筋在浇筑混凝土前张拉,预应力的传递依靠预应力筋与混凝土之间的黏结力,为了获得良好质量的构件,在整个生产过程中,除确保混凝土质量以外,还必须确保预应力筋与混凝土之间的良好黏结,使预应力混凝土构件获得符合设计要求的预应力值。

碳素钢丝因其强度很高、表面光滑,与混凝土黏结力较差,因此,必要时可采取刻痕和压波措施,以提高钢丝与混凝土的黏结力。压波一般分局部压波和全部压波两种,施工经验认为波长取39 mm、波高取1.5 ~2.0 mm比较合适。

1)张拉前的准备工作

(1)钢筋的接长与冷拉

①钢丝的接长。一般用钢丝拼接器将20~22号铁丝密排绑扎。绑扎长度的规定:冷拔低碳钢丝不得小于40倍钢丝直径,高强度钢丝不得小于80倍钢丝直径。

②预应力钢筋的接长与冷拉。预应力钢筋一般采用冷拉HRB400和RRB400热轧钢筋。预应力钢筋的接长及预应力钢筋与螺丝端杆的连接,宜采用对焊连接,且应先焊接后冷拉,以免焊接而降低冷拉后的强度。预应力钢筋的制作一般有对焊和冷拉两道工序。

③预应力钢筋铺设时,钢筋与钢筋、钢筋与螺丝端杆的连接可采用套筒双拼式连接。

(2)钢筋(丝)的镦头

预应力筋(丝)固定端采用镦头夹具锚固时,钢筋(丝)端头要镦粗形成镦粗头。镦头一般有热镦和冷镦两种工艺。热镦在手动电焊机上进行,钢筋(丝)端部在喇叭口紫铜模具内进行多次脉冲式通电加热、加压形成镦粗头。冷镦是利用模具在常温下对金属棒料镦粗(常为局部镦粗)成形的锻造方法。冷镦多在专用的冷镦机上进行,便于实现连续、多工位、自动化生产。

(3)张拉机具设备及仪表定期维护和校验

张拉设备应配套校验,以确定张拉力与仪表读数的关系曲线,保证张拉力的准确,每半年校验一次。设备出现反常现象或检修后应重新校验。张拉设备宜定岗负责,专人专用。

(4)预应力筋(丝)的铺设

长线台座面(或胎模)在铺放钢丝前,应清扫并涂刷隔离剂。一般涂刷皂角水溶性隔离剂,易干燥,污染钢筋易清除。涂刷均匀,不得漏涂,待其干燥后,铺设预应力筋,一端用夹具锚固在台座横梁的定位承力板上,另一端卡在台座张拉端的承力板上待张拉。在生产过程中,应防止雨水或养护水冲刷掉台面隔离剂。

2)预应力筋的张拉

预应力筋的张拉应根据设计要求,采用合适的张拉方法、张拉顺序和张拉程序,并应有可靠的质量保证措施和安全技术措施。

(1)张拉控制应力的确定

张拉控制应力是指在张拉预应力筋时达到的规定应力,应按设计规定采用。控制应力的数值直接影响预应力的效果。在施工中为了提高构件的抗裂性能,部分抵消由于应力松弛、摩擦、钢筋分批张拉以及预应力筋与台座之间温度因素产生的预应力损失,张拉应力可按设计值提高3%~5%,但其最大张拉控制应力不得超过表5.1的规定。

表5.1 最大张拉控制应力值

钢筋类型	先张法	后张法
碳素钢丝、刻痕钢丝、钢绞线	$0.80f_{ptk}$	$0.75f_{ptk}$
热处理钢筋、冷拔低碳钢丝	$0.75f_{ptk}$	$0.70f_{ptk}$
冷拉钢筋	$0.95f_{pyk}$	$0.90f_{pyk}$

注:f_{ptk}为预应力筋的极限抗拉强度标准值,f_{pyk}为冷拉钢筋的屈服强度标准值。

(2)张拉程序

预应力筋的张拉程序有超张拉和一次张拉两种。为了弥补预应力筋的松弛损失,一般采用超张拉程序的方法张拉预应力筋,可按下列两种张拉程序之一进行张拉:

$$0 \rightarrow 1.05\sigma_{con} \xrightarrow{\text{持荷 2 min}} \sigma_{con} \text{ 或 } \quad 0 \rightarrow 1.03\sigma_{con}$$

其中,σ_{con} 为张拉控制应力,一般由设计而定。

为了减少应力松弛损失,预应力钢筋宜采用 $0 \rightarrow 1.05\sigma_{con} \xrightarrow{\text{持荷 2 min}} \sigma_{con}$ 的张拉程序。预应力钢丝张拉工作量大时,宜采用一次张拉程序 $0 \rightarrow 1.03\sigma_{con}$ 。

所谓"松弛",即钢材在常温、高应力状态下具有不断产生塑性变形的特性。松弛的数值与张拉控制应力和延续时间有关,控制应力高,松弛也大,因此钢丝、钢绞线的松弛损失比冷拉热轧钢筋大。松弛损失还随着时间的延续而增加,但在第一分钟内可完成损失总值的50%,24 h 内则可完成80%。先超张拉5%再持荷2 min,则可减少50%以上的松弛应力损失。

(3)张拉力的计算

预应力筋张拉力 F_P 可按式(5.1)计算:

$$F_P = (1 + m)\sigma_{con}A_P \tag{5.1}$$

式中 m——超张拉百分率,%;

σ_{con}——张拉控制应力,N/mm^2;

A_P——预应力筋截面面积,mm^2。

(4)预应力筋的校核

预应力筋张拉后,一般应校核其伸长值。其实际伸长值与理论伸长值的偏差应在规范允许范围±6%内(预应力筋实际伸长值受许多因素影响,如钢材弹性模量变异、量测误差、千斤顶张拉力误差、孔道摩阻等,故规范允许有±6%的误差)。若超过,应暂停张拉,查明原因并采取措施予以调整后方可继续张拉。

预应力筋的理论伸长值 ΔL 按式(5.2)计算:

$$\Delta L = \frac{F_P l}{A_P E_s} \tag{5.2}$$

式中 F_P——预应力筋张拉力(N),轴线张拉取张拉端的拉力,两端张拉的曲线筋取张拉端的拉力与跨中扣除孔道摩阻损失后拉力的平均值;

l——预应力筋的长度,mm;

A_P——预应力筋的截面面积,mm^2;

E_s——预应力筋的弹性模量,N/mm^2。

预应力筋的实际伸长值宜在初应力约为 $10\%\sigma_{con}$ 时测量(初应力取值应不低于10%的 σ_{con},以保证预应力筋拉紧),但必须加上初应力以下的推算伸长值。对于后张法,尚应扣除混凝土构件在张拉过程中的弹性压缩值。

$$\Delta L' = \Delta L_1 + \Delta L_2 - C \tag{5.3}$$

式中 $\Delta L'$——预应力筋张拉时的实际伸长值,mm;

ΔL_1——初应力至最大张拉控制应力之间的实际伸长值,mm;

ΔL_2——初应力以下的推算伸长值,mm;

C——施加预应力时,后张法预应力混凝土构件弹性压缩值,mm。

预应力筋初应力以下的推算伸长值 ΔL_2 可根据弹性范围内张拉力与伸长值成正比的关系,用计算法或图解法确定。

计算法是根据张拉时预应力筋应力与伸长值的关系来推算。如某预应力筋张拉应力从 $0.3\sigma_{con}$ 增加到 $0.4\sigma_{con}$,钢筋伸长量 4 mm,若初应力确定为 $10\%\sigma_{con}$,则其 $\Delta L'$为 4 mm。

图解法是建立直角坐标,伸长值为横坐标,张拉应力为纵坐标,将各级张拉力的实测伸长值标在图上,绘制张拉力与伸长值关系曲线 CAB,然后延长此线与横坐标交于 O_1 点,则 OO_1 段即为推算伸长值,如图 5.10 所示。

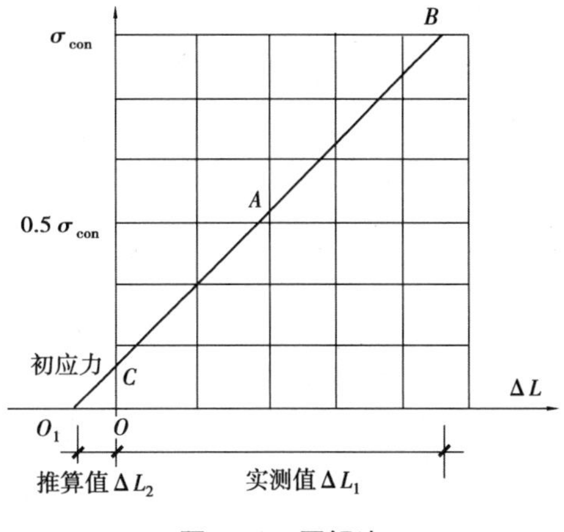

图 5.10　图解法

先张法预应力筋张拉后与设计位置的偏差不得大于 5 mm,且不得大于构件截面最短边长的 4%。当同时张拉多根预应力筋时,应预先调整初应力,使各根预应力筋均匀一致。

对于长线台座生产,构件的预应力筋为钢丝时,一般常用弹簧测力计直接测定钢丝的张拉力,伸长值可不作校核,钢丝张拉锚固后,应采用钢丝测力仪检查钢丝的预应力值。

(5)张拉方法与要求

预应力筋的张拉可采用单根张拉或多根同时张拉,当预应力筋数量不多、张拉设备拉力有限时,常采用单根张拉;当预应力筋数量较多且密集布筋,张拉设备拉力较大时,则可采用多根同时张拉。在确定预应力筋张拉顺序时,应考虑尽可能减少台座的倾覆力矩和偏心力,先张拉靠近台座截面重心处的预应力筋。

多根预应力筋同时张拉时,应预先调整初应力,使其相互之间的应力一致。预应力筋张拉锚固后,实际预应力值与工程设计规定检验值的相对允许误差应在±5%以内。在张拉过程中,预应力筋断裂或滑脱的数量严禁超过结构同一截面预应力筋总根数的 5%,且严禁相邻两根断裂或滑脱,在浇筑混凝土前发生断裂或滑脱的预应力筋必须予以更换。预应力筋张拉描固后,预应力筋位置与设计位置的偏差不得大于 5 mm,且不得大于构件截面最短边长的 4%。

施工中应注意安全。张拉时,正对钢筋两端禁止站人;敲击锚具的锥塞或楔块时,不应用力过猛,以免损伤预应力筋而断裂伤人,但又要锚固可靠。冬期张拉预应力筋时,其温度不宜低于-15 ℃,且应考虑预应力筋容易脆断的危险。

3)混凝土的浇筑与养护

混凝土的收缩是水泥浆在硬化过程中脱水密结和形成的毛细孔压缩的结果。混凝土的徐变是荷载长期作用下混凝土的塑性变形,因水泥石内凝胶体的存在而产生。为了减少混凝土的收缩和徐变引起的预应力损失,在确定混凝土配合比时,应优先选用干缩性小的水泥,采用低水胶比、控制水泥用量、对骨料采取良好的级配等技术措施。

预应力钢丝张拉、绑扎钢筋、预埋铁件安装及立模工作完成后,应立即浇筑混凝土,每条生产线应一次连续浇筑完成,不允许留设施工缝。采用机械振捣密实时,要避免碰撞钢丝。混凝土未达到一定强度前,不允许碰撞或踩踏钢丝。

采用重叠法生产构件时,应待下层构件的混凝土强度达到 5.0 MPa 后,方可浇筑上层构件的混凝土。

预应力混凝土可采用自然养护或湿热养护，自然养护不得少于 14 d。干硬性混凝土浇筑完毕后，应立即覆盖进行养护。但必须注意，当预应力混凝土构件进行湿热养护时，应采取正确的养护制度以减少由于温差引起的预应力损失。当预应力筋张拉后锚固在台座上时，温度升高使预应力筋膨胀伸长，而混凝土逐渐硬结，将引起预应力筋的应力减小且永远不能恢复，并引起预应力损失。因此，先张法在台座上生产预应力混凝土构件时，其最高允许的养护温度应根据设计规定的允许温差（张拉钢筋时的温度与台座养护温度之差）计算确定。当混凝土强度达到 7.5 MPa（粗钢筋配筋）或 10 MPa（钢丝、钢绞线配筋）以上时，则可不受设计规定的温差限制。以机组流水法或传送带法用钢模制作预应力构件，湿热养护时，钢模与预应力筋同步伸缩，故不引起温差预应力损失。

4）**预应力筋的放张**

（1）放张要求

放张预应力筋时，混凝土必须达到设计要求的强度；如设计无要求时，应不得低于混凝土强度标准值的 75%。同时，应保证预应力筋与混凝土之间具有足够的黏结力。对于重叠生产的构件，要求最上一层构件的混凝土强度不低于设计强度标准值的 75% 时方可进行预应力筋的放张。过早放张预应力筋会引起较大的预应力损失或产生预应力筋滑动。预应力混凝土构件在预应力筋放张前要对混凝土试块进行试压，以确定混凝土的实际强度。

（2）放张方法

放张前，应拆除侧模，使放张时构件能自由压缩，否则将损坏模板或使构件开裂。预应力筋的放张工作应缓慢进行，防止冲击。

①对于预应力钢丝混凝土构件，分两种情况放张：配筋不多的预应力钢丝放张采用剪切、割断和熔断的方法自中间向两侧逐根进行，以减少回弹量，利于脱模；配筋较多的预应力钢丝采用同时放张的方法，以防止最后的预应力钢丝因应力突然增大而断裂或使构件端部开裂。

②对于预应力钢筋混凝土构件，放张应缓慢进行。配筋不多的预应力钢筋，可采用剪切、割断或加热熔断逐根放张。对钢丝、热处理钢筋及冷拉Ⅳ级钢筋，不得用电弧切割，宜用砂轮锯或切断机切断。多根钢丝或钢筋的同时放张，应采用油压千斤顶、砂箱、楔块等。放张单根预应力筋，一般采用千斤顶放张[图 5.11（a）]。配筋较多的预应力钢筋，所有钢筋应同时放张，可采用砂箱[图 5.11（b）]或楔块[图 5.11（c）]等装置进行缓慢放张。

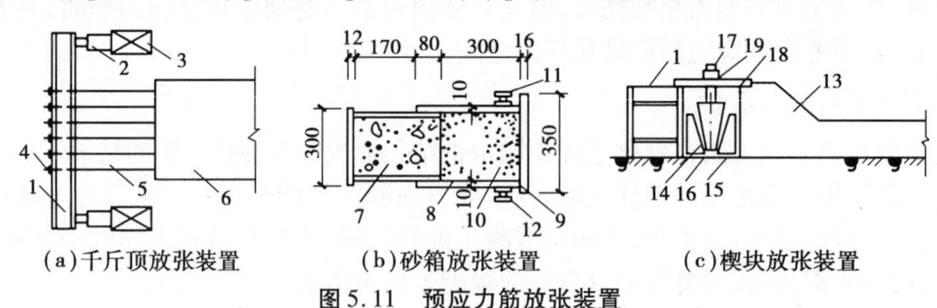

（a）千斤顶放张装置　（b）砂箱放张装置　（c）楔块放张装置

图 5.11　预应力筋放张装置

1—横梁；2—千斤顶；3—承力架；4—夹具；5—钢丝；6—构件；
7—活塞；8—套箱；9—套箱底板；10—砂；11—进砂口；12—出砂口；
13—台座；14，15—固定楔块；16—滑动楔块；17—螺杆；18—承力板；19—螺母

③采用湿热养护的预应力混凝土构件,宜热态放张预应力筋,而不宜降温后再放张。

(3)放张顺序

预应力筋的放张顺序应符合设计要求,如设计无要求时,应满足下列规定:

①对承受轴心预压力的构件(如压杆、桩等),所有预应力筋应同时放张。

②对承受偏心预压力的构件(如吊车梁),先同时放张预压力较小区域的预应力筋,再同时放张预压力较大区域的预应力筋。

③如不能按以上规定放张时,应分阶段、对称、相互交错地放张,以防止在放张过程中构件发生翘曲、裂纹及预应力筋断裂等现象。

④长线台座生产的钢弦构件,剪断钢丝宜从台座中部开始。

⑤叠层生产的预应力构件,宜按自上而下的顺序进行放张。

⑥板类构件放张时,从两边逐渐向中心进行。

5.2 后张法施工

后张法是先制作混凝土构件,在放置预应力筋的部位预先留有孔道,待构件混凝土达到规定强度后,将预应力筋穿入孔道内,用张拉机具夹持预应力筋将其张拉至设计规定的控制应力,然后借助锚具将预应力筋锚固在构件端部,最后进行孔道灌浆(亦有不灌浆者)。预应力筋的张拉力主要通过锚具传递给混凝土构件,使混凝土产生预压应力。图5.12为预应力后张法构件生产的示意图。

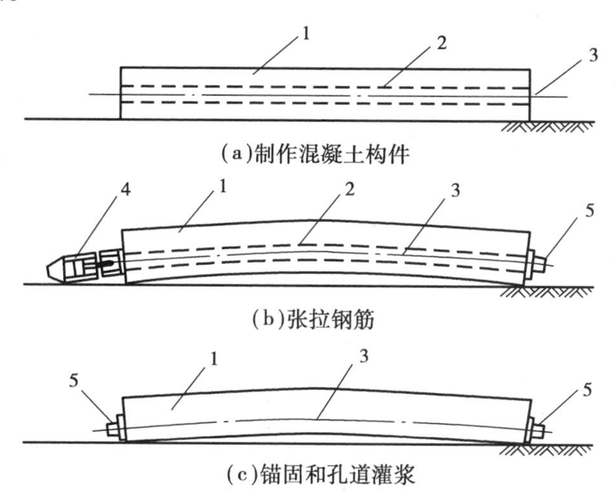

图5.12 预应力混凝土后张法生产示意图

1—混凝土构件;2—预留孔道;3—预应力筋;4—千斤顶;5—锚具

后张法的特点如下:

①预应力筋在构件上张拉,不需台座,不受场地限制,张拉力可达几百吨。因此,后张法适用于大型预应力混凝土构件制作,它既适用于工厂预制构件生产,也适用于现场制作大型预应力构件,而且后张法又是预制构件拼装的手段。

②锚具为工作锚。预应力筋用锚具固定在构件上,不仅在张拉过程中起作用,而且在工作过程中也起作用,永远留在构件上,成为构件的一部分。

③预应力传递靠锚具。

· 5.2.1 预应力筋、锚具和张拉设备 ·

在后张法中,预应力筋、锚具和张拉设备是配套使用的。目前,后张法中常用的预应力筋主要有单根粗钢筋、钢筋束(或钢绞线束)和钢丝束3类。张拉设备多采用液压千斤顶。锚具需具有可靠的锚固能力,按其锚固性能分为两类:

Ⅰ类锚具:适用于承受动、静荷载的预应力混凝土结构。

Ⅱ类锚具:仅适用于有黏结预应力混凝土结构,且锚具处于预应力变化不大的部位。

Ⅰ,Ⅱ类锚具的静载锚固性能由预应力锚具组装件静载试验测定的锚具效率系数 η_a 和达到实测极限拉力时的总应变 ε_{apu} 确定,其值应符合表5.2的规定。

表5.2 锚具锚固系数和总应变

锚具类型	锚具效率系数 η_a	实测极限拉力时的总应变 ε_{apu}
Ⅰ类锚具	≥0.95	≥2.0
Ⅱ类锚具	≥0.90	≥1.7

Ⅰ类锚具组装件,除必须满足静载锚固性能外,尚须满足循环次数为200万次的疲劳性能试验。如用在抗震结构中,还应满足循环次数为50次的周期荷载试验。

除上述外,锚具尚应具有下列性能:

①在预应力锚具组装件达到实际破断拉力时,全部零件均不得出现裂缝和破坏(设计规定者除外);

②除能满足分级张拉和补张拉外,宜具有能放松预应力筋的性能;

③锚具或其附件上宜设置灌浆孔,灌浆孔应有足够的截面面积,以保证浆液畅通。

1)单根粗钢筋

(1)锚具

根据构件的长度和张拉工艺的要求,单根预应力钢筋可在一端或两端张拉。一般张拉端均采用螺丝端杆锚具。固定端除采用螺丝端杆锚具外,还可采用帮条锚具或镦头锚具。

①螺丝端杆锚具:适用于锚固直径不大于36 mm的冷拉HRB400级钢筋。它由螺丝端杆、螺母和垫板组成,如图5.13所示。螺丝端杆采用45号钢制作,螺母和垫板采用3号钢制作。螺丝端杆的长度一般为320 mm,当预应力构件长度大于24 m时,可根据实际情况增加螺丝端杆的长度,螺丝端杆的直径按预应力钢筋的直径对应选取。螺丝端杆与预应力钢筋的焊接应在预应力钢筋冷拉前进行。螺丝端杆与预应力筋焊接后,同张拉机械相连进行张拉,最后上紧螺母即完成对预应力钢筋的锚固。

②帮条锚具:适用于冷拉HRB400级钢筋,主要用于固定。它由帮条和衬板组成,如图5.14所示。帮条采用与预应力筋同级别的钢筋,衬板采用普通低碳钢钢板。帮条施焊时,严禁将地线搭在预应力筋上并严禁在预应力筋上引弧,以防预应力筋咬边及温度过高,可将地线搭在帮条上。3根帮条与衬板相接触的截面应在一个垂直平面上,以免受力时产生扭曲,3根

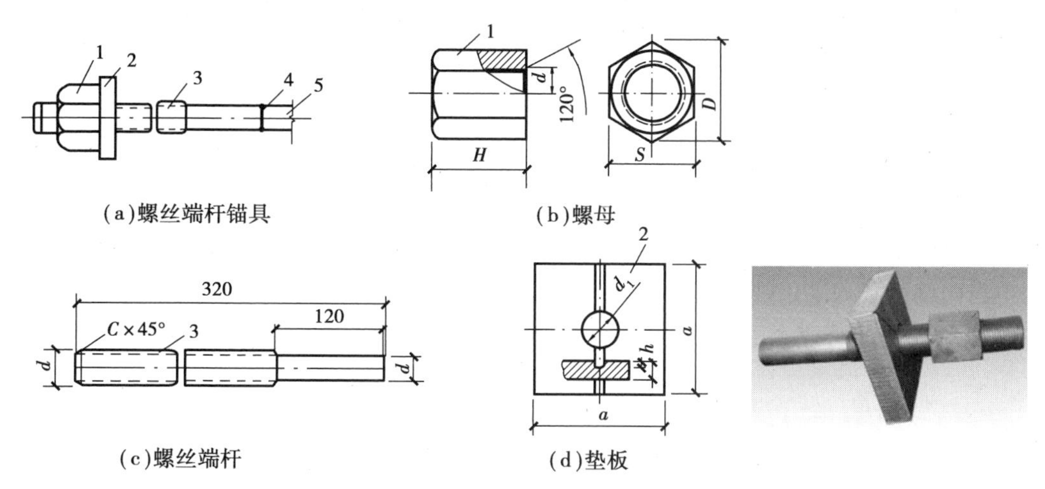

图 5.13　螺丝端杆锚具

1—螺母;2—垫板;3—螺丝端杆;4—对焊接头;5—预应力筋

帮条互成 120°角。帮条的焊接可在预应力筋冷拉前或冷拉后进行。

③镦头锚具:由镦头和垫板组成。镦头一般是直接在预应力筋端部热镦、冷镦或锻打成型,垫板采用 3 号钢制作。

(2)张拉设备

单根粗钢筋的张拉设备一般有 YL-60 型拉杆式千斤顶,YC-60 型、YC-20 型、YC-18 型穿心式千斤顶。

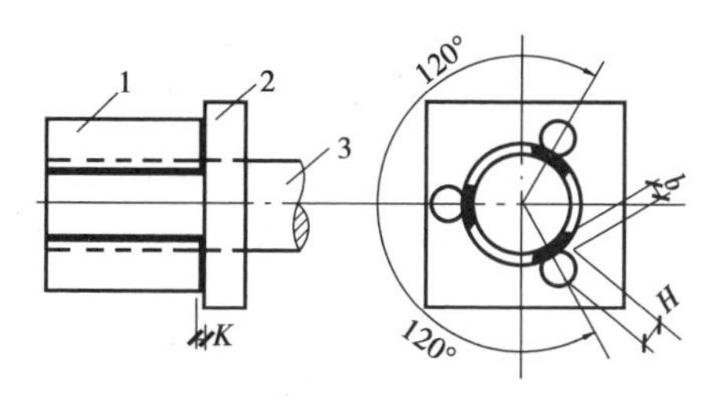

图 5.14　帮条锚具

1—帮条;2—衬板;3—预应力筋

图 5.15 是用拉杆式千斤顶张拉单根粗钢筋时的工作原理图。拉杆式千斤顶由主油缸、主缸活塞、回油缸、回油活塞、连接器、传力架、活塞拉杆等组成。张拉前,先将连接器旋在预应力筋的螺丝端杆上,相互连接牢固,千斤顶由传力架支承在构件端部的钢板上。张拉时,高压油进入主油缸,推动主缸活塞及拉杆,通过连接器和螺丝端杆,预应力筋被拉伸。千斤顶拉力的大小可由油泵压力表的读数直接显示,当张拉力达到规定数值时,拧紧螺丝端杆上的螺母,此时张拉完成的预应力筋被锚固在构件的端部。锚固后回油缸进油,推动回油活塞工作,千斤顶

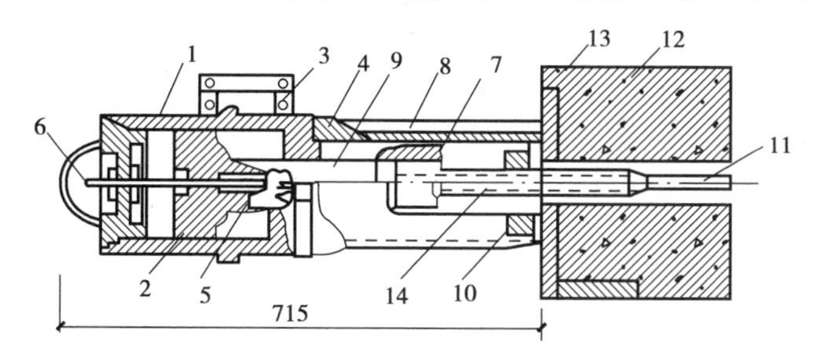

图 5.15　用拉杆式千斤顶张拉单根粗钢筋的工作原理图

1—主油缸;2—主缸活塞;3—主缸油嘴;4—副缸;5—副缸活塞;
6—副缸油嘴;7—连接器;8—顶杆;9—拉杆;10—螺母;
11—预应力筋;12—混凝土构件;13—预埋钢板;14—螺丝端杆

脱离构件,主缸活塞、拉杆和连接器回到原始位置。最后将连接器从螺丝端杆上卸掉,卸下千斤顶,张拉结束。

(3)预应力筋的制作

单根粗钢筋预应力筋的制作,包括配料、对焊、冷拉等工序。预应力筋的下料长度应计算确定,计算时要考虑锚具种类、对焊接头或镦粗头的压缩量、张拉伸长值、冷拉的冷拉率和弹性回缩率、构件长度等因素。

①当构件两端均采用螺丝端杆锚具张拉预应力筋时(图5.16),预应力筋(不包括螺丝端杆)冷拉前的下料长度L:

$$L=\frac{l+2l_2-2l_1}{1+\gamma-\delta}+n\Delta \tag{5.4}$$

式中 l——构件的孔道长度,mm;

l_1——螺丝端杆长度,一般为320 mm;

l_2——螺丝端杆伸出构件外的长度,一般为120~150 mm;

γ——预应力筋的冷拉率(由试验确定);

δ——预应力筋的冷拉弹性回缩率,一般为0.4%~0.6%;

n——对焊接头的数量;

Δ——每个对焊接头钢筋对焊长度损失,一般取钢筋直径,mm。

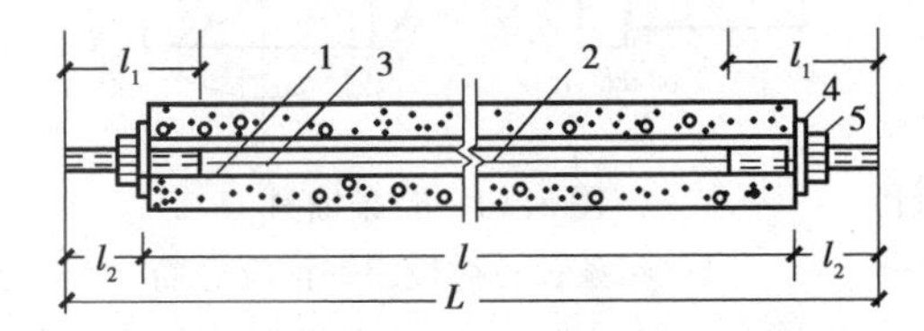

图5.16 粗钢筋下料长度计算示意图(一)

1—螺丝端杆;2—预应力钢筋;

3—对焊接头;4—垫板;5—螺母

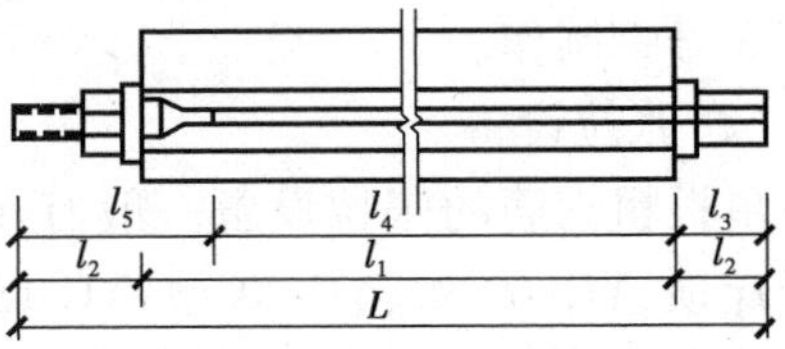

图5.17 粗钢筋下料长度计算示意图(二)

②当采用一端张拉时,固定端可采用帮条锚具或镦头锚具(图5.17),预应力筋(不包括螺丝端杆)冷拉前的下料长度L:

$$L=\frac{l_1+l_2-l_5+l_3}{1+\gamma-\delta}+n\Delta \tag{5.5}$$

式中 l_1——构件的孔道长度,mm;

l_2——螺丝端杆伸出构件外的长度,mm;

l_3——帮条锚具或镦头锚具长度,mm;

l_5——螺丝端杆长度,一般为320 mm。

【例5.1】 21 m预应力屋架的孔道长为20.80 m,预应力筋为冷拉HRB400钢筋,直径为22 mm,每根长度为8 m,实测冷拉率$\gamma=4\%$,弹性回缩率$\delta=0.4\%$。螺丝端杆长为320 mm,帮条长为50 mm,垫板厚为15 mm。计算:

(1)两端用螺丝端杆锚具锚固时预应力筋的下料长度。

(2)一端用螺丝端杆,另一端为帮条锚具时预应力筋的下料长度。

【解】 (1)螺丝端杆锚具,两端同时张拉,螺母厚度取36 mm,垫板厚度取16 mm,则螺丝端杆伸出构件外的长度 $l_2=2H+h+5=2\times36+16+5=93$(mm);因孔道长度为 20.80 m,预应力筋长度为 8 m,因此需 3 根钢筋对焊接长,加上两端焊接螺丝端杆,共计对焊接头数 $n=2+2=4$,每个对焊接头的压缩量 $\Delta=22$ mm,则预应力筋下料长度为:

$$L=\frac{l+2l_2-2l_1}{1+\gamma-\delta}+n\Delta=\frac{20\ 800+2\times93-2\times320}{1+0.04-0.004}+4\times22\approx19\ 727(\text{mm})$$

(2)帮条长为 50 mm,垫板厚 15 mm,则预应力筋下料长度为:

$$L=\frac{l_1+l_2-l_5+l_3}{1+\gamma-\delta}+n\Delta=\frac{20\ 800+93-320+65}{1+0.04-0.004}+3\times22\approx19\ 987(\text{mm})$$

2)预应力钢筋束和钢绞线束

(1)锚具及张拉设备

钢筋束和钢绞线束具有强度高、柔性好的优点。目前常用的锚具有 JM12 型、精铸 JM12 型、KT-Z 型(可锻铸铁锥形)以及 XM 型、QM 型锚具。

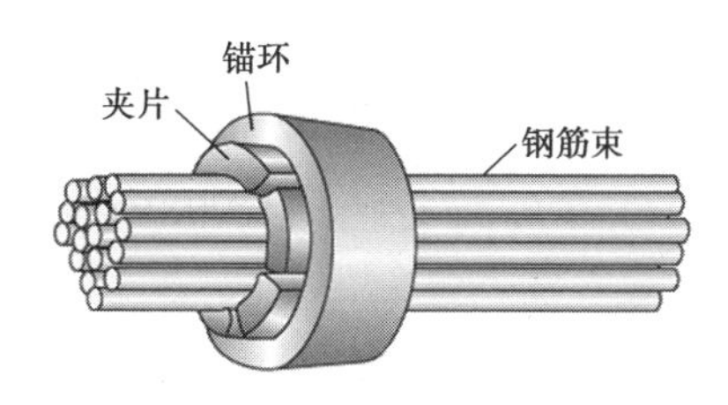

图 5.18 JM12-6 型锚具

①JM12 型锚具:是一种利用楔块原理锚固多根预应力筋的锚具,它既可作为张拉端的锚具,亦可作为固定端的锚具,或作为重复使用的工具锚。

JM12 型锚具由锚环和夹片组成,如图 5.18 所示。JM12 型锚具性能好,锚固时钢筋束或钢绞线束被单根夹紧,不受直径误差的影响,且预应力筋是在呈直线状态下被张拉和锚固,受力性能好。

JM12 型锚具宜选用相应的 YC-60 型穿心式千斤顶张拉预应力筋。YC-60 型穿心式千斤顶的构造如图 5.19 所示。

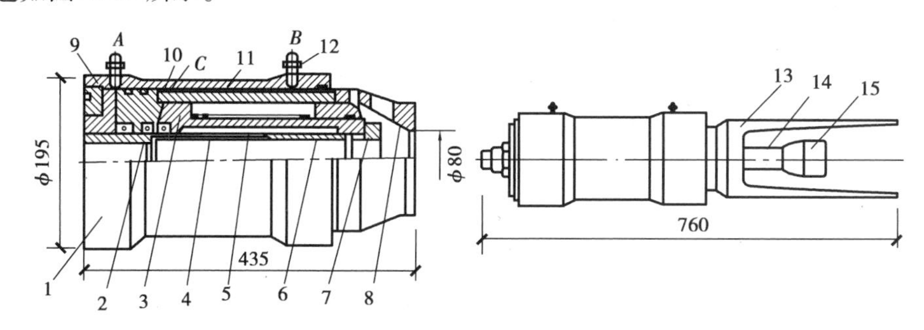

图 5.19 YC-60 型穿心式千斤顶

1—大缸缸体;2—穿心套;3—顶压活塞;4—护套;5—回程弹簧;6—连接套;7—顶压套;8—撑套;
9—堵头;10—密封圈;11—两缸缸体;12—油嘴;13—撑脚;14—拉杆;15—连接套筒

②KT-Z 型锚具:为可锻铸铁锥形锚具,由锚塞和锚环组成,如图 5.20 所示。KT-Z 型锚具可用于锚固 3 ~6 根ϕ^J12 钢筋束或钢绞线束。该锚具为半埋式,使用时先将锚环小头嵌入承压钢板中,并用断续焊缝焊牢,然后共同预埋在构件端部。

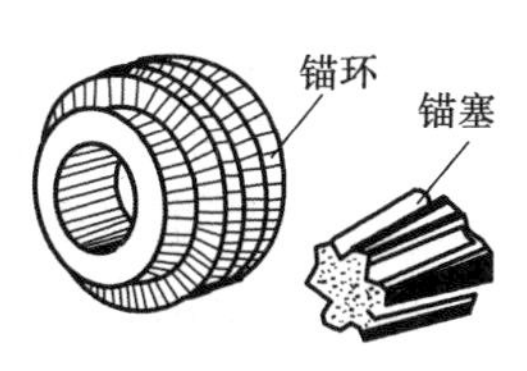

图 5.20 KT-Z 型锚具

使用 KT-Z 型锚具时,预应力筋在锚环小口处形成弯折,因而产生摩擦损失,该损失值,对钢筋束约为控制应力 σ_{con} 的 4%,对钢绞线束则约为控制应力 σ_{con} 的 2%。

KT-Z 型锚具用于螺纹钢筋束时,宜用锥锚式双作用千斤顶张拉(见图 5.27);用于钢绞线束,则宜用 YC-60 型双作用千斤顶张拉。

③XM 型锚具:由锚板与 3 片夹片组成,如图 5.21 所示。它既适用于锚固钢绞线束,又适用于锚固钢丝束;既可锚固单根预应力筋,又可锚固多根预应力筋。当用于锚固多根预应力筋时,既可单根张拉、逐根锚固,又可成组张拉、成组锚固。另外,它既可用作工作锚具,又可用作工具锚具。

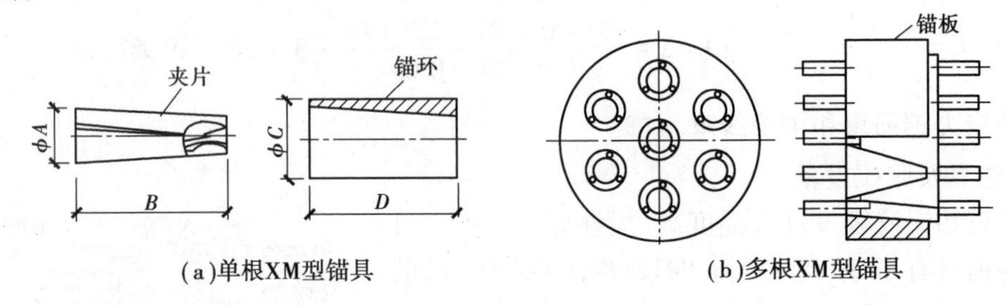

图 5.21　XM 型锚具

(2)钢筋束和钢绞线束的制作

钢筋束和钢绞线束一般成盘状供应,长度较长,不需要对焊接长。其制作工序是:开盘→下料→编束。下料时,宜采用切断机或砂轮锯切机,不得采用电弧切割。钢绞线在切断前,在切口两侧各 50 mm 处应用铅丝绑扎,以免钢绞线松散。编束是将钢绞线理顺后,用铅丝每隔 1.0 m 左右绑扎成束,在穿筋时应注意防止扭结。

钢筋束和钢绞线束的下料长度 L 可按下式计算:

一端张拉时:
$$L=l+a+b \tag{5.6}$$

两端张拉时:
$$L=l+2a \tag{5.7}$$

式中　l——构件孔道长度,mm;

a——张拉端留量,mm,与锚具和张拉设备尺寸有关;

b——固定端留量,一般为 80 mm。

3)钢丝束

(1)锚具

钢丝束一般由几根到几十根直径 3 ~5 mm 平行的碳素钢丝组成。目前常用的锚具有钢质锥形锚具、锥形螺杆锚具和钢丝束镦头锚具,也可用 XM 型锚具和 QM 型锚具。

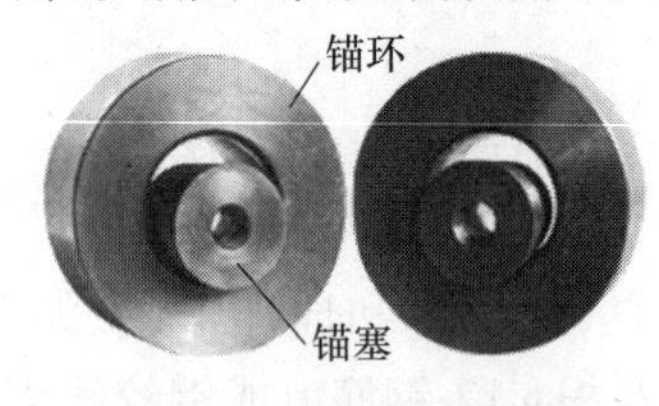

图 5.22　钢质锥形锚具

①钢质锥形锚具:由锚环和锚塞组成,如图 5.22 所示。锚塞表面刻有细齿槽,以防止被夹紧的预应力钢丝滑动。锚固时,将锚塞塞入锚环,顶紧,钢丝就夹紧在锚塞周围,锚塞上刻有细齿槽,夹紧钢丝后可以防止滑动。钢质锥形锚具用于锚固以锥锚式双作用千斤顶张拉的钢丝束,适用于锚固 6,12,18 或 24 根直径 5 mm 的钢丝束。钢质锥形锚具工作时,由于钢丝锚固呈辐射状态,弯折处受力较大,易使钢丝被咬伤。若钢丝直径误差较大,易产生单根钢丝滑动,引起无法补救的预应力损失,如用加大顶锚力的办法来防止滑丝,过大的顶锚力更容易使钢丝被咬伤。

②钢丝束镦头锚具(图 5.23):用于锚固高强钢丝束,分为张拉端使用的 DM5A 型和固定

端使用的 DM5B 型。DM5A 型由锚环和螺母组成,DM5B 型仅有一块锚板。墩头锚具的滑移值不应大于 1 mm,其镦头强度不得低于钢丝规定抗拉强度的 98% 。

钢丝束镦头锚具的锚环与锚板用 45 号钢制作,且应先进行调质热处理再加工,螺母亦用 45 号钢制作不经热处理。锚环和锚杯的内外壁均有丝扣,内丝扣用于连接张拉螺杆,外丝扣用于拧紧螺母,以锚固钢丝束。锚环四周钻孔,以固定带有镦粗头的钢丝,孔数及间距由锚固的钢丝根数而定。当用锚杯时,锚杯底部则为钻孔的锚板,并在此板中部留一灌浆孔,便于从端部预留孔道灌浆。

张拉时,张拉螺丝杆一端与锚环(或锚杯)内丝扣连接,另一端与拉杆式千斤顶的拉头连接,拉杆式千斤顶通过传力架支承在混凝土构件端部,当张拉到控制应力时,锚环(杯)被拉出,再用螺帽拧紧在锚环(杯)外丝扣上,固定在混凝土构件端部。

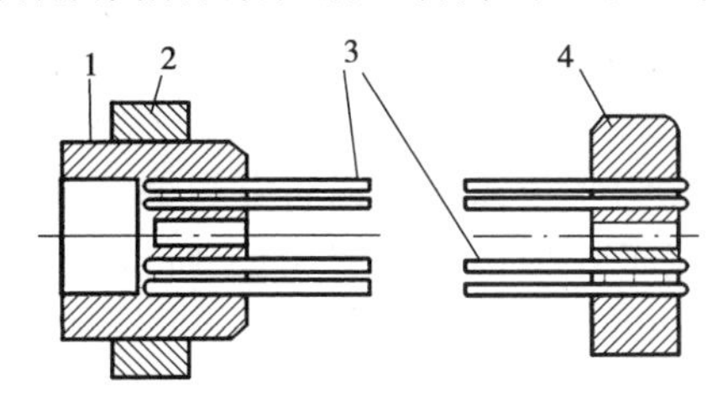

图 5.23　钢丝束镦头锚具

1—A 型锚环;2—螺母;3—钢丝束;4—B 型锚板

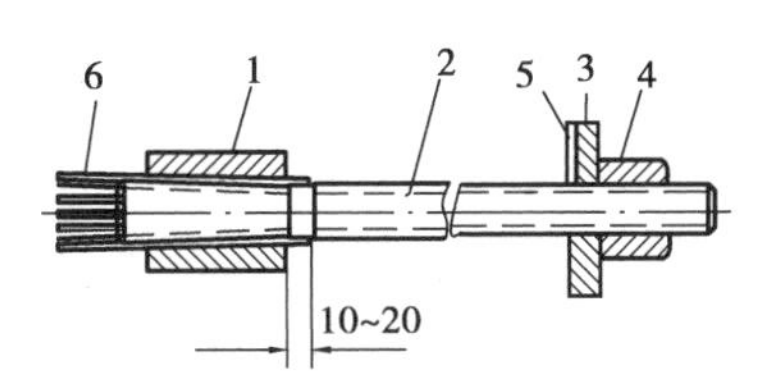

图 5.24　锥形螺杆锚具

1—套筒;2—锥形螺杆;3—垫板;4—螺母;
5—排气槽;6—钢丝

③锥形螺杆锚具:用于锚固高强钢丝束。锥形螺杆锚具由锥形螺杆、套筒、螺帽和垫板组成,如图 5.24 所示。锥形螺杆采用 45 号钢制作,调质热处理后进行精加工,最后对锥形螺杆的锥头 70 mm 范围内的螺纹进行表面高频或盐液淬火热处理。套筒为中间带有圆锥孔的圆柱体,热处理 45 号钢制作。螺帽和垫板采用 3 号钢制作。制作时要注意套筒淬火要合适,如淬火过高,易产生裂缝,螺杆淬火过高容易断裂,在使用前应仔细检查,如有裂缝或变形,则不能使用。

锥形螺杆锚具的安装方法:首先把钢丝套上锥形螺杆的锥体部分,使钢丝均匀整齐地贴紧锥体,然后戴上套筒,用手锤将套筒均匀地打紧,并使螺杆中心与套筒中心在同一直线上,最后用拉伸机使螺杆锥体通过钢丝挤压套筒而使套筒发生变形,从而使钢丝和锥形锚具的套筒、螺杆锚成一个整体。这个过程一般叫“预顶”,预顶用的力应为张拉力的 105% 。因为锥形锚具外径较大,为了缩小构件孔道直径,所以一般仅在构件两端将孔道扩大。因此,钢丝束锚具一端可事先安装,另一端则要将钢丝束穿入孔道后进行锚固。

锥形螺杆锚具与 YL-60、YL-90 拉杆式千斤顶配套使用,YC-60、YC-90 穿心式千斤顶亦可应用。与拉杆式千斤顶共同使用时的安装方法如图 5.25 所示。

(2)张拉设备

钢质锥形锚具用锥锚式双作用千斤顶进行张拉。镦头锚具用 YC-60 千斤顶(穿心式千斤顶)或拉杆式千斤顶张拉。大跨度结构、长钢丝束等引伸量大者,用穿心式千斤顶为宜。锥形螺杆锚具宜用拉杆式千斤顶或穿心式千斤顶张拉。

①拉杆式千斤顶:适用于张拉以螺丝端杆锚具为张拉锚具的粗钢筋,张拉以锥形螺杆锚具为张拉锚具的钢丝束,张拉以 DM5A 型镦头锚具为张拉锚具的钢丝束。拉杆式千斤顶的构造

及工作过程如图5.26所示。

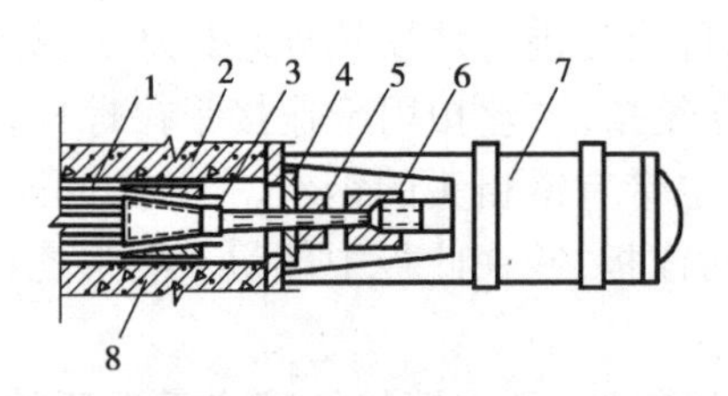

图5.25　锥形螺杆锚具与拉杆式千斤顶的安装示意图

1—钢丝束;2—套筒;3—锥形螺杆;4—垫板;
5—螺母;6—千斤顶连接螺母;
7—拉杆式千斤顶;8—预应力混凝土构件

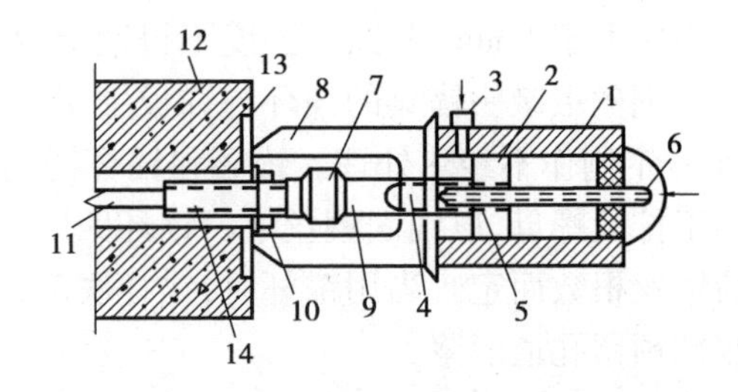

图5.26　拉杆式千斤顶的构造及工作过程

1—主缸;2—主缸活塞;3—主缸油嘴;4—副缸;
5—副缸活塞;6—副缸油嘴;7—连接器;
8—顶杆;9—拉杆;10—螺母;11—预应力筋;
12—混凝土构件;13—预埋钢板;14—螺丝端杆

②锥锚式双作用千斤顶:适用于张拉以KT-Z型锚具为张拉锚具的钢筋束和钢绞线束,张拉以钢质锥形锚具为张拉锚具的钢丝束。锥锚式双作用千斤顶构造如图5.27所示。其张拉油缸用于张拉预应力筋,顶压油缸用于顶压锥塞。

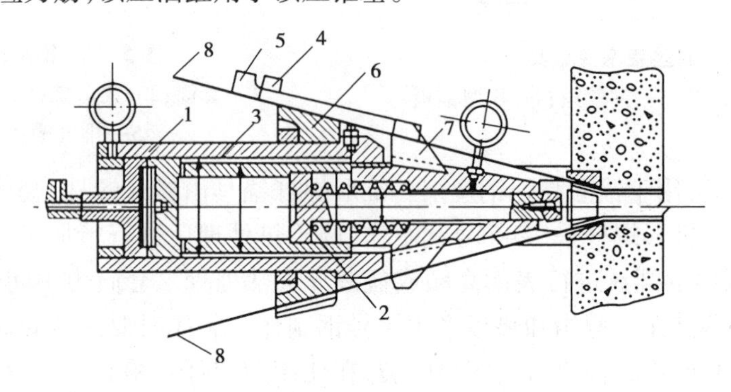

图5.27　锥锚式双作用千斤顶构造图

1—主缸;2—副缸;3—退楔缸;4—楔块(张拉时位置);
5—楔块(退出时位置);6—锥形卡环;7—退楔翼片;8—预应力筋

③穿心式千斤顶:YC-60型穿心式千斤顶(图5.19)适用于张拉各种形式的预应力筋,是目前我国预应力混凝土构件施工中应用最为广泛的张拉机械。YC-60型穿心式千斤顶加装撑脚、张拉杆和连接器后,又可作为拉杆式千斤顶使用,就可以张拉以螺丝端杆锚具为张拉锚具的单根粗钢筋,张拉以锥形螺杆锚具和DM5A型镦头锚具为张拉锚具的钢丝束。在千斤顶前端装分束顶压器,并在千斤顶与撑套之间用钢管接长后,可作为YZ型锥锚式千斤顶使用,张拉钢制锥形锚具。

(3)钢丝束的制作

钢丝束的制作,随锚具形式的不同,其制作方式也有差异,一般包括调直、下料、编束和安装锚具等工序。用钢质锥形锚具锚固的钢丝束,其制作和下料长度计算基本同钢筋束。

用镦头锚具锚固的钢丝束,其下料长度应力求精确,对直的或一般曲率的钢丝束,下料长度的相对误差要控制在$L/5\,000$以内,并且不大于5 mm。为此,要求钢丝在应力状态下切断下料,下料的控制应力为300 N/mm^2。钢丝下料长度取决于是A型或B型锚具以及一端张拉或两端张拉。用锥形螺杆锚固的钢丝束,经过矫直的钢丝可以在非应力状态下料。

为防止钢丝扭结,必须进行编束。在平整场地上先把钢丝理顺平放,然后在其全长中每隔1 m左右用22号铅丝编成帘子状,再每隔1 m放一个按端杆直径制成的螺丝衬圈,并将编好的钢丝帘绕衬圈围成圆束并绑扎牢固。

· 5.2.2 后张法施工工艺 ·

后张法施工步骤是先制作混凝土构件,预留孔道;待构件混凝土达到规定强度后,在孔道内穿放预应力筋,张拉并锚固;最后孔道灌浆。如图5.28所示是后张法施工的工艺流程图。下面主要介绍孔道留设、预应力筋张拉和孔道灌浆3个部分内容。

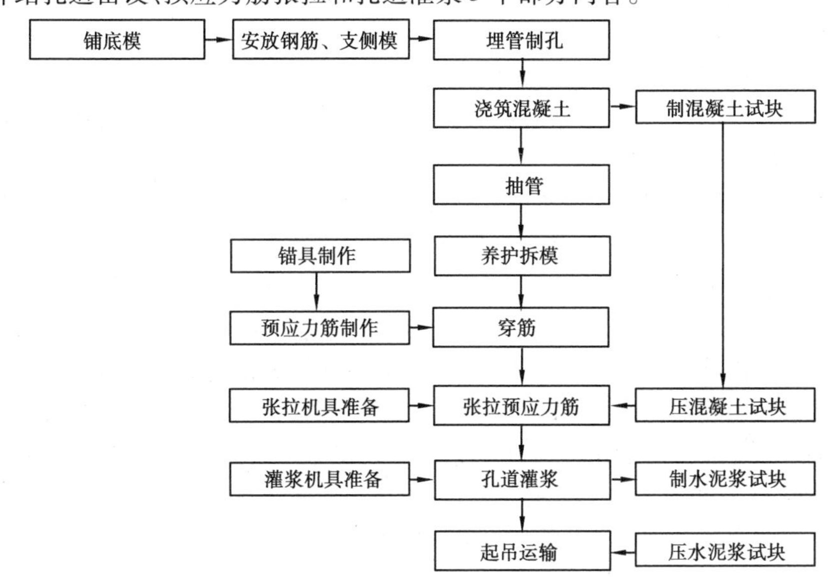

图5.28 后张法工艺流程

1)孔道留设

孔道留设是后张法构件制作中的关键工作。孔道直径取决于预应力筋和锚具:用螺丝端杆的粗钢筋,孔道直径应比螺丝端杆的螺纹直径大10~15 mm;用JM12型锚具的钢筋束或钢绞线束,对JM12-3、JM12-4孔道直径为42 mm,对JM12-5、JM12-6则为50 mm。

(1)孔道留设的基本要求

①孔道直径应保证预应力筋(束)能顺利穿过。

②孔道应按设计要求的位置、尺寸埋设准确、牢固,浇筑混凝土时不应出现移位和变形。

③在设计规定位置上留设灌浆孔和排气孔。

④在曲线孔道的曲线波峰部位应设置排气兼泌水管,必要时可在最低点设置排水管。

⑤灌浆孔及泌水管的孔径应能保证浆液畅通。

(2)孔道留设的方法

预留孔道形状有直线、曲线和折线形,留设方法一般有钢管抽芯法、胶管抽芯法和预埋管法。

①钢管抽芯法。预先将钢管埋设在模板内孔道位置处,在混凝土浇筑过程中和浇筑之后,每间隔一定时间慢慢转动钢管,使之不与混凝土黏结,待混凝土初凝后、终凝前抽出钢管,即形

成孔道。该法只可留设直线孔道。

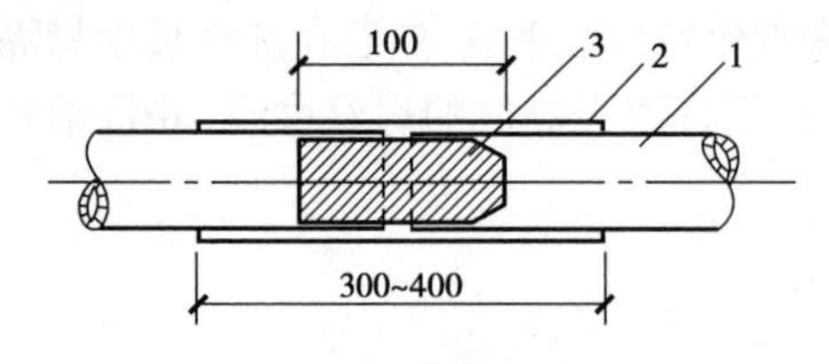

图 5.29　钢管连接方式

1—钢管;2—白铁皮套管;3—硬木塞

钢管要平直,表面要光滑,安放位置要准确。一般用间距不大于 1 m 的钢筋井字架固定钢管位置。每根钢管的长度最好不超过 15 m,以便于旋转和抽管,较长构件则用两根钢管,中间用 0.5 mm 厚的铁皮套管连接,如图 5.29 所示。

恰当掌握抽管时间,过早会坍孔,太晚则抽管困难。一般在初凝后、终凝前,以手指按压混凝土不粘浆且无明显印痕时则可抽管。抽管顺序宜先上后下,抽管可用人工或卷扬机,抽管要边抽边转,速度均匀,与孔道成一直线。

在留设孔道的同时还要在设计规定位置留设灌浆孔和排气孔,其目的是方便构件孔道灌浆,可用木塞或白铁皮管留设。一般在构件两端和中间每隔 12 m 留一个直径 20 mm 的灌浆孔,并在构件两端各设一个排气孔。

②胶管抽芯法。胶管有 5 层或 7 层夹布胶管和钢丝网胶管两种。前者质软,用间距不大于 0.5 m 的钢筋井字架固定位置,浇筑混凝土前,胶管内充入压力为 0.6 ~ 0.8 N/mm^2 的压缩空气或压力水,此时胶管直径增大 3 mm 左右,待浇筑的混凝土初凝后,放出压缩空气或压力水,管径缩小而与混凝土脱离,便于抽出。后者质硬,具有一定弹性,留孔方法与钢管一样,只是浇筑混凝土后不需转动,由于其有一定弹性,抽管时在拉力作用下断面缩小易于拔出。

胶管抽芯法预留孔道,混凝土浇筑后不需要旋转胶管,抽管的时间一般以 200 h · ℃ 作为控制时间。抽管时应先上后下,先曲后直。胶管抽芯法施工省去了转管工序,又由于胶管便于弯曲,因此胶管抽芯法既适用于直线孔道留没,也适用于曲线孔道留设。

胶管抽芯法的灌浆孔和排气孔的留设方法同钢管抽芯法。

③预埋管法。预埋管法是用间距不大于 0.8 m 的钢筋井字架,将黑铁皮管、薄钢管或金属螺旋管固定在设计位置上,在混凝土构件中埋管成型的一种施工方法。预埋管法因省去抽管工序,且孔道留设的位置、形状也易保证,故目前应用较为普遍。

预埋管法适用于预应力筋密集或曲线预应力筋的孔道埋设,但电热后张法施工中,不得采用波纹管或其他金属管作埋设的管道。

对螺旋管的基本要求:一是在外荷载作用下,有抵抗变形的能力;二是在浇筑混凝土过程中,水泥浆不得渗入管内。

螺旋管的连接可采用大一号同型螺旋管作为接头管。接头管的长度为 200 ~ 300 mm,用塑料热塑管或密封胶带封口,如图 5.30 所示。

螺旋管安装前,应根据预应力筋的曲线坐标在侧模或箍筋上画线,以确定螺旋管的安装位置。螺旋管间距为 600 mm。钢筋托架应焊在箍筋上,箍筋下面要用垫块垫实。螺旋管安装就位后,必须用铁丝将螺旋管与钢筋托架扎牢,以防浇筑混凝土时螺旋管上浮而引起质量事故。

灌浆孔与螺旋管的连接是在螺旋管上开洞,其上覆盖海绵垫片与带嘴的塑料弧形压板,并用铁丝扎牢,再用增强塑料管插在嘴上,并将其引出梁顶面 400 ~ 500 mm。灌浆孔间距不宜大于 30 m,曲线孔道的曲线波峰位置宜设置泌水管。

在混凝土浇筑过程中,为了防止螺旋管偶尔漏浆引起孔道堵塞,应采用通孔器通孔。通孔器由长 60 ~ 80 mm 的圆钢制成,其直径小于孔径 10 mm,用尼龙绳牵引。

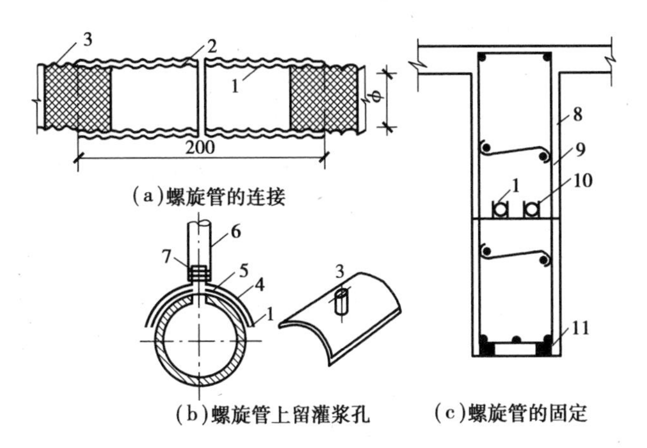

图 5.30 螺旋管的连接、安装示意图

1—螺旋管;2—接头管;3—密封胶带;4—海绵垫;

5—塑料弧形压板;6—塑料管;7—铁丝扎紧;8—梁侧模;

9—箍筋;10—钢筋支托;11—垫块

2)预应力筋张拉

张拉预应力筋时,构件混凝土的强度应按设计规定,如设计无规定则不宜低于混凝土标准强度的75%。用块体拼装的预应力构件,其拼装立缝处混凝土或砂浆的强度,如设计无规定时,不应低于块体混凝土标准强度的40%,且不得低于15 N/mm^2。

(1)张拉控制应力

后张法施工张拉控制应力应符合设计规定。在施工中需要对预应力筋进行超张拉时,可比设计要求提高5%,但其最大张拉控制应力不得超过表5.1的规定。

后张法施工的张拉程序、预应力筋张拉力计算及伸长值验算与先张法相同。

(2)张拉方法

为减少预应力筋与预留孔孔壁摩擦而引起的应力损失,预应力筋张拉端的设置应符合设计要求。当无设计规定时,应符合下列规定:

①抽芯成形孔道:曲线形预应力筋和长度大于24 m的直线预应力筋,应采用两端张拉;长度等于或小于24 m的直线预应力筋,可一端张拉。

②预埋管孔道:曲线形预应力筋和长度大于30 m的直线预应力筋宜在两端张拉;长度等于或小于30 m直线预应力筋,可在一端张拉。

③当同一截面中有多根一端张拉的预应力筋时,张拉端宜分别设置在构件两端。用双作用千斤顶两端同时张拉钢筋束、钢绞线束或钢丝束时,为减少顶压时的应力损失,可先顶压一端的锚塞,而另一端在补足张拉力后再行顶压。

后张法预应力筋张拉还应注意下列问题:

①对配有多根预应力筋的构件,不可能同时张拉,只能分批、对称地进行张拉,以免构件承受过大的偏心压力。分批张拉,要考虑后批预应力筋张拉时产生的混凝土弹性压缩,会对先批张拉的预应力筋的张拉应力产生影响。

②对平卧叠浇的预应力混凝土构件,上层构件的重量产生的水平摩阻力会阻止下层构件在预应力筋张拉时混凝土弹性压缩的自由变形,待上层构件起吊后,由于摩阻力影响消失会增加混凝土弹性压缩的变形,从而引起预应力损失。该损失值随构件形式、隔离层和张拉方式而

不同。为便于施工,可由上到下采取逐层加大超张拉的办法来弥补该预应力损失,但底层超张拉值不宜比顶层张拉力大5%(钢丝、钢绞线、热处理钢筋)或9%(冷拉HRB400级及以上钢筋),并且要保证底层构件的控制应力,冷拉HRB400级及以上钢筋不得大于95%的屈服强度值,钢丝、钢绞线和热处理钢筋不大于标准强度的80%。如隔离层的隔离效果好,也可采用同一张拉应力值。

3)孔道灌浆

预应力筋张拉锚固后,应随即进行孔道灌浆,以防止预应力筋锈蚀,增加结构的抗裂性、耐久性和整体性。

灌浆宜用强度等级不低于42.5级的普通硅酸盐水泥调制的水泥浆,对空隙大的孔道,水泥浆中可掺适量的细砂,但水泥浆和水泥砂浆的强度不宜低于20 N/mm^2,且应有较大的流动性和较小的干缩性、泌水性(搅拌后3 h的泌水率宜控制在2%)。水灰比一般为0.40~0.45。

为使孔道灌浆饱满,可在灰浆中掺入木质素磺酸钙。

灌浆前,用压力水冲洗和润湿孔道。灌浆过程中,可用电动或手动灰浆泵进行灌浆,水泥浆应均匀缓慢地注入,不得中断。灌满孔道并封闭气孔后,宜继续以0.5~0.6 MPa的压力灌浆,并稳定一段时间,以确保孔道灌浆的密实性。对不掺外加剂的水泥浆,可采用二次灌浆法来提高灌浆的密实性。

灌浆顺序应先下后上,曲线孔道灌浆宜由最低点注入水泥浆,至最高点排气孔排尽空气并溢出浓浆为止。

5.3 无黏结预应力混凝土施工

无黏结预应力是后张法预应力混凝土的发展。其施工方法:在预应力筋表面刷涂料并包塑料布(管)后,如同普通钢筋一样先铺设在构件模板内,然后浇筑混凝土,待构件混凝土达到设计要求强度后,进行预应力筋张拉锚固。这种预应力工艺的优点是不需要预留孔道和灌浆,施工简单,张拉时摩阻力较小,预应力筋易弯成曲线形状,适用于曲线配筋的结构。在双向连续平板和密肋板中应用无黏结预应力比较经济合理,在多跨连续梁中也很有发展前途。

· *5.3.1 无黏结预应力束的制作* ·

1)无黏结预应力束的组成

无黏结预应力束由预应力筋、涂料层、外包层和锚具组成。

(1)预应力筋

一般选用由高强钢丝组成的钢丝束或钢绞线。

(2)涂料层

需长期保护预应力筋不受腐蚀,还应符合下列要求:温度在-20~+70 ℃范围内不流淌、不裂缝、不变脆,并有一定韧性;使用期内化学稳定性高;对周围材料无侵蚀作用;不透水、不吸湿;防腐性能好;润滑性能好,摩擦阻力小。

根据上述要求，目前一般选用 1 号或 2 号建筑油脂作为无黏结预应力束的表面涂料。

(3)外包层

外包层的包裹物必须具有一定的抗拉强度、防渗漏性能，同时还需符合：在使用温度范围内(-20 ~ 70 ℃)低温不脆化，高温化学性能稳定；具有足够的韧性、抗磨性；对周围材料无侵蚀作用；保证预应力筋在运输、贮存、铺设和浇筑混凝土过程中不发生不可修复的破坏。

一般常用的包裹物有塑料布、塑料薄膜或牛皮纸，其中塑料布或塑料薄膜防水性能、抗拉强度和延伸率较好。此外，还可选用聚氯乙烯、高压聚乙烯、低压聚乙烯和聚丙烯等挤压成型作为预应力筋的外包层。

(4)锚具

无黏结预应力构件中，锚具是把预应力束的张拉力传递给混凝土的工具，外荷载引起的预应力束内力的变化全部由锚具承担。因此，无黏结预应力束的锚具不仅受力比有黏结预应力筋的锚具大，而且承受的是重复荷载。因而无黏结预应力束的锚具应有更高要求。

我国主要采用高强钢丝和钢绞线作为无黏结预应力束。高强钢丝预应力束主要用镦头锚具，钢绞线预应力束则可采用 XM 型锚具。

2)无黏结预应力束的制作

无黏结预应力束的制作一般有缠纸工艺和挤压涂层工艺两种。

(1)缠纸工艺

缠纸工艺是在缠纸机上连续作业，完成编束、涂油、镦头、缠塑料布和切断等工序。

(2)挤压涂层工艺

挤压涂层工艺主要是钢丝通过涂油装置涂油，涂油钢丝束通过塑料挤压机涂刷塑料薄膜，再经冷却筒槽成型塑料套管。这种无黏结钢丝束挤压涂层工艺与电线、电缆包裹塑料套管的工艺相似，并具有效率高、质量好、设备性能稳定的特点。

· 5.3.2 无黏结预应力施工工艺 ·

无黏结预应力构件施工中的主要问题是无黏结预应力束的铺设、张拉和端部锚头处理。

1)无黏结预应力束的铺设

无黏结预应力束在铺设前应检查其外包层的完好程度。对轻微破损者，可用塑料带补包好；对破损严重的，应予以报废。

无黏结预应力束在平板结构中多为双向曲线配置，因此其铺设顺序很重要。一般是根据双向钢丝束交点的标高差，绘制钢丝束的铺设顺序图，波峰低的底层钢丝束先行铺设，然后依次铺设波峰高的上层钢丝束，这样可以避免钢丝束之间的相互穿插。钢丝束铺设波峰的形成是用钢筋制成的“马凳”来架设，马凳间距不宜大于 2 m。一般施工顺序是依次放置钢筋马凳，然后按顺序铺设钢丝束，钢丝束就位后，调整波峰高度及其水平位置，经检查无误后，用铁丝将无黏结预应力束与非预应力钢筋绑扎牢固，防止钢丝束在浇筑混凝土施工过程中位移。

2)无黏结预应力束的张拉

无黏结预应力束的张拉与普通后张法带有螺丝端杆锚具的有黏结预应力钢丝束的张拉方

法相似。

无黏结预应力束一般为曲线配筋,故应采用两端同时张拉。张拉程序一般采用 0→103% σ_{con}。预应力束的张拉伸长值应符合设计要求。张拉顺序应根据其铺设顺序,先铺设的先张拉,后铺设的后张拉。

无黏结预应力束一般长度长,有时又呈曲线形布置,如何减少其摩阻损失值是一个重要问题。影响摩阻损失值的主要因素是润滑介质、包裹物和预应力束截面形式。摩阻损失值可用标准测力计或传感器等测力装置进行测定。施工时,为降低摩阻损失值,宜采用多次重复张拉工艺。

3)锚头端部处理

无黏结预应力束由于一般采用镦头锚具,锚头部位的外径比较大,因此,钢丝束两端应在构件上预留有一定长度的孔道,其直径略大于锚具的外径。无黏结预应力束张拉锚固后,其端部便留下孔道,并且该部分预应力筋没有涂层,为此应对端部加以防腐处理,保护预应力筋。

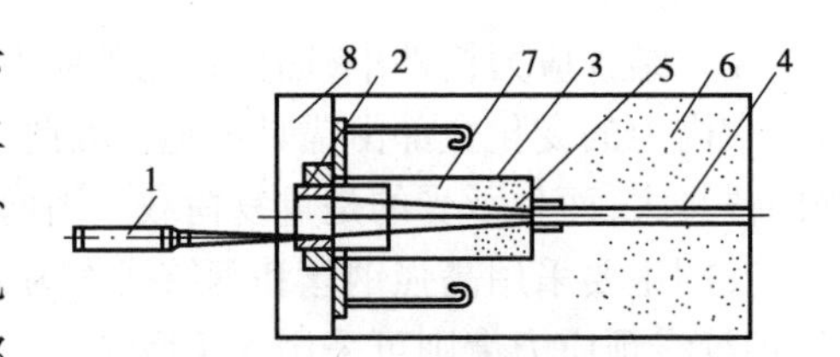

图 5.31　锚头端部处理方法

1—油枪;2—锚具;3—端部孔道;
4—有涂层的无黏结预应力筋;
5—无涂层的端部钢丝;6—构件;
7—注入孔道的油脂;8—混凝土封闭

无黏结预应力束锚头端部处理,目前常采用两种方法:一种是在孔道中注入油脂并加以封闭,如图 5.31 所示;另一种是在两端留设的孔道内注入环氧树脂水泥砂浆,其抗压强度不低于 35 MPa。灌浆时将锚头封闭,防止预应力筋锈蚀,也起一定的锚固作用。

预留孔道中注入油脂或环氧树脂水泥砂浆后,用 C30 级的细石混凝土封闭锚头部位。

5.4　电热法施工

电热法是利用钢筋热胀冷缩原理来张拉预应力筋的一种施工方法。对预应力钢筋通以低电压的强电流,使钢筋发热伸长,待其伸长至预定长度后,随即进行锚固并切断电源,断电后钢筋降温而冷却回缩,使混凝土产生预压应力。

电热法适用于冷拉 HRB400、RRB400 级钢筋或钢丝配筋的先张法、后张法和模外张拉构件。其特点是操作简便、劳动强度低、设备简单、效率高,可避免摩擦损失,张拉曲线形钢筋或高空进行张拉更有其优越性。

电热设备的选择:电热变压器功率、导线截面和夹具形式。

导线的选择:电源到变压器的一次导线,采用普通绝缘硬铜线;变压器与预应力钢筋连接的二次导线,采用绝缘软铜丝绞线。

夹具的选择:一般采用螺丝端杆、墩头锚具和帮条锚具,并配合 U 形钢板。

电热法的施工工艺流程如图 5.32 所示。

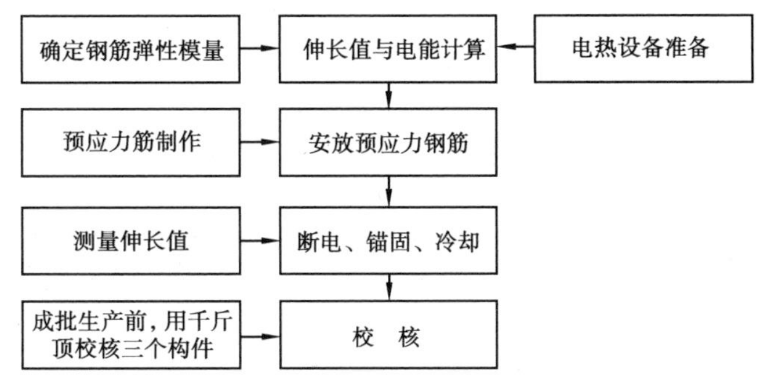

图5.32　电热张拉法施工工艺流程

本章小结

本章主要介绍了先张法、后张法、无黏结预应力混凝土、电热法等的施工工艺。通过学习，应达到以下要求：

(1)熟悉预应力混凝土的先张法和后张法的施工原理与施工工艺；

(2)掌握夹具、锚具和张拉机械性能、选用方法；

(3)了解无黏结预应力技术的施工工艺；

(4)了解电热法预应力技术的施工工艺。

思考题与习题

5.1　试分析预应力钢筋混凝土的特点。

5.2　阐述先张法与后张法的概念，并分析其异同点。

5.3　说明先张法中夹具的种类及其要求。

5.4　试述先张法中预应力筋的张拉程序，并分析其原因。

5.5　预应力筋超张拉有何具体要求？

5.6　预应力筋的放张条件是什么？对预应力筋的放张有何要求？

5.7　后张法施工中的锚具和张拉设备如何选用？有何要求？

5.8　后张法施工中孔道留设的方法有哪些？

5.9　后张法的张拉方法和张拉顺序如何确定？

5.10　后张法中，孔道灌浆有何作用？如何进行孔道灌浆？

5.11　分析预应力筋张拉与钢筋冷拉有何不同？

5.12　分析有黏结预应力与无黏结预应力施工有何区别？

6 结构安装工程施工工艺

6.1 索具与起重机械

· 6.1.1 索具设备 ·

1)钢丝绳

钢丝绳是吊装作业中最常用的绳索,它具有强度高、韧性好、耐磨性好、能承受冲击荷载等优点。同时,磨损后表面产生毛刺,容易发现,易于检查,便于防止发生事故。

(1)钢丝绳的类型

结构吊装中常用的钢丝绳是由直径相同的光面钢丝捻成钢丝股,再由 6 股钢丝股围绕一股绳芯捻成。

钢丝绳的种类,按钢丝和钢丝股的搓捻方向分为:

①顺捻绳(又称同向绕):每股钢丝的搓捻方向与钢丝股的搓捻方向相同。这种钢丝绳柔性好,表面平整,不易磨损;它与滑轮或卷筒凹槽的接触面较大,但容易松散和产生扭结卷曲,吊重时易使重物旋转,故吊装中一般不用,多用于拖拉或牵引装置。

②反捻绳(又称交叉绕):每股钢丝的搓捻方向与钢丝股的搓捻方向相反。这种钢丝绳较硬,强度高,不易松散,吊重时不易扭结和旋转,多用于吊装之中。

钢丝绳按每股中钢丝丝数不同分为:

6×19+1——即 6 股钢丝,每股 19 根钢丝加一股麻芯。这种钢丝绳中钢丝较粗、硬而且耐磨,但不易弯曲,一般用作缆风绳。

6×37+1——即 6 股钢丝,每股 37 根钢丝加一股麻芯。这种钢丝绳比较柔软,用于穿滑轮组和作吊索。

6×61+1——即 6 股钢丝,每股 61 根钢丝加一般麻芯。这种钢丝绳质地软,用于重型起重机械。

(2)钢丝绳报废标准

钢丝绳使用一定时间后,就会产生不同程度的磨损、断丝和腐蚀等现象,这将降低其承载能力。经检查有下列情况之一者,应予以报废:钢丝绳整股破断;使用时断丝数目增加很快;钢丝绳在一个节距内断丝、锈蚀或磨损的数量超过一定数值等。

2)吊装工具

吊装工具是结构安装工程中不可缺少的绑扎、固定、吊升的工具。吊装工具包括卡环、吊索、横吊梁、滑轮组、倒链、卷扬机等。

(1)卡环

卡环(又称卸甲或卸扣)用于吊索之间或吊索和构件吊环之间的连接,由弯环和销子两部分组成,如图6.1所示。

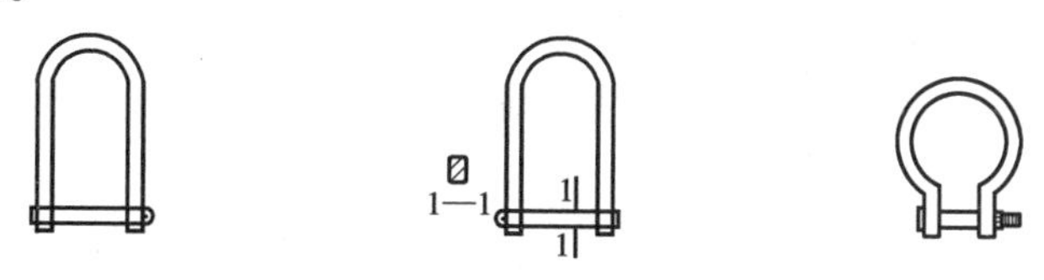

(a)螺栓式卡环(D形) (b)椭圆销活络卡环(D形) (c)弓形卡环

图6.1 卡环

卡环按弯环形式分为D形卡环和弓形卡环两种;按销子和弯环的连接形式分为螺栓式卡环和活络式卡环两种。螺栓式卡环的销子和弯钩采用螺纹连接;活络卡环的销子端头和弯环孔眼无螺纹,可直接抽出,销子的截面有圆形和椭圆形。

(2)吊索

吊索也称为千斤绳、绳套。根据形式不同分为环状吊索(又称万能吊索或闭式吊索)和开式吊索,又可分为8股吊索和轻便吊索,如图6.2所示。

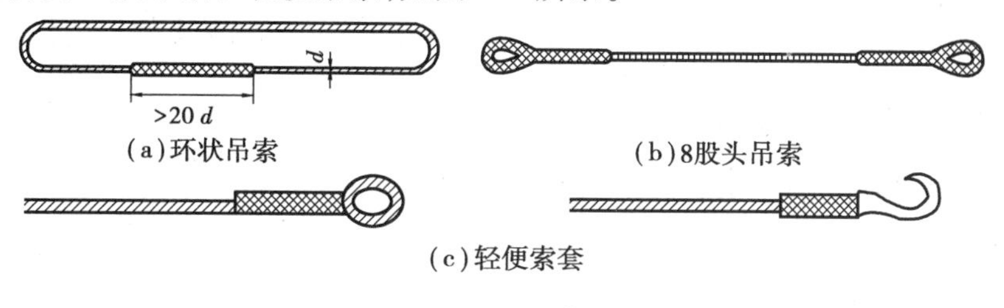

(a)环状吊索 (b)8股头吊索

(c)轻便索套

图6.2 吊索

(3)横吊梁(铁扁担、平衡梁)

为了减小吊索对构件的轴向压力和起吊高度,可采用横吊梁。常用的横吊梁有滑轮横吊梁、钢板横吊梁(图6.3)、钢管横吊梁(图6.4)等。

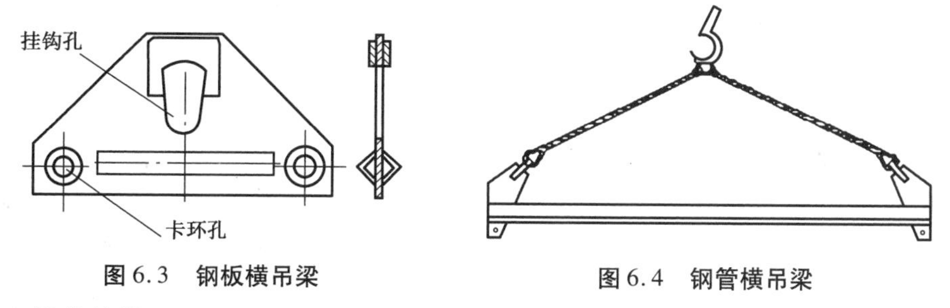

图6.3 钢板横吊梁

图6.4 钢管横吊梁

(4)其他辅件

其他辅件主要有钢丝绳夹和钢丝绳卡扣。它主要是用来固定或连接钢丝绳端。钢丝绳夹应按如图6.5(a)所示把夹座扣在钢丝绳的工作段上,U形螺栓扣在钢丝绳的尾段上。钢丝绳夹不得在钢丝绳上交替布置。

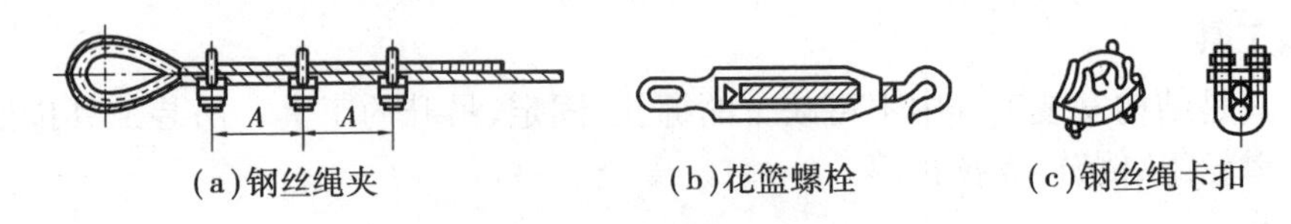

图6.5　钢丝绳连接辅件

(5)滑轮、滑轮组

滑轮又名葫芦,既省力,又可以改变用力的方向。滑轮按其滑轮的多少可分为单门、双门和多门等,按使用方式不同可分为定滑轮和动滑轮两种。定滑轮可改变力的方向,但不能省力;动滑轮可以省力,但不能改变力的方向。滑轮的允许荷载根据滑轮轴的直径确定,使用时不能超载。

滑轮组是由一定数量的定滑轮和动滑轮及绕过的绳索组成的,它既可以改变力的方向,又可以达到省力的目的。

· 6.1.2　起重机械 ·

结构吊装工程常用的起重机械有桅杆式起重机、自行式起重机和塔式起重机。

1)桅杆式起重机

桅杆式起重机又称为拔杆,其特点是制作简便,装拆方便,不受场地限制,起重量及起升高度都较大。桅杆一般用木材或钢材制作,但桅杆式起重机需设有多根缆风绳固定,移动较困难,灵活性差,因此一般多用于安装工程量集中、构件重量大、场地狭小的吊装作业。

(1)独脚拔杆

独脚拔杆是由拔杆、起重滑轮组、卷扬机、缆风绳和锚碇组成,如图6.6所示。起重时,拔杆应保持一定的倾角(倾角β不宜大于10°),以免吊装构件时碰撞到拔杆。拔杆的稳定主要依靠缆风绳,其数量一般为6~12根,依据构件的重量、起升高度及缆风绳所用的钢丝绳强度而定,但至少不能少于4根,缆风绳与地面的夹角一般取30°~50°为宜,角度过大则对拔杆产生较大的压力。

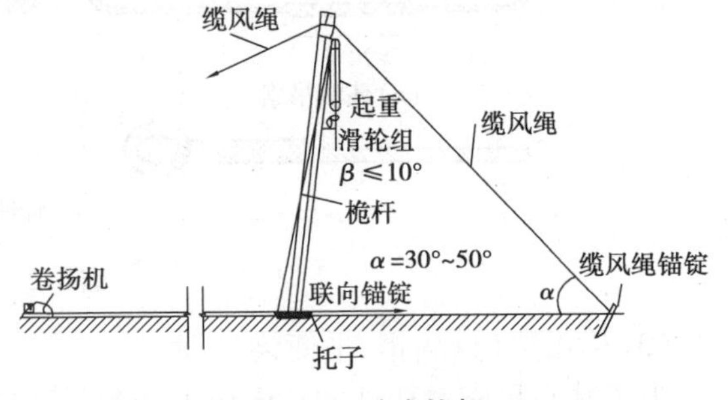

图6.6　独脚拔杆

(2)人字拔杆

人字拔杆一般是由两根圆木或两根钢管用钢丝绳绑扎或铁件铰接而成。人字拔杆上部两杆的绑扎点离杆顶至少600 mm,并用8号钢丝捆扎,起重滑轮组和缆风绳均应固定在交叉点处,两杆夹角一般为30°,如图6.7所示。人字拔杆的优点是起重量大,侧向稳定性较好,缆风绳较少;缺点是构件起吊后活动范围小,故一般用于安装重型柱或其他重型构件。

(3)悬臂拔杆

悬臂拔杆是在独脚拔杆的中部或距底部2/3高处安装一根起重杆而成,如图6.8所示。悬臂起重杆可以回转和起伏,可以固定在某一部位,也可以根据需要上下升降。它的特点是起重高度和工作幅度都较大,起重臂左右摆动角度也很大,使用方便;缺点是悬臂拔杆起重量较小,多用于轻型构件的吊装。

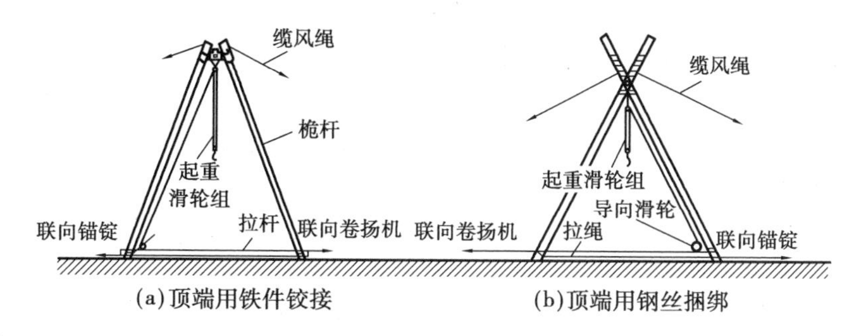

图6.7　人字拔杆

(4)牵缆式桅杆起重机

牵缆式桅杆起重机是在独脚拔杆根部装上一根可以360°回转和起伏的起重臂而成,如图6.9所示。这种起重机具有较大的起重半径,能把构件吊到有效起重半径内的任何位置。牵缆式桅杆起重机需要设较多的缆风绳,以加强自身的稳定,比较适用于构件多且集中的建筑物或构筑物的结构安装。

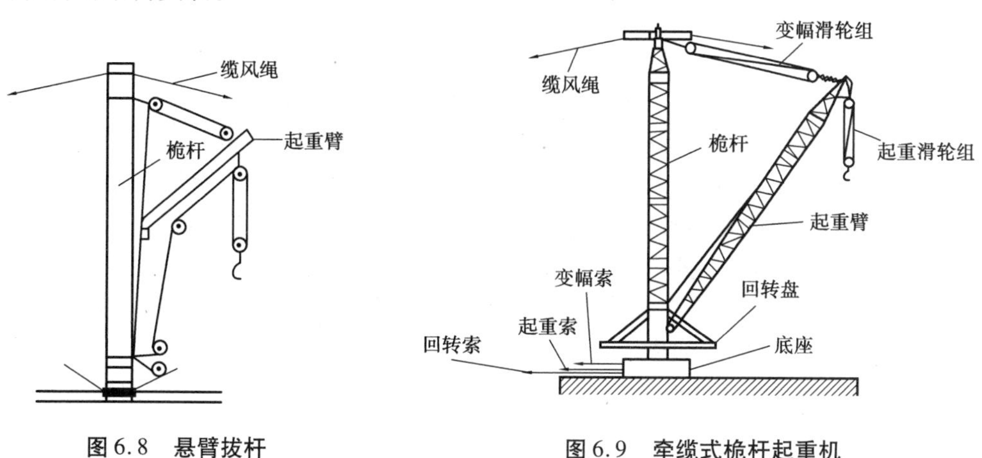

图6.8　悬臂拔杆

图6.9　牵缆式桅杆起重机

2)自行式起重机

在结构安装工程中主要采用的自行式起重机有履带式起重机、汽车式起重机和轮胎式起重机等。

(1)履带式起重机

履带式起重机是在行走的履带底盘上装有起重装置,它由动力装置、传动机构、回转机构、行走机构、操作系统以及工作机构(起重杆、起重滑轮组、卷扬机)等组成,如图6.10所示。履带式起重机稳定性差,行驶速度慢,且易损坏路面,转移时多用平板拖车装运。

履带式起重机的主要技术参数有3个:起重量(Q)、起重高度(H)、起重半径(R)。这3个参数之间存在着相互制约的关系,起重机的起重量(Q)与起重臂的长度(L)及其仰角(α)有关。每一种型号的起重机都有几种臂长(L)。当臂长一定时,随起重机仰角的增大,起重量增大,起重半径减少,起重高度增大;当起重臂仰角一定时,随着起重臂臂长的增加,起重量减少,起重半径增大,起重高度增大。其数值的变化取决于起重臂仰角的大小和起重臂长度。

使用履带式起重机进行超负载吊装或接长起重臂时,必须对起重机进行稳定性验算,以保证起重机在吊装中不致发生倾覆事故,确保安全生产。根据验算结果,采取增加配重等措施后才能进行吊装。

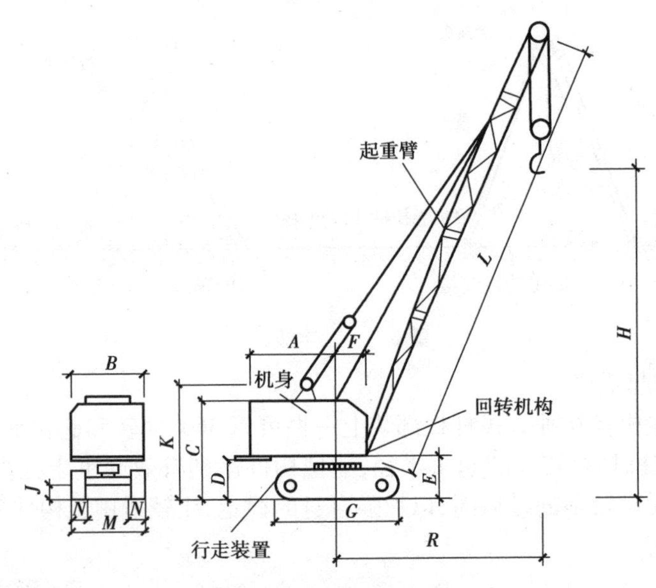

图 6.10 履带式起重机

(2)汽车式起重机

汽车式起重机是装在通用载重汽车底盘或是专用载重汽车底盘上的一种起重机,其行驶的驾驶室与起重的操纵室是分开的,也是自行式,车身回转 360°,构造与履带式起重机基本相同,如图 6.11 所示。它的特点是机动灵活,行驶速度快,能快速转移到新的施工现场并迅速投入工作,对路面破坏性小,对路面要求也不太高。它特别适合于中小型单层工业厂房结构吊装。

汽车式起重机吊装时稳定性差,因此起重机设有可伸缩的支腿,起重时支腿落地,以增加机身的稳定性,并起到保护轮胎的作用。这种起重机不能负重行驶。

汽车式起重机按起重量大小分为轻型、中型和重型 3 种。起重量在 20 t 以内的为轻型,20 ~50 t 为中型,50 t 及以上的为重型。按传动装置形式分为机械传动、电力传动、液压传动 3 种。

图 6.11 汽车式起重机

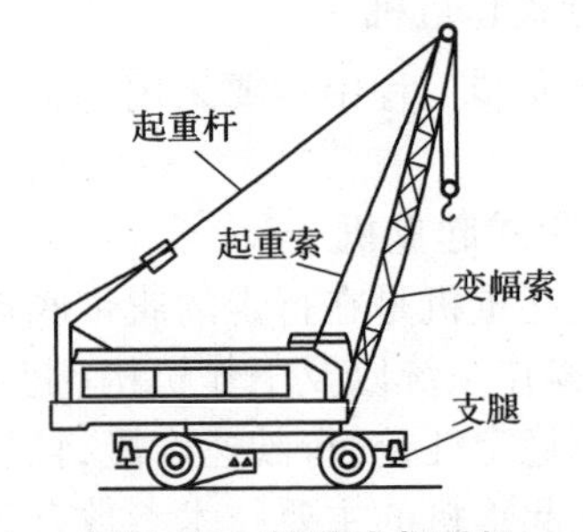

图 6.12 轮胎式起重机

(3)轮胎式起重机

轮胎式起重机是一种把起重机构安装在专用加重型轮胎和轮轴组成的特制底盘上的一种全回转式起重机。其构造与履带式起重机基本相同,但其横向尺寸较大,故横向稳定性好,并能在允许载荷下负荷行走。为了保证吊装作业时机身的稳定性,起重机设有 4 个可伸缩支腿,如图 6.12 所示。轮胎式起重机与汽车式起重机有许多相似之处,主要差别是行驶速度慢,因此不宜长距离行驶,适宜于作业地点相对固定而作业量较大的结构安装工程。

3)塔式起重机

塔式起重机简称塔吊,它的起重臂安装在塔身上部,具有较大的起重高度和工作幅度,工作速度快、生产效率高,广泛用于多层和高层的工业与民用建筑施工中。

塔式起重机按照性能可分为轨道式、爬升式和附着式3种。

(1)轨道式塔式起重机

轨道式塔式起重机(图6.13)是一种在轨道上行驶的自行式塔式起重机,其中,有的只能在直线轨道上行驶,有的可沿“L”形或“U”形轨道行驶。作业范围在2倍幅度的宽度和行走线长度的矩形内,并可负荷行驶。

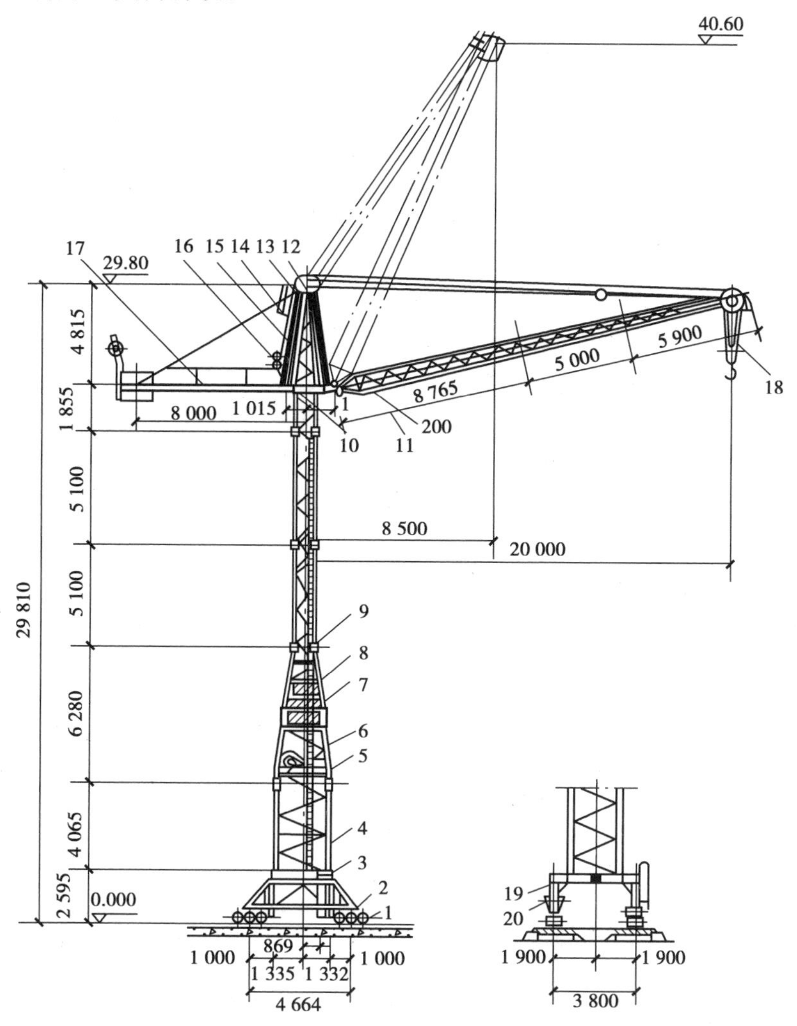

图6.13　QT_1-6型塔式起重机外形与构造示意图

1—被动台车;2—活动侧架;3—平台;4—第一节架;5—第二节架;6—卷扬机构;7—操纵配电系统;8—司机室;9—互换节架;10—回转机构;11—起重臂;12—中央集电环;13—超负荷保险装置;14—塔顶;15—塔帽;16—手摇变幅机构;17—平衡臂;18—吊钩;19—固定侧架;20—主动台车

(2)爬升式塔式起重机

爬升式塔式起重机是自升式塔式起重机的一种,它由底座、套架、塔身、塔顶、行车式起重臂、平衡臂等部分组成。它安装在高层装配式结构的框架梁或电梯间结构上，每安装 1 ~2 层楼的构件，便靠一套爬升设备使塔身沿建筑物向上爬升一次，如图 6.14 所示。

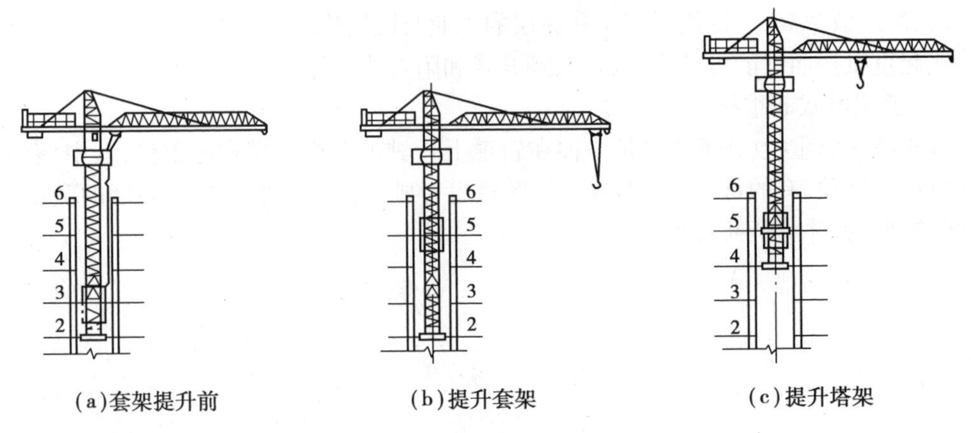

图 6.14　爬升式起重机及爬升过程示意图

(3)附着式塔式起重机

附着式塔式起重机是固定在建筑物近旁钢筋混凝土基础上的自升式塔式起重机，如图 6.15 所示。随建筑物的升高，利用液压自升系统逐步将塔顶顶升、塔身接高。为了保证塔身的稳定，每隔一定高度将塔身与建筑物用锚固装置水平连接起来，使起重机依附在建筑物上。锚固装置由套装在塔身上的锚固环、附着杆及固定在建筑结构上的锚固支座构成。第一道锚固装置设于塔身高度的 30 ~50 m 处，自第一道向上每隔 20 m 左右设置一道，一般设置 3 ~4 道。这种塔式起重机适用于高层建筑施工。附着式塔式起重机顶升接高过程如图 6.16 所示。

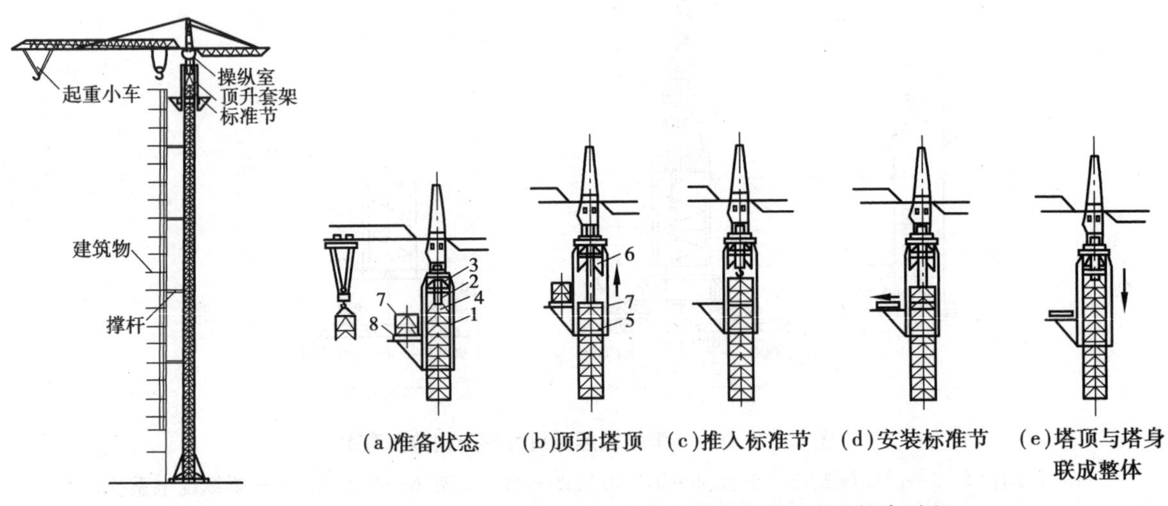

图 6.15　附着式塔式起重机

图 6.16　附着式塔式起重机顶升接高过程

1—顶升套架;2—液压千斤顶;3—支撑座;4—顶升横梁;

5—定位销;6—过渡节;7—标准节;8—摆渡小车

6.2 钢筋混凝土单层工业厂房结构吊装工艺

钢筋混凝土单层工业厂房除基础在施工现场就地浇筑外，其他构件均为预制构件。重量大、不便运输的构件在现场制作，而中小型构件在预制厂制作生产。在现场制作的构件主要有柱子、屋架、吊车梁等，而连系梁、屋面结构(屋面板、天窗架、天沟板)、基础梁等都集中在预制厂制作，运到施工现场安装。

· 6.2.1 准备工作 ·

钢筋混凝土单层工业厂房构件安装前的准备工作包括场地清理，道路修筑，基础的准备，构件的运输、排放、堆放和拼装加固、检查清理、弹线与编号，以及机具、吊具的准备等。

1)场地清理与修筑临时道路

起重机进场之前，根据现场施工平面布置图，在场地上标出起重机开行路线，清理开行道路上的杂物，修筑好临时道路，并进行平整压实。在回填土或软地基上，用碎石夯实或用枕木铺垫。对整个场地进行平整与清理，挖设排水沟，做好场地的排水准备，以利于雨期施工排水的需要。

2)基础准备

装配式钢筋混凝土柱基础一般做成杯形基础，在浇筑杯形基础时，应保证定位轴线及杯口尺寸准确。在柱吊装之前要对杯底标高进行抄平，然后用高等级水泥砂浆或C20细石混凝土找平到所需的标高上。

杯底抄平，即对杯底标高进行一次检查和调整，以保证柱子吊装后各柱顶面标高一致。

在基础杯口顶面弹出建筑物的纵、横定位轴线和柱的吊装准线，杯口顶面的轴线与柱的吊装准线相对应，作为柱的对位、校正依据。

3)构件运输与堆放

(1)构件运输

构件运输时不仅要提高运输的效率，而且要注意构件在运输过程中不致损坏、变形，并且要为吊装作业创造有利条件。

长度在6 m以内的柱子一般用汽车运输；较长的柱子用拖车运输。柱子在运输车上应侧放，并设2~3个支撑点，还应采取稳定措施防止倾倒。屋架一般跨度大，厚度小，重量不大，侧向刚度差，易发生平面外变形，因此应几榀屋架立起排放。钢筋混凝土折线形屋架一般均在现场制作。

(2)构件堆放

构件堆放在坚实平整的地面上，位置尽可能布置在起重机工作幅度范围以内。构件应按工程名称、构件型号、吊装顺序分别堆放，并考虑构件吊装的先后顺序和施工进度的要求，以免出现先吊的构件被压，影响施工进度和出现二次搬运。

预制构件运输到现场后，大型构件如柱子、屋架等应按施工组织设计构件平面布置图就位，小型构件如屋面板、连系梁等可在规定的适当位置堆放，垫木应在一条垂直线上，一般连系梁可叠放2~3层，屋面板叠放6~8层。场地狭小时，小构件也可考虑随运随吊的方法。

4)构件检查与清理

预制构件在生产和运输过程中,可能会出现外形尺寸方面的误差,以及出现构件损伤、变形、开裂等问题。因此,对构件必须进行检查与清理,以保证吊装质量。其检查内容包括:

(1)强度检查

吊装前必须检查构件混凝土强度是否达到吊装的强度要求。构件在吊装时,必须要求普通混凝土构件强度至少达到设计强度的70%,跨度较大的梁和屋架的混凝土强度达到设计强度的100%,预应力混凝土构件中的孔道灌浆的水泥浆强度也不能低于15 MPa。

(2)构件的外形尺寸,接头钢筋、预埋件的位置和尺寸,吊环的规格和位置

检查柱子的总长度、柱脚底面的平整度、截面尺寸、各部位预埋件的位置与尺寸、柱底到牛腿面的长度等。

检查屋架的总长度、侧向弯曲,以及屋面板、天窗架、支撑等构件的预埋铁件的数量与位置。

检查吊车梁总长度、高度、侧向弯曲、各预埋铁件的数量与位置等。

检查吊环的位置是否正确,吊环有无变形和损伤,吊环的孔洞能否穿过钢丝索和卡环。

(3)构件表面检查

主要检查构件表面有无损伤、缺陷、变形及裂纹。另外,还应检查预埋件上是否有被水泥浆覆盖的现象或有污物,如发现及时清除,以免影响构件拼装(焊接等)和拼装质量。

(4)与设计要求核对

检查装配式钢筋混凝土构件的型号、规格与数量是否符合设计要求。

5)构件的弹线与编号

构件的弹线:构件在吊装之前要在构件表面弹出吊装准线,此准线即为弹线,作为构件对位、校正的依据。

对于形状复杂的构件要标出它的重心及绑扎点的位置。构件的弹线一般在施工现场进行,弹线的构件主要包括柱子、屋架、吊车梁及屋面构件。

①柱子:应在柱身的3个面上弹吊装准线。对于矩形截面柱,可按几何中线弹吊装准线;对于工字形截面柱,为便于观测及避免视差,则应在靠柱边翼缘上弹一条与中心线平行的线,该线应与基础杯口面上的定位轴线相吻合。另外,在柱顶要弹出截面中心线,在牛腿面上要弹出吊车梁的吊装准线。

②屋架:在屋架上弦顶面应弹出几何中心线,并从跨度的中央向两端分别弹出天窗架、屋面板或檩条的吊装准线;在屋架的两个端头应弹出屋架纵横吊装准线。

③梁:在梁的两端及顶面应弹出几何中心线,作为梁的吊装准线。

6)其他机具的准备

结构吊装工程除需要大型起重机械外,还要准备好钢丝绳、吊具、吊索、起重滑轮组等;配备电焊机、电焊条;为配合高空作业,保证施工安全,便于人员上下及解开吊索,准备好轻便的竹梯或挂梯;为临时固定柱和调整构件的标高,准备好各种规格的木楔、铁楔或铁垫片。

· *6.2.2 柱子安装* ·

单层工业厂房的柱子类型很多,重量和长度不一。装配式钢筋混凝土柱的截面形式有矩形、工字形、管形、双肢形等,但吊装工艺相同。

柱子安装的施工过程包括绑扎→吊升→对位、临时固定→校正→最后固定等工序。

1)绑扎

柱子的绑扎方法应根据柱的形状、几何尺寸、重量、配筋部位、吊装方法,以及所采用的吊具和起重机性能等情况确定。绑扎应牢固可靠,易绑易拆,自重在13 t以下的中、小型柱,大多绑扎一点;重型或配筋少而细长的柱,则需绑扎两点,甚至三点。有牛腿的柱,一点绑扎的位置常选在牛腿以下,如柱上部较长,也可绑在牛腿以上。工字形截面柱的绑扎点应选在矩形截面处(实心处),否则应在绑扎的位置用方木加固翼缘。双肢柱的绑扎点应选在平腹杆处。绑扎柱子用的吊具有铁扁担、吊索(千斤绳)、卡环(卸甲)等。为使在高空中脱钩方便,尽量采用活络式卡环。为避免起吊时吊索磨损构件表面,在吊索与构件之间用麻袋或木板铺垫。

柱子在现场制作,一般是平卧(大面向上)浇筑,在支模、浇混凝土前,就要确定绑扎方法,在绑扎点埋吊环、留孔洞或底模悬空,以便绑扎钢丝绳。

柱子常用的绑扎方法有以下几种:

(1)斜吊绑扎法

当柱子的宽面抗弯强度能满足吊装要求时,可采用斜吊绑扎法。柱吊起后呈倾斜状态,由于吊索歪在柱的一边,起重钩可低于柱顶,这样起重臂可以短些。另外,柱子在现场是大面向上浇筑,直接把柱子在平卧状态下从底模上吊起,不需翻身,也不用横吊梁。但这种绑扎方法因柱身倾斜,就位时对正底线比较困难。斜吊绑扎法如图6.17所示。

(2)直吊绑扎法

当柱子的宽面抗弯强度不能满足吊装要求时,应采用直吊绑扎法,即吊装前先将柱子翻身,再经绑扎进行起吊。这种绑扎法是用吊索绑牢柱身,从柱子宽面两侧分别扎住卡环,再与横吊梁相连,柱吊直后,横吊梁必须超过柱顶,柱身呈直立状态,因此需要较长的起重臂。直吊绑扎法如图6.18所示。

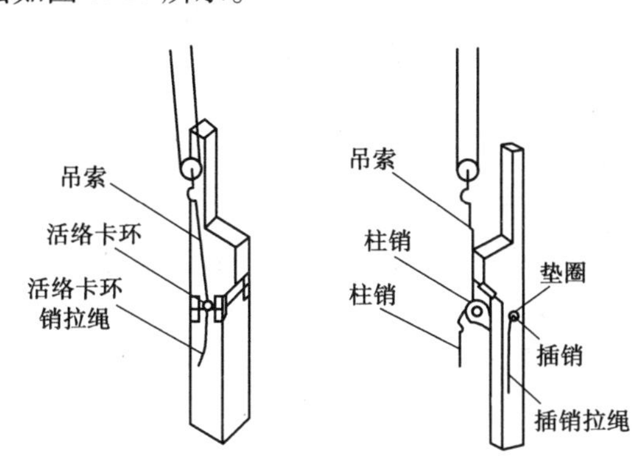

图6.17 斜吊绑扎法

图6.18 直吊绑扎法

(3)两点绑扎法

当柱身较长,一点绑扎抗弯强度不能满足时,可用两点绑扎起吊,如图6.19所示。当确定柱绑扎点的位置时,应使两根吊索的合力作用线高于柱子重心,即下绑扎点至柱重心的距离小于上绑扎点至柱重心的距离。这样柱子在起吊过程中,柱身可自行转为直立状态。

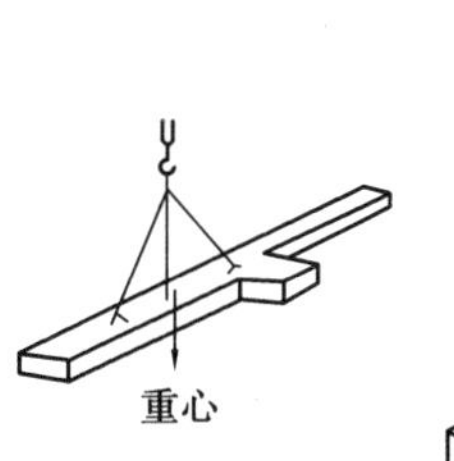

(a)斜吊绑扎法

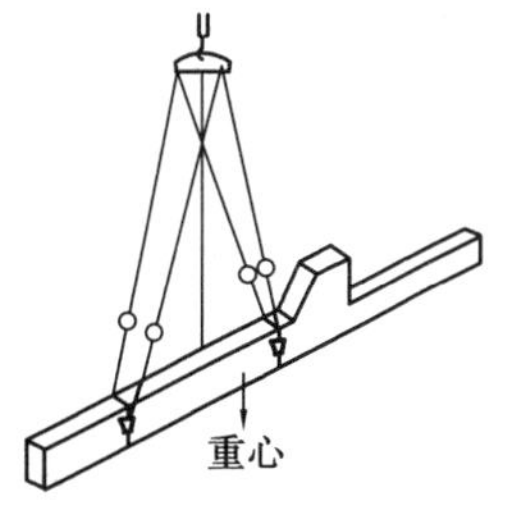

(b)直吊绑扎法

图6.19 两点绑扎法

2)吊升

柱子的吊升方法根据柱子的重量、长度、起重机的性能和现场施工条件而定。对于重型柱子,有时采用两台起重机起吊。用单机吊装时,可用旋转法和滑行法两种吊升方法。

(1)旋转法

起重机边升钩、边回转起重杆,直到将柱子转为直立状态,使柱子绕柱脚旋转吊起插入杯口中。为了在吊升过程中保持一定的工作幅度,起重杆不起伏。这样在预制或堆放柱子时,应使柱子的绑扎点、柱脚中心线、杯口中心线3点共弧,柱脚布置在杯口附近。旋转法如图6.20所示。

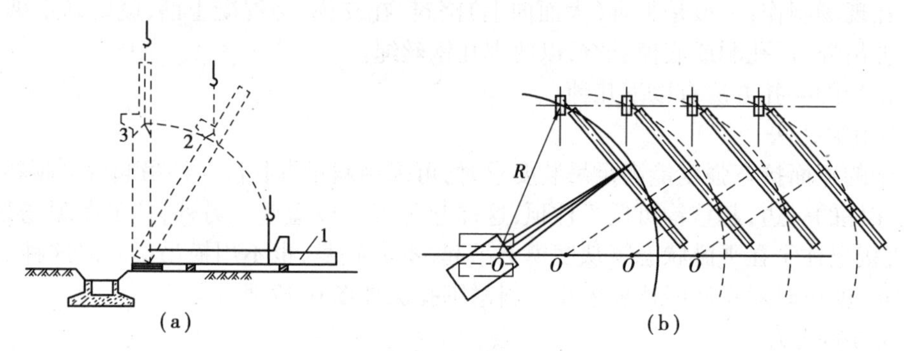

图6.20 旋转法

由于条件限制,不能布置成3点共弧时,也可采取绑扎点或柱脚与杯口中心两点共弧。这样布置在吊升过程中,要改变工作幅度,起重杆要起伏,工效较低,且不够安全。

用旋转法吊升时,柱在吊装过程中所受的震动较小、生产率较高,但对起重机的机动性要求较高,构件在现场布置要求也高,通常使用自行式起重机吊装柱时宜采用旋转法。

(2)滑行法

柱子在吊升时,起重机只升吊钩,起重杆不转动,使柱脚沿地面滑行逐渐成直立状态,然后起重杆转动使柱插入杯口中,如图6.21所示。这样柱子靠杯基成纵向布置,绑扎点布置在杯口附近,并与杯口中心位于起重机同一工作幅度的圆上,以便将柱子吊离地面后稍转动吊杆即可就位。用滑行法吊装时,柱在滑行过程中受到震动,对构件不利。因此,宜在柱脚处采取加滑撬等措施,以减少柱脚与地面的摩擦。滑行法适用于柱子较重、较长,现场狭窄,柱子无法按旋转法布置排放的情况。但滑行法对起重机械的机动性要求较低,只需要起重钩上升。通常使用桅杆式起重机吊装柱时宜采用滑行法。

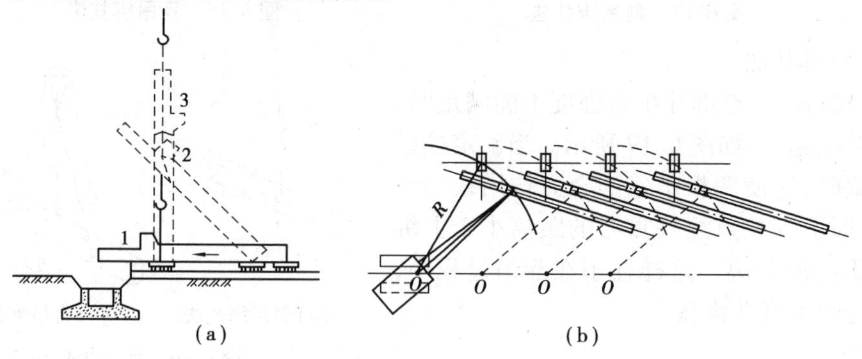

图6.21 滑行法

3)对位、临时固定

柱脚插入杯口后,并不立即落至杯底,而是停在离杯底 30 ~ 50 mm 处进行对位。对位的方法是用 8 块楔块从柱的四边放入杯口,并用撬棍撬动柱脚,使柱的吊装准线对准杯口顶面上的吊装准线,并使柱基本保持垂直。对位后,略打紧楔块,放松吊钩,柱沉至杯底。经复查吊装准线的对准情况,随即将四面的楔块打紧,将柱临时固定,起重机脱钩。当柱身与杯口间隙太大时,应选择较大规格的楔块,而不能用几个楔块叠合使用。

临时固定柱的楔块,可用硬木或铸铁制作,铸铁楔块可以重复使用,且易拔出。

当柱较高,基础的杯口深度与柱长之比小于 1/20,或柱具有较大的悬臂(或牛腿)时,仅靠柱脚处的楔块将不能保证柱临时固定的稳定,这时应采取增设缆风绳或加斜撑等措施来加强柱临时固定的稳定。

4)校正

如果柱的吊装就位不够准确,就会影响到与柱相连接的吊车梁、屋架等构件后续吊装的准确性。柱的校正包括垂直度、平面位置和标高等工作。其中,柱的标高校正是在杯形基础抄平时就已完成,而柱的垂直度、平面位置的校正是在柱对位时进行。

柱的垂直偏差的检查方法是用两台经纬仪从柱相邻的两边去检查柱吊装准线的垂直度。柱垂直度的校正方法是:当柱的垂直度偏差较小时,可用打紧或放松楔块的方法或用钢针来纠正;偏差较大时,可用螺旋千斤顶斜顶或平顶,钢管支撑斜顶等方法纠正,如图 6.22 和图 6.23 所示。

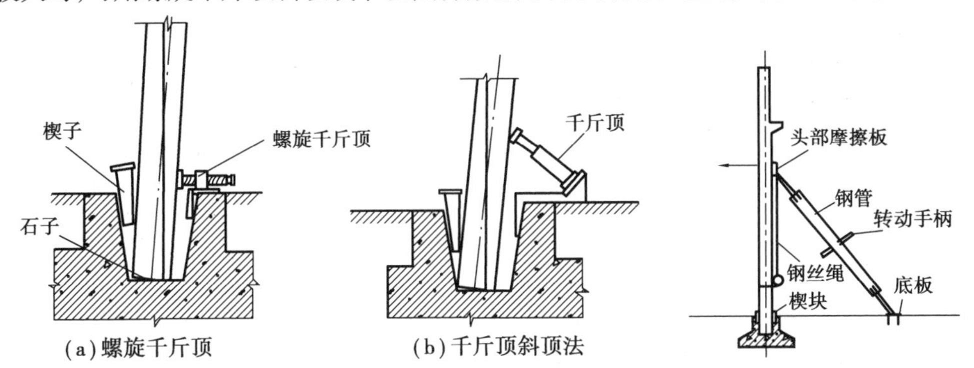

图 6.22 千斤顶校正法

图 6.23 撑杆校正法

5)最后固定

柱校正后应立即进行最后固定。最后固定的方法是在柱与杯口的空隙内的浇筑细石混凝土,所用细石混凝土的强度等级应比构件混凝土强度等级提高一级。浇筑前,应将杯口空隙内的杂质等清理干净,并用水湿润柱和杯口壁,然后再浇筑。浇筑工作一般分两次进行:第一次浇筑混凝土至楔块的底面,待混凝土强度达到设计强度的 25% 后拔出楔块;再进行一次柱的平面位置、垂直度的复查,无误后,进行二次浇筑混凝土至杯口的顶面。在捣实混凝土时,不要碰到楔块,以免影响柱子的垂直度或引起变位。

· 6.2.3 吊车梁吊装 ·

吊车梁的类型通常有 T 形、鱼腹式和组合式等几种。当跨度为 12 m 时,亦可采用横吊梁吊升,一般为单机起吊,特重的也可用双机抬吊。

吊车梁安装的施工过程包括绑扎→吊升→对位、临时固定→校正→最后固定等工序。

1)绑扎、吊升、对位、临时固定

吊车梁的吊装必须在基础杯口二次浇筑混凝土强度达到设计强度的70%以上才能进行。吊车梁起吊后应基本保持水平,因此吊车梁绑扎时,两根吊索要等长,其绑扎点对称设在梁的两端,吊钩应对准梁的重心,如图6.24所示。吊车梁两端绑扎溜绳以控制梁的转动,防止碰撞其他构件。

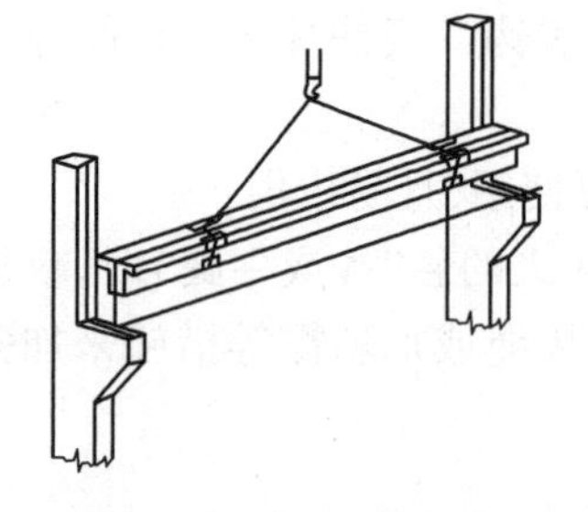

图6.24 吊车梁吊装

当吊车梁吊升超过牛腿标高300 mm左右时,即可停止升钩,然后缓缓下降进行就位。吊车梁就位时,应使吊车梁端部的中心线基本对准牛腿上安装吊车梁的安装准线。在对位过程中,纵轴方向上不宜用撬杠拨正吊车梁,因柱子在纵轴线方向上的刚度较差,撬动过度会使柱子发生弯曲而产生偏移。假若在横轴线上未对准,应将吊车梁吊起,再重新对位。

吊车梁本身的稳定性好,对位后一般不需要采取临时固定措施,仅用垫铁垫平即可,起重机即可松钩移走。当梁高与梁宽之比超过4时,用铁丝将梁捆在柱上,以防倾倒。

2)校正

吊车梁的校正工作主要包括校正平面位置、垂直度和标高等内容。标高的校正已经在杯形基础的杯底抄平时完成,如果有微小偏差,可在铺轨时用铁屑砂浆在吊车梁顶面找平即可。

吊车梁的校正工作要在一个车间或伸缩缝区段内全部结构安装完毕并固定后进行。

吊车梁垂直度的校正与平面位置的校正应同时进行。吊车梁的垂直度一般用靠尺、线坠检查。T形吊车梁测其两端垂直度,鱼腹式吊车梁测其跨中两侧垂直度。吊车梁平面位置的校正主要是检查各吊车梁是否在同一纵轴线上,以及两列吊车梁的纵轴线之间的跨距。跨距为6 m且5 t以内的吊车梁,可用拉钢丝法或仪器放线法校正;跨距为12 m的重型吊车梁通常采用边吊边校正的方法。

(1)拉钢丝法(通线法)

根据柱的定位轴线,在车间的两端地面定出吊车梁定位轴线位置,打下木桩,并设置经纬仪;用经纬仪先将两端的4根吊车梁位置校正准确,用钢尺检查两列吊车梁之间的跨距;然后在4根已校正好的吊车梁端部设置支架,高约200 mm。根据吊车梁的轴线拉钢丝线,如发现吊车梁纵轴线与钢丝线不一致,则根据钢丝线逐根拨正吊车梁的吊装中心线。拨正吊车梁可用撬杠或其他工具。拉钢丝校正法如图6.25所示。

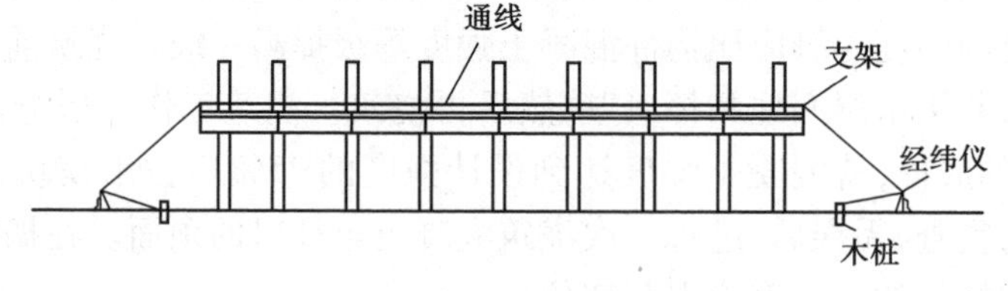

图6.25 拉钢丝校正法

(2)仪器放线法

用经纬仪在各个柱侧面放一条与吊车梁中线距离相等的校正基准线。校正基准线至吊车梁中线距离由放线者自行决定。校正时,凡是吊车梁中线与其柱侧基线的距离不等者,用撬杠拨正即可。

3)最后固定

吊车梁的最后固定是在吊车梁校正完毕后,用连接钢板与柱侧面、吊车梁顶面的预埋铁件相焊接,并在接头处支模,浇筑细石混凝土。

· 6.2.4 屋架安装 ·

钢筋混凝土屋架有预应力折线形屋架、三角形屋架、多腹杆折线形屋架以及组合屋架等。中小型单层工业厂房屋架的跨度一般为 12 ~24 m,质量为 3 ~10 t。屋架的制作一般在施工现场采取平卧叠浇,以 3 ~4 榀为一叠。

屋架安装的特点是安装高度较高,屋架的跨度较大,但厚度较薄,吊升过程中容易产生平面外变形,甚至产生裂缝。因此,需要进行有关的吊装验算,采取必要的加固措施后方可进行。

屋架安装的施工过程包括绑扎→翻身扶直、就位→吊升→对位、临时固定→校正→最后固定等工序。

1)绑扎

屋架的绑扎点应根据跨度和不同类型进行选择,绑扎点应在节点上或靠近节点处,对称于屋架的重心,吊点数目应满足设计要求,以免吊装过程中构件产生裂缝。翻身扶直时,吊索与水平线的夹角不宜小于 60°,吊升时不宜小于 45°,以免屋架产生过大的横向压力,必要时应采用横吊梁。屋架的绑扎方法(图 6.26)应根据屋架的跨度、安装高度和起重机的吊杆长度确定。当屋架的跨度 $L \leqslant 18$ m,采用两点绑扎起吊;当屋架的跨度 18 m$<L \leqslant 30$ m,采用 4 点绑扎起吊;当屋架的跨度 $L>30$ m,除采用 4 点绑扎外,应加横吊梁,以减少吊索高度。对于三角形组合屋架,由于整体性和侧向刚度较差,且下弦为圆钢或角钢,必须用铁扁担绑扎;对于钢屋架,侧向刚度很差,均应绑扎几道杉木杆,作为临时加固措施。

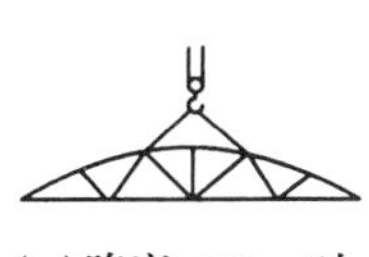
(a)跨度≤18 m时

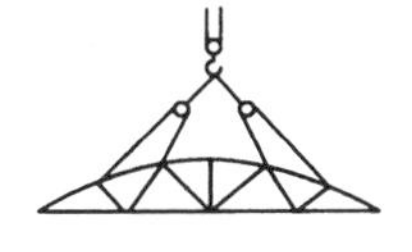
(b)18 m<跨度≤30 m

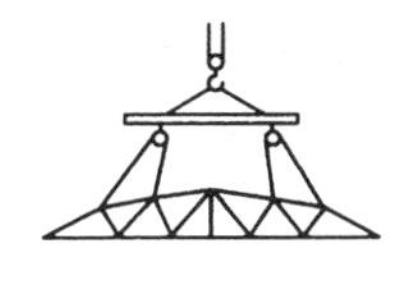
(c)跨度>30 m时

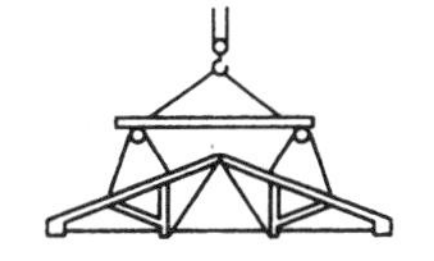
(d)三角形组合屋架

图 6.26 屋架的绑扎方法

2)翻身扶直、就位

由于屋架在现场制作时均为平卧叠浇布置在跨内。因此,在安装前先要翻身扶直,并将其吊运至预定的地点就位。屋架是一个平面受力构件,侧向刚度较差。扶直时由于自重的影响改变了杆件受力性质,特别是上弦杆极易扭曲造成屋架损伤。因此,扶直时应注意以下问题:扶直屋架时,起重机的吊钩应对准屋架中心,吊索左右对称,防止屋架摆动;数榀叠浇的跨度 18 m 以上的屋架,为防止屋架扶直过程中突然下滑造成损伤,应在屋架两端搭设枕木垛,其高度与下一榀屋架上平面齐平;屋架在一起叠浇时,叠浇的屋架之间有黏结应力存在,应用凿、撬棍、倒链消除黏结应力后再行扶直;凡屋架高度超过 1.7 m,应在表面加绑木、竹或钢管横杆,用以加强屋架的平面刚度;如扶直屋架时采用的绑扎点或绑扎方法与设计不同,应按实用的绑扎方法验算屋架的扶直应力。

扶直屋架时,由于起重机与屋架相对位置不同,可分为正向扶直与反向扶直。

(1)正向扶直

起重机位于屋架下弦一边,首先用吊钩对准屋架中心,收紧吊钩,然后略提升起重臂使屋架脱模,接着起重机升钩并升臂,使屋架以下弦为轴缓转为直立状态,如图6.27所示。

(2)反向扶直

起重机位于屋架上弦一边,首先用吊钩对准屋架中心,收紧吊钩,然后略提升起重臂使屋架脱模,接着起重机升钩并降臂,使屋架以下弦为轴缓转为直立状态,如图6.28所示。

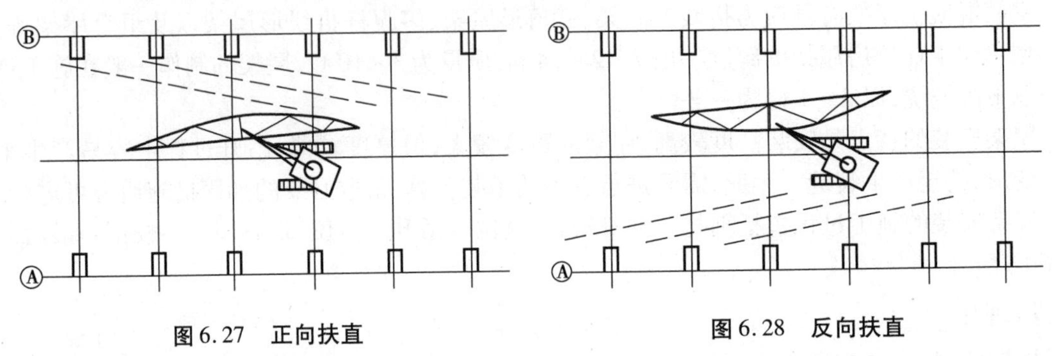

图6.27　正向扶直　　　　图6.28　反向扶直

正向扶直与反向扶直的最大区别就是在扶直过程中,一为升臂一为降臂,而升臂比降臂易于操作且较安全,因此应尽量采用正向扶直。

(3)就位

屋架扶直后应立即进行就位。就位位置与屋架原预制位置有关,根据屋架预制时的平面布置,一般有同侧就位和异侧就位两种形式。就位位置与屋架预制位置在同一侧时称为同侧就位,就位位置与屋架预制位置不在同一侧时称为异侧就位,如图6.29所示。

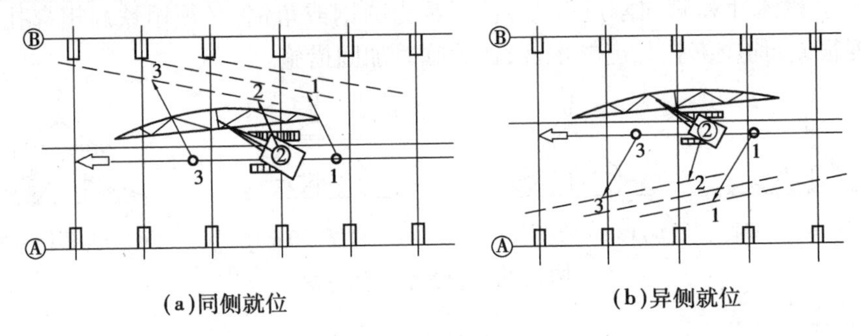

(a)同侧就位　　　　(b)异侧就位

图6.29　屋架的就位

3)吊升、对位与临时固定

屋架吊升是先将屋架垂直吊离地面约300 mm,然后将屋架转至吊装位置下方,再将屋架提升超过柱顶约300 mm,对准建筑物的定位轴线,将屋架缓降至柱顶进行对位。

屋架对位后,应立即进行临时固定。临时固定稳妥后,起重机才可摘钩离去。

第一榀屋架的临时固定必须十分可靠。因为这时它只是单片结构,并且每两榀屋架临时固定还要以第一榀屋架作为支撑。第一榀屋架临时固定方法通常是用4根缆风绳从两侧将屋架拉牢,也可将屋架与抗风柱相连接作为临时固定;第二榀屋架的临时固定是用屋架校正器撑牢在第一榀屋架上,以后各榀屋架的临时固定都是用屋架校正器撑牢在前一榀屋架上。每榀屋架至少用两根校正器,如图6.30所示。

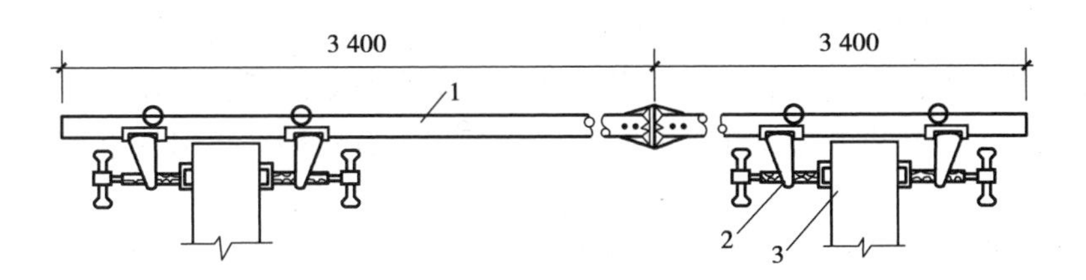

图 6.30 屋架校正器

1—钢管；2—撑脚；3—屋架上弦

4)校正、最后固定

屋架的偏差校正主要是竖向偏差用线坠和经纬仪检查,用屋架校正器纠正。屋架校至垂直后,立即用电焊固定。焊接时,先焊接屋架两端成对角线的两侧边,再焊另外两边,避免两端同侧施焊时因焊接变形引起屋架偏差。

· 6.2.5 屋面板安装 ·

钢筋混凝土单层工业厂房屋面结构所用的屋面板一般为预应力大型屋面板,可单独安装。屋面板均埋有吊环,用吊索钩住吊环即可起吊。为充分发挥起重机效率,一般采用一次多块起吊。屋面板的安装顺序,应自两边檐口左右对称地逐块铺向屋脊,避免屋架受荷不均。屋面板对位后,应用电焊固定,每块板至少焊 3 个点,最后一块只能焊两点。

本章小结

本章主要介绍了索具与起重机械、钢筋混凝土单层工艺厂房结构吊装工艺。通过学习,应达到以下要求:

(1)了解结构安装的设备种类、构造特点和适用范围;

(2)掌握钢筋混凝土单层工业厂房各种结构构件的吊装工艺。

思考题与习题

6.1 钢丝绳的类型有哪些?

6.2 桅杆式起重机的组成有哪些?

6.3 塔式起重机主要包括哪些类型?

6.4 单层工业厂房构件安装工艺中构件的检查与清理工作包括哪些内容?何谓构件的弹线?

6.5 基础的准备包括哪些内容?有什么要求?

6.6 柱子、屋架、吊车梁需要弹出哪些线?作用是什么?有什么要求?

6.7 柱子的安装施工工艺包括哪些内容?绑扎柱子的方法有几种?有什么要求?

6.8 柱子的吊升方法根据何种情况而定?有几种吊升方法?各自的特点是什么?

6.9　柱子的校正工作包括哪些内容？柱子的最后固定施工方法是什么？

6.10　吊车梁的吊装工艺是什么？在什么阶段完成吊车梁的校正工作？

6.11　屋架的安装特点及施工工艺是什么？屋架扶直有几种？正向扶直与反向扶直的不同点是什么？

6.12　屋架的绑扎方法有哪些？有何要求？

6.13　屋面板安装时对施工顺序有什么要求？

7 钢结构工程施工工艺

7.1 钢结构制作

· *7.1.1 放样* ·

放样是根据构件施工详图或零部件图样要求的形状和尺寸，按照1∶1的比例把构件或零部件的实形画在放样台或平板上，求取实长并制成样板的过程。对比较复杂的壳体零部件，还需要作图展开。放样的步骤如下：

①仔细阅读图纸，并对图纸进行核对。

②准备放样需要的工具，包括钢尺、石笔、粉线、划针、圆规、铁皮剪刀等。

③准备好做样板和样杆的材料，一般采用薄铁片和小扁钢，可先刷上防锈油漆。

④放样以1∶1的比例在样板台上弹出大样。当大样尺寸过大时，可分段弹出，放样应避免偏差累积。

⑤先以构件某一水平线和垂直线为基准，弹出十字线，然后据此逐一画出其他各个点和线，并标注尺寸。

⑥放样过程中，应及时与技术部门协调。放样结束，应对照图纸进行自查，最后应根据样板编号编写构件号料明细表。

· *7.1.2 号料* ·

号料就是根据样板在钢材上画出构件实样，并打上各种加工记号，为钢材的切割下料做准备。号料的步骤如下：

①根据料单检查清点样板和样杆，点清号料数量。号料应使用经过检查合格的样板与样杆，不得直接使用钢尺。

②准备号料的工具，包括石笔、样冲、圆规、划针、凿子等。

③检查号料的钢材规格和质量。

④不同规格、不同钢号的零件应分别号料，并依据先大后小的原则依次号料。对于需要拼接的同一构件，必须同时号料，以便拼接。

⑤号料时，同时画出检查线、中心线、弯曲线，并注明接头处的字母、焊缝代号。

⑥号孔应使用与孔径相等的圆规规孔，并打上样冲作出标记，便于钻孔后检查孔位是否正确。

⑦弯曲构件号料时，应标出检查线，用于检查构件在加工、装焊后的曲率是否正确。

⑧在号料过程中,应随时在样板、样杆上记录已号料的数量,号料完毕,则应在样板、样杆上注明并记下实际数量。

· 7.1.3 切割下料 ·

下料切割的目的就是将放样和号料的构件或零件形状从原材料上进行下料分离。钢材的切割可以通过切削、冲剪、摩擦机械力和热切割来实现。常用的切割方法有机械剪切、气割和等离子切割等。

· 7.1.4 弯卷成型 ·

(1)钢板卷曲

钢板卷曲是通过旋转辊轴对板料进行连续三点弯曲而形成的。当制件曲率半径较大时,可在常温状态下卷曲;如制作曲率半径较小或钢板较厚时,需对钢板加热后进行。钢板卷曲按其卷曲类型可分为单曲率卷制和双曲率卷制。单曲率卷制包括对圆柱面、圆锥面和任意柱面的卷制(图7.1),操作简便,较常用。双曲率卷制可实现球面、双曲面的卷制,制作工艺较复杂。钢板卷曲工艺包括预弯、对中和卷曲3个过程。

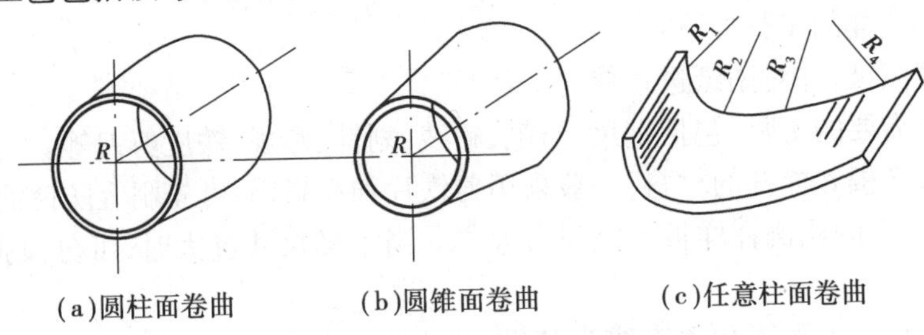

图7.1 单曲率制钢板的卷曲

(2)型材弯曲

型材弯曲包括型钢的弯曲和钢管的弯曲。

(3)边缘加工

在钢结构制造中,经过剪切或气割过的钢板边缘,其内部结构会发生硬化和变态。为了保证桥梁或重型吊车梁等重型构件的质量,需要对边缘进行加工,其刨切量不应小于2.0 mm。此外,为了保证焊缝质量,考虑到装配的准确性,要将钢板边缘刨成或铲成坡口,往往还要将边缘刨直或铲平。

一般需要做边缘加工的部位包括:吊车梁翼缘板、支座支撑面等具有工艺性要求的加工面,设计图纸中有技术要求的焊接坡口,尺寸精度要求严格的加劲板、隔板、腹板及有孔眼的节点板等。常用的边缘加工方法有铲边、刨边、铣边和电气刨边4种。

· 7.1.5 折边 ·

在钢结构制造过程中,常把构件的边缘压弯成倾角或一定形状的操作过程称为折边。折边广泛用于薄板构件,它有较长的弯曲线和很小的弯曲半径。薄板经折边后可以大大提高结构的强度和刚度。这种弯曲折边常利用折边机进行。

· 7.1.6 制孔 ·

钢结构制孔包括铆钉孔、普通螺栓连接孔、高强度螺栓孔、地脚螺栓孔等的制作，制孔通常有冲孔和钻孔两种。

(1)钻孔

钻孔是钢结构制造中普遍采用的方法，能用于几乎任何规格的钢板、型钢的孔加工。钻孔的原理是切削，故孔壁损伤较小，孔的精度较高。钻孔在钻床上进行，构件因受场地狭小限制、加工部位特殊、不便于使用钻床加工时，则可用电钻、风钻等加工。

(2)冲孔

冲孔是在冲孔机(冲床)上进行，一般只能在较薄的钢板和型钢上冲孔，且孔径一般不小于钢材的厚度，亦可用于不重要的节点板、垫板和角钢拉撑等小件加工。冲孔生产效率较高，但由于孔的周围产生冷作硬化，孔壁质量较差，有孔口下塌、孔的下方增大的倾向，因此，除孔的质量要求不高时或作为预制孔(非成品孔)外，在钢结构中较少直接采用。

当地脚螺栓孔与螺栓的间距较大时，即孔径大于 50 mm 时，还可以采用火焰割孔。上述加工过程中，每一道工序的公差都应满足现行国家标准《钢结构工程施工质量验收标准》(GB 50205—2020)规定的要求。

钢结构加工首先应以钢结构设计图为依据，绘制其施工详图。绘制前，需要对设计图中有关构造是否妥当，栓孔的排列、焊缝的布置是否合理，质量标准、设备及工艺水平能否达到要求，运送方法是否明确等问题进行审核。

· 7.1.7 矫正 ·

钢材使用前，由于材料内部的残余应力及存放、运输、吊运不当等原因，会引起钢材原材料变形；在加工成型过程中，由于操作和工艺原因会引起成型件变形；构件连接过程中会引起焊接变形等。为了保证钢结构的制作及安装质量，必须对不符合技术标准的材料、构件进行矫正。钢结构的矫正，就是通过外力或加热作用，使钢材较短部分的纤维伸长，或使较长的纤维缩短，以迫使钢材反变形，使材料或构件达到平直或一定几何形状的要求，并符合技术标准的工艺方法。矫正的形式主要有矫直、矫平、矫形 3 种。

7.2 钢结构连接

· 7.2.1 焊接连接 ·

焊接连接是钢结构的主要连接方法。优点是构造简单、加工方便、构件刚度大、连接的密封性好、节约钢材、生产效率高；缺点是焊件易产生焊接应力和焊接变形。建筑施工常用的焊接方法有电弧焊、电渣焊、接触焊和高频焊，以电弧焊最为常见。

焊接可分为对接、搭接和顶接 3 种类型，如图 7.2 所示。焊缝按其构造可分为对接焊缝与角焊缝两种基本形式。下面仅介绍电弧焊接施工。

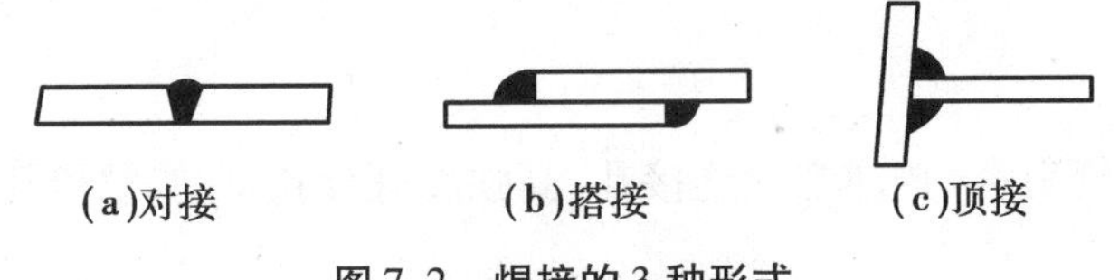

图 7.2　焊接的 3 种形式

1)焊接准备工作

①检查焊条、垫板和引弧板。焊条必须符合要求的规格,检查合格后应存放在仓库内。焊条的药皮如有剥落、变质、污垢、受潮、生锈等均不准使用。垫板和引弧板均用低碳钢板制作,间隙过大的焊缝宜使用紫铜板处理。垫板尺寸为:厚 6 ~ 8 mm、宽 50 mm,长度应与引弧板长度相适应。引弧板长 50 mm 左右,引弧长 30 mm。

②做好焊接工具、设备、电源准备。焊机型号正确且工作正常,必要的工具应配备齐全,放在设备平台上的设备排列应符合安全规定,电源线路要合理且安全可靠,要装配稳压电源,事先放好设备平台,确保能焊接到所有部位。

③焊条烘烤。使用焊条前应熟悉焊条的技术标准,了解焊条的使用说明书及焊条标签中的内容,以便合理、正确地使用各类焊条。为保证焊接质量,在焊接以前应将焊条进行烘烤。酸性焊条的烘烤温度为 75 ~ 150 ℃,时间为 1 ~ 2 h;碱性低氢型焊条的烘烤温度为 350 ~ 400 ℃,时间为 1 ~ 2 h。烘干的焊条应放在 100 ℃的保温筒(箱)内保存。焊接时从烘箱内取出焊条,放在具有 120 ℃保温功能的手提式保温桶内带到焊接部位,随用随取,超过 4 h 则焊条必须重新烘烤,当天用不完者亦应重新烘烤,严禁使用湿焊条。

④焊缝剖口检查。电焊前应对坡口组装的质量进行检查,若误差超过允许范围,则应返修后再焊接。同时,焊前需对坡口进行清理,去除对焊接有妨碍的水分、油污、锈迹等。

⑤气象条件对焊接质量有较大影响,原则上雨雪天气应停止焊接作业(除非采取相应措施),当风速超过 10 m/s 时不准焊接。若有防雨雪及挡风措施,确认可保证焊接质量时,方可进行焊接。在-10 ℃气温条件下,焊接应采取保温措施并延长降温时间。

2)焊接顺序

钢结构焊接顺序的正确与否,对焊接质量关系重大。一般情况下应从中心向四周扩展,采用结构对称、节点对称的焊接顺序,防止焊接残余变形。

柱与柱、柱与梁之间的焊接多为坡口焊,常用坡口的构造应满足有关规范的要求。当焊件的宽度不同或厚度相差 4 mm 以上时,应分别将较宽或较厚的焊件在宽度方向或厚度方向从一侧或两侧做成坡度不大于 1/4 的斜角,形成平缓过渡。当厚度不同时,焊缝坡口形式应根据较薄焊件厚度按要求取用。

· 7.2.2　螺栓连接 ·

螺栓连接分普通螺栓(A 级、B 级、C 级)和高强度螺栓连接两种。前者主要用于拆装式结构或在焊接、铆接施工时用作临时固定构件。优点是装拆方便,不需特殊设备,施工速度快。后者是近几年发展起来的具有强度高、承受动载安全可靠、安装简便迅速、成本较低、连接紧密不易松动、塑性韧性好、装拆方便、节省钢材、便于维护的一种连接方法,适用于永久性结构。

1)普通螺栓

普通螺栓是钢结构常用的紧固件之一,用作钢结构中构件间的连接、固定或将钢结构固定到基础上使之成为一个整体。常用的普通螺栓有六角螺栓、双头螺栓和地脚螺栓等。

普通螺栓在连接时应符合下列要求：

①永久螺栓的螺栓头和螺母的下面应放置平垫圈。垫置在螺母下面的垫圈不应多于2个，垫置在螺栓头部下面的垫圈不应多于1个。

②螺栓头和螺母应与结构构件的表面及垫圈密贴。

③对于槽钢和工字钢翼缘之类倾斜面的螺栓连接，则应放置斜垫片垫平，以使螺母和螺栓的头部支承面垂直于螺杆，避免螺栓紧固时螺杆受到弯曲力。

④永久螺栓和锚固螺栓的螺母应根据施工图纸中的设计规定，采用有防松装置的螺母或弹簧垫圈。

⑤对于动荷载或重要部位的螺栓连接，应在螺母的下面按设计要求放置弹簧垫圈。

⑥各种螺栓连接，从螺母一侧伸出螺栓的长度应保持不小于2个完整螺纹的长度。

⑦使用的螺栓等级和材质应符合施工图纸的要求。

连接螺栓的长度可按式(7.1)计算：

$$L = \delta + H + nh + c \tag{7.1}$$

式中 δ——连接板约束厚度，mm；

H——螺母的高度，mm；

h——垫圈的厚度，mm；

n——垫圈的个数，个；

c——螺杆的余长，5～10 mm。

考虑到螺栓受力应均匀，尽量减少连接件变形对紧固轴力的影响，保证各节点连接螺栓的质量，螺栓紧固必须从中心开始，对称施拧。其施拧时的紧固轴力应不超过相应的规定。永久螺栓拧紧质量检验采用锤敲或用力矩扳手检验，要求螺栓不颤动和偏移，拧紧的真实性用塞尺检查，对接表面高差（不平度）不应超过0.5 mm。

2）高强度螺栓

高强度螺栓连接是用强力将钢构件紧固，使钢构件之间产生摩擦力来传递剪力的方法。高强度螺栓采用高强度钢材（一般采用20 MnTiB钢）制作，螺栓的紧固使用电动扳手，将预定的力导入螺栓中，如图7.3所示。

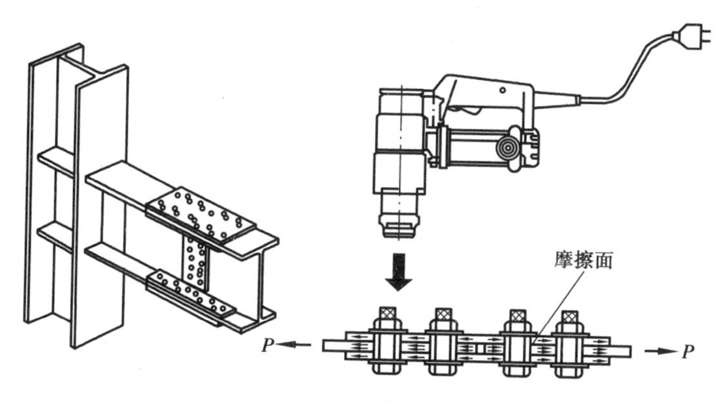

图7.3 高强度螺栓连接

目前我国有两种形式的高强度螺栓连接副：一种是大六角头高强度螺栓连接副，即由一个大六角头螺栓、一个螺母和两个垫圈组成；另一种是扭剪型高强度螺栓连接副，即由一个扭剪型高强度螺栓、一个螺母和两个垫圈组成,扭剪型是当导入螺栓的拉力达到预定值时,螺栓的一部分会被拧断。

7.3 钢结构安装

· 7.3.1 安装准备工作 ·

钢结构安装前的准备工作主要有编制施工方案,拟订技术措施,构件检查,安排施工设备、工具、材料,组织安装力量等。

1)编制钢结构安装方案

在制订钢结构安装方案时,主要应根据建筑物的平面形状、高度、单个构件的质量、施工现场条件等来确定安装方法、选用起重机械、划分流水段等。

钢框架结构的安装方法有分层安装法和分单元退层安装法两种,如图7.4所示。分层安装法是按结构层次,逐层安装柱梁等构件,直至整个结构安装完毕,这种方法高空作业量大,适用于固定式起重机的吊装作业。分单元退层安装法是将若干跨划分成一个单元,先将主要结构一直安装到顶层,后逐渐退层安装,这种方法上下交叉作业多,应注意施工安全,适用于移动式起重机的吊装作业。

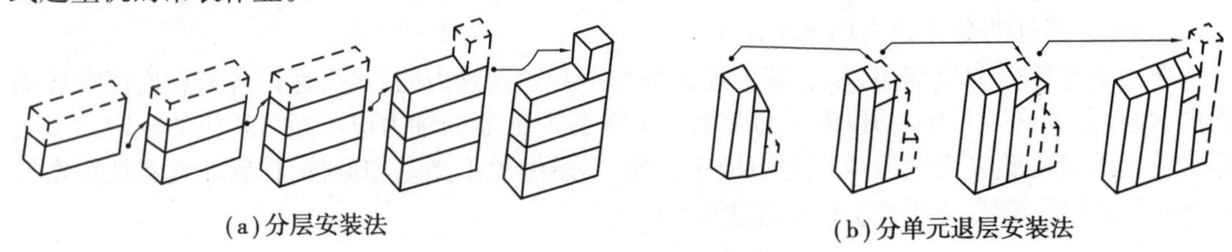

(a)分层安装法　　(b)分单元退层安装法

图7.4　钢框架安装方法示意图

高层钢结构安装的平面流水段划分应考虑钢结构在安装过程中的对称性和整体稳定性。其安装顺序一般应由中央向四周扩展,以利焊接误差的减少和消除。立面流水以一节钢柱(各节所含层数不一)为单元,每个单元以主梁或钢支撑、带状桁架安装成框架为原则,其次是次梁、楼板及非结构构件的安装。

高层钢结构安装皆用塔式起重机,要求塔式起重机具有足够的起重能力、起重幅度及起重高度,所用钢丝绳要满足起吊高度要求,其起吊速度应能满足安装要求。在多机作业时,臂杆要有足够的高差且塔机之间应保持足够的安全距离,以保证施工安全。

2)钢构件的预检

①钢构件在出厂前,制造厂已按有关规范、规定以及设计图的要求进行产品检验。结构安装单位在接收钢构件时,必须再进行复检或抽查。

②预检钢构件的计量工具和标准应事先统一。特别是钢卷尺,有关单位(业主、土建、安装、制造厂)应执统一标准的钢卷尺,制造厂按此尺制造钢构件,土建施工单位按此尺进行柱基定位施工,安装单位按此尺进行框架安装,业主按此尺进行结构验收。

③结构安装单位对钢构件预检的项目,主要是与施工安装质量和工效直接有关的项目,如

几何外形尺寸、螺孔大小和间距、预埋件位置、焊缝坡口、节点摩擦面、附件数量规格。构件的内在制作质量应以制造厂质量报告为准。预检数量一般是关键构件全部检查，其他构件抽查10%～20%。预检时均应记录预检数据。

④现场施工安装应根据预检数据，采取相应措施，以保证安装顺利进行。

3）柱基检查

第一节钢柱是依靠地脚螺栓直接固定在钢筋混凝土基础上的，钢结构安装前预检重点是定位轴线间距、柱基面标高和地脚螺栓位置。

①定位轴线。检查定位轴线从基础施工起就应引起重视，先要做好控制桩。待基础浇筑混凝土后再根据控制桩将定位轴线引测到柱基钢筋混凝土底板面上，然后检查定位轴线是否同原定位轴线重合、封闭，每条定位轴线总尺寸误差值是否超过控制数，纵横定位轴线是否垂直、平行。定位轴线预检在弹过线的基础上进行。

②间距检查。柱间距检查是在定位轴线认可的前提下进行的。采用标准尺实测柱距。柱距偏差值应严格控制在±3 mm范围内，绝对不能超过±5 mm，柱距偏差超过±5 mm则必须调整定位轴线。原因是定位轴线的交点是柱基中心点，是钢柱安装的基准点，钢柱间距以此为准，框架钢梁连接螺栓孔的孔洞直径一般比高强度螺栓直径大1.5～2.0 mm，如柱距过大或过小，将直接影响整个竖向框架梁的安装连接和钢柱的垂直。

③单独柱基中心线检查。检查单独柱基中心线同定位轴线之间的误差，调整柱基中心线使其同定位轴线重合，然后以柱基中心线为依据，检查地脚螺栓的预埋位置。

④地脚螺栓检查。检查柱基地脚螺栓的主要内容有：

a. 检查螺栓长度。螺栓螺纹长度应保证钢柱安装后螺母拧紧的需要。

b. 检查螺栓垂直度及螺纹是否破损。垂直度偏差应在允许偏差范围内。检查合格后的螺栓，应在螺纹部分涂上油，盖好帽盖加以保护。

c. 检查螺栓间距。实测独立柱地脚螺栓组间距的偏差值，绘制平面图并注明偏差数值和偏差方向。再检查地脚螺栓相对应的钢柱安装孔，根据螺栓的检查结果进行调整，如有问题，应事先扩孔，以保证钢柱的顺利安装。

d. 地脚螺栓预埋的质量标准：任何两只螺栓之间的距离允许偏差为1 mm，相邻两组地脚螺栓中心线之间距离的允许偏差值为3 mm。

⑤标高实测。在柱基中心表面和钢柱底面之间，考虑施工因素，设计时都考虑有一定的间隙作为钢柱安装时的柱高调整，此间隙我国规范规定为50 mm。基准标高点一般设置在柱基地板的适当位置，四周加以保护，作为整个钢结构工程施工阶段标高的依据。以基准标高点为依据，对钢柱柱基表面进行标高实测，将测得的标高偏差用平面图表示，作为标高调整的依据。

4）标高块设置及柱底灌浆

①柱基表面通常采取设置临时支撑标高块的方法来保证钢柱安装控制标高。标高块一般用钢垫板、无收缩砂浆制作。通常由于一般砂浆的强度低，只用于装配钢筋混凝土柱杯形基础找平，而钢垫板耗费钢材多且加工复杂，故无收缩砂浆是钢结构标高块的常用材料。

临时支撑标高块的埋设方法如图7.5所示。柱基边长<1 m时，设一块；1 m<柱基边长<2 m时，设“十”字形块；柱基边长>2 m时，设多块。标高块的形状有方形、长方形、圆形、

"十"字形等。标高块用无收缩砂浆时,其材料强度应≥30 N/mm²。为了保证表面平整,标高块表面可预埋钢板。

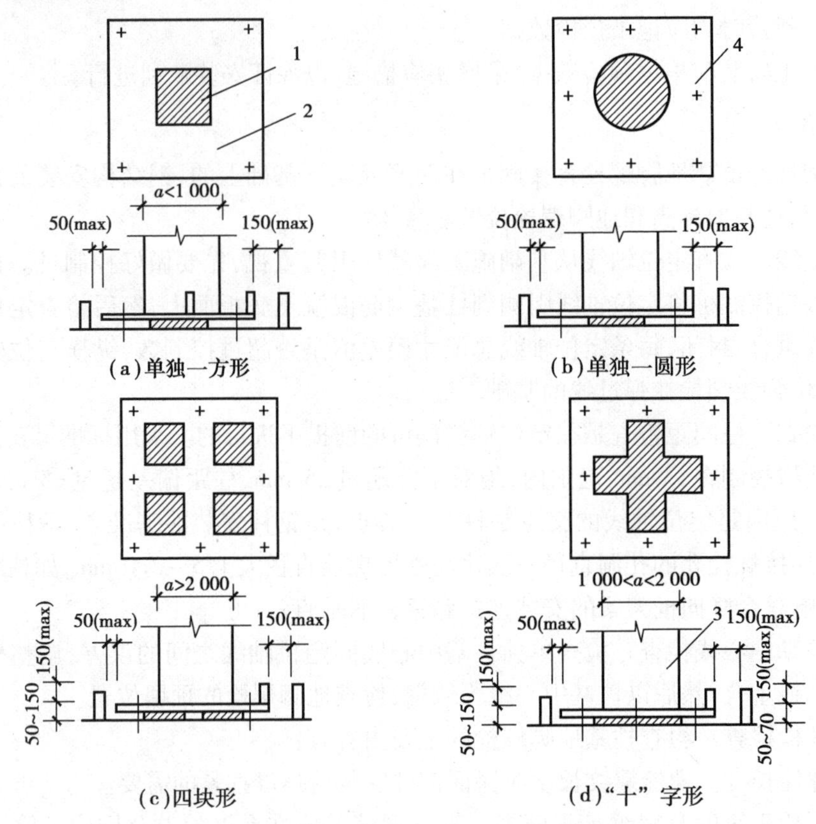

(a)单独一方形　(b)单独一圆形

(c)四块形　(d)"十" 字形

图 7.5　临时支撑标高块的埋设方法

②通常在第一节钢框架安装完成后即可开始紧固地脚螺栓并进行柱底灌浆。灌浆前必须对柱基进行清理,立模板,用水冲洗并除去水渍,螺孔处必须擦干,然后用自流砂浆连续浇筑,一次完成。流出的砂浆应清洗干净,并进行养护。砂浆必须做试块。

· 7.3.2　钢结构安装施工 ·

钢结构现场安装的流程:编制现场安装施工方案→施工基础和支撑面→钢构件运输和吊装机械到场→钢构件安装和校正→连接和固定→安装偏差检查和涂装。

1)安装和校正

钢结构安装时,先安装楼层的柱,随即安装主梁(或吊车梁),迅速形成空间单元,并逐渐扩大拼装单元。柱与柱、柱与梁的接头处用临时螺栓连接,安装使用的临时螺栓数量应根据安装过程所承受的荷载计算确定,并要求每个节点上临时螺栓不应少于安装孔总数的 1/3 及不少于 2 个。

钢结构的柱、梁、支撑等主要构件安装就位后,立即进行校正。校正时,应考虑风力、温差、日照等外界环境和焊接变形等因素的影响。一般柱子的垂直度要校正到±0。安装柱与柱之间的主梁时,要根据焊缝收缩量预留焊缝变形量。

2)连接和固定

钢结构的柱与柱、柱与梁、梁与梁的连接按设计要求,可采用高强度螺栓连接、焊接连接,以及焊接和高强度螺栓并用的连接方式。为避免焊接变形造成错孔,导致高强度螺栓无法安装,对焊接和高强度螺栓并用的连接,应先螺栓连接后焊接。

为使接头处连接板搭叠密贴,高强度螺栓的拧紧应从螺栓群中央顺序向外,逐个拧紧。为了减小先拧与后拧的预拉力的差别,高强度螺栓的拧紧必须分初拧和终拧两步进行。初拧的目的是使被连接板达到密贴,初拧的扭矩为终拧扭矩的50%。对于钢板较厚的大型节点,螺栓数量较多,在初拧后还需增加一道复拧工序,复拧的扭矩等于初拧扭矩,以保证螺栓均达到初拧值。扭剪型高强度螺栓的终拧是采用专用扳手拧掉螺栓尾部梅花头,大六角头高强度螺栓的终拧采用电动定扭矩扳手。

对于钢框架钢构件间接头的焊接,要充分考虑焊缝收缩变形的影响。从建筑平面上看,各接头的焊接可以从柱网中央向四周对称扩散进行,如图7.6(a)所示;也可由4个角区向柱网中央集中进行,如图7.6(b)所示;若建筑平面呈长条形,可分成若干单元分头进行,留下适量的调节跨,如图7.6(c)所示。

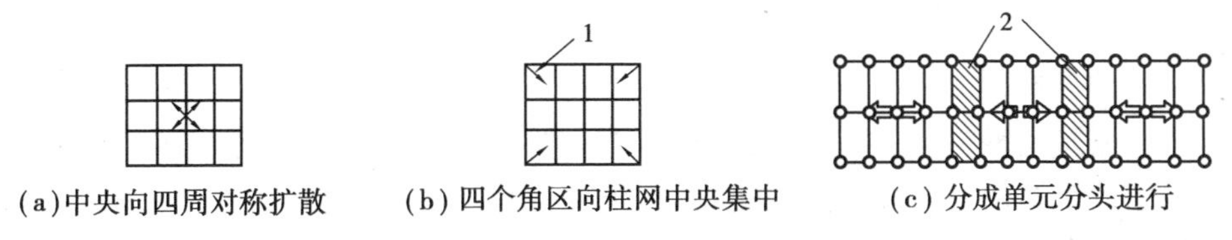

图7.6 柱网中焊接顺序与方向安排

1—焊接方向;2—调节焊接收缩量跨

柱与柱的接头焊接也应遵循对称原则,由两个焊工在对面以相等速度对称进行焊接,如图7.7所示。H型钢的梁与柱、梁与梁的接头,先焊下部翼缘板,后焊上部翼缘板。一根梁的两个端头先焊一个端头,等一端焊缝冷却达到常温后,再焊另一个端头。

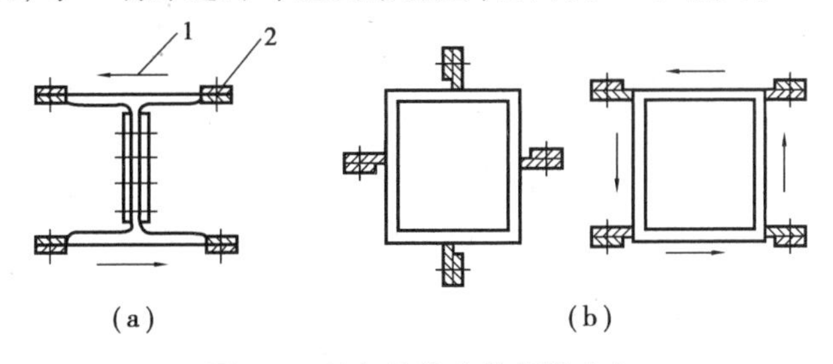

图7.7 柱与柱接头的焊接方向

1—焊接方向;2—安装螺栓

焊接完成后,应对焊缝进行外观检查和超声波检查。凡不合格的焊缝清除后,以同样的焊接工艺进行补焊,一条焊缝修理不得超过2次。

3)安装偏差检查和涂装

钢结构安装完毕后,应进行安装偏差检查,以确保偏差在要求的范围之内。最后进行涂装,钢结构涂装的主要目的是防腐和防火,应严格按照规范和设计文件的要求施工。

7.4 钢结构防腐与防火

· 7.4.1 钢结构防腐 ·

1)腐蚀

钢材表面与外界介质相互作用而引起的破坏称为腐蚀(锈蚀)。腐蚀不仅使钢材有效截面减小,承载力下降,而且严重影响钢结构的耐久性。

根据钢材与环境介质的作用原理,腐蚀分以下两类:

①化学腐蚀:是指钢材直接与大气或工业废气中的氧气、碳酸气、硫酸气等发生化学反应而产生腐蚀。

②电化学腐蚀:是由于钢材内部有其他金属杂质,它们具有不同的电极电位,与电解质溶液接触产生原电池作用,使钢材腐蚀。

钢材在大气中腐蚀是电化学腐蚀和化学腐蚀同时作用的结果。

2)钢结构防腐防护

为了减轻或防止钢结构的腐蚀,目前国内外主要采用涂装方法进行防腐。涂装防腐是利用涂料的涂层使钢结构与环境隔离,从而达到防腐目的,延长钢结构的使用寿命。

(1)防腐涂料的组成与作用

防腐涂料一般由不挥发组分和挥发组分(稀释剂)两部分组成。防腐涂料刷在钢材表面后,挥发组分逐渐挥发逸出,留下不挥发组分干结成膜。不挥发组分的成膜物质分为主要、次要和辅助成膜物质3种,主要成膜物质可以单独成膜,也可以黏结颜料等物质共同成膜,它是涂料的基础,也常称基料、添料或漆基,包括油料和树脂。次要成膜物质包含颜料和体质颜料。涂料组成中没有颜料和体质颜料的透明体称为清漆,具有颜料和体质颜料的不透明体称为色漆,加有大量体质颜料的稠原浆状体称为腻子。

涂料经涂敷施工形成漆膜后,具有保护、装饰、标志和其他特殊作用。涂料在建筑防腐蚀工程中的功能则以保护作用为主,兼考虑其他作用。

涂料的种类和品种繁多,其性能和用途也各自不同。在涂装过程中,必须根据使用要求和环境条件,合理地选择适当的涂料品种。

目前所采用的防腐蚀方法除设计时考虑冶金防腐蚀金属成分外,在施工中主要采用防护层的方法防止金属腐蚀。防护层一般有以下几种:

①金属保护层。金属保护层是用具有阴极或阳极保护作用的金属或合金,通过电镀、喷镀、化学镀、热镀和渗镀等方法,在需要防护的金属表面上形成金属保护层(膜)来隔离金属与腐蚀介质的接触,或利用电化学的保护作用使金属得到保护,从而防止腐蚀。如镀锌钢材,锌在腐蚀介质中因它的电位较低,可以作为腐蚀的阳极而牺牲,而铁则作为阴极得到了保护。

②化学保护层。化学保护层是用化学或电化学方法,使金属表面生成一种具有耐腐蚀性能的化合物薄膜,以隔离腐蚀介质与金属接触来防止对金属的腐蚀。如钢铁的磷化和钝化处理。

③非金属保护层。非金属保护层是用涂料、塑料和搪瓷等材料，通过涂刷和喷涂等方法，在金属表面形成保护膜，使金属与腐蚀介质隔离，从而防止金属的腐蚀。如钢结构的表面涂装就是利用涂层来防止腐蚀的。

(2)钢结构防腐涂装施工

①涂装前表面处理。发挥涂料的防腐效果关键是漆膜与钢材表面的严密贴敷，若在基底与漆膜之间夹有锈、油脂、污垢及其他异物，不仅会妨碍防锈效果，还会起反作用而加速锈蚀。因此，对钢材表面进行处理并控制钢材表面的粗糙度，在涂料涂装前是必不可缺少的。

钢材表面的处理方法有手工除锈、动力工具除锈、喷射或抛射除锈、酸洗除锈和火焰除锈等。

A. 手工除锈：金属表面的铁锈可用钢丝刷、钢丝布或粗砂布擦拭，直到露出金属本色，再用棉纱擦净。此方法施工简单，比较经济，可以在小构件和复杂外形构件上除锈。

B. 动力工具除锈：利用压缩空气或电能为动力，使除锈工具产生圆周式或往复式运动，产生摩擦或冲击来清除铁锈或氧化铁皮等。此方法工作效率和质量均高于手工除锈，是目前常用的除锈方法。常用工具有气动砂磨机、电动砂磨机、风动钢丝刷、风动气铲等。

C. 喷射除锈：利用经过油、水分离处理过的压缩空气将磨料带入并通过喷嘴以高速喷向钢材表面，靠磨料的冲击和摩擦力将氧化铁皮等除掉，同时使表面获得一定的粗糙度。此方法效率高，除锈效果好，但费用较高。喷射除锈分为干喷射法和湿喷射法两种，湿法比干法工作条件好、粉尘少，但易出现返锈现象。

D. 抛射除锈：利用抛射机叶轮中心吸入磨料和叶尖抛射磨料的方法，以高速的冲击和摩擦除去钢材表面的污物。此方法的劳动强度比喷射方法低，对环境污染程度轻，而且费用也比喷射方法低，但扰动性差，磨料选择不当，易使被抛件变形。

E. 酸洗除锈：亦称化学除锈，利用酸洗液中的酸与金属氧化物进行反应，使金属氧化物溶解从而除去。此方法除锈质量比手工和动力工具除锈好，与喷射除锈质量相当，但没有喷射除锈的粗糙度，在施工过程中酸雾对人和建筑物有害。

②涂装施工。钢结构涂装工序：刷防锈漆→局部刮腻子→涂料涂装→漆膜质量检查。涂料涂装方法有刷涂法、滚涂法、浸涂法、空气喷涂法、无气喷涂法。

A. 刷涂法：具有工具简单、施工方法简单、施工费用少、易于掌握、适应性强、节约涂料和经济等优点；缺点是劳动强度大、生产效率低、施工质量取决于操作者的技能等。刷涂法操作要点：

a. 采用直握方法使用刷；

b. 应蘸少量涂料以防涂料倒流；

c. 对于干燥较快涂料不宜反复涂刷；

d. 刷涂顺序采用先上后下、先里后外、先难后易的原则；

e. 最后一道刷涂走向应垂直平面由上而下进行，水平表面应按光线照射方向进行。

B. 滚涂法：是用多孔吸附材料制成的滚子进行涂料施工的方法。该方法施工用具简单、操作方便、施工效率比刷涂法高，适合于大面积的构件；缺点是劳动强度大、生产效率较低。滚涂法操作要点：

a. 涂料装入装有滚涂板的容器，将滚子浸入涂料，在滚涂板上来回滚动，将多余涂料滚压掉；

b. 把滚子按 W 形轻轻地滚动,将涂料大致涂布在构件上,然后密集滚动,将涂料均匀分布开,最后使滚子按一定的方向滚平表面并修饰;

c. 滚动初始时用力要轻,以防流淌。

C. 浸涂法:是将被涂物放入漆槽内浸渍,经过一段时间后取出,让多余涂料尽量滴净再晾干。优点是施工方法简单,涂料损失少,适用于构造复杂构件;缺点是有流挂现象,溶剂易挥发。浸涂法操作时应注意:为防止溶剂挥发和灰尘落入漆槽内,不作业时将漆槽加盖;作业过程中应严格控制好涂料黏度;浸涂槽厂房内应安装排风设备。

D. 空气喷涂法:是利用压缩空气的气流将涂料带入喷枪,经喷嘴吹散成雾状,并喷涂到物体表面上的涂装方法。优点是可获得均匀、光滑的漆膜,施工效率高;缺点是消耗溶剂量大,污染现场,对施工人员有害。空气喷涂法操作时应注意:在进行喷涂时,将喷枪调整到适当程度,以保证喷涂质量;喷涂过程中控制喷涂距离;喷枪注意维护,保证正常使用。

E. 无气喷涂法:是利用特殊的液压泵,将涂料增至高压,当涂料经喷嘴喷出时,高速分散在被涂物表面上形成漆膜。优点是喷涂效率高,对涂料适应性强,能获得厚涂层;缺点是如果要改变喷雾幅度和喷出量必须更换喷嘴,也会损失涂料,对环境有一定污染。无气喷涂法操作时应注意:使用前检查高压系统各固定螺母和管路接头;涂料应过滤后才能使用;喷涂过程中注意补充涂料,吸入管不得移出液面;喷涂过程中应防止发生意外事故。

· 7.4.2 钢结构防火 ·

钢材具有一定的耐热性,在其长期经受 100 ℃辐射时,强度没有多大变化。钢材虽然有一定的耐热性,但在高温下也会改变自己的性能而使结构降低强度。一般来说,随着温度的升高,屈服点强度及弹性模量降低,在 250 ℃左右时,钢材的抗拉强度略有提高,同时塑性和冲击韧性下降,即为蓝脆现象。当温度在 250 ~ 350 ℃时,在一定荷载作用下,钢材将随时间的增长而变形逐渐增大,产生徐变现象。当温度达 600 ℃时,其承载能力几乎完全丧失,可见钢结构是不耐火的。因此钢结构防火措施是防止建筑钢结构的结构在火灾中倒塌,避免经济损失和环境破坏、保障人民生命与财产安全的有效办法。

钢结构的防火保护措施应根据钢结构的结构类型、设计耐火极限和使用环境等因素,按照下列原则确定:

①防火保护施工时,不产生对人体有害的粉尘或气体;

②钢构件受火后发生允许变形时,防火保护不发生结构性破坏与失效;

③施工方便且不影响前续已完工的施工及后续施工;

④具有良好的耐久、耐候性能。

钢结构防火即在钢结构的表面施加一定的防火措施,使钢结构构件在火灾荷载作用下,也能使结构处于稳定状态。钢结构的防火保护可采用喷涂(抹涂)防火涂料、包覆防火板,包覆柔性毡状隔热材料,外包混凝土、金属网抹砂浆或砌筑砌体等措施。

(1)喷涂防火涂料保护

钢结构采用喷涂防火涂料保护时,应符合下列规定:

①室内隐蔽构件,宜选用非膨胀型防火涂料;

②设计耐火极限大于 1.50 h 的构件,不宜选用膨胀型防火涂料;

③室外、半室外钢结构采用膨胀型防火涂料时,应选用符合环境对其性能要求的产品;

④非膨胀型防火涂料涂层的厚度不应小于 10 mm；

⑤防火涂料与防腐涂料应相容、匹配。

(2)包覆防火板保护

钢结构采用包覆防火板保护时，应符合下列规定：

①防火板应为不燃材料，且受火时不应出现炸裂和穿透裂缝等现象。

②防火板的包覆应根据构件形状和所处部位进行构造设计，并应采取确保安装牢固稳定的措施。

③固定防火板的龙骨及黏结剂应为不燃材料。龙骨应便于与构件及防火板连接，黏结剂在高温下应能保持一定的强度，并应能保证防火板的包覆完整。

(3)包覆柔性毡状隔热材料保护

钢结构采用包覆柔性毡状隔热材料保护时，应符合下列规定：

①不应用于易受潮或受水的钢结构；

②在自重作用下，毡状材料不应发生压缩不均的现象。

(4)钢结构采用外包混凝土、金属网抹砂浆或砌筑砌体保护

钢结构采用外包混凝土、金属网抹砂浆或砌筑砌体保护时，应符合下列规定：

①当采用外包混凝土时，混凝土的强度等级不宜低于 C20。

②当采用外包金属网抹砂浆时，砂浆的强度等级不宜低于 M5；金属丝网的网格不宜大于 10 mm，丝径不宜小于 0. 6 mm；砂浆最小厚度不宜小于 25 mm。

③当采用砌筑砌体时，砌块的强度等级不宜低于 MU10。

本章小结

本章主要介绍了钢结构制作、钢结构连接、钢结构安装、钢结构防腐与防火等施工工艺。通过学习，应达到以下要求：

(1)掌握钢结构制作、连接、安装工艺；

(2)熟悉钢结构防腐与防火要求、方法。

思考题与习题

7.1　试述钢结构的制作工艺流程。

7.2　钢结构的连接形式有哪些？各有何特点？

7.3　钢结构的安装准备工作主要有哪些？

7.4　简述钢结构在现场安装的流程。

7.5　简述钢结构防腐与防火的措施。

8　防水及屋面工程施工工艺

8.1　地下工程防水施工

・ *8.1.1　防水混凝土施工* ・

1)防水混凝土的基本要求

防水混凝土可通过调整配合比,或掺加外加剂、掺合料等措施配制而成,其抗渗等级不得小于P6;防水混凝土的施工配合比应通过试验确定,试配混凝土的抗渗等级应比设计要求提高0.2 MPa;防水混凝土应满足抗渗等级要求,并应根据地下工程所处的环境和工作条件,满足抗压、抗冻和抗侵蚀性等耐久性要求。

防水混凝土结构是指因本身的密实性而具有一定防水能力的整体式混凝土或钢筋混凝土结构。防水混凝土适用于有防水要求的地下整体式混凝土结构。

防水混凝土一般分为普通防水混凝土、外加剂防水混凝土和膨胀剂或膨胀水泥防水混凝土三大类。外加剂防水混凝土又分为引气剂防水混凝土、减水剂防水混凝土、三乙醇胺防水混凝土、氯化铁防水混凝土。

2)防水混凝土施工

(1)防水混凝土施工缝的处理

防水混凝土应连续浇筑,宜少留施工缝。当留设施工缝时,应符合下列规定:

①墙体水平施工缝不应留在剪力最大处或底板与侧墙的交接处,应留在高出底板表面不小于300 mm的墙体上。拱(板)墙结合的水平施工缝,宜留在拱(板)墙接缝线以下150～300 mm处。墙体有预留孔洞时,施工缝距孔洞边缘不应小于300 mm。

②垂直施工缝应避开地下水和裂隙水较多的地段,并宜与变形缝相结合。

(2)防水混凝土的施工工艺

①模板安装。防水混凝土所有模板,除满足一般要求外,应特别注意模板拼缝严密不漏浆,构造应牢固稳定,固定模板的螺栓(或铁丝)不宜穿过防水混凝土结构。固定模板用的螺栓必须穿过混凝土结构时,可采用工具式螺栓、螺栓加堵头、螺栓上加焊方形止水环等做法。止水环尺寸及环数应符合设计规定。如设计无规定,则止水环应为10 cm×10 cm的方形止水环,且至少有一环。

a. 工具式螺栓做法:用工具式螺栓将固定模板用螺栓固定并拉紧,以压紧固定模板。

拆模时将工具式螺栓取下，再以嵌缝材料及聚合物水泥砂浆将螺栓凹槽封堵严密，如图 8.1 所示。

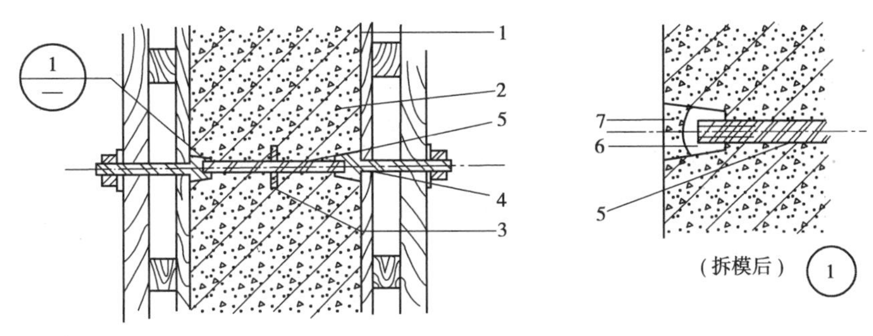

图 8.1　工具式螺栓的防水做法

1—模板；2—结构混凝土；3—工具式螺栓；4—固定模板用螺栓；
5—嵌缝材料；6—密封材料；7—聚合物水泥砂浆

b. 螺栓加焊止水环做法：在对拉螺栓中部加焊止水环，止水环与螺栓必须满焊严密，如图 8.2 所示。拆模后应沿混凝土结构边缘将螺栓割断。此法将消耗所用螺栓。

c. 预埋套管加焊止水环做法：套管采用钢管，其长度等于墙厚（或其长度加上两端垫木的厚度之和等于墙厚），兼具撑头作用，以保持模板之间的设计尺寸。止水环在套管上满焊严密。支模时在预埋套管中穿入对拉螺栓拉紧固定模板。拆模后将螺栓抽出，套管内以膨胀水泥砂浆封堵密实。套管两端有垫木的，拆模时连同垫木一并拆除，除密实封堵套管外，还应将两端垫木留下的凹坑用同样方法封实，如图 8.3 所示。此法可用于抗渗要求一般的结构。

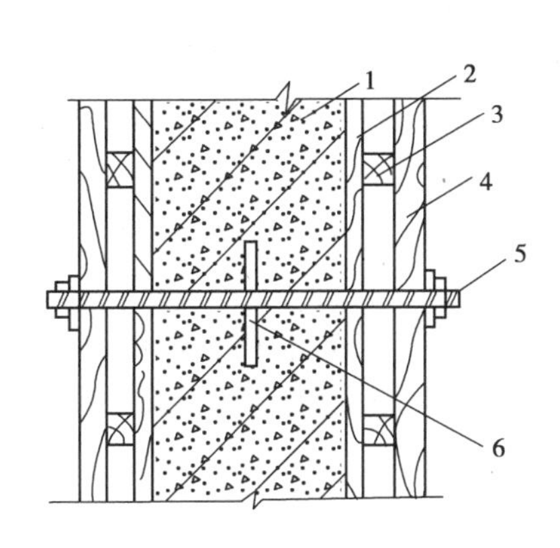

图 8.2　螺栓加焊止水环

1—围护结构；2—模板；3—小龙骨；
4—大龙骨；5—螺栓；6—止水环

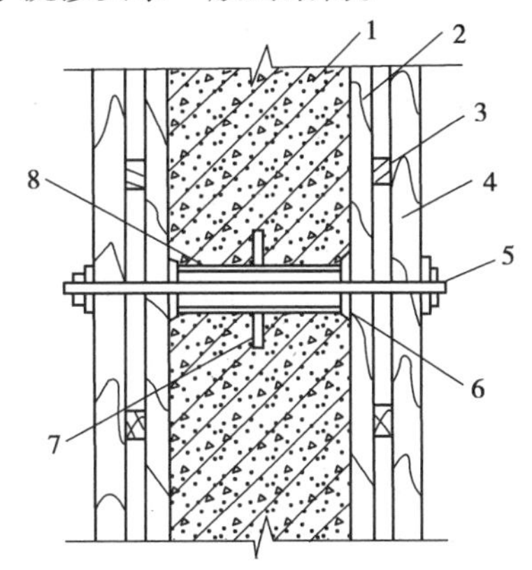

图 8.3　预埋套管支撑示意

1—防水结构；2—模板；3—小龙骨；4—大龙骨；
5—螺栓；6—垫木；7—止水环；8—预埋套管

②钢筋施工。做好钢筋绑扎前的除污、除锈工作。绑扎钢筋时，应按设计规定留足保护层，且迎水面钢筋保护层厚度不应小于 50 mm。应以相同配合比的细石混凝土或水泥砂浆制成垫块，将钢筋垫起，以保证保护层厚度。严禁以垫铁或钢筋头垫钢筋，或将钢筋用铁钉及钢丝直接固定在模板上。钢筋应绑扎牢固，避免因碰撞、振动使绑扣松散、钢筋移位，造成露筋。钢筋及绑扎钢丝均不得接触模板。采用铁马凳架设钢筋时，在不便取掉铁马凳的情况下，应在铁马凳上加焊止水环。在钢筋密集的情况下，更应注意绑扎或焊接质量，并用自密实高性能混凝土浇筑。

③混凝土搅拌。选定配合比时，其试配要求的抗渗强度值应较其设计值提高 0.2 MPa，并准确计算及称量每种用料，投入混凝土搅拌机。外加剂的掺入方法应遵从所选外加剂的使用要求。

④混凝土运输。运输过程中应采取措施防止混凝土拌合物产生离析，以及坍落度和含气量的损失，同时要防止漏浆。防水混凝土拌合物在常温下应于0.5 h以内运至现场；运送距离较远或气温较高时，可掺入缓凝型减水剂，缓凝时间宜为 6～8 h。

⑤混凝土浇筑和振捣。在结构中若有密集管群，以及预埋件或钢筋稠密之处，不易使混凝土浇捣密实时，应选用免振捣的自密实高性能混凝土进行浇筑。

在浇筑大体积结构中，遇有预埋大管径套管或面积较大的金属板时，其下部的倒三角形区域不易浇捣密实而形成空隙，造成漏水，为此，可在管底或金属板上预先留置浇筑振捣孔，以利于浇捣和排气，浇筑后再将孔补焊严密。

混凝土浇筑应分层，每层厚度不宜超过 30～40 cm，相邻两层浇筑时间间隔不应超过 2 h，夏季可适当缩短。混凝土在浇筑地点必须检查坍落度，每工作班至少检查两次。普通防水混凝土坍落度不宜大于 50 mm。

防水混凝土必须采用高频机械振捣，振捣时间宜为 10～30 s，以混凝土泛浆和不冒气泡为准。要依次振捣密实，应避免漏振、欠振和超振。掺加引气剂或引气型减水剂时，应采用高频插入式振捣器振捣密实。

⑥混凝土养护。防水混凝土的养护对其抗渗性能影响极大，特别是早期湿润养护更为重要，一般在混凝土进入终凝（浇筑后 4～6 h）即应覆盖，浇水湿润养护不少于 14 d。防水混凝土不宜用电热法养护和蒸汽养护。

⑦模板拆除。由于防水混凝土要求较严，因此不宜过早拆模。拆模时混凝土的强度必须超过设计强度等级的 70%，混凝土表面温度与环境之差不得大于 15 ℃，以防止混凝土表面产生裂缝。拆模时应注意勿使模板和防水混凝土结构受损。

⑧防水混凝土结构的保护。地下工程的结构部分拆模后，经检查合格应及时回填。回填前应将基坑清理干净，无杂物且无积水。回填土应分层夯实。地下工程周围 800 mm 以内宜用灰土、黏土或粉质黏土回填；回填土中不得含有石块、碎砖、灰渣、有机杂物以及冻土。回填施工应均匀对称进行。回填后地面建筑周围应做不小于 800 mm 宽的散水，其坡度宜为 5%，以防地表水侵入地下。

完工后的防水结构，严禁再在其上打洞。若结构表面有蜂窝麻面，应及时修补。修补时应先用水冲洗干净，涂刷一道水灰比为 0.4 的水泥浆，再用水灰比为 0.5 的 1∶2.5 水泥砂浆填实抹平。

· 8.1.2 水泥砂浆防水层施工 ·

防水砂浆包括聚合物水泥防水砂浆、掺外加剂或掺合料的水泥防水砂浆，宜采用多层抹压法施工。水泥砂浆的品种和配合比设计应根据防水工程要求确定。聚合物水泥防水砂浆厚度单层施工宜为 6～8 mm，双层施工宜为 10～12 mm；掺外加剂或掺合料的水泥防水砂浆厚度宜为 18～20 mm。

水泥砂浆防水层可用于地下工程主体结构的迎水面或背水面，不应用于受持续振动或温度高于 80 ℃的地下工程防水。水泥砂浆防水层应在基础垫层、初期支护、围护结构及内衬结构验收合格后施工。水泥砂浆防水层的基层混凝土强度或砌体用的砂浆强度均不应低于设计值的80%。

1)防水砂浆的施工要求

(1)一般要求

①基层表面应平整、坚实、清洁,并应充分湿润、无明水。基层表面的孔洞、缝隙,应采用与防水层相同的防水砂浆堵塞并抹平。施工前应将预埋件、穿墙管预留凹槽内嵌填密封材料后,再对水泥砂浆层进行施工。

②防水砂浆的配合比和施工方法应符合所掺材料的规定,其中聚合物水泥防水砂浆的用水量应包括乳液中的含水量。水泥砂浆防水层应分层铺抹或喷射,铺抹时应压实、抹平,最后一层表面应提浆压光。聚合物水泥防水砂浆拌和后应在规定时间内用完,施工中不得任意加水。

③水泥砂浆防水层各层应紧密黏合,每层宜连续施工;必须留设施工缝时,应采用阶梯坡形槎,但离阴阳角处的距离不得小于200 mm。

④水泥砂浆防水层不得在雨天、五级及以上大风中施工。冬期施工时,气温不应低于5 ℃。夏季不宜在30 ℃以上或烈日照射下施工。

⑤水泥砂浆防水层终凝后应及时进行养护,养护温度不宜低于5 ℃,并应保持砂浆表面湿润,养护时间不得少于14 d。

⑥聚合物水泥防水砂浆未达到硬化状态时,不得浇水养护或直接雨水冲刷,硬化后应采用干湿交替的养护方法。潮湿环境中,可在自然条件下养护。

(2)基层处理

基层处理十分重要,是保证防水层与基层表面结合牢固,不空鼓和密实不透水的关键。基层处理包括清理、浇水、刷洗、补平等工序,使基层表面保持潮湿、清洁、平整、坚实、粗糙。

①混凝土基层的处理。

a. 新建混凝土工程处理。拆除模板后,立即用钢丝刷将混凝土表面刷毛,并在抹面前浇水冲刷干净。

b. 旧混凝土工程处理。补做防水层时,需用钻子、剁斧、钢丝刷将表面凿毛,清理平整后再冲水,用棕刷刷洗干净。

c. 混凝土基层表面凹凸不平、蜂窝孔洞的处理。超过1 cm的棱角及凹凸不平处,应剔成慢坡形,并浇水清洗干净,用素灰和水泥砂浆分层找平(图8.4)。混凝土表面的蜂窝孔洞应先将松散不牢的石子除掉,浇水冲洗干净,用素灰和水泥砂浆交替抹到与基层面相平(图8.5)。混凝土表面的蜂窝麻面不深,石子黏结较牢固,只需用水冲洗干净后,用素灰打底,水泥砂浆压实找平(图8.6)。

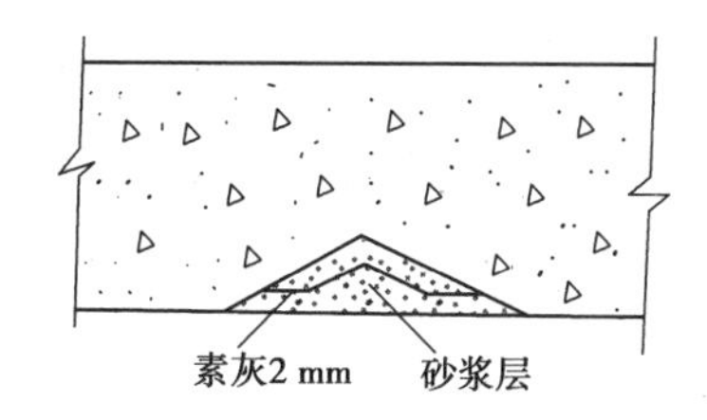

图8.4 基层凹凸不平的处理

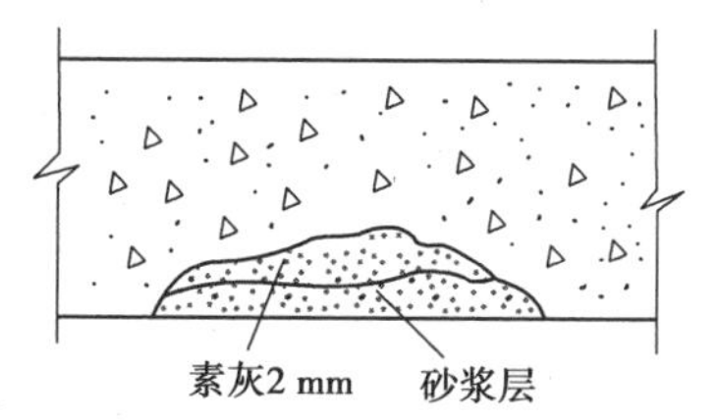

图8.5 蜂窝孔洞的处理

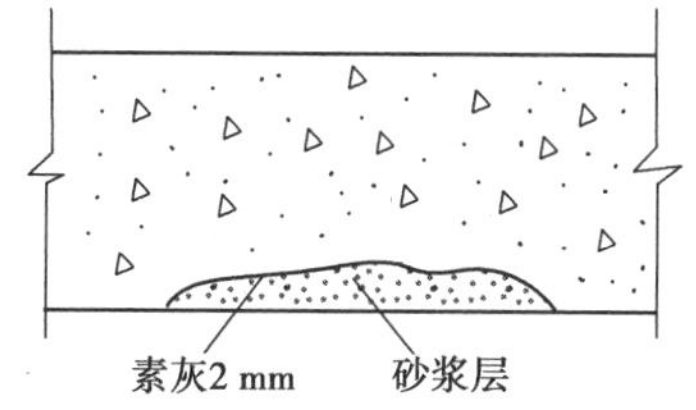

图8.6 蜂窝麻面的处理

d. 混凝土结构的施工缝要沿缝剔成八字形凹槽，用水冲洗后，用素灰打底，水泥砂浆压实抹平，如图 8.7 所示。

②砖砌体基层的处理。对于新砌体，应将其表面残留的砂浆等污物清除干净，并浇水冲洗；对于旧砌体，要将其表面酥松表皮及砂浆等污物清理干净，至露出坚硬的砖面，并浇水冲洗；对于石灰砂浆或混合砂浆砌的砖砌体，应将缝剔深 1 cm，缝内呈直角，如图 8.8 所示。

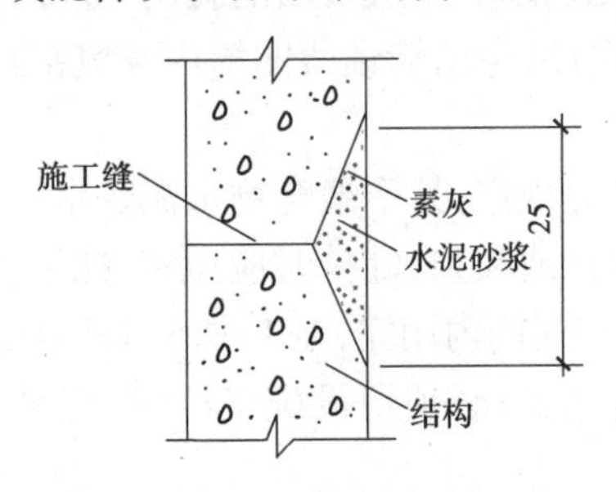

图 8.7　混凝土结构施工缝的处理

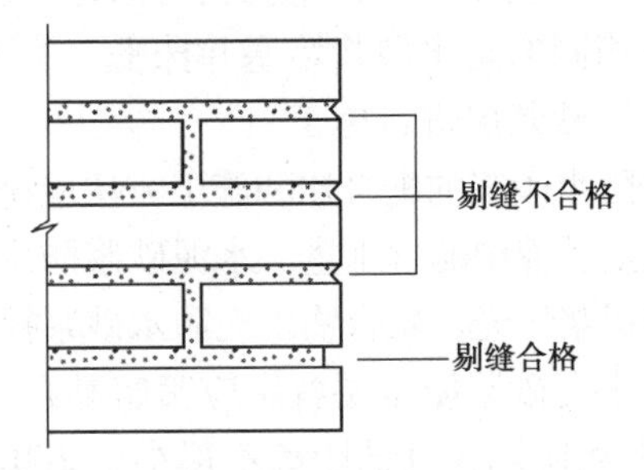

图 8.8　砖砌体的剔缝

2）防水砂浆的施工方法

（1）普通水泥砂浆防水层施工

①混凝土顶板与墙面防水层操作。

第 1 层：素灰层，厚 2 mm。先抹一道 1 mm 厚素灰，用铁抹子往返用力刮抹，使素灰填实基层表面的孔隙。随即在已刮抹过素灰的基层表面再抹一道厚 1 mm 的素灰找平层，抹完后，用湿毛刷在素灰层表面按顺序涂刷一遍。

第 2 层：水泥砂浆层，厚 4 ~ 5 mm。在素灰层初凝时抹第 2 层水泥砂浆层，要防止素灰层过软或过硬，过软将破坏素灰层；过硬黏结不良，要使水泥砂浆层薄薄压入素灰层厚度的 1/4 左右。抹完后，在水泥砂浆初凝时用扫帚按顺序向一个方向扫出横向条纹。

第 3 层：素灰层，厚 2 mm。在第 2 层水泥砂浆凝固并具有一定强度（常温下间隔一昼夜），适当浇水湿润后，方可进行第 3 层操作，其方法同第 1 层。

第 4 层：水泥砂浆层，厚 4 ~ 5 mm。按照第 2 层的操作方法将水泥砂浆抹在第 3 层上，抹后在水泥砂浆凝固前水分蒸发过程中，分次用铁抹子压实，一般以抹压 3 ~ 4 次为宜，最后再压光。

第 5 层：在第 4 层水泥砂浆抹压两边后，用毛刷均匀地将水泥浆刷在第 4 层表面，随第 4 层抹实压光。

②砖墙面和拱顶防水层的操作。第 1 层是刷一道水泥浆，厚度约为 1 mm，用毛刷往返涂刷均匀，涂刷后，可抹第 2、3、4 层等，其操作方法与混凝土基层防水相同。

（2）地面防水层施工

地面防水层施工与墙面、顶板施工不同的地方：素灰层（1，3 层）不采用刮抹的方法，而是把拌和好的素灰倒在地面上，用棕刷往返用力涂刷均匀，第 2 层和第 4 层是在素灰层初凝前把拌和好的水泥砂浆按厚度要求均匀铺在素灰层上，按墙面、顶板操作要求抹压，各层厚度也均与墙面、顶板防水层相同。地面防水层在施工时要防止践踏，应由里向外顺序进行，如图 8.9 所示。

（3）特殊部位施工

结构阴阳角处的防水层均需抹成圆角，阴角直径 5 cm，阳角直径 1 cm。防水层的施工缝需留斜坡阶梯形槎，槎子的搭接要依照层次操作顺序层层搭接。留槎的位置一般留在地面上，亦可留在墙面上，所留的槎子均需离阴阳角 20 cm 以上，如图 8.10 所示。

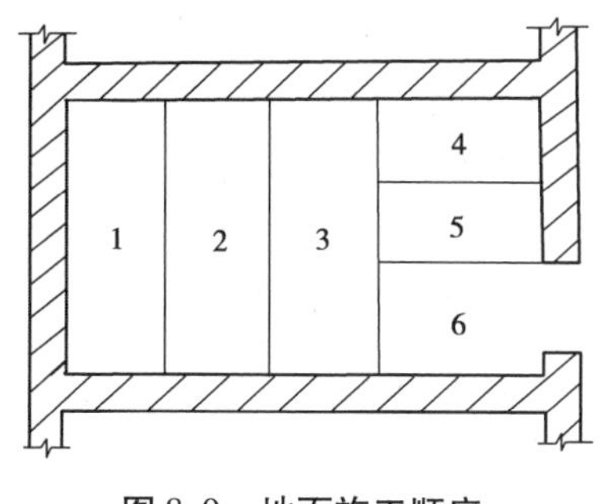

图 8.9 地面施工顺序

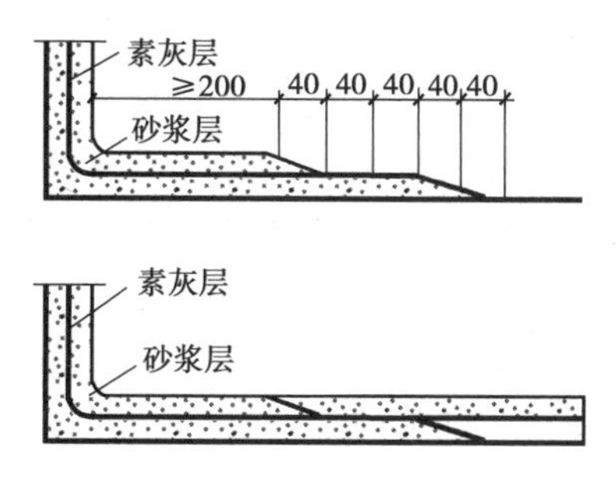

图 8.10 防水层接槎处理

· 8.1.3 卷材防水层施工 ·

1）防水卷材的使用要求

卷材防水层宜用于经常处在地下水环境，且受侵蚀性介质作用或受震动作用的地下工程；应敷设在混凝土结构的迎水面；用于建筑物地下室时，应敷设在结构底板垫层至墙体防水设防高度的结构基面上；用于单建式的地下工程时，应从结构底板垫层敷设至顶板基面，并应在外围形成封闭的防水层。

防水卷材的品种、规格和层数，应根据地下工程防水等级、地下水位高低及水压力作用状况、结构构造形式和施工工艺等因素确定。

2）防水卷材的施工方法

地下防水工程一般把卷材防水层设置在建筑结构的外侧迎水面上，称为外防水。外防水有两种设置方法，即外防内贴法和外防外贴法。外防水层的铺贴法可以借助土压力压紧，并与结构一起抵抗有压地下水的渗透和侵蚀作用，防水效果良好，采用比较广泛。

铺贴卷材的基层必须牢固、无松动现象；基层表面应平整干净；阴阳角处均应做成圆弧形或钝角。铺贴卷材前，应在基面上涂刷基层处理剂。当基层较潮湿时，应涂刷湿固化型胶黏剂或潮湿界面隔离剂。基层处理剂应与卷材和胶黏剂的材性相容，基层处理剂可采用喷涂法或涂刷法施工。喷涂应均匀一致，不露底，待表面干燥后，再铺贴卷材。铺贴卷材时，每层的沥青胶要求涂布均匀，厚度一般为 1.5 ~ 2.5 mm。外贴法铺贴卷材应先铺平面，后铺立面，平、立面交接处应交叉搭接；内贴法宜先铺垂直面，后铺水平面。铺贴垂直面时应先铺转角，后铺大面。墙面铺贴时应待冷底子油干燥后自下而上进行。

卷材接槎的搭接长度：高聚物改性沥青卷材为 150 mm，合成高分子卷材为 100 mm。当使用两层卷材时，上下两层和相邻两幅卷材的接缝应错开 1/3 ~ 1/2 幅宽，并不得互相垂直铺贴。在立面与平面的转角处，卷材的接缝应留在平面距立面不小于 600 mm 处。在所有转角处均应铺贴附加层，并仔细粘贴紧密。粘贴卷材时应展平压实。卷材与基层和各层卷材间必须粘贴紧密，搭接缝必须用沥青胶仔细封严。最后一层卷材贴好后，应在其表面均匀涂刷一层 1 ~ 1.5 mm 的热沥青胶，以保护防水层。铺贴高聚物改性沥青卷材时应采用热熔法施工，在幅宽内卷材底表面均匀加热，不可过分加热或烧穿卷材，只使卷材的黏结面材料加热呈熔融状态后，立即与基层或已粘贴好的卷材黏结牢固，但对厚度小于 3 mm 的高聚物改性沥青防水卷材不能采用热熔法施工。铺贴合成高分子卷材要采用冷粘法施工,所使用的胶黏剂必须与卷材材性相容。

(1)外防内贴法

外防内贴法是浇筑混凝土垫层后,在垫层上将永久保护墙全部砌好,将卷材防水层铺贴在垫层和永久保护墙上的方法,如图 8.11 所示。其施工程序如下:

①在已施工好的混凝土垫层上砌筑永久保护墙,保护墙全部砌好后,用 1∶3 水泥砂浆在垫层和永久保护墙上抹找平层。保护墙与垫层之间须干铺一层油毡。

②找平层干燥后即涂刷冷底子油或基层处理剂,干燥后方可铺贴卷材防水层,铺贴时应先铺立面、后铺平面,先铺转角、后铺大面。在全部转角处应铺贴卷材附加层,附加层可为两层同类油毡或一层抗拉强度较高的卷材,并应仔细粘贴紧密。

③卷材防水层铺完经验收合格后即应做好保护层。立面可抹水泥砂浆、贴塑料板,或用氯丁系胶黏剂粘铺石油沥青纸胎油毡;平面可抹水泥砂浆,或浇筑不小于 50 mm 厚的细石混凝土。

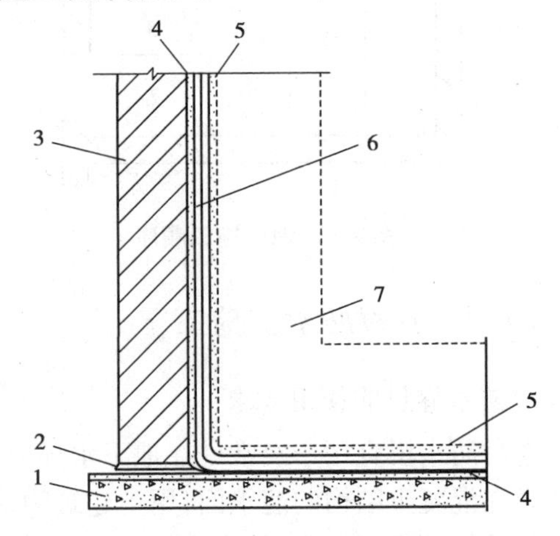

图 8.11　外防内贴法示意图

1—混凝土垫层;2—干铺卷材;3—永久性保护墙;4—找平层;5—保护层;6—卷材防水层;7—需防水的结构

④进行需防水结构的施工,将防水层压紧。如为混凝土结构,则永久保护墙可当一侧模板;结构顶板卷材防水层上的细石混凝土保护层厚度不应小于 70 mm,防水层如为单层卷材,则其与保护层之间应设置隔离层。

⑤结构完工后,方可回填土。

(2)外防外贴法

外防外贴法是将立面卷材防水层直接敷设在需防水结构的外墙外表面。其施工程序如下:

①先浇筑需防水结构的底面混凝土垫层;在垫层上砌筑永久性保护墙,墙下铺一层干油毡。墙的高度不小于需防水结构底板厚度再加 100 mm。

②在永久性保护墙上用石灰砂浆接砌临时保护墙,墙高为 300 mm,并抹 1∶3 水泥砂浆找平层;在临时保护墙上抹石灰砂浆找平层并刷石灰浆。如用模板代替临时性保护墙,应在其上涂刷隔离剂。

③待找平层基本干燥后,即可根据所选卷材的施工要求进行铺贴。

④在大面积铺贴卷材之前,应先在转角处粘贴一层卷材附加层,然后进行大面积铺贴,先铺平面、后铺立面。在垫层和永久性保护墙上应将卷材防水层空铺,而在临时保护墙(或模板)上应将卷材防水层临时贴附,并分层临时固定在其顶端。

⑤浇筑需防水结构的混凝土底板和墙体,在需防水结构外墙外表面抹找平层。

⑥主体结构完成后,铺贴立面卷材时,应先将接槎部位的各层卷材揭开,并将其表面清理干净,如卷材有局部损伤,应及时进行修补。当使用两层卷材接槎时,卷材应错槎接缝,上层卷材应盖过下层卷材。卷材的甩槎、接槎做法如图 8.12 和图 8.13 所示。

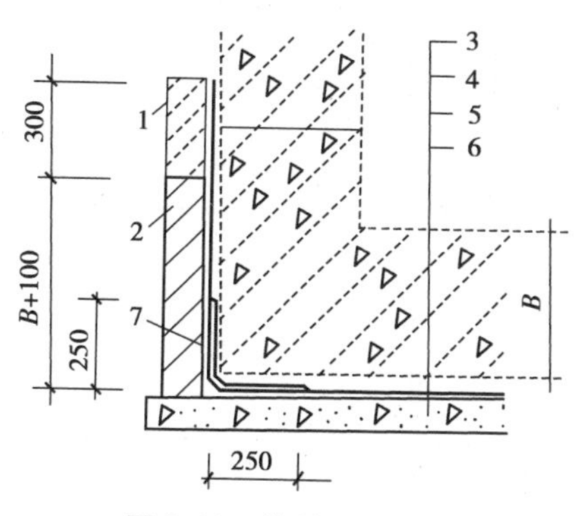

图 8.12 卷材防水层甩槎做法

1—临时保护墙;2—永久保护墙;3—细石混凝土保护层;
4—卷材防水层;5—水泥砂浆找平层;6—混凝土垫层;
7—卷材加强层

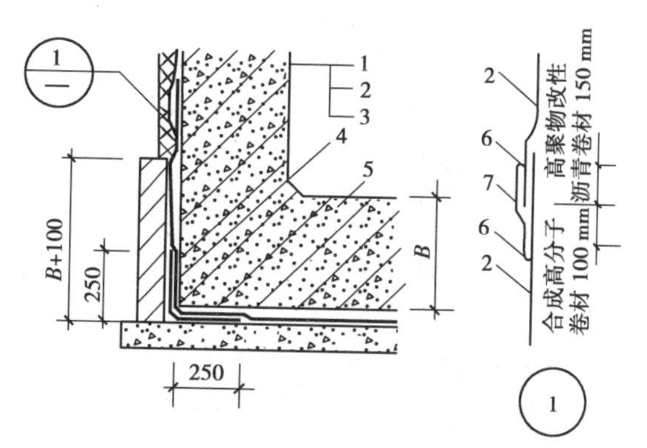

图 8.13 卷材防水层接槎做法

1—结构墙体;2—卷材防水层;3—卷材保护层;
4—卷材加强层;5—结构底板;6—密封材料;
7—盖缝条

⑦待卷材防水层施工完毕,并经过检查验收合格后,应及时做好卷材防水层的保护结构。保护结构的几种做法如下:

a. 砌筑永久保护墙,并每隔 5 ~6 m 及在转角处断开,断开的缝中填以卷材条或沥青麻丝;保护墙与卷材防水层之间的空隙应随砌随用砌筑砂浆填实,保护墙完工后方可回填土。注意:在砌保护墙的过程中切勿损坏防水层。

b. 抹水泥砂浆。在涂抹卷材防水层最后一道沥青胶结材料时,趁热撒上干净的热砂或散麻丝,冷却后随即抹一层 10 ~20 mm 厚 1 : 3 水泥砂浆,水泥砂浆经养护达到强度后即可回填土。

c. 贴塑料板。在卷材防水层外侧直接用氯丁系胶粘固定 5 ~6 mm 厚的聚乙烯泡沫塑料板,完工后即可回填土。亦可用聚醋酸乙烯乳液粘贴 40 mm 厚的聚苯乙烯泡沫塑料板代替。

· 8.1.4 涂料防水层施工 ·

1)防水涂料的使用要求

无机防水涂料宜用于地下工程结构主体的背水面;有机防水涂料宜用于主体结构的迎水面,用于背水面的有机防水涂料应具有较高的抗渗性,且与基层有较好的黏结性。

采用有机防水涂料时,基层阴阳角应做成圆弧形,阴角直径宜大于 50 mm,阳角直径宜大于 10 mm,在底板转角部位应增加胎体增强材料,并应增涂防水涂料。

防水涂料宜采用外防外涂或外防内涂,如图 8.14 和图 8.15 所示。

掺外加剂、掺合料的水泥基防水涂料厚度不得小于 3.0 mm;水泥基渗透结晶型防水涂料的用量不应小于 1.5 kg/m^2,且厚度不应小于 1.0 mm;有机防水涂料的厚度不得小于 1.2 mm。

2)防水涂料的施工方法

涂膜施工的顺序:基层处理→涂刷底层卷材(即聚氨酯底胶,增强涂布或增补涂布)→涂布第一道涂膜防水层(聚氨酯涂膜防水材料,增强涂布或增补涂布)→涂布第二道(或面层)涂膜防水层(聚氨酯涂膜防水材料)→稀撒石渣→铺抹水泥砂浆→设置保护层。

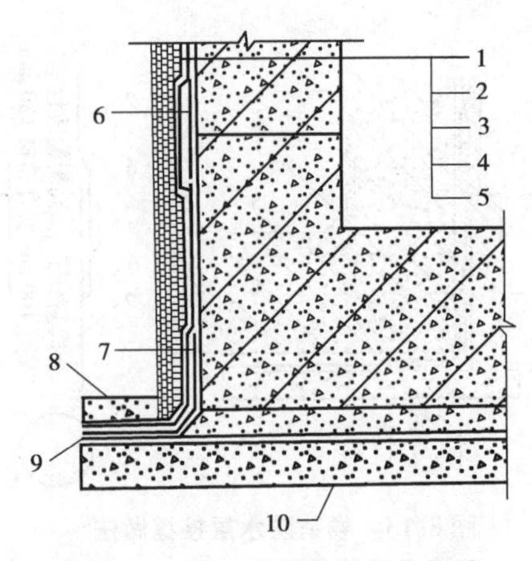

图 8.14　防水涂料外防外涂构造

1—保护墙;2—砂浆保护层;3—涂料防水层;
4—砂浆找平层;5—结构墙体;6—涂料防水层加强层;
7—涂料防水加强层;8—涂料防水层搭接部位保护层;
9—涂料防水层搭接部位;10—混凝土垫层

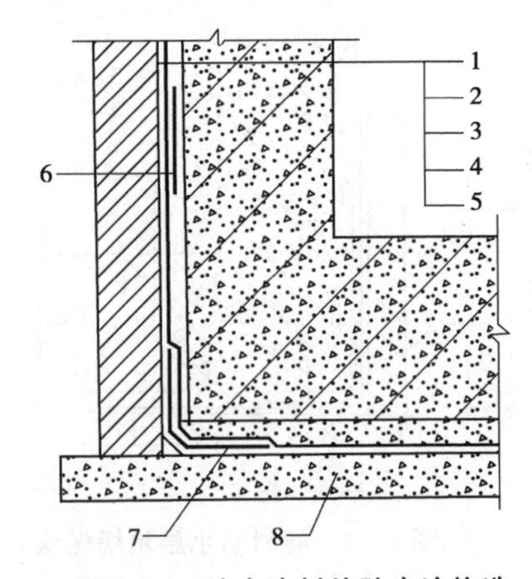

图 8.15　防水涂料外防内涂构造

1—保护墙;2—涂料保护层;3—涂料防水层;
4—找平层;5—结构墙体;6—涂料防水层加强层;
7—涂料防水加强层;8—混凝土垫层

涂布顺序是先垂直面,后水平面;先阴阳角及细部,后大面。每层涂布方向应互相垂直。

(1)涂布与增补涂布

在阴阳角、排水口、管道周围、预埋件及设备根部、施工缝或开裂处等需要增强防水层抗渗性的部位,应做增强或增补涂布。

增强涂布或增补涂布可在粉刷底层卷材后进行,也可以在涂布第一道涂膜防水层以后进行。还有将增强涂布夹在每相邻两层涂膜之间的做法。

增强涂布的做法:在涂布增强膜中敷设玻璃纤维布,用板刷涂刮驱气泡,将玻璃纤维布紧密地粘贴在基层上,不得出现空鼓或皱折。这种做法一般为条形。增补涂布为块状,做法同增强涂布,但可做多层涂抹。

增强、增补涂布与基层卷材是组成涂膜防水层的最初涂层,对防水层的抗渗性能具有重要作用,因此涂布操作时要认真仔细,保证质量,不得有气孔、鼓泡、皱折、翘边,玻璃布应按设计规定搭接,且不得露出面层表面。

(2)涂布第一道涂膜

在前一道卷材固化干燥后,应先检查其上是否有残留气孔或气泡,如无,即可涂布施工;如有,则应用橡胶板刷将混合料用力压入气孔填实补平,然后再进行第一层涂膜施工。

涂布第一道聚氨酯防水材料,可用塑料板刷均匀涂刮,厚薄一致,厚度约为 1.5 mm。

平面或坡面施工后,在防水层未固化前不宜上人踩踏,涂抹施工过程中应留出施工退路,可以分区分片用后退法涂刷施工。

在施工温度低或混合液流动度低的情况下,涂层表面留有板刷或抹子涂后的刷纹,为此应预先在混合搅拌液内适当加入二甲苯稀释,用板刷涂抹后,再用滚刷滚涂均匀,涂膜表面即可平滑。

(3)涂布第二道涂膜

第一道涂膜固化后,即可在其上涂刮第二道涂膜,方法与第一道相同,但涂刮方向应与第一道施工垂直。涂布第二道涂膜与第一道相间隔的时间应以第一道涂膜的固化程度(手感不黏)确定,一般不小于24 h,也不大于72 h。

当24 h后涂膜仍发黏,而又需涂刷下一道时,可先涂一些涂膜防水材料即可上人操作,不影响施工质量。

(4)稀撒石碴

在第二道涂膜固化之前,在其表面稀撒粒径约为2 mm的石碴。涂膜固化后,这些石碴即牢固地黏结在涂膜表面,其作用是增强涂膜与其保护层的黏结能力。

(5)设置保护层

最后一道涂膜固化干燥后,即可设置保护层。保护层可根据建筑要求设置相适宜的形式:立面、平面可在稀撒石碴上抹水泥砂浆,铺贴瓷砖、陶瓷锦砖;一般房间的立面可以铺抹水泥砂浆,平面可铺设缸砖或水泥方砖,也可抹水泥砂浆或浇筑混凝土;若用于地下室墙体外壁,可在稀撒石碴层上抹水泥砂浆保护层,然后回填土。

8.2 室内防水工程施工

结合以往成熟的施工经验,厕浴间和厨房的防水施工工艺和作业要求可按使用要求和选材选择。

· 8.2.1 聚合物乳液(丙烯酸)防水涂料施工 ·

(1)施工机具

①清理基面工具:开刀、凿子、锤子、钢丝刷、扫帚、抹布。

②涂覆工具:滚子、刷子。

(2)施工工艺

工艺流程:清理基层→涂刷底部防水层→涂刷细部附加层→涂刷中、面层防水层→防水层第一次蓄水试验→保护层或饰面层施工→第二次蓄水试验。

操作要点如下:

①清理基层。基层表面必须将浮土打扫干净,清除杂物、油渍、明水等。

②涂刷底部防水层。取丙烯酸防水涂料倒入一个空桶中约2/3,少许加水稀释并充分搅拌,用滚刷均匀地涂刷底层,用量约为0.4 kg/m^2,待手摸不沾手后进行下一道工序。

③涂刷细部附加层。

a. 嵌填密封膏:按设计要求在管根等部位的凹槽内嵌填密封膏,密封材料应压嵌严密,防止裹入空气,并与缝壁黏结牢固,不得有开裂、鼓泡和下塌现象。

b. 地漏、管根、阴阳角等易漏水部位的凹槽内用丙烯酸防水涂料涂覆找平。

c. 在地漏、管根、阴阳角和出入口等易发生漏水的薄弱部位,需增加一层胎体增强材料,宽度不得小于300 mm,搭接宽度不得小于100 mm,施工时先涂刷丙烯酸防水涂料,再铺增强层材料,然后再涂刷两遍丙烯酸防水涂料。

④涂刷中、面层防水层。取丙烯酸防水涂料,用滚刷均匀地涂在底层防水层上面,每遍为0.5~0.8 kg/m^2,其下层增强层和中层必须连续施工,不得间隔,若厚度不够,加涂一层或数层以达到设计规定的涂膜厚度要求。

⑤第一次蓄水试验。在做完全部防水层干固 48 h 以后,蓄水 24 h,未出现渗漏为合格。

⑥保护层或饰面层施工。第一次蓄水合格后,即可做保护层或饰面施工。

⑦第二次蓄水试验。在保护层或饰面施工完工后,应进行第二次蓄水试验,以确保防水工程质量。

(3)成品保护

①操作人员应严格保护好已完工的防水层,非防水施工人员不得进入现场踩踏。

②为确保排水畅通,地漏、排水口应避免杂物堵塞。

③施工时严防涂料污染已做好的其他部位。

· 8.2.2 单组分聚氨酯防水涂料施工 ·

单组分聚氨酯防水涂料是以异氰酸酯、聚醚为主要原料,配以各种助剂制成,属于无有机溶剂挥发型合成高分子的单组分柔性防水涂料。

(1)主要施工机具

①涂料涂刮工具:橡胶刮板。

②地漏、转角处等涂料涂刷工具:油漆刷。

③清理基层工具:铲刀。

④修补基层工具:抹子。

(2)施工工艺

工艺流程:清理基层→细部附加层施工→第一遍涂膜施工→第二遍涂膜施工→第三遍涂膜施工→第一次蓄水试验→保护层、饰面层施工→第二次蓄水试验。

操作要点如下:

①清理基层。基层表面必须认真清扫干净。

②细部附加层施工。厕浴间的地漏、管根、阴阳角等处应用单组分聚氨酯涂刮一遍做附加层处理。

③第一遍涂膜施工。用橡胶刮板将单组分聚氨酯涂料在基层表面均匀涂刮,厚度一致,涂刮量以 0.6 ~0.8 kg/m^2 为宜。

④第二遍涂膜施工。在第一遍涂膜固化后,再进行第二遍聚氨酯涂刮。对平面的涂刮方向,应与第一遍涂刮方向相垂直,涂刮量与第一遍相同。

⑤第三遍涂膜和粘砂粒施工。第二遍涂膜固化后,进行第三遍聚氨酯涂刮,并达到设计厚度。在最后一遍涂膜施工完毕尚未固化时,在其表面应均匀地撒上少量干净的粗砂,以增加与即将覆盖的水泥砂浆保护层之间的黏结。

厕浴间和厨房防水层经多遍涂刷,单组分聚氨酯涂膜总厚度应不小于 1.5 mm。

⑥当涂膜固化完全并经第一次蓄水试验验收合格后,才可进行保护层、饰面层施工。

· 8.2.3 聚合物水泥防水涂料施工 ·

聚合物水泥防水涂料(简称 JS 防水涂料)是以聚合物乳液和水泥为主要原料,加入其他添加剂制成的液料与粉料,按规定比例混合拌匀使用。

(1)主要施工机具

①基层清理工具:锤子、凿子、铲子、钢丝刷、扫帚。

②取料配料工具:台秤、搅拌器、材料桶。

③涂料涂覆工具:滚刷、刮板、刷子等。

(2)施工工艺

工艺流程:清理基层→涂刷底面防水层→细部附加层施工→涂刷中间防水层→涂刷表面防水层→第一次蓄水试验→保护层、饰面层施工→第二次蓄水试验。

操作要点如下:

①清理基层。表面必须彻底清扫干净,不得有浮尘、杂物、明水等。

②涂刷底面防水层。底层用料由专人负责材料配制,先按配合比分别称出配料所用的液料、粉料、水,在桶内用手提电动搅拌器搅拌均匀,使粉料均匀分散。

用滚刷或油漆刷均匀地涂刷底面防水层,不得露底,一般用量为0.3~0.4 kg/m^2。待涂层干固后,才能进行下一道工序。

③细部附加层施工。对地漏、管根、阴阳角等易发生漏水的部位,应进行密封或加强处理。按设计要求在管根等部位的凹槽内嵌填密封膏,密封材料应压嵌严密,防止裹入空气,并与缝壁黏结牢固,不得有开裂、鼓泡和下塌现象。在地漏、管根、阴阳角和出入口等易发生漏水的薄弱部位,可加一层增强胎体材料,材料宽度不小于300 mm,搭接宽度不小于100 mm。施工时先涂一层JS防水涂料,再铺胎体增强材料,最后再涂一层JS防水涂料。

④涂刷中、面防水层。按设计要求和表8.2提供的防水涂料配合比,将配制好的Ⅰ型或Ⅱ型JS防水涂料,均匀涂刷在底面防水层上。每遍涂刷量以0.8~1.0 kg/m^2 为宜(涂料用量均为液料和粉料的原材料用量,不含稀释加水量)。多遍涂刷(一般3遍以上),直到达到设计规定的涂膜厚度要求。大面涂刷涂料时,不得加铺胎体,如设计要求增加胎体时,需使用耐碱网格布或40 g/m^2 的聚酯无纺布。

⑤第一次蓄水试验。在最后一遍防水层干固48 h后蓄水24 h,以无渗漏为合格。

⑥保护层或饰面层施工。第一次蓄水试验合格后,即可做保护层、饰面层施工。

⑦第二次蓄水试验。在保护层或饰面层完工后,进行第二次蓄水试验,确保厕浴间和厨房的防水工程质量。

(3)成品保护

①操作人员应严格保护已做好的涂膜防水层。涂膜防水层未干时,严禁在上面踩踏;在做完保护层以前,任何与防水作业无关的人员不得进入施工现场;在第一次蓄水试验合格后应及时做好保护层,以免损坏防水层。

②地漏或排水口要防止杂物堵塞,确保排水畅通。

③施工时,涂膜材料不得污染已做好饰面的墙壁、卫生洁具、门窗等。

· *8.2.4 水泥基渗透结晶型防水材料施工* ·

水泥基渗透结晶型防水材料施工是指采用涂料涂刷或使用防水砂浆施抹进行防水层施工。

1)水泥基渗透结晶型防水涂料施工

水泥基渗透结晶型防水材料是一种刚性防水材料,其与水作用后,材料中含有的活性化学物质通过载体向混凝土内部渗透,在混凝土中形成不溶于水的结晶体,填塞毛细孔道,从而使混凝土致密、防水。

水泥基渗透结晶型防水材料按使用方法分为防水涂料和防水剂。防水涂料包括浓缩剂、增效剂,均是粉状材料,化学活性较强,经与水拌和调配成浆料。浓缩剂浆料直接刷涂或喷涂于混凝土表面。增效剂浆料用于浓缩剂涂层的表面,在浓缩剂涂层上形成坚硬的表层,可增强浓缩剂的渗透效果,单独使用于结构表面时起防潮作用。

水泥基渗透结晶型防水剂(又称掺合剂)是以专有的多种特殊活性化学物质为主要原料,配以各种其他辅料制成的,属于水泥基渗透结晶型刚性防水材料。

(1)主要施工机具

手用钢丝刷、电动钢丝刷、凿子、锤子、计量水和料的器具、拌料器具、专用尼龙刷、油漆刷、喷雾器具、胶皮手套等。

(2)作业条件

①水泥基渗透结晶型防水材料不得在环境温度低于4 ℃时使用。

②基层应粗糙、干净、湿润。无论新浇筑的或旧的混凝土基面,均应用水润湿透(但不得有明水)。新浇筑的混凝土以浇筑后24~72 h为涂料最佳使用时段。

③基层不得有缺陷部位,否则应进行处理后方可进行施工。

(3)施工工艺

工艺流程:基层检查→基层处理→制浆→重点部位的加强处理→第一遍涂刷涂料→第二遍涂刷涂料→养护→检验。

操作要点如下:

①基层检查。检查混凝土基层有无裂纹、孔洞以及有机物、油漆和杂物等。

②基层处理。先修理缺陷部位,如封堵孔洞,除去有机物、油漆等其他黏结物,遇有大于0.4 mm以上的裂纹应进行裂缝修理;对蜂窝结构或疏松结构均应凿除,松动杂物用水冲刷至见到坚实的混凝土基面并将其润湿,涂刷浓缩剂浆料,用量为1 kg/m^2,再用防水砂浆填补、压实,掺合剂的掺量为水泥含量的2%。打毛混凝土基面,使毛细孔充分暴露。底板与边墙相交的阴角处加强处理,用浓缩剂料团(浓缩剂粉:水=5:1,用抹子调和2 min即可使用)趁潮湿嵌填于阴角处,用手锤或抹子捣固压实。

③制浆。防水涂料用量:总用量不小于0.8 kg/m^2,浓缩剂不小于0.4 kg/m^2,增效剂不小于0.4 kg/m^2。制浆工艺:按防水涂料:水=5:2(体积比)将粉料与水倒入容器内,搅拌3~5 min,混合均匀。一次制浆不宜过多,要在20 min内用完,混合物变稠时要频繁搅动,中间不得加水、加料。

④重点部位加强处理。厨、厕浴间的地漏、管根、阴阳角、非混凝土或水泥砂浆基面等处用柔性涂料做加强处理,做法同柔性涂料或参考细部构造做法。厕浴间下水立管防水做法如图8.16所示,地漏防水做法如图8.17所示。

⑤第一遍涂刷涂料。涂料涂刷时需用半硬的尼龙刷,不宜用抹子、滚筒、油漆刷等;涂刷时应来回用力,以保证凹凸处都能涂上,涂层要求均匀,不应过薄或过厚,控制在单位用量之内。

⑥第二遍涂刷涂料。待上道涂层终凝6~12 h后,仍呈潮湿状态时进行,如第一遍涂层太干,则应先喷洒一些雾水再进行增效剂涂刷。此遍涂层也可使用相同量的浓缩剂。

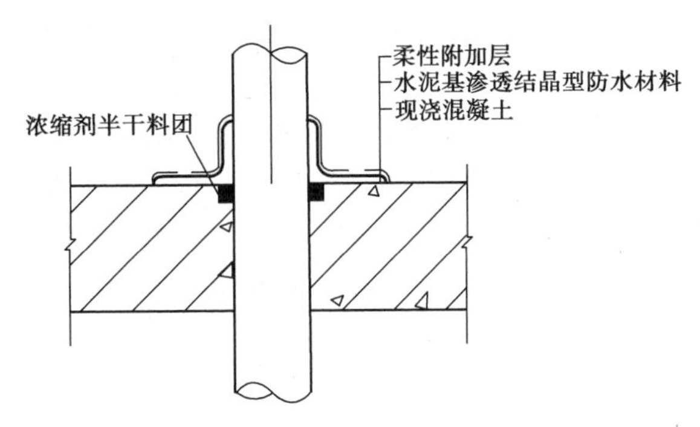

图 8.16　下水立管防水做法

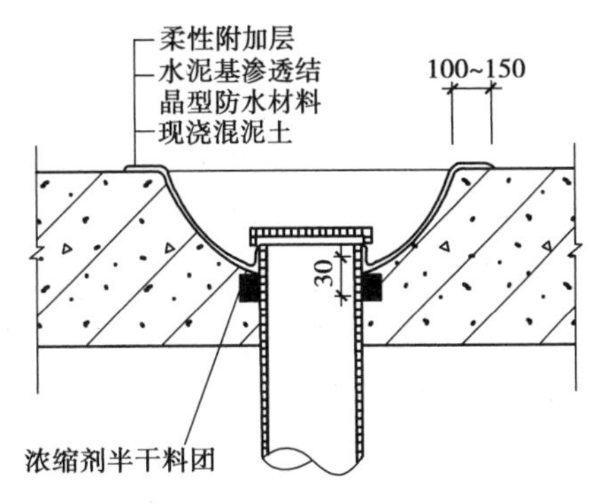

图 8.17　地漏防水做法

⑦养护。养护必须用干净的水,在涂层终凝后做喷雾养护,不应出现明水,一般每天需喷雾水 3 次,连续数天,在热天或干燥天气应多喷几次,使其保持湿润状态,防止涂层过早干燥。蓄水试验需在养护完 3 ~7 d 后进行。

⑧检验。涂料涂层施工后,需检查涂层是否均匀,用量是否准确、有无漏涂,如有缺陷应及时修补。经蓄水试验合格后,进行下道工序施工。

(4)成品保护及注意事项

①保护好防水涂层,在养护期内任何人员不得进入施工现场。

②地漏要防止杂物堵塞,确保排水畅通。

③拌料和涂刷涂料时应戴胶皮手套。

④防水涂料必须储存在干燥的环境中,最低温度为 7 ℃,一般储存条件下有效期为 1 年。

2)水泥基渗透结晶型防水砂浆施工

水泥基渗透结晶型防水砂浆由水泥基渗透结晶型防水剂(又称掺合剂)、硅酸盐水泥、中(粗)砂(含泥量不大于 2%)按比例制成。

(1)主要施工机具

①基面处理工具:手用钢丝刷、电动钢丝刷、凿子、锤子等。

②计量工具:计量防水剂、水泥、砂子、水等。

③拌和材料及运料工具:锹、桶、砂浆搅拌机、推车等。

④施抹防水砂浆工具:抹子。

⑤地漏等细部构造涂刷工具:油漆刷。

⑥防水层养护工具:喷雾器具。

(2)作业条件

①水泥基渗透结晶型防水材料不得在环境温度低于 4 ℃时使用,雨天不得施工。

②基层应粗糙、干净,以提供充分开放的毛细管系统,以利于渗透。

③基层需要润湿,无论新浇筑的或是旧的混凝土基面都应用水润湿,但不得有明水;基层有缺陷时应修补处理后方可进行施工。

(3)施工工艺

工艺流程:基层检查→基层处理 →重点部位加强处理→第一遍涂刷水泥净浆→拌制防水砂浆→抹防水砂浆→加分格缝→养护。

操作要点如下:

①基层检查。检查混凝土基层有无油漆、有机物、杂物以及孔洞或大于0.4 mm的裂纹等缺陷。

②基层处理。先处理缺陷部位,封堵孔洞,除去有机物、油漆等其他黏结物,清除油污及疏松物等。如有0.4 mm以上的裂纹,应先进行裂缝修理,沿裂缝两边凿出20 mm(宽)×30 mm(深)的U形槽,用水冲净,润湿后除去明水,沿槽内涂刷浆料后用浓缩剂半干料团(粉水比为6∶1)填满、夯实。遇有蜂窝或疏松结构均应凿除,将所有松动的杂物用水冲刷掉,直至露出坚实的混凝土基面并将其润湿后涂刷灰浆(粉水比为5∶2),用量为1 kg/m^2,再用防水砂浆填补、压实,防水剂的掺量为水泥用量的2%~3%。经处理过的混凝土基面,不应存留任何悬浮物等物质。底板与边墙相交的阴角处做加强处理。用浓缩剂料团(防水剂粉水比为5∶1,用抹子调和2 min即可使用)趁潮湿嵌填于阴角处,用手锤或抹子捣固压实。

③重点部位附加层处理。厕浴间和厨房的地漏、管根、阴阳角等处用柔性涂料做附加层处理,方法同柔性涂料施工,参照图8.18所示的细部构造图。

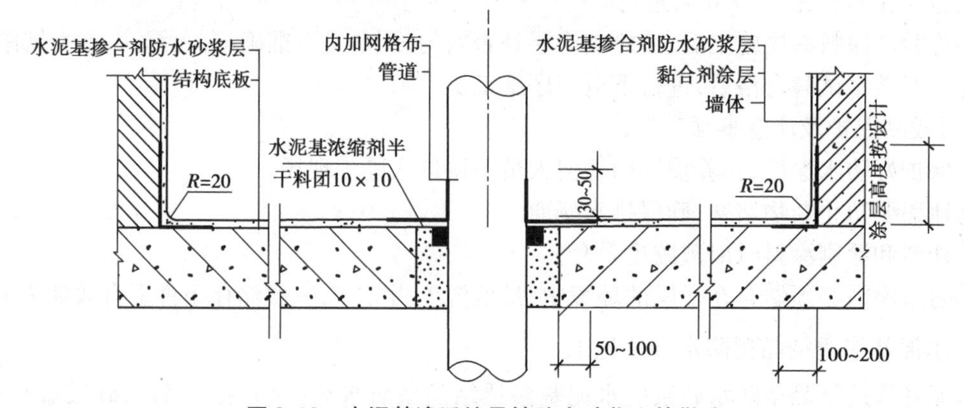

图8.18　水泥基渗透结晶性防水砂浆立管做法

④第一遍涂刷水泥净浆。用油漆刷等将水泥净浆涂刷在基层上,用量为1~2 kg/m^2。

⑤拌制防水砂浆。人工搅拌时,配合比为水泥∶砂∶水∶防水剂=1∶2.5(3)∶0.5∶2(3),将配好量的硅酸盐水泥与砂预混均匀后再在中间留盛水坑;将配好量的防水剂与水在容器中搅拌均匀后倒入盛水坑中拌匀,再与水泥砂子的混合物进行混合搅拌成稠浆状。机械搅拌时,将按比例配好的砂子、防水剂、水泥、水依次放入搅拌机内,搅拌3 min即可使用。

⑥抹防水砂浆。将制备好的防水砂浆均摊在处理过的结构基层上,用抹子用力抹平、压实,不得有空鼓、裂纹现象,如发生此类现象应及时修复;所有的施工方法按防水砂浆的标准施工方法进行。陶粒、砖等砌筑墙面在做地面砂浆防水层时,可进行侧墙的防水砂浆层的施抹,施抹完成后即完成防水施工作业。

⑦加分格缝。防水砂浆施工面积大于36 m^{2}时应加分格缝,缝隙用柔性嵌缝膏嵌填。

⑧养护。防水砂浆层必须用干净水做喷雾养护,不应出现明水,一般每天需喷雾水3次,连续3~4 d,在热天或干燥天气应多喷几次,用湿草垫或湿麻袋片覆盖养护,保持湿润状态,防止防水砂浆层过早干燥。蓄水试验需在养护完3~7 d后进行,蓄水验收合格后才可进行下道工序施工。

(4)成品保护及注意事项

①严格保护已做好的防水层,在养护期内任何人员不得进入施工现场。

②地漏应防止杂物堵塞,确保排水畅通。

③拌料时应戴胶皮手套。

④水泥基渗透结晶型防水砂浆必须储存在干燥环境中,最低温度为 7 ℃,储存有效期为 1 年。

8.3 外墙防水施工

8.3.1 外保温外墙防水防护施工

①保温层应固定牢固,表面平整、干净。

②外墙保温层的抗裂砂浆层施工应符合下列规定:

a. 抗裂砂浆层的厚度、配合比应符合设计要求。当内掺纤维等抗裂材料时,其比例应符合设计要求,并应搅拌均匀。

b. 当外墙保温层采用有机保温材料时,抗裂砂浆施工时应先涂刮界面处理材料,然后分层抹压抗裂砂浆。

c. 抗裂砂浆层的中间宜设置耐碱玻纤网格布或金属网片。金属网片应与墙体结构固定牢固。玻纤网格布铺贴应平整无皱折,两幅间的搭接宽度不应小于 50 mm。

d. 抗裂砂浆应抹平压实,表面无接槎印痕,网格布或金属网片不得外露。防水层为防水砂浆时,抗裂砂浆表面应搓毛。

e. 抗裂砂浆终凝后应进行保湿养护。防水砂浆养护时间不宜少于 14 d,养护期间不得受冻。

③外墙保温层上的防水层施工应符合规范规定。

④防水透气膜施工应符合下列规定:

a. 基层表面应平整、干净、牢固,无尖锐凸起物。

b. 敷设宜从外墙底部一侧开始,将防水透气膜沿外墙横向展开,铺于基面上,沿建筑立面自下而上横向敷设,按顺水方向上下搭接,当无法满足自下而上敷设顺序时,应确保沿顺水方向上下搭接。

c. 防水透气膜横向搭接宽度不得小于 100 mm,纵向搭接宽度不得小于 150 mm。搭接缝应采用配套胶粘带黏结。相邻两幅膜的纵向搭接缝应相互错开,间距不小于 500 mm。

d. 防水透气膜搭接缝应采用配套胶粘带覆盖密封。

e. 防水透气膜应随铺随固定,固定部位应预先粘贴小块丁基胶带,用带塑料垫片的塑料锚栓将防水透气膜固定在基层墙体上,固定点每平方米不得少于 3 处。

f. 敷设在窗洞或其他洞口处的防水透气膜,以“I”字形裁开,用配套胶粘带固定在洞口内侧。与门、窗框连接处应使用配套胶粘带满粘密封,四角用密封材料封严。

g. 幕墙体系中穿透防水透气膜的连接件周围应用配套胶粘带封严。

8.3.2 无外保温外墙防水防护施工

①外墙结构表面的油污、浮浆应清除,孔洞、缝隙应堵塞抹平,不同结构材料交接处的增强处理材料应固定牢固。

②外墙结构表面宜进行找平处理，找平层施工应符合下列规定：

a. 外墙结构表面清理干净后，方可进行界面处理。

b. 界面处理材料的品种和配合比应符合设计要求，拌和应均匀一致，无粉团、沉淀等缺陷。涂层应均匀，不露底。待表面收水后，方可进行找平层施工。

c. 找平层砂浆的强度和厚度应符合设计要求，厚度在 10 mm 以上时，应分层压实、抹平。

③外墙防水层施工前，宜先做好节点处理，再进行大面积施工。

④防水砂浆施工应符合下列规定：

A. 基层表面应为平整的毛面，光滑表面应做界面处理并充分润湿。

B. 防水砂浆的配制应符合规范规定。配制好的防水砂浆宜在 1 h 内用完，施工中不得任意加水。

C. 界面处理材料涂刷厚度应均匀，覆盖完全，收水后应及时进行防水砂浆施工。

D. 防水砂浆涂抹施工应符合下列规定：

a. 厚度大于 10 mm 时应分层施工，第二层应待前一层指触不粘时进行，各层应黏结牢固。

b. 每层宜连续施工。当需留槎时，应采用阶梯坡形槎，接槎部位离阴阳角不得小于 200 mm；上下层接槎应错开 300 mm 以上。接槎应依层次顺序操作，层层搭接紧密。

c. 喷涂施工时，喷枪的喷嘴应垂直于基面，合理调整压力、喷嘴与基面距离。

d. 涂抹时应压实、抹平。遇气泡时应挑破，保证铺抹密实。

e. 抹平、压实应在初凝前完成。

E. 窗台、窗楣和凸出墙面的腰线等部位上表面的流水坡应找坡准确，外口下沿的滴水线应连续、顺直。

F. 砂浆防水层分格缝的留设位置和尺寸应符合设计要求。分格缝的密封处理应在防水砂浆达到设计强度的 80% 后进行，密封前应将分格缝清理干净，密封材料应嵌填密实。

G. 砂浆防水层转角宜抹成圆弧形，圆弧半径应不小于 5 mm，转角抹压应顺直。

H. 门框、窗框、管道、预埋件等与防水层相接处应留 8 ~ 10 mm 宽的凹槽，密封处理应符合规范要求。

I. 砂浆防水层未达到硬化状态时，不得浇水养护或直接受雨水冲刷。聚合物水泥防水砂浆硬化后应采用干湿交替的养护方法；普通防水砂浆防水层应在终凝后进行保湿养护。养护时间不宜少于 14 d。养护期间不得受冻。

⑤防水涂料施工应符合下列规定：

A. 施工前应先对细部构造进行密封或增强处理。

B. 涂料的配制和搅拌应符合下列规定：

a. 双组分涂料配制前，应将液体组分搅拌均匀。配料应按照规定要求进行，不得任意改变配合比。

b. 应采用机械搅拌，配制好的涂料应色泽均匀，无粉团、沉淀。

C. 涂膜防水层的基层宜干燥。防水涂料涂布前，应先涂刷基层处理剂。

D. 涂膜宜多遍完成，后遍涂布应在前遍涂层干燥成膜后进行。挥发性涂料的每遍用量不宜大于 0.6 kg/m^2。

E. 每遍涂布应交替改变涂层的涂布方向，同一涂层涂布时，先后接槎宽度宜为 30 ~ 50 mm。

F. 涂膜防水层的甩槎应避免污损,接涂前应将甩槎表面清理干净,接槎宽度不应小于100 mm。

G. 胎体增强材料应铺贴平整、排除气泡,不得有褶皱和胎体外露;胎体层充分浸透防水涂料;胎体的搭接宽度不应小于 50 mm;胎体的底层和面层涂膜厚度均不应小于 0.5 mm。

H. 涂膜防水层完工并经验收合格后,应及时做好饰面层。饰面层施工时应有成品保护措施。

8.4 屋面工程施工

· 8.4.1 找坡层和找平层施工 ·

1)装配式钢筋混凝土板的板缝嵌填施工

装配式钢筋混凝土板的板缝嵌填施工应符合下列规定:

①嵌填混凝土前板缝内应清理干净,并应保持湿润;

②当板缝宽度大于 40 mm 或上窄下宽时,板缝内应按设计要求配置钢筋;

③嵌填细石混凝土的强度等级不应低于 C20,填缝高度宜低于板面 10 ~ 20 mm,且应振捣密实和浇水养护;

④板端缝应按设计要求增加防裂的构造措施。

2)找坡层和找平层的基层施工

找坡层和找平层的基层施工应符合下列规定:

①应清理结构层、保温层上面的松散杂物,凸出基层表面的硬物应剔平扫净;

②抹找坡层前,宜对基层洒水润湿;

③突出屋面的管道、支架等根部,应用细石混凝土堵实和固定;

④对不易与找平层结合的基层应做界面处理。

找坡层和找平层所用材料的质量和配合比应符合设计要求,并应准确计量和机械搅拌;找坡应按屋面排水方向和设计坡度要求进行,找坡层最薄处厚度不宜小于 20 mm;找坡材料应分层敷设和适当压实,表面宜平整和粗糙,并应适时浇水养护;找平层应在水泥初凝前压实抹平,水泥终凝前完成收水后应二次压光,并应及时取出分格条。养护时间不得少于 7 d。

卷材防水层的基层与突出屋面结构的交接处,以及基层的转角处,找平层均应做成圆弧形,且应整齐、平顺。

找坡层和找平层的施工环境温度不宜低于 5 ℃。

· 8.4.2 保温层和隔热层施工 ·

1)保温隔热材料

屋面保温隔热材料宜选用聚苯乙烯硬质泡沫保温板、聚氨酯硬质泡沫保温板、喷涂硬泡聚氨酯或绝热玻璃棉等。聚氨酯硬质泡沫保温板应符合国家标准《建筑绝热用硬质聚氨酯泡沫塑料》(GB/T 21558—2008)的要求。

喷涂硬泡聚氨酯保温材料的主要物理性能应符合国家标准《硬泡聚氨酯保温防水工程技

术规范》(GB 50404—2017)的要求。绝热玻璃棉应符合国家标准《建筑绝热用玻璃棉制品》(GB/T 17795—2008)的要求。

采用机械固定施工方法的块状保温隔热材料应单独固定,其具体固定方法见表8.1。

表8.1 采用机械固定施工方法的块状保温隔热材料的固定方法

保温隔热材料		每块板固定件最少数量		固定位置
发泡聚苯板	挤塑聚苯板(XPS)	4个	任一边长≤1.2 m	4个角,固定垫片距离板材边缘不大于150 mm
	模塑聚苯板(EPS)	6个	任一边长>1.2 m	4个角及沿长向中线均匀布置,固定垫片距离板材边缘不大于150 mm
玻璃棉板、矿渣棉板、岩棉板		2个	—	沿长向中线均匀布置

注:其他类型的保温隔热板材固定件布置由系统供应商建议提供。

2)保温层施工

(1)板状材料保温层施工

板状材料保温层施工应符合下列规定:

①基层应平整、干燥、干净;

②相邻板块应错缝拼接,分层敷设的板块其上下层接缝应相互错开,板间缝隙应采用同类材料嵌填密实;

③采用干铺法施工时,板状保温材料应紧靠在基层表面上,并应铺平垫稳;

④采用黏结法施工时,胶黏剂应与保温材料相容,板状保温材料应贴严、粘牢,在胶黏剂固化前不得上人踩踏;

⑤采用机械固定法施工时,固定件应固定在结构层上,固定件的间距应符合设计要求。

(2)纤维材料保温层施工

纤维材料保温层施工应符合下列规定:

①基层应平整、干燥、干净;

②纤维保温材料在施工时,应避免重压,并应采取防潮措施;

③纤维保温材料敷设时,平面拼接缝应贴紧,上下层拼接缝应相互错开;

④屋面坡度较大时,纤维保温材料宜采用机械固定法施工;

⑤在敷设纤维保温材料时,应做好劳动保护工作。

(3)喷涂硬泡聚氨酯保温层施工

喷涂硬泡聚氨酯保温层施工应符合下列规定:

①基层应平整、干燥、干净;

②施工前应对喷涂设备进行调试,并应对喷涂试块进行材料性能检测;

③喷涂时喷嘴与施工基面的间距应由试验确定;

④喷涂硬泡聚氨酯的配合比应准确计量,发泡厚度应均匀一致;

⑤一个作业面应分遍喷涂完成,每遍喷涂厚度不宜大于15 mm,硬泡聚氨酯喷涂后20 min内严禁上人;

⑥喷涂作业时,应采取防止污染的遮挡措施。

(4)现浇泡沫混凝土保温层施工

现浇泡沫混凝土保温层施工应符合下列规定:

①基层应清理干净,不得有油污、浮尘和积水;

②现浇泡沫混凝土应按设计要求的干密度和抗压强度进行配合比设计,拌制时应计量准确,并应搅拌均匀;

③泡沫混凝土应按设计的厚度设定浇筑面标高线,找坡时宜采取挡板辅助措施;

④泡沫混凝土的浇筑出料口离基层的高度不宜超过 1 m,泵送时应采取低压泵送;

⑤泡沫混凝土应分层浇筑,一次浇筑厚度不宜超过 200 mm,终凝后应进行保湿养护,养护时间不得少于 7 d。

3)隔汽层施工

隔汽层施工应符合下列规定:

①隔汽层施工前,基层应进行清理,宜进行找平处理。

②屋面周边隔汽层应沿墙面向上连续敷设,高出保温层上表面不得小于 150 mm。

③采用卷材做隔汽层时,卷材宜空铺,卷材搭接缝应满粘,其搭接宽度不应小于 80 mm;采用涂膜做隔汽层时,涂料涂刷应均匀,涂层不得有堆积、起泡和露底现象。

④穿过隔汽层的管道周围应进行密封处理。

4)倒置式屋面保温层施工

倒置式保温防水屋面施工工艺流程为:基层清理检查,工具准备,材料检验→节点增强处理→防水层施工、检验→保温层敷设、检验→现场清理→保护层施工→验收。

①防水层施工。根据不同的材料,采用相应的施工方法和工艺施工并检验。

②保温层施工。保温材料可以直接干铺或用专用黏结剂粘贴,聚苯板不得选用溶剂型黏结剂粘贴。保温材料接缝处可以是平缝,也可以是企口缝,接缝处可以灌入密封材料以连成整体。块状保温材料的施工应采用斜缝排列,以利于排水。

当采用现喷硬泡聚氨酯保温材料时,要在成型的保温层面进行分格处理,以减少收缩开裂。大风天气和雨天不得施工,同时注意喷施人员的劳动保护。

③面层施工。

a. 上人屋面。采用 40 ~ 50 mm 厚钢筋细石混凝土作面层时,应按刚性防水层的设计要求进行分格缝的节点处理;采用混凝土块材作上人屋面保护层时,应用水泥砂浆坐浆平铺,板缝用砂浆勾缝处理。

b. 不上人屋面。当屋面是非功能性上人屋面时,可采用平铺预制混凝土板的方法进行压埋,预制板要有一定强度,厚度也应不小于 30 mm。选用卵石或砂砾作保护层时,其直径应为 20 ~ 60 mm,铺埋前,应先敷设 250 g/m^2 的聚酯纤维无纺布或油毡等隔离,再铺埋卵石,并要注意雨水口的畅通。压置物的重量应保证最大风力时保温板不被刮起和保证保温层在积水状态下不浮起。聚苯乙烯保温层不能直接受太阳照射,以防紫外线照射导致老化,还应避免与溶剂接触和在高温环境下(80 ℃以上)使用。

5)屋面排汽构造施工

如果保温层采用吸水率低($\omega<6\%$)的材料时,它们不会再吸水,保温性能就能得到保证。如果保温层采用吸水率大的材料,施工时如遇雨水或施工用水侵入造成很大含水率时,则应使

它干燥，但许多工程找平层已施工，一时无法干燥，为了避免因保温层含水率高而导致防水层起鼓，使屋面在使用过程中逐渐将水分蒸发(需几年或几十年时间)，过去采取被称为“排汽屋面”的技术措施，也有人称为呼吸屋面，如图8.19和图8.20所示。就是在保温层中设置纵横排汽道，在交叉处安放向上的排汽管，目的是当温度升高，水分蒸发，汽体沿排汽道、排汽管与大气连通，不会产生压力，潮气还可以从孔中排出，排汽屋面要求排汽道不得堵塞。这种做法确实有一定的效果，因此规范规定如果保温层含水率过高(超过15%)，不管设计时是否有规定，施工时都必须做排汽屋面处理。当然如果采用低吸水率保温材料时，就可以不采取这种做法。

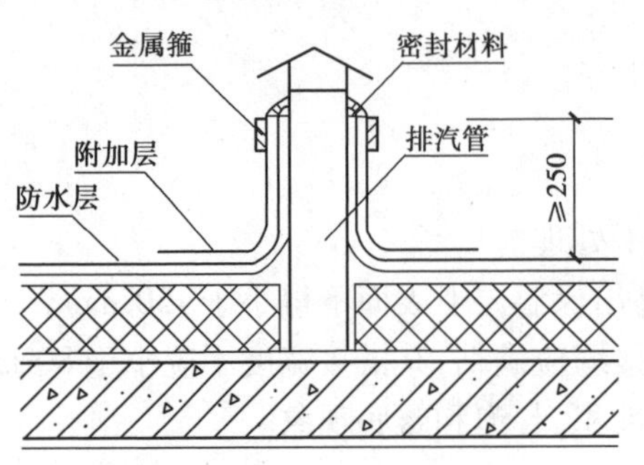

图8.19　直立排汽出口构造

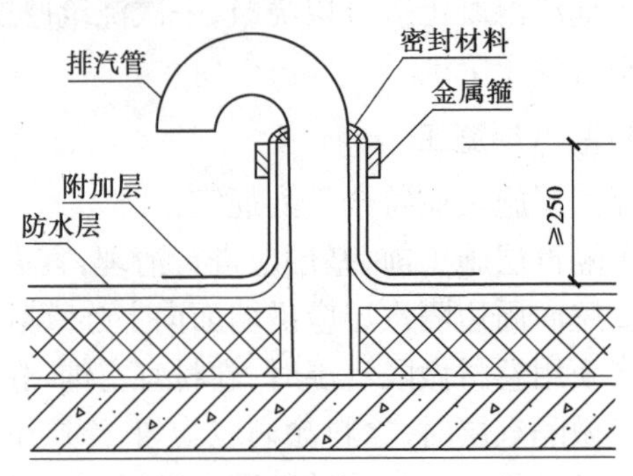

图8.20　弯形排汽出口构造

屋面排汽构造施工应符合下列规定：

①排汽道及排汽孔的设置应符合规范规定。

②排汽道应与保温层连通，排汽道内可填入透气性好的材料。

③施工时，排汽道及排汽孔均不得被堵塞。

④屋面纵横排汽道的交叉处可埋设金属或塑料排汽管，排汽管宜设置在结构层上，穿过保温层及排汽道的管壁四周应打孔。排汽管应做好防水处理。

· 8.4.3　屋面卷材防水层施工 ·

1)防水卷材的选用

①根据当地历年最高气温、最低气温、屋面坡度和使用条件等因素，选择耐热度、柔性相适应的卷材；

②根据地基变形程度，结构形式，当地年温差、日温差和震动等因素，选择拉伸性相适应的卷材；

③根据屋面防水卷材的暴露程度，选择耐紫外线、耐穿刺、耐老化保持率或耐霉性能相适应的卷材；

④自粘橡胶沥青防水卷材和自粘聚酯毡改性沥青防水卷材(0.5 mm厚铝箔覆面者除外)不得用于外露的防水层。

2)卷材防水层基层要求

卷材防水层基层应坚实、干净、平整，应无孔隙、起砂和裂缝。基层的干燥程度应根据所选防水卷材的特性确定。

采用基层处理剂时，其配制与施工应符合下列规定：

①基层处理剂应与防水卷材相容;

②基层处理剂应配比准确,并应搅拌均匀;

③喷涂基层处理剂前,应先对屋面细部进行涂刷;

④基层处理剂可选用喷涂或涂刷施工工艺,喷涂应均匀一致,干燥后应及时进行卷材施工。

3)卷材铺贴顺序和卷材搭接

(1)卷材铺贴顺序

卷材铺贴应按“先高后低,先远后近”的顺序施工。高低跨屋面,应先铺高跨屋面,后铺低跨屋面;在同高度大面积的屋面,应先铺离上料点较远的部位,后铺较近部位。

应先细部结构处理,然后大面积由屋面最低标高向上铺贴。卷材大面积铺贴前,应先做好节点密封处理、附加层和屋面排水较集中部位(屋面与水落口连接处、檐口、天沟、檐沟、屋面转角处、板端缝等)的处理、分格缝的空铺条处理等,然后由屋面最低标高处向上施工。铺贴天沟、檐沟卷材时,宜顺天沟、檐沟方向铺贴,从水落口处向分水线方向铺贴,以减少搭接。卷材宜平行屋脊铺贴,上下层卷材不得相互垂直铺贴。立面或大坡面铺贴卷材时,应采用满粘法,并宜减少卷材短边搭接,如图 8.21 所示。

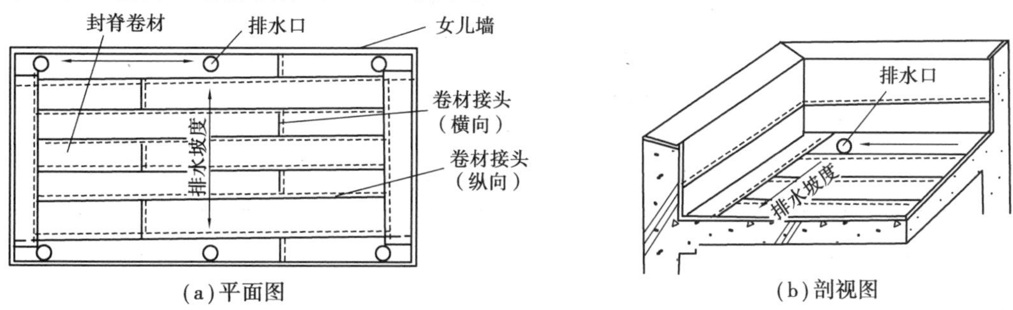

(a)平面图　　(b)剖视图

图 8.21　卷材配置示意图

为了保证防水层的整体性,减少漏水的可能性,屋面防水工程尽量不划分施工段;当需要划分施工段时,施工段的划分宜设在屋脊、天沟、变形缝等处。

(2)卷材搭接

卷材搭接缝应符合下列规定:

①平行屋脊的搭接缝应顺流水方向,搭接缝宽度应符合规范规定。

②同一层相邻两幅卷材短边搭接缝错开不应小于 500 mm。

③上下层卷材长边搭接缝应错开,且不应小于幅宽的 1/3。

④当卷材叠层敷设时,上下层不得相互垂直铺贴,以免在搭接缝垂直交叉处形成挡水条。叠层敷设的各层卷材,在天沟与屋面的连接处应采取叉接法搭接,搭接缝应错开,如图 8.22 和图 8.23 所示;搭接缝宜留在屋面与天沟侧面,不宜留在沟底。

卷材铺贴的搭接方向,主要考虑到坡度大或受震动时卷材易下滑,尤其是含沥青(温感性大)的卷材,高温时软化下滑是经常发生的。对于高分子卷材的铺贴方向要求不严格,为便于施工,一般顺屋脊方向铺贴,搭接方向应顺流水方向,不得逆流水方向,避免流水冲刷接缝,使接缝损坏。垂直屋脊方向铺卷材时,应顺大风方向。在铺贴卷材时,不得污染檐口的外侧和墙面。高聚物改性沥青防水卷材和合成高分子防水卷材的搭接缝,宜用材料性能相容的密封材料封严。

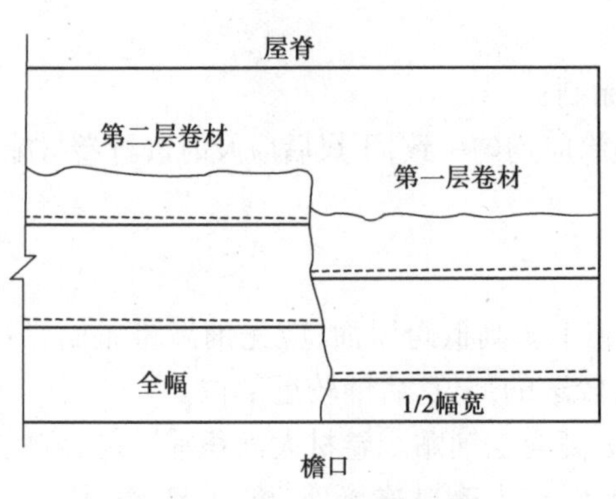

图 8.22　二层卷材铺贴

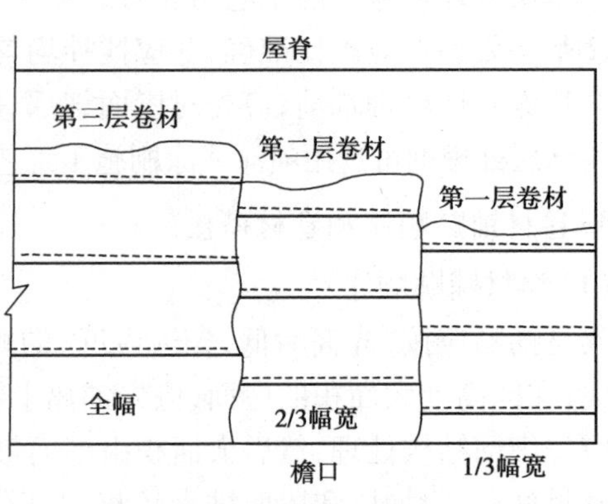

图 8.23　三层卷材铺贴

卷材铺贴搭接方向及要求见表 8.2。

表 8.2　卷材铺贴搭接方向及要求

屋面坡度	铺贴方向和要求
<3：100	卷材宜平行屋脊方向，即顺平面长向为宜
3：100～3：20	卷材可平行或垂直屋脊方向铺贴
>3：20 或受震动	沥青卷材应垂直屋脊铺贴；改性沥青卷材宜垂直屋脊铺贴；高分子卷材可平行或垂直屋脊铺贴
>1：4	应垂直屋脊铺贴，并应采取固定措施，固定点还应密封

4）卷材施工工艺

卷材与基层连接方式有满粘、空铺、条粘、点粘 4 种，见表 8.3。在工程应用中根据建筑部位、使用条件、施工情况，可以用其中一种或两种，在图纸上应该注明。

表 8.3　卷材与基层连接方式

铺贴方法	具体做法	适应条件
满粘法	又称全粘法，即在铺贴防水卷材时，卷材与基面全部黏结牢固的施工方法，通常热熔、冷粘、自粘时使用这种方法粘贴卷材	屋面防水面积较小，结构变形不大，找平层干燥
空铺法	铺贴防水卷材时，卷材与基面仅在四周一定宽度内黏结，其余部分不粘的施工方法。施工时檐口、屋脊、屋面转角、伸出屋面的出气孔、烟囱根等部位，采用满粘法，黏结宽度不小于 800 mm	适应于基层潮湿、找平层水汽难以排出及结构变形较大的屋面
条粘法	铺贴防水卷材时，卷材与屋面采用条状黏结的施工方法，每幅卷材黏结面不少于 2 条，每条黏结宽度不少于 150 mm，檐口、屋脊、伸出屋面管口等细部做法同空铺法	适应于结构变形较大、基面潮湿、排气困难的层面

续表

铺贴方法	具体做法	适应条件
点粘法	铺贴防水卷材时,卷材与基面采用点粘的施工方法,要求每平方米范围内至少有 5 个黏结点,每点面积不少于 100 mm×100 mm,屋面四周黏结,檐口、屋脊、伸出屋面管口等细部做法同空铺法	适应于结构变形较大、基面潮湿、排气有一定困难的屋面

高聚物改性沥青防水卷材黏结方法见表 8.4。

表 8.4　高聚物改性沥青防水卷材黏结方法

项目	热熔法	冷粘法	自粘法
1	幅宽内应均匀加热,熔融至光亮黑色,卷材基面均匀加热	基面涂刷基面处理剂	基面涂刷基面处理剂
2	不得过分加热,以免烧穿卷材	卷材底面、基面涂刷黏结胶,涂刷均匀,不露底、不堆积	边铺边撕去底层隔离纸
3	热熔后立即滚铺	根据胶合剂性能及气温,控制涂胶后的最佳黏结时间,一般用手触及表面似粘非粘为最佳	滚压、排气、粘牢
4	滚压排气,使之平展、粘牢,不得有皱折	铺贴排气粘牢后,溢口的胶合剂随即刮平封口	搭接部分用热风焊枪加热,溢出自粘胶时随即刮平封口
5	搭接部位溢出热熔胶后,随即刮封接口	—	铺贴立面及大坡面时应先加热粘牢固定

合成高分子改性沥青防水卷材黏结方法见表 8.5。

表 8.5　合成高分子改性沥青防水卷材黏结技术要求

项目	冷粘法	自粘法	热风焊接法
1	在找平层上均匀涂刷基面处理剂	同高聚物改性沥青防水卷材	基面应清扫干净
2	在基面、卷材底面涂刷配套胶黏剂		卷材铺放平顺,搭接尺寸正确
3	控制粘合时间,一般用手触及表面,以黏结剂不粘手为最佳时间		控制热风加热温度和时间
4	粘合时不得用力拉伸卷材,避免卷材铺贴后处于受拉状态		卷材排气、铺平
5	辊压、排气、粘牢		先焊长边搭接缝,后焊短边搭接缝
6	清理卷材搭接缝的搭接面,涂刷接缝专用胶,辊压、排气、粘牢		机械固定

(1)卷材冷粘法施工工艺

冷粘法施工是指在常温下采用胶黏剂等材料进行卷材与基层、卷材与卷材间黏结的施工方法。一般合成高分子卷材采用胶黏剂、胶黏带粘贴施工,聚合物改性沥青采用冷玛蹄脂粘贴施工。卷材采用自粘胶铺贴施工也属该施工工艺。该工艺在常温下作业,不需要加热或明火,施工方便、安全,但要求基层干燥,胶黏剂的溶剂(或水分)充分挥发,否则不能保证黏结的质量。冷粘法施工选择的胶黏剂应与卷材配套、相容且黏结性能满足设计要求。

卷材冷粘法施工工艺具体步骤如下:

①涂刷胶黏剂。底面和基层表面均应涂胶黏剂。卷材表面涂刷基层胶黏剂时,先将卷材展开摊铺在旁边平整干净的基层上,用长柄滚刷蘸胶黏剂,均匀涂刷在卷材的背面,不得涂刷得太薄而露底,也不能涂刷过多而产生聚胶。还应注意在搭接缝部位不得涂刷胶黏剂,此部位留作涂刷接缝胶黏剂,留置宽度即卷材搭接宽度。

涂刷基层胶黏剂的重点和难点与涂刷基层处理剂相同,即阴阳角、平立面转角处、卷材收头处、排水口、伸出屋面管道根部等节点部位,这些部位有增强层时应用接缝胶黏剂,涂刷工具宜用油漆刷。涂刷时,切忌在一处来回涂滚,以免将底胶"咬起"形成凝胶而影响质量,应按规定的位置和面积涂刷胶黏剂。

②卷材的铺贴。各种胶黏剂的性能和施工环境不同,有的可以在涂刷后立即粘贴卷材,有的需待溶剂挥发一部分后才能粘贴卷材,尤以后者居多,因此要控制好胶黏剂涂刷与卷材铺贴的间隔时间。一般要求基层及卷材上涂刷的胶黏剂达到表干程度,其间隔时间与胶黏剂性能及气温、湿度、风力等因素有关,通常为 10 ~30 min,施工时可凭经验确定,用指触不粘手时即可开始粘贴卷材。间隔时间的控制是冷粘法施工的难点,这对黏结力和黏结的可靠性影响很大。

卷材铺贴时应对准已弹好的粉线,并且在铺贴好的卷材上弹出搭接宽度线,以便进行第二幅卷材铺贴时能以此为准进行铺贴。

平面上铺贴卷材时,一般可采用以下两种方法进行:

一种是抬铺法,在涂布好胶黏剂的卷材两端各安排一个工人,拉直卷材,中间根据卷材的长度安排 1 ~4 个人,同时将卷材沿长向对折,使涂布胶黏剂的一面向外,抬起卷材,将一边对准搭接缝处的粉线,再翻开上半部卷材铺在基层上,同时拉开卷材使之平服。操作过程中,对折、抬起卷材、对粉线、翻平卷材等工序,几人均应同时进行。

另一种是滚铺法,将涂布完胶黏剂并达到要求干燥度的卷材用 ϕ50 ~ ϕ100 mm 的塑料管或原来用来装运卷材的纸筒芯重新成卷,使涂布胶黏剂的一面朝外,成卷时两端要平整,不应出现笋状,以保证铺贴时能对齐粉线,并要注意防止砂子、灰尘等杂物粘在卷材表面。成卷后用一根 ϕ30 mm×1 500 mm 的钢管穿入中心的塑料管或纸筒芯内,由两人分别持钢管两端,抬起卷材的端头,对准粉线,固定在已铺好的卷材顶端搭接部位或基层面上,抬卷材两人同时匀速向前展开卷材,并随时注意将卷材边缘对准线,并应使卷材铺贴平整,直到铺完一幅卷材。

每铺完一幅卷材,应立即用干净而松软的长柄压辊(一般重 30 ~40 kg)滚压,使其粘贴牢固。滚压应从中间向两侧边移动,做到排气彻底。平立面交接处,则先粘贴好平面,经过转角,由下向上粘贴卷材,粘贴时切勿拉紧,要轻轻沿转角压紧压实,再往上粘贴,同时排除空气,最后用手持压辊滚压密实,滚压时要从上往下进行。

③搭接缝的粘贴。卷材铺好压粘后,应将搭接部位的结合面清除干净,可用棉纱蘸少量汽

油擦洗。然后采用油漆刷均匀涂刷接缝胶黏剂，不得出现露底、堆积现象。涂胶量可按产品说明控制，待胶黏剂表面干燥后（指触不粘）即可进行粘合。粘合时应从一端开始，边压合边驱除空气，不许有气泡和皱折现象，然后用手持压辊顺边认真仔细辊压一遍，使其黏结牢固。三层重叠处最不易压严，要用密封材料预先加以填封，否则将会成为渗水通道。

搭接缝全部粘贴后，缝口要用密封材料封严，密封时用刮刀沿缝刮涂，不能留有缺口，密封宽度不应小于 10 mm。

（2）卷材热粘法施工工艺

热粘贴是指采用热玛蹄脂或采用火焰加热熔化热熔防水卷材底层的热熔胶进行黏结的施工方法。常用的有 SBS 或 APP（APAO）改性沥青热熔卷材、热玛蹄脂或热熔改性沥青黏结胶粘贴的沥青卷材或改性沥青卷材。这种工艺主要针对以沥青为主要成分的卷材和胶黏剂，它采取科学有效的加热方法，对热源进行有效控制，为以沥青为主的防水材料的应用创造了广阔的天地，同时取得了良好的防水效果。

厚度小于 3 mm 的卷材严禁采用热熔法施工，因为小于 3 mm 的卷材在加热热熔底胶时极易烧坏胎体或烧穿卷材。大于 3 mm 的卷材在采用火焰加热器加热卷材时既不能过分加热，以免烧穿卷材或使底胶焦化，也不能加热不充分，以免卷材不能很好地与基层粘牢，因此必须加热均匀，来回摆动火焰，使沥青呈光亮即止。热熔卷材铺贴常采取滚铺法，即边加热卷材边立即滚推卷材铺贴于基层，并用刮板用力推刮排除卷材下的空气，使卷材铺平，不皱折、不起泡，与基层粘贴牢固。推刮或辊压时，以卷材两边接缝处溢出沥青热熔胶为最适宜，并将溢出的热熔胶回刮封边。铺贴卷材亦应弹好标线，铺贴应顺直，搭接尺寸准确。

卷材热粘贴施工工艺如下：

①滚铺法。这是一种不展开卷材而边加热烘烤边滚动卷材铺贴的方法。滚铺法的步骤如下：

a. 起始端卷材的铺贴。将卷材置于起始位置，对好长、短方向搭接缝，滚展卷材 1 000 mm 左右，掀开已展开的部分，开启喷枪点火，喷枪头与卷材保持 50 ~ 100 mm 的距离，与基层呈 30° ~ 45°，将火焰对准卷材与基层交接处，同时加热卷材底面热熔胶面和基层，至热熔胶层出现黑色光泽、发亮至稍有微泡出现，慢慢放下卷材平铺于基层，然后进行排气辊压，使卷材与基层黏结牢固。当起始端铺贴至剩下 300 mm 左右长度时，将其翻放在隔热板上，用火焰加热余下起始端基层后，再加热卷材起始端的余下部分，然后将其粘贴于基层。

b. 滚铺。卷材起始端铺贴完成后即可进行大面积滚铺。持枪人位于卷材滚铺的前方，按上述方法同时加热卷材和基层，条粘时只需加热两侧边，加热宽度各为 150 mm 左右。推滚卷材的人蹲在已铺好的卷材起始端上面，等卷材充分加热后缓缓推压卷材，并随时注意卷材的平整顺直和搭接缝宽度。其后紧跟一人用棉纱团等从中间向两边抹压卷材，赶出气泡，并用刮刀将溢出的热熔胶刮压接边缝。另一个用压辊压实卷材，使之与基层粘贴密实。

②展铺法。展铺法是先将卷材平铺于基层，再沿边掀起卷材予以加热粘贴。此方法主要适用于条粘法铺贴卷材，其施工方法如下：

a. 先将卷材展铺在基层上，对好搭接缝，按滚铺法的要求先铺贴好起始端卷材。

b. 拉直整幅卷材，使其无皱折、无波纹，能平坦地与基层相贴，并对准长边搭接缝，然后对末端做临时固定，防止卷材回缩，可采用站人等方法。

c. 由起始端开始熔贴卷材，掀起卷材边缘约 200 mm 高，将喷枪头伸入侧边卷材底下，加热卷材边宽约 200 mm 的底面热熔胶和基层,边加热边向后退。然后另一人用棉纱团等由卷材中间向两边赶出气泡,并抹压平整。再由紧随的操作人员持辊压实两侧边卷材,并用刮刀将溢出的热熔胶刮压平整。

d. 铺贴到距末端 1 000 mm 左右长度时,撤去临时固定,按前述滚压法铺贴末端卷材。

③搭接缝施工。热熔卷材表面一般有一层防粘隔离纸,因此在热熔黏结接缝之前,应先将下层卷材表面的隔离纸烧掉,以利搭接牢固严密。操作时,由持枪人手持烫板(隔火板)柄,将烫板沿搭接粉线后退,喷枪火焰随烫板移动,喷枪应离开卷材 50 ~ 100 mm,贴近烫板。移动速度要控制合适,以刚好熔去隔离纸为宜。烫板和喷枪要密切配合,以免烧损卷材。排气和辊压方法与前述相同。当整个防水层熔贴完毕后,所有搭接缝应用密封材料涂封严密。

(3)卷材自粘法施工工艺

自粘贴卷材施工是指自粘型卷材的铺贴方法。自粘型卷材在工厂生产时,在其底面涂有一层压敏胶,胶黏剂表面敷有一层隔离纸。施工时只要剥去隔离纸,即可直接铺贴。自粘型卷材通常为高聚物改性沥青卷材,施工时一般可采用满粘法和条粘法进行铺贴。采用条粘法时,需与基层脱离的部位可在基层上刷一层石灰水或加铺一层撕下的隔离纸。铺贴时为增加黏结强度,基层表面也应涂刷基层处理剂;干燥后应及时铺贴卷材,可采用滚铺法或抬铺法进行。

铺贴自粘卷材施工工艺如下:

①滚铺法。如图 8.24 所示,操作小组由 5 人组成,2 人用 1 500 mm 长的管材穿入卷材芯孔,一边一人架空慢慢向前转动,一人负责撕拉卷材底面的隔离纸,由一名有经验的操作工负责铺贴并尽量排除卷材与基层之间的空气,一名操作工负责在铺好的卷材面进行滚压及收边。

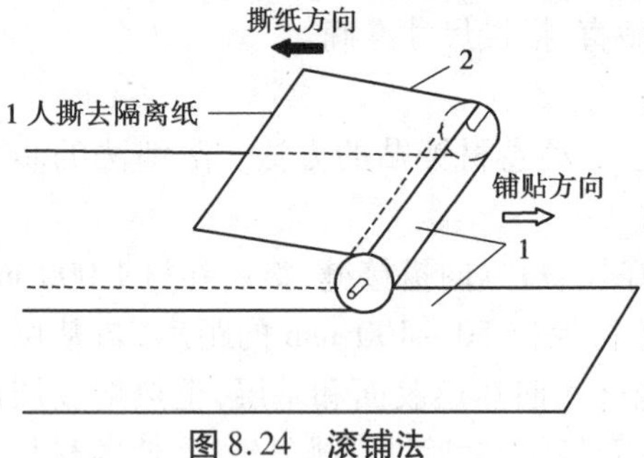

图 8.24　滚铺法

开卷后撕掉卷材端头 500 ~ 1 000 mm 长的隔离纸,对准长边线和端头的位置贴牢就可铺贴。负责转动铺开卷材的两人还要看好卷材的铺贴和撕拉隔离纸的操作情况,一般保持 1 000 mm 长左右。在自然松弛状态下对准长边线粘贴。使用铺卷材器时,要对准弹在基面的卷材边线滚动。

卷材铺贴的同时应从中间和向前方顺压,使卷材与基层之间的空气全部排出;在铺贴好的卷材上用压辊滚压平整,确保无皱折、无扭曲、无鼓包等缺陷。

卷材的接口处用手持小辊沿接缝顺序滚压,要将卷材末端处滚压严实,并使黏结胶略有外露为好。

卷材的搭接部分要保持洁净,严禁掺入杂物,上下层及相邻两幅的搭接缝均应错开,长短边搭接宽度不少于 80 mm,如遇气温低,搭接处黏结不牢,可用加热器适当加热,确保粘贴牢固。溢出的自粘胶随即刮平封口。

②抬铺法。抬铺法是先将待铺卷材剪好,反铺于基层上,并剥去卷材全部隔离纸后再铺贴卷材的方法。此法适合于较复杂的铺贴部位,或隔离纸不易掀剥的场合。施工时按下述方法进行:首先根据基层形状裁剪卷材。裁剪时,将卷材铺展在待铺部位,实测基层尺寸(考虑搭接宽度)裁剪卷材。然后将剪好的卷材认真仔细地剥除隔离纸,用力要适度,已剥开的隔离纸与卷材宜成锐角,这样不易拉断隔离纸。如出现小片隔离纸粘连在卷材上时,可用小刀仔细挑

出，实在无法剥离时，应用密封材料加以涂盖。全部隔离纸剥离完毕后，将卷材带胶面朝外，沿长向对折卷材。然后抬起并翻转卷材，使搭接边转向搭接粉线。当卷材较长时，在中间安排数人配合，一起将卷材抬到待铺位置，使搭接边对准粉线，从短边搭接缝开始沿长向铺放好搭接缝侧半幅卷材，然后再铺放另半幅。在铺放过程中，各操作人员要默契配合，铺贴的松紧与滚铺法相同。铺放完毕后再进行排气、辊压。

③立面和大坡面的铺贴。由于自粘型卷材与基层的黏结力相对较低，在立面或大坡面上，卷材容易产生下滑现象，因此在立面或大坡面上粘贴施工时，宜用手持式汽油喷灯将卷材底面的胶黏剂适当加热后再进行粘贴、排气和辊压。

④搭接缝粘贴。自粘型卷材上表面常带有防粘层（聚乙烯膜或其他材料），在铺贴卷材前，应将相邻卷材待搭接部位上表面的防粘层先熔化掉，使搭接缝能黏结牢固。操作时，用手持汽油喷灯沿搭接粉线进行。黏结搭接缝时，应掀开搭接部位卷材，宜用扁头热风枪加热卷材底面胶黏剂，加热后随即粘贴、排气、辊压，溢出的自粘胶随即刮平封口。搭接缝粘贴密实后，所有接缝口均用密封材料封严，宽度不应小于 10 mm。

(4)卷材热风焊接施工工艺

热风焊接施工是指采用热空气加热热塑性卷材的粘合面进行卷材与卷材接缝黏结的施工方法，卷材与基层间可采用空铺、机械固定、胶黏剂黏结等方法。热风焊接主要适用于树脂型（塑料）卷材。焊接工艺结合机械固定使防水更有效。目前采用焊接工艺的材料有 PVC 卷材、高密度和低密度聚乙烯卷材。这类卷材热收缩值较高，最适宜用于有埋置的防水层，宜采用机械固定，点粘或条粘工艺。它强度大，耐穿刺好，焊接后整体性好。

热风焊接卷材在施工时，首先应将卷材在基层上铺平顺直，切忌扭曲、皱折，并保持卷材清洁，尤其在搭接处，要求干燥、干净，更不能有油污、泥浆等，否则会严重影响焊接效果，造成接缝渗漏。如果采取机械固定，应先行用射钉固定；若用胶黏结，也需要先行黏结，留准搭接宽度。焊接时应先焊长边，后焊短边，否则一旦有微小偏差，长边很难调整。

热风焊接卷材防水施工工艺的关键是接缝焊接，焊接的参数是加热温度和时间，而加热的温度和时间与施工时的气候如温度、湿度、风力等有关。优良的焊接质量必须使用经培训并真正熟练掌握加热温度、时间的工人才能保证。温度低或加热时间过短，会形成假焊，焊接不牢；温度过高或加热时间过长，会烧焦或损伤卷材本身。当然漏焊、跳焊更是不允许的。

(5)热熔法铺贴卷材施工工艺

热熔法铺贴卷材施工工艺如下：

①清理基层。剔除基层上的隆起异物，清除基层上的杂物，清扫干净尘土。

②涂刷基层处理剂。高聚物改性沥青卷材施工，按产品说明书配套使用，基层处理剂应与铺贴的卷材材性相容。可将氯丁橡胶沥青胶黏剂加入工业汽油稀释，搅拌均匀，用长把滚刷均匀涂刷于基层表面上，常温经过 4 h 后开始铺贴卷材。

③节点附加增强处理。待基层处理剂干燥后，按设计节点构造图做好节点（女儿墙、水落管、管根、檐口、阴阳角等细部）的附加增强处理。

④定位、弹线。在基层上按规范要求排布卷材，弹出基准线。

⑤热熔铺贴卷材。按弹好的基准线位置，将卷材沥青膜底面朝下，对正粉线，点燃火焰喷枪（喷灯）并对准卷材底面与基层的交接处，使卷材底面的沥青熔化。喷枪头距加热面 50 ~ 100 mm，与基层成 30° ~ 45°角为宜。当烘烤到沥青熔化，卷材底有光泽并发黑，有一

薄的熔层时,即用胶皮压辊压密实。这样边烘烤边推压,当端头只剩下300 mm左右时,将卷材翻放于隔热板上加热,同时加热基层表面,粘贴卷材并压实,如图8.25所示。

⑥搭接缝黏结。搭接缝黏结之前,先熔烧下层卷材上表面搭接宽度内的防粘隔离层。处理时,操作者一手持烫板,一手持喷枪,使喷枪靠近烫板并距卷材50~100 mm,边熔烧,边沿搭接线后退。为防火焰烧伤卷材其他部位,烫板与喷枪应同步移动。处理完隔离层,即可进行接缝黏结,如图8.26所示。

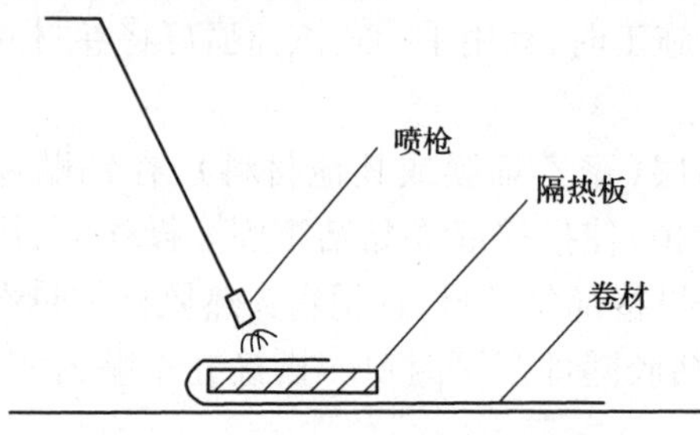

图8.25　用隔热板加热卷材端头

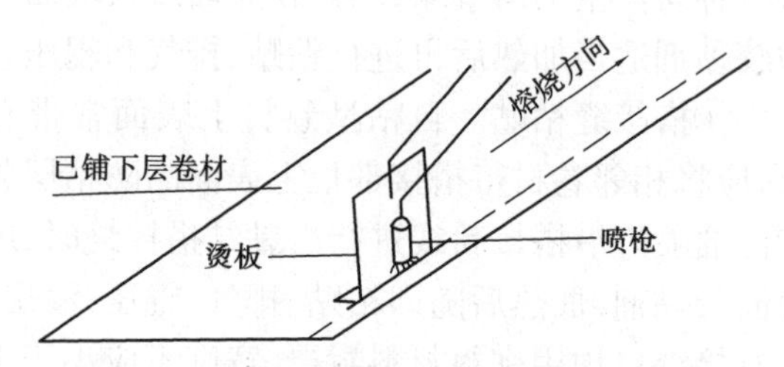

图8.26　熔烧处理卷材上表面防粘隔离层

⑦蓄水试验。卷材铺贴完毕后24 h,按要求进行检验。平屋面可采用蓄水试验,蓄水深度为20 mm,蓄水时间不宜少于72 h;坡屋面可采用淋水试验,持续淋水时间不少于2 h,屋面无渗漏和积水、排水系统通畅为合格。

(6)机械固定法铺贴卷材施工工艺

机械固定法铺贴卷材应符合下列规定:

①固定件应与结构层连接牢固;

②固定件间距应根据抗风揭试验和当地的使用环境与条件确定,并不宜大于600 mm;

③卷材防水层周边800 mm范围内应满粘,卷材收头应采用金属压条钉压固定和做密封处理。

· 8.4.4　涂膜防水层施工 ·

1)涂膜防水层的基层要求

涂膜防水层基层应坚实平整,排水坡度应符合设计要求,否则会导致防水层积水;同时,防水层施工前基层应干净,无孔隙、起砂和裂缝,以保证涂膜防水层与基层有较好的黏结强度。

溶剂型、热熔型和反应固化型防水涂料,涂膜防水层施工时,基层要求干燥,否则会导致防水层成膜后出现空鼓、起皮现象。水乳型或水泥基类防水涂料对基层的干燥度没有严格要求,但从成膜质量和涂膜防水层与基层黏结强度来考虑,干燥的基层比潮湿基层有利。基层处理剂的施工应符合规范规定。

2)防水涂料配料

双组分或多组分防水涂料应按配合比准确计量,应采用电动机具搅拌均匀,已配制的涂料应及时使用。配料时,可加入适量的缓凝剂或促凝剂调节固化时间,但不得将其加入已固化的涂料。

3)涂膜防水的操作方法

涂膜防水的操作方法有涂刷法、涂刮法、喷涂法,见表8.6。

表 8.6　涂膜防水的操作方法

操作方法	具体做法	适应范围
涂刷法	①用刷子涂刷一般采用蘸刷法,也可边倒涂料边用刷子刷匀。涂布垂直面层的涂料时,最好采用蘸刷法。涂刷应均匀一致,倒料时涂料应均匀倒洒,不可在一处倒得过多,否则涂料难以刷开,造成涂膜厚薄不均匀现象。涂刷时不能将气泡裹进涂层中,如遇气泡应立即消除。涂刷遍数必须按事先试验确定的遍数进行。 ②涂布时应先涂立面,后涂平面。在立面或平面涂布时,可采用分条或按顺序进行。分条进行时,每条宽度应与胎体增强材料宽度一致,以免操作人员踩踏刚涂好的涂层 ③前一遍涂料干燥后,方可进行下一层涂膜的涂刷。涂刷前应将前一遍涂膜表面的灰尘、杂物等清理干净,同时还应检查前一遍涂层是否有缺陷,如气泡、露底、漏刷,胎体材料皱折、翘边、杂物混入涂层等不良现象。如果存在上述质量问题,应先进行修补,再涂布下一道涂料。 ④后续涂层的涂刷,要严格控制材料用量,用力要均匀,涂层厚薄要一致,仔细认真涂刷。各道涂层之间的涂刷方向应相互垂直,以提高防水层的整体性和均匀性。涂层间的接槎处,在每遍涂刷时应退槎 50 ~ 100 mm,接槎时也应超过 50 mm,以免接槎不严造成渗漏。 ⑤刷涂施工质量要求涂膜厚薄一致,平整光滑,无明显接槎。施工操作中不应出现流淌、皱纹、露底、刷花和起泡等弊病	用于刷涂立面和细部节点处理及黏度较小的高聚物改性沥青防水涂料和合成高分子涂料
涂刮法	①刮涂就是利用刮刀,将厚质防水涂料均匀地刮涂在防水基层上,形成厚度符合设计要求的防水涂膜。 ②刮涂时应用力按刀,使刮刀与被涂面的倾斜角成 50° ~ 60°,按刀要用力均匀。 ③涂层厚度控制采用预先在刮板上固定铁丝(或木条)或在屋面上做好标志的方法。铁丝(或木条)的高度应与每遍涂层厚度要求一致。 ④刮涂时只能来回刮 1 次,不能往返多次刮涂,否则将会出现"皮干里不干"现象。 ⑤为了加快施工进度,可采用分条间隔施工,待先批涂层干燥后,再抹后批空白处。分条宽度一般为 0.8 ~ 1.0 m,以便抹压操作,并与胎体增强材料宽度相一致。 ⑥待前一遍涂料完全干燥后(干燥时间不宜少于 12 h)可进行下一遍涂料施工。后一遍涂料的刮涂方向应与前一遍刮涂方向垂直。 ⑦当涂膜出现气泡、皱折、凹陷、刮痕等情况时,应立即进行修补。补好后才能进行下一道涂膜施工	用于黏度较大的高聚物改性沥青防水涂料和合成高分子防水涂料的大面积施工
喷涂法	①喷涂施工是利用压力或压缩空气将防水涂料涂布于防水基层面上的机械施工方法,其特点是涂膜质量好、工效高、劳动强度低,适用于大面积作业。 ②作业时,喷涂压力为 0.4 ~ 0.8 MPa,喷枪移动速度一般为 400 ~ 600 mm/min,喷嘴至受喷面的距离一般应控制在 400 ~ 600 mm。	

续表

操作方法	具体做法	适应范围
喷涂法	③喷枪移动的范围不能太大，一般直线喷涂 800 ~ 1 000 mm 后，拐弯 180°向后喷下一行。根据施工条件可选择横向或竖向往返喷涂。 ④第一行与第二行喷涂面的重叠宽度，一般应控制在喷涂宽度的 1/3 ~ 1/2，以使涂层厚度比较一致。 ⑤每一涂层一般要求两遍成活，横向喷涂一遍，再竖向喷涂一遍。两遍喷涂的时间间隔由防水涂料的品种及喷涂厚度而定。 ⑥如有喷枪喷涂不到的地方，应用油刷刷涂	用于黏度较小的高聚物改性沥青防水涂料和合成高分子防水涂料的大面积施工

4）涂膜防水层的施工工艺

（1）涂膜防水施工程序

涂膜防水层施工工艺流程：施工准备工作→板缝处理及基层施工→基层检查及处理→涂刷基层处理剂→节点和特殊部位附加增强处理→涂布防水涂料，铺贴胎体增强材料→防水层清理与检查整修→保护层施工。

其中，板缝处理和基层施工及检查处理是保证涂膜防水施工质量的基础；防水涂料的涂布和胎体增强材料的敷设是最主要和最关键的工序，这道工序的施工方法取决于涂料的性质和设计方法。

涂膜防水的施工与卷材防水层一样，也必须按照"先高后低，先远后近"的原则进行，即遇有高低跨的屋面，一般先涂布高跨屋面，后涂布低跨屋面。在相同高度的大面积屋面上，要合理划分施工段，施工段的交接处应尽量设在变形缝处，以便于操作和运输顺序的安排，在每段中要先涂布离上料点较远的部位，后涂布较近的部位。先涂布排水较集中的水落口、天沟、檐口，再往高处涂布至屋脊或天窗下。先做节点、附加层，然后再进行大面积涂布。一般涂布方向应顺屋脊方向，如有胎体增强材料时，涂布方向应与胎体增强材料的铺贴方向一致。

（2）防水涂料的涂布

根据防水涂料种类的不同，防水涂料可以采用涂刷、刮涂或机械喷涂的方法涂布。

涂布前，应根据屋面面积、涂膜固化时间和施工速度估算好一次涂布用量，确定配料量，保证在固化干燥前用完，这一规定对于双组分反应固化型涂料尤为重要。已固化的涂料不能与未固化的涂料混合使用，否则会降低防水涂膜的质量。涂布的遍数应按设计要求的厚度事先通过试验确定，以便控制每遍涂料的涂布厚度和总厚度。胎体增强材料上层的涂布不应少于两遍。

涂料涂布应分条或按顺序进行。分条进行时，每条的宽度应与胎体增强材料的宽度相一致，以免操作人员踩踏刚涂好的涂层。每次涂布前应仔细检查前遍涂层是否有缺陷，如气泡、露底、漏刷、胎体增强材料皱折、翘边、杂物混入等现象，如发现上述问题，应先进行修补，再涂布后遍涂层。立面部位涂层应在平面涂布前进行，而且应采用多次薄层涂布，尤其是流平性好的涂料，否则会产生流坠现象，使上部涂层变薄，下部涂层增厚，影响防水性能。

（3）胎体增强材料的敷设

胎体增强材料的敷设方向与屋面坡度有关。屋面坡度小于 3：20 时，可平行屋脊敷设；屋面坡度大于 3：20 时，为防止胎体增强材料下滑，应垂直屋脊敷设。敷设时由屋面最低标高处开始向上操作,使胎体增强材料搭接顺流水方向,避免呛水。

胎体增强材料搭接时,其长边搭接宽度不得小于 50 mm,短边搭接宽度不得小于 70 mm。采用两层胎体增强材料时,由于胎体增强材料的纵向和横向延伸率不同,因此上下层胎体应同方向敷设,使两层胎体材料有一致的延伸性。上下层的搭接缝还应错开,其间距不得小于 1/3 幅宽,以免产生重缝。

胎体增强材料的敷设可采用湿铺法或干铺法施工。当涂料的渗透性较差或胎体增强材料比较密实时,宜采用湿铺法施工,以便涂料可以很好地浸润胎体增强材料。铺贴好的胎体增强材料不得有皱折、翘边、空鼓等缺陷,也不得有露白现象。铺贴时切忌拉伸过紧,刮平时也不能用力过大,敷设后应严格检查表面是否有缺陷或搭接不足等问题,否则应进行修补后才能进行下一道工序的施工。

(4)细部节点的附加增强处理

屋面细部节点,如天沟、檐沟、檐口、泛水、出屋面管道根部、阴阳角和防水层收头等部位,均应加铺有胎体增强材料的附加层。一般先涂刷 1 ~2 遍涂料,铺贴裁剪好的胎体增强材料,使其贴实、平整,干燥后再涂刷一遍涂料。

· 8.4.5 接缝密封防水施工 ·

1)密封防水部位的基层

密封防水部位的基层应符合下列规定:

①密封防水部位的基层应牢固,表面应平整、密实,不得有裂缝、蜂窝、麻面、起皮和起砂等现象;

②密封防水部位的基层应清洁、干燥,应无油污、无灰尘;

③嵌入的背衬材料与接缝壁间不得留有空隙;

④密封防水部位的基层宜涂刷基层处理剂,涂刷应均匀,不得漏涂。

2)施工准备及施工工艺

(1)施工机具

根据密封材料的种类、施工方法选用施工机具,见表 8.7。

表 8.7 密封材料施工机具

<table>
<tr><th colspan="2">方 法</th><th>具体做法</th><th>适 用</th></tr>
<tr><td colspan="2">热灌法</td><td>采用塑化炉加热,将锅内材料加热,使其熔化,加热温度为 110 ~130 ℃,然后用灌缝车或鸭嘴壶将密封材料灌入缝中,浇灌时的温度不低于 110 ℃</td><td>平面接缝</td></tr>
<tr><td rowspan="2">冷嵌法</td><td>批刮法</td><td>密封材料不需加热,手工嵌填时可用腻子刀或刮刀将密封材料分次刮到缝槽两侧的黏结面,然后将密封材料填满整个接缝</td><td rowspan="2">平面、立面及节点接缝</td></tr>
<tr><td>挤出法</td><td>可采用专用的挤出枪,并根据接缝的宽度选用合适的枪嘴,将密封材料挤入接缝内。若采用管装密封材料时,可将包装筒塑料嘴斜向切开作为枪嘴,将密封材料挤入接缝内</td></tr>
</table>

(2)缝槽要求

缝槽应清洁、干燥,表面应密实、牢固、平整,否则应予以清洗和修整。用直尺检查接缝的宽度和深度,必须符合设计要求,一般接缝的宽度和深度见表 8.8。如尺寸不符合要求,应修整。

表 8.8　一般接缝的宽度和深度

接缝间距/m	0 ~ ≤2.0	>2.0 ~ ≤3.5	>3.5 ~ ≤5.0	>5.0 ~ ≤6.5	>6.5 ~ ≤8.0
最小缝宽/mm	10	15	20	25	30
嵌缝深度/mm	8±2	10±2	12±2	15±3	15±3

(3)施工工艺

施工工艺流程:嵌填背衬材料→敷设防污条→刷涂基层处理剂→嵌填密封材料→保护层施工。其施工要点如下:

①嵌填背衬材料。先将背衬材料加工成与接缝宽度和深度相符合的形状(或选购多种规格),然后将其压入接缝里,如图 8.27 所示。

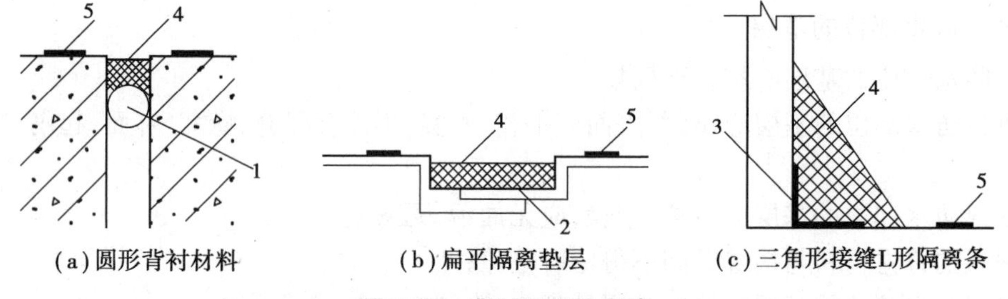

(a)圆形背衬材料　(b)扁平隔离垫层　(c)三角形接缝L形隔离条

图 8.27　背衬材料的嵌填

1—圆形背衬材料;2—扁平隔离垫层;3—L 形隔离条;4—密封防污胶条;5—遮挡防污胶条

②敷设防污条。防污条粘贴要成直线,保持密封膏线条美观。

③刷涂基层处理剂。单组分基层处理剂摇匀后即可使用。双组分基层处理剂需按产品说明书配比,用机械搅拌均匀,一般搅拌 10 min。用刷子将接缝周边涂刷薄薄的一层,要求刷匀,不得漏涂和出现气泡、斑点,表干后应立即嵌填密封材料,表干时间一般为 20 ~ 60 min,如超过 24 小时应重新涂刷。

④嵌填密封材料。密封材料的嵌填按施工方法分为热灌法和冷嵌法两种。热灌时应从低处开始向上连续进行,先灌垂直屋脊板缝,遇纵横交叉时,应向平行屋脊的板缝两端各延伸 150 mm,并留成斜槎。灌缝一般宜分两次进行,第一次先灌缝深的 1/3 ~ 1/2,用竹片或木片将油膏沿缝两边反复搓擦,使之不露白槎,第二次灌满并略高于板面和板缝两侧各 20 mm。密封材料在嵌填完毕但未干前,用刮刀用力将其压平与修整,并立即揭去遮挡条,养护 2 ~ 3 d,养护期间不得碰损或污染密封材料。

⑤保护层施工。密封材料表干后,按设计要求做保护层;如无设计要求,可用密封材料稀释做“一布二涂”的涂膜保护层,宽度为 200 ~ 300 mm。

· 8.4.6 保护层和隔离层施工 ·

1）浅色涂层的施工

浅色涂层可在防水层上涂刷，涂刷面除保持干净外，还应干燥，涂膜应完全固化，刚性层应硬化干燥。涂刷时应均匀，不露底、不堆积，一般应涂刷两遍以上。

浅色涂料保护层施工应符合下列规定：

①浅色涂料应与卷材、涂膜相容，材料用量应根据产品说明书的规定使用；

②浅色涂料应多遍涂刷，当防水层为涂膜时，应在涂膜固化后进行；

③涂层应与防水层黏结牢固，厚薄应均匀，不得漏涂；

④涂层表面应平整，不得流淌和堆积。

2）金属反射膜粘铺

金属反射膜在工厂生产时一般敷于热熔改性沥青卷材表面，也可以用黏结剂粘贴于涂膜表面。在现场将金属反应膜粘铺于涂膜表面时，应两人滚铺，从膜下排除空气后，立即辊压、粘牢。

3）蛭石、云母粉、粒料（砂、石片）撒布

蛭石、云母粉、粒料（砂、石片）如用于热熔改性沥青卷材表面时，应在工厂生产时粘附。在现场将这些粒料粘铺于防水层表面，一般是在涂刷最后一遍热玛碲脂或涂料时，立即均匀撒铺这些粒料并轻轻地辊压一遍，待完全冷却或干燥固化后，再将上面未粘牢的粒料扫去。

4）纤维毡、塑料网格布的施工

纤维毡一般在四周用压条钉压固定于基层，中间可采取点粘固定，塑料网格布在四周亦应固定，中间均应用咬口连接。

5）块体敷设

在敷设块体前应先用点粘法铺贴一层聚酯毡。块体有各式各样的混凝土制品，如方砖、六角形、多边形，只要铺摆就可以。如果是上人屋面，则要求用坐砂、坐浆铺砌。块体施工时应铺平垫稳，缝隙应均匀一致。

6）水泥砂浆、聚合物水泥砂浆或干粉砂浆铺抹

铺抹砂浆也应按设计要求，如需隔离层，则应先铺一层无纺布，再按设计要求铺抹砂浆，抹平压光，并按设计分格，也可以在硬化后用锯切割，但必须注意不可伤及防水层，锯割深度为砂浆厚度的1/3～1/2。

7）混凝土、钢筋混凝土施工

混凝土、钢筋混凝土保护层施工前应在防水层上做隔离层，隔离层可采用低强度等级砂浆（石灰黏土砂浆）、油毡、聚酯毡、无纺布等。隔离层应铺平，然后铺放绑扎配筋，支好分格缝模板，浇筑细石混凝土，也可以全部浇筑硬化后用锯切割混凝土缝，但缝中应嵌填密封材料。

本章小结

本章主要介绍了地下防水、室内防水、外墙防水、屋面工程等的施工工艺。通过学习，应达到以下要求：

(1)掌握地下工程防水施工工艺；

(2)掌握室内防水工程施工工艺；

(3)掌握外墙防水施工工艺；

(4)掌握屋面工程施工工艺。

思考题与习题

8.1　试述沥青卷材屋面防水层的施工过程。

8.2　常用防水卷材有哪些种类？

8.3　刚性防水屋面的隔离层如何施工？分格缝如何处理？简述其施工要点。

8.4　卷材屋面保护层有哪几种做法？

8.5　简述涂膜防水屋面的施工过程。

8.6　简述屋面保温工程保温层的铺设施工要点。

8.7　倒置式屋面的保温层应如何施工？

8.8　简述倒置式屋面施工工艺流程。

8.9　简要回答卷材地下防水外贴法、内贴法施工要点。

8.10　补偿收缩混凝土防水层怎样施工？

8.11　影响普通防水混凝土抗渗性的主要因素有哪些？防水混凝土所用的材料有什么要求？

8.12　防水混凝土是如何分类的？各有哪些特点？

8.13　卫生间防水有哪些特点？ 卫生间涂膜防水施工应注意哪些事项？

8.14　聚氨酯涂膜防水有哪些优缺点？有哪些施工工序？

9 装饰工程施工工艺

9.1 抹灰施工

· *9.1.1 一般抹灰施工工艺* ·

1)抹灰基体的表面处理

为保证抹灰层与基体之间能黏结牢固,不致出现裂缝、空鼓和脱落等现象,抹灰前应将基体表面的灰土、污垢、油渍等清除干净,凹凸明显的部位应先剔平或用水泥砂浆补平,基体表面应具有一定的粗糙度。砖石基体面灰缝应砌成凹缝式,使砂浆能嵌入灰缝内与砖石基体黏结牢固。混凝土基体表面较光滑,应在表面先刷一道水泥浆或喷一道水泥砂浆疙瘩,如果刷一道聚合物水泥浆则效果更好。加气混凝土表面抹灰前应清扫干净,并需刷一道聚合物胶水溶液,然后才可抹灰。板条墙或板条顶棚,各板条之间应预留 8 ~ 10 mm 缝隙,以便底层砂浆能压入板缝内结合牢固。当抹灰总厚度≥35 mm 时应采取加强措施。不同材料基体交接处表面的抹灰应采取防开裂的加强措施,当采用加强网时,加强网与各基体的搭接宽度不应小于 100 mm,如图 9.1 所示。对于容易开裂的部位,也应先设加强网以防止开裂。门窗框与墙连接处的缝隙应用水泥砂浆嵌塞密实,以防因振动而引起抹灰层剥落、开裂。

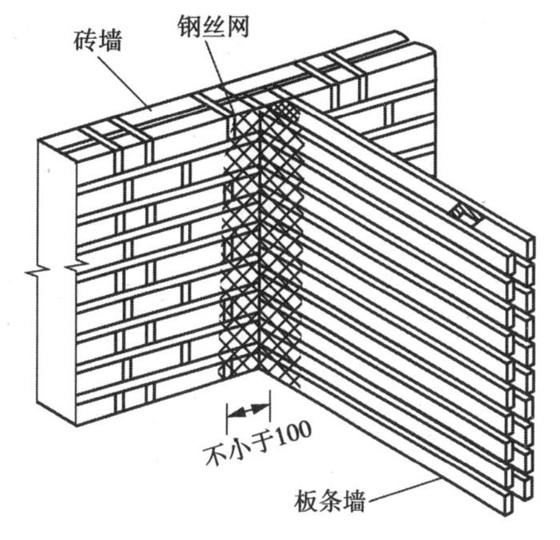

图 9.1 不同基层接缝处理

2)设置标筋

为了有效地控制墙面抹灰层的厚度与垂直度,使抹灰面平整,抹灰层涂抹前应设置标筋(又称冲筋),作为底、中层抹灰的依据。

设置标筋时,先用托线板检查墙面的平整垂直度,据以确定抹灰厚度(最薄处不宜小于 7 mm),再在墙两边上角离阴角边 100 ~ 200 mm 处,按抹灰厚度用砂浆做一个四方形(边长约 50 mm)标准块,称为“灰饼”,然后根据这两个灰饼,用托线板或线坠吊挂垂直,做墙面下角的两个灰饼(高低位置一般在踢脚线上口),随后以上角和下角左右两灰饼面为准拉线,每隔 1.2 ~ 1.5 m 上下加做若干灰饼,如图 9.2 所示。待灰饼稍干后在上下灰饼之间用砂浆抹上一条宽 100 mm 左右的垂直灰埂,此即为标筋,作为抹底层及中层灰的厚度控制和赶平的标准。

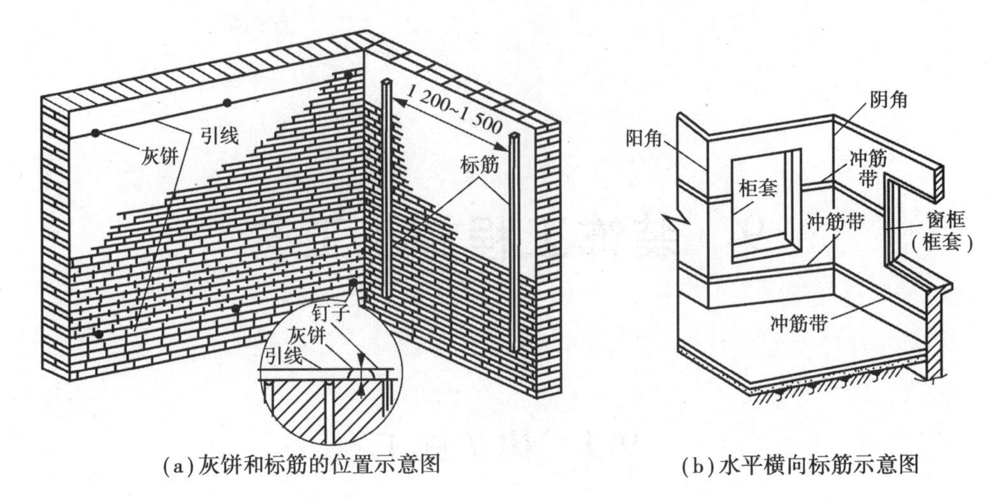

(a)灰饼和标筋的位置示意图　　(b)水平横向标筋示意图

图 9.2　挂线做标准灰饼及标筋

顶棚抹灰一般不做灰饼和标筋,而是在靠近顶棚四周的墙面上弹一条水平线以控制抹灰层厚度,并作为抹灰找平的依据。

3)做护角

室内外墙面、柱面和门窗洞口的阳角容易受到碰撞而损坏,故该处应采用 1∶2 水泥砂浆做暗护角,其高度不应低于 2 m,每侧宽度不应小于 50 mm,待砂浆收水稍干后,用捋角器抹成小圆角,如图 9.3 所示。要求抹灰阳角线条清晰、挺直、方正。

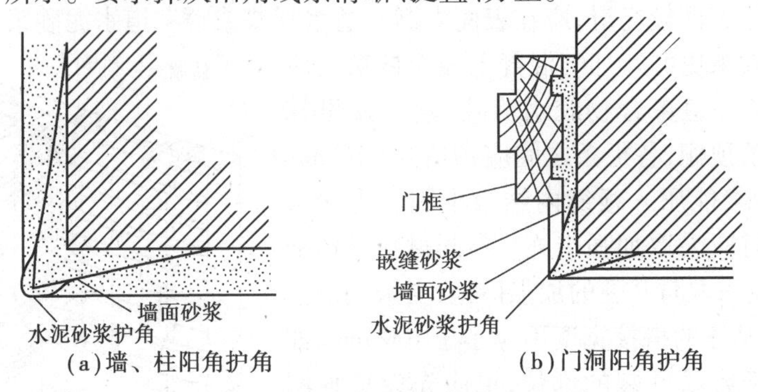

(a)墙、柱阳角护角　　(b)门洞阳角护角

图 9.3　阳角护角

4)抹灰层的涂抹

当标筋稍干后,即可进行抹灰层的涂抹。涂抹应分层进行,以免一次涂抹厚度较厚,砂浆内外收缩不一致而导致开裂。一般涂抹水泥砂浆时,每遍厚度以 5 ~ 7 mm 为宜;涂抹石灰砂浆和水泥混合砂浆时,每遍厚度以 7 ~ 8 mm 为宜。

分层涂抹时,应防止涂抹后一层砂浆时破坏已抹砂浆的内部结构而影响与前一层的黏结,应避免几层湿砂浆合在一起造成收缩率过大,导致抹灰层开裂、空鼓。因此,水泥砂浆和水泥混合砂浆应待前一层抹灰层凝结后,再涂抹后一层;石灰砂浆应待前一层发白(约七八成干)后,再涂抹后一层。抹灰用的砂浆应具有良好的工作性(和易性),以便于操作。砂浆稠度一般宜控制为底层抹灰砂浆 100 ~ 120 mm,中层抹灰砂浆 70 ~ 80 mm。底层砂浆与中层砂浆的配合比应基本相同。中层砂浆强度不能高于底层,底层砂浆强度不能高于基体,以免砂浆在凝结过程中产生较大的收缩应力，破坏强度较低的抹灰底层或基体，导致抹灰层产生裂缝、空鼓或脱落。另外，底层砂浆强度与基体强度相差过大时，由于收缩变形性能相差悬殊也易产生开裂和脱离，故混凝土基体上不能直接抹石灰砂浆。

为使底层砂浆与基体黏结牢固，抹灰前基体一定要浇水湿润，以防止基体过干而吸去砂浆中的水分，使抹灰层产生空鼓或脱落。砖基体一般宜浇水两遍，使砖面渗水深度达 8 ~10 mm。混凝土基体宜在抹灰前 1 d 即浇水，使水渗入混凝土表面 2 ~3 mm。如果各层抹灰相隔时间较长，已抹灰砂浆层较干时，也应浇水湿润，才可抹下一层砂浆。

抹灰层除用手工涂抹外，还可利用机械喷涂。机械喷涂抹灰将砂浆的拌制、运输和喷涂过程有机地衔接起来。

5）罩面压光

室内常用的面层材料有麻刀石灰、纸筋石灰、石膏灰等，应分层涂抹，每遍厚度为 1 ~2 mm，经赶平压实后，面层总厚度对于麻刀石灰不得大于 3 mm，对于纸筋石灰、石膏灰不得大于 2 mm。罩面时应待底子灰五六成干后进行，如底子灰过干应先浇水湿润。分纵横两遍涂抹，最后用钢抹子压光，不得留抹纹。

室外抹灰常用水泥砂浆罩面。由于面积较大，为了不显接槎，防止抹灰层收缩开裂，一般应设有分格缝，留槎位置应留在分格缝处。由于大面积抹灰罩面抹纹不易压光，在阳光照射下极易显露而影响墙面美观，故水泥砂浆罩面宜用木抹子抹成毛面。为防止色泽不匀，应用同一品种与规格的原材料，由专人配料，采用统一的配合比，底层浇水要均匀，干燥程度基本一致。

· *9.1.2 装饰抹灰施工工艺* ·

装饰抹灰施工工艺是采用装饰性强的材料，或用不同的处理方法以及在灰浆中加入各种颜料，使建筑物具备某种特定的色调和光泽。装饰抹灰的底层和中层的做法与一般抹灰要求相同，面层根据材料及施工方法的不同而具有不同的形式。下面介绍几种常用的饰面。

1）水刷石

水刷石多用于室外墙面的装饰抹灰。对于高层建筑大面积水刷石，为加强底层与混凝土基体的黏结，防止空鼓、开裂，墙面要加钢筋做拉结网。施工时先用 12 mm 厚 1 ∶ 3 水泥砂浆打底找平，待底层砂浆终凝后，在其上按设计的分格弹线安装分格木条，用水泥浆在两侧黏结固定，以防大片面层收缩开裂。然后将底层浇水润湿后刮水泥浆（水灰比 0.37 ~0.40）一道，以增加面层与底层的黏结。随即抹上稠度为 5 ~7 cm、厚 8 ~12 mm 的水泥石子浆（水泥 ∶ 石子=1 ∶ 1.25 ~1 ∶ 1.50）面层，拍平压实，使石子密实且分布均匀。当水泥石子浆开始凝固时（以手指按上去无指痕，用刷子刷石子，石子不掉下为准），用刷子从上而下蘸水刷掉石子间表层水泥浆，使石子露出灰浆面 1 ~2 mm 为度。刷洗时间要严格掌握，刷洗过早或过度，则石子颗粒露出灰浆面过多，容易脱落；刷洗过晚，则灰浆洗不净，石子不显露，饰面浑浊不清晰，影响美观。水刷石的外观质量标准是石粒清晰、分布均匀、紧密平整、色泽一致，不得有掉粒和接槎痕迹。

2）干粘石

干粘石主要是用于外墙面的装饰抹灰，施工时是在已经硬化的底层水泥砂浆层上按设计要求弹线分格，根据弹线镶嵌分格木条。将底层浇水湿润后，抹上一层 6 mm 厚 1 ∶ 2 ~1 ∶ 2.5

水泥砂浆层，随即再抹一层2 mm厚1：0.5水泥石灰膏浆黏结层，同时将配有不同颜色或同色的粒径为4～6 mm的石子甩粘拍平压实。拍时不得把砂浆拍出来，以免影响美观，要使石子嵌入深度不小于石子粒径的1/2，持有一定强度后再洒水养护。

上述为手工甩石子，亦可用喷枪将石子均匀有力地喷射于黏结层上，用铁抹子轻轻压一遍，使表面搓平。干粘石的质量要求是石粒黏结牢固、分布均匀、不掉石粒、不露浆、不漏粘、颜色一致。

3）斩假石（剁斧石）

斩假石又称剁斧石，是仿制天然石料的一种饰面，用不同的骨料或掺入不同的颜料，可以仿制成仿花岗石、玄武石、青条石等。施工时先用1：2～1：2.5水泥砂浆打底，待24 h后浇水养护，硬化后在表面洒水湿润，刮素水泥浆一道，随即用1：1.25水泥石子浆（内掺30%石屑）罩面，厚为10 mm；抹完后要注意防止日晒或冰冻，并养护2～3 d（强度达60%～70%）即可试剁，如石子颗粒不发生脱落便可正式斩假石加工。加工时用剁斧将面层斩毛，剁的方向要一致，剁纹深浅要均匀，一般两遍成活，分格缝周边、墙角、柱子的棱角周边留15～20 mm不剁，即可做出似用石料砌成的装饰面。

4）拉毛灰和洒毛灰

拉毛灰是将底层用水湿透，抹上1：（0.05～0.3）：（0.5～1）水泥石灰罩面砂浆，随即用硬棕刷或铁抹子进行拉毛。棕刷拉毛时，用刷蘸砂浆往墙上连续垂直拍拉，拉出毛头。铁抹子拉毛时，则不蘸砂浆，只用抹子黏结在墙面随即抽回，要做到拉的快慢一致、均匀整齐、色泽一致、不露底，在一个平面上要一次成活，避免中断留槎。

洒毛灰（又称撒云片）是用茅草小帚蘸1：1水泥砂浆或1：1：4水泥石灰砂浆，由上往下洒在湿润的底层上，洒出的云朵须错乱多变、大小相称、空隙均匀，形成大小不一而有规律的毛面。亦可在未干的底层上刷上颜色，再不均匀地洒上罩面灰，并用抹子轻轻压平，使其部分地露出带色的底子灰，使洒出的云朵具有浮动感。

5）喷涂饰面

喷涂饰面工艺是用挤压式灰浆泵或喷斗将聚合物水泥砂浆经喷枪均匀喷涂在墙面底层上。这种砂浆由于掺入聚合物乳液因而具有良好的和易性及抗冻性，能提高装饰面层的表面强度与黏结强度。根据涂料的稠度和喷射压力的大小，以质感区分，可喷成砂浆饱满、呈波纹状的波面喷涂和表面布满点状颗粒的粒状喷涂。底层为10～13 mm厚1：3水泥砂浆，喷涂前须喷或刷一道胶水溶液（108胶：水=1：3），使基层吸水率趋近于一致，并确保与喷涂层黏结牢固。喷涂层厚3～4 mm，粒状喷涂应连续3遍完成；波面喷涂必须连续操作，喷至全部泛出水泥浆但又不至流淌为好。在大面喷涂后，按分格位置用铁皮刮子沿靠尺刮出分格缝。喷涂层凝固后再喷罩一层有机硅疏水剂。质量要求表面平整，颜色一致，花纹均匀，不显接槎。

6）滚涂饰面

滚涂饰面是将带颜色的聚合物砂浆均匀涂抹在底层上，随即用平面或带有拉毛、刻有花纹的橡胶、泡沫塑料滚子，滚出所需的图案和花纹。其分层施工步骤：

① 10～13 mm厚水泥砂浆打底，木抹搓平；

②粘贴分格条（施工前在分格处先刮一层聚合物水泥浆，滚涂前将涂有聚合物胶水溶液的电工胶布贴上，等饰面砂浆收水后揭下胶布）；

③ 3 mm 厚色浆罩面,随抹随用辊子滚出各种花纹;

④待面层干燥后,喷涂有机硅水溶液。

滚涂砂浆的配合比为水泥:骨料(砂子、石屑或珍珠岩)= 1:0.5 ~ 1:1,再掺入占水泥量20% 的 108 胶和 0.3% 的木钙减水剂。手工操作滚涂分干滚、湿滚两种。干滚时滚子不蘸水,滚出的花纹较大,工效较高;湿滚时滚子反复蘸水,滚出花纹较小。滚涂工效比喷涂低,但便于小面积局部应用。滚涂应一次成活,多次滚涂易产生翻砂现象。

7)**弹涂饰面**

弹涂饰面是用电动弹力器分几遍将不同色彩的聚合物水泥色浆弹到墙面上,形成 1 ~ 3 mm 的圆状色点。由于色浆一般由 2 ~ 3 种颜色组成,不同色点在墙面上相互交错、相互衬托,犹如水刷石、干粘石,亦可做成单色光面、细麻面、小拉毛拍平等多种形式。这种工艺可在墙面上做底灰,再做弹涂饰面,也可直接弹涂在基层平整的混凝土板、加气板、石膏板、水泥石棉板等板材上。弹涂器有手动和电动两种,后者工效高,适合大面积施工。

弹涂的做法是在 1:3 水泥砂浆打底的底层砂浆面上,洒水润湿,待干至 60% ~ 70% 时进行弹涂。先喷刷底色浆一道,弹分格线,贴分格条,弹头道色点,待稍干后即弹两道色点,最后进行个别修弹,再进行喷射树脂罩面层。

9.2 饰面板与饰面砖施工

饰面工程是在墙柱表面镶贴或安装具有保护和装饰功能的块料而形成的饰面层。块料的种类可分为饰面板和饰面砖两大类。饰面板有石材饰面板(包括天然石材和人造石材)、金属饰面板、塑料饰面板、镜面玻璃饰面板等;饰面砖有釉面瓷砖、外墙面砖、陶瓷锦砖和玻璃马赛克等。

· *9.2.1 饰面板施工* ·

1)**大理石、磨光花岗石、预制水磨石饰面施工**

(1)薄型小规格块材粘贴

薄型小规格块材(边长小于 400 mm、厚度 10 mm 以下)工艺流程:基层处理→吊垂直、套方、找规矩、贴灰饼→抹底层砂浆→弹线分格→排块材→浸块材→镶贴块材→表面勾缝与擦缝。

①基层处理和吊垂直、套方、找规矩,操作方法同镶贴面砖的施工方法。需要注意同一墙面不得有一排以上的非整砖,并应将其镶贴在较隐蔽的部位。

②在基层湿润的情况下,先刷 108 胶素水泥浆一道(内掺水重 10% 的 108 胶),随刷随打底;底灰采用 1:3 水泥砂浆,厚度约 12 mm,分两遍操作,第一遍约 5 mm,第二遍约 7 mm,待底灰压实刮平后,将底子灰表面划毛。

③待底子灰凝固后便可进行分块弹线,随即将已湿润的块材抹上厚度为 2 ~ 3 mm 的素水泥浆,内掺水重 20% 的 108 胶进行镶贴(也可以用胶粉),用木槌轻敲,用靠尺找平找直。

(2)大规格块材安装

大规格块材(边长大于400 mm)工艺流程:施工准备(钻孔、剔槽)→穿铜丝或镀锌铁丝与块材固定→绑扎、固定钢筋网→吊垂直、找规矩弹线→安装大理石、磨光花岗石或预制水磨石→分层灌浆→擦缝。

①钻孔、剔槽。安装前先将饰面板按照设计要求用台钻打眼,事先应钉木架使钻头直对板材上端面,在每块板的上、下两个面打眼,孔位打在距板宽的两端1/4处,每个面各打两个眼,孔径5 mm,深为12 mm,孔位距石板背面以8 mm为宜(指钻孔中心)。如大理石或预制水磨石、磨光花岗石,板材宽度较大时,可以增加孔数。钻孔后用钢錾子把石板背面的孔壁轻轻剔一道槽,深约5 mm,连同孔洞形成象鼻眼,以备埋卧铜丝用,如图9.4所示。

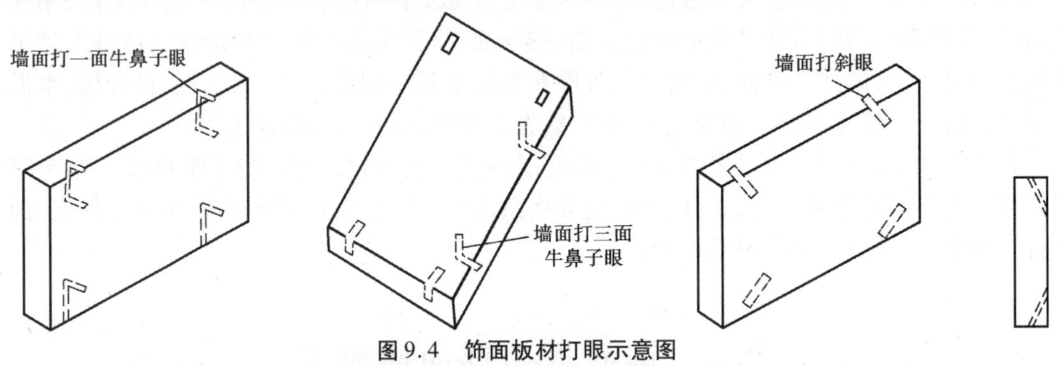

图9.4 饰面板材打眼示意图

若饰面板规格较大,特别是预制水磨石和磨光花岗石板,如下端不好拴绑镀锌铁丝或铜丝时,亦可在未镶贴饰面板的一侧,采用手提轻便小薄砂轮(4~5 mm),按规定在板高的1/4处上、下各开一槽(槽长3~4 mm,槽深约12 mm,与饰面板背面打通,竖槽一般居中,亦可偏外,但以不损坏外饰面和不反碱为宜),可将镀锌铁丝或铜丝卧入槽内,便可拴绑与钢筋网固定。

②穿钢丝或镀锌铁丝。把备好的铜丝或镀锌铁丝剪成长约20 cm,一端用木楔粘环氧树脂将铜丝或镀锌铁丝进孔内固定牢固,另一端将铜丝或镀锌铁丝顺孔槽弯曲并卧入槽内,使大理石或预制水磨石、磨光花岗石板上下端面没有铜丝或镀锌铁丝突出,以便和相邻石板接缝严密。

③绑扎钢筋网。首先剔出墙上的预埋筋,把墙面镶贴大理石或预制水磨石的部位清扫干净。先绑扎一道竖向$\phi 6$钢筋,并把绑好的竖筋用预埋筋弯压于墙面。横向钢筋用于绑扎大理石或预制水磨石、磨光花岗石板材,如板材高度为60 cm时,第一道横筋在地面以上10 cm处与主筋绑牢,用作绑扎第一层板材的下口固定铜丝或镀锌铁丝;第二道横筋绑在50 cm水平线上7~8 cm,比石板上口低2~3 cm处,用于绑扎第一层石板上口固定铜丝或镀锌铁丝,再往上每60 cm绑一道横筋即可。

④弹线。首先将大理石或预制水磨石、磨光花岗石的墙面、柱面和门窗套用大线坠从上至下找垂直(高层应用经纬仪找垂直)。应考虑大理石或预制水磨石、磨光花岗石板材厚度、灌注砂浆的空隙和钢筋网所占尺寸,一般大理石或预制水磨石、磨光花岗石外皮距结构面的厚度应以5~7 cm为宜。找垂直后,在地面上顺墙弹出大理石或预制水磨石板等外轮廓尺寸线(柱面和门窗套等同),此线即为第一层大理石或预制水磨石等的安装基准线。编好号的大理石或预制水磨石板等在弹好的基准线上画出就位线,每块留1 mm缝隙(如设计要求拉开缝,则按设计规定留出缝隙)。

⑤安装大理石或预制水磨石、磨光花岗石。按安装部位取石板并理直铜丝或镀锌铁丝，将石板就位，石板上口外仰，右手伸入石板背面，把石板下口铜丝或镀锌铁丝绑扎在横筋上。绑时不要太紧可留余量，只要把铜丝或镀锌铁丝和横筋拴牢即可（灌浆后即可锚固），把石板竖起，便可绑大理石或预制水磨石、磨光花岗石板上口铜丝或镀锌铁丝，并用木楔子垫稳，块材与基层间的缝隙（灌浆厚度）一般为 30 ~ 50 mm。用靠尺板检查调整木楔，再拴紧铜丝或镀锌铁丝，依次向另一方进行。柱面可按顺时针方向安装，一般先从正面开始。第一层安装完毕再用靠尺板找垂直，水平尺找平整，方尺找阴阳角方正，在安装石板时如出现石板规格不准确或石板之间的空隙不符，应用铅皮垫牢，使石板之间缝隙均匀一致，并保持第一层石板上口的平直。找完垂直、平整、方正后，用碗调制熟石膏，把调成粥状的石膏贴在大理石或预制水磨石、磨光花岗石板上下之间，使这两层石板结成一整体，木楔处亦可粘贴石膏，再用靠尺板检查有无变形，等石膏硬化后方可灌浆（如设计有嵌缝塑料软管者，应在灌浆前塞放好）。

⑥灌浆。把配合比为 1 ∶ 2.5 水泥砂浆放入半截大桶加水调成粥状（稠度一般为 8 ~ 12 cm），用铁簸箕舀浆徐徐倒入，注意不要碰大理石或预制水磨石板，边灌边用橡皮锤轻轻敲击石板面，使灌入砂浆排气。第一层灌浆很重要，因为要锚固石板的下口铜丝又要固定石板，所以要轻轻操作，防止碰撞和猛灌。如发生石板外移错动，应立即拆除重新安装。第一层浇灌高度为 15 cm，后停 1 ~ 2 h，等砂浆初凝，此时应检查是否有移动，再进行第二层灌浆（灌浆高度一般为 20 ~ 30 cm），待初凝后再继续灌浆。第三层灌浆至低于板上口 5 ~ 10 cm 处为止。

⑦擦缝。全部石板安装完毕后，清除所有石膏和余浆痕迹，用麻布擦洗干净，并按石板颜色调制色浆嵌缝，边嵌边擦干净，使缝隙密实、均匀、干净、颜色一致。

⑧柱子贴面。安装柱面大理石或预制水磨石、磨光花岗石，其弹线、钻孔、绑钢筋和安装等工序与镶贴墙面方法相同，要注意灌浆前用木方子钉成槽形木卡子，双面卡住大理石板或预制水磨石板，以防止灌浆时大理石或预制水磨石、磨光花岗石板外胀。

夏季安装室外大理石或预制水磨石、磨光花岗石时，应有防止暴晒的可靠措施。

2）大理石、花岗石干挂施工

干挂法的操作工艺包括选材、钻孔、基层处理、弹线、板材铺贴和固定 5 道工序。除钻孔和板材固定工序外，其余做法均同前。

（1）钻孔

由于相邻板材是用不锈销钉连接的，因此钻孔位置一定要准确，以便使板材之间的连接水平一致、上下平齐。钻孔前应在板材侧面按要求定位后，用电钻钻成直径为 5 mm、孔深 12 ~ 15 mm 的圆孔，然后将直径为 5 mm 的销钉插入孔内。

（2）板材固定

用膨胀螺钉将固定和支撑板块的连接件固定在墙面上，如图 9.5 所示。连接件是根据墙面与板块销孔的距离，用不锈钢加工成“L”形。为便于安装板块时调节销孔和膨胀螺栓的位置，在 L 形连接件上留槽形孔眼，待板块调整到正确位置时，随即拧紧膨胀螺钉螺帽进行固结，并用环氧树脂胶将销钉固定。

3）金属饰面板施工

金属饰面板一般采用铝合金板、彩色压型钢板和不锈钢钢板，用于内外墙面、屋面、顶棚等。亦可与玻璃幕墙或大玻璃窗配套应用，以及在建筑物四周的转角部位、玻璃幕墙的伸缩缝、水平部位的压顶等配套应用。

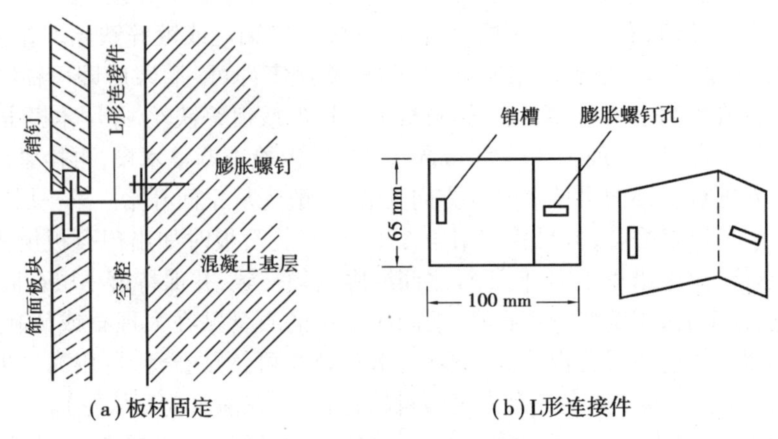

(a)板材固定　　(b)L形连接件

图9.5　用膨胀螺栓固定板材

(1)吊直、套方、找规矩、弹线

根据设计图样的要求和几何尺寸,对镶贴金属饰面板的墙面进行吊直、套方、找规矩并依次实测和弹线,确定饰面墙板的尺寸和数量。

(2)固定骨架的连接件

骨架的横竖杆件是通过连接件与结构固定的。连接件与结构间的固定可以与结构的预埋件焊接,也可以在墙上打膨胀螺栓进行固定(须在螺栓位置画线并按线开孔)。因后一种方法比较灵活,容易保证位置的准确性,因而实际施工中采用得较多。

(3)固定骨架

骨架应预先进行防腐处理。安装骨架位置要准确,结合要牢固。安装后应全面检查中心线、表面标高等。对高层建筑外墙,为保证饰面板的安装精度,宜用经纬仪对横竖杆件进行贯通。变形缝、沉降缝等应妥善处理。

(4)金属饰面板安装

墙板的安装顺序是从每面墙的竖向第一排下部第一块板开始,自下而上安装。安装完该面墙的第一排,再安装第二排。每安装铺设10排墙板后,应吊线检查一次,以便及时消除误差。为保证墙面外观质量,螺栓位置必须准确,并采用单面施工的钩形螺栓固定,使螺栓的位置横平竖直。固定金属饰面板的方法常用的主要有两种:一是将板条或方板用螺丝拧到型钢或木架上,这种方法耐久性较好,多用于外墙;另一种是将板条卡在特制的龙骨上,此法多用于室内。

板与板之间的缝隙一般为10~20 mm,多用橡胶条或密封垫弹性材料处理。饰面板安装完毕,应注意在易于被污染的部位用塑料薄膜覆盖保护,易被划、碰的部位应设安全栏杆保护。

(5)收口构造

水平部位的压顶、端部的收口、伸缩缝的处理、两种不同材料的交接处理等,不仅关系到装饰效果,而且对使用功能也有较大影响。因此,一般多用特制的两种材质性能相似的成型金属板进行妥善处理。

构造比较简单的转角处理方法,大多是用一条较厚的(1.5 mm)直角形金属板,与外墙板用螺栓连接固定牢固。

窗台、女儿墙的上部,均属于水平部位的压顶处理,即用铝合金板盖住,使之能阻挡风雨浸透。水平桥的固定,一般先在基层焊上钢骨架,然后用螺栓将盖板固定在骨架上。盖板之间的连接采取搭接的方法(高处压低处,搭接宽度符合设计要求,并用胶密封)。

墙面边缘部位的收口处理,用颜色相似的铝合金成型板将墙板端部及龙骨部位封住。

墙面下端的收口处,用一条特制的披水板,将板的下端封住,同时将板与墙之间的缝隙盖住,防止雨水渗入室内。

伸缩缝、沉降缝的处理,首先要适应建筑物伸缩、沉降的需要,同时也应考虑装饰效果。此外,此部位也是防水的薄弱环节,其构造节点应周密考虑,一般可用氯丁橡胶带起连接、密封作用。

墙板的内、外包角及钢窗周围的泛水板等须在现场加工的异形件,应参考图样,对安装好的墙面进行实测套足尺,确定其形状尺寸,使其加工准确、便于安装。

· 9.2.2 饰面砖施工 ·

外墙面砖施工工艺流程:基层处理→吊垂直、套方、找规矩→贴灰饼→抹底层砂浆→弹线分格→排砖→浸砖→镶贴面砖→面砖勾缝与擦缝。

1)基层为混凝土墙面时施工工艺

(1)基层处理

首先将凸出墙面的混凝土剔平,对大钢模施工的混凝土墙面应凿毛,并用钢丝刷满刷一遍,再浇水湿润。如果基层混凝土表面很光滑,亦可采取“毛化处理”办法,即先将表面尘土、污垢清扫干净,用10%火碱水将板面油污刷掉,随之用净水将碱液冲净、晾干,然后用1∶1水泥细砂浆内掺水重20%的108胶,喷或用扫帚将砂浆甩到墙上,甩点要均匀,终凝后浇水养护,直至水泥砂浆疙瘩全部粘到混凝土光面上,并有较高的强度(用手掰不动)为止。

(2)吊垂直、套方、找规矩、贴灰饼

若建筑物为高层时,应在四大角和门窗口边用经纬仪打垂直线找直;如果建筑物为多层时,可从顶层开始用特制的大线坠绷铁丝吊垂直,然后根据面砖的规格尺寸分层设点、做灰饼。横线则以楼层为水平基准线交圈控制,竖向线则以四周大角和通天柱或垛子为基准线控制,应全部是整砖。每层打底时则以此灰饼作为基准点进行冲筋,使其底层灰做到横平竖直。同时要注意找好凸出檐口、腰线、窗台、雨篷等饰面的流水坡度和滴水线(槽)。

(3)抹底层砂浆

先刷一道掺水重10%的108胶水泥素浆,随即分层分遍抹底层砂浆(常温时采用配合比为1∶3水泥砂浆),第一遍厚度约为5 mm,抹后用木抹子搓平,隔天浇水养护;待第一遍六七成干时,即可抹第二遍,厚度8~12 mm,随即用木杠刮平、木抹子搓毛,隔天浇水养护。若需要抹第三遍时,其操作方法同第二遍,直至把底层砂浆抹平为止。

(4)弹线分格

待基层灰六七成干时,即可按图样要求进行分段分格弹线,同时亦可进行面层贴标准点的工作,以控制面层出墙尺寸及垂直、平整。

(5)排砖

根据大样图及墙面尺寸进行横竖向排砖,以保证面砖缝隙均匀,符合设计图样要求,注意大墙面、通天柱子和垛子要排整砖,以及在同一墙面上的横竖排列均不得有一行以上的非整砖。非整砖行应排在次要部位,如窗间墙或阴角处等,但亦要注意一致和对称。如遇有突出的卡件，应用整砖套割吻合，不得用非整砖随意拼凑镶贴。

(6)浸砖

外墙面砖镶贴前，首先要将面砖清扫干净，放入净水中浸泡 2 h 以上，取出待表面晾干或擦干净后方可使用。

(7)镶贴面砖

镶贴应自上而下进行。高层建筑采取措施后，可分段进行。在每一分段或分块内的面砖，均为自下而上镶贴。从最下一层砖下皮的位置线先稳好靠尺，以此托住第一皮面砖。在面砖外皮上口拉水平通线，作为镶贴的标准。

在面砖背面可采用 1∶2 水泥砂浆或 1∶0.2∶2＝水泥∶白灰膏∶砂的混合砂浆镶贴，砂浆厚度为 6～10 mm，贴砖后用灰铲柄轻轻敲打，使之附线，再用钢片开刀调整竖缝，并用小杠通过标准点调整平面和垂直度。

另外一种做法是，用 1∶1 水泥砂浆加水重 20% 的 108 胶，在砖背面抹 3～4 mm 厚粘贴即可。但此种做法其基层灰必须抹得平整，而且砂子必须用窗纱筛后使用。

另外也可用胶粉来粘贴面砖，其厚度为 2～3 mm，用此种做法其基层灰必须更平整。

如要求面砖拉缝镶贴时，面砖之间的水平缝宽度用米厘条控制。米厘条用贴砖砂浆与中层灰临时镶贴，贴在已镶贴好的面砖上口，为保证其平整，可临时加垫小木楔。

女儿墙压顶、窗台、腰线等部位，平面也要镶贴面砖时，除流水坡度符合设计要求外，应采取平面面砖压立面面砖的做法，预防向内渗水，引起空裂；同时还应采取立面中最低一排面砖必须压底平面面砖，并低出底平面面砖 3～5 mm 的做法，让其起滴水线(槽)的作用，防止尿檐而引起空鼓开裂。

(8)面砖勾缝与擦缝

面砖铺贴拉缝时，用 1∶1 水泥砂浆勾缝，先勾水平缝再勾竖缝，勾好后要求凹进面砖外表面 2～3 mm。若横竖缝为干挤缝，或小于 3 mm 者，应用白水泥配颜料进行擦缝处理。面砖缝勾完后，用布或棉丝蘸稀盐酸擦洗干净。

2)基层为砖墙面时施工工艺

①抹灰前，墙面必须清扫干净，浇水湿润。

②大墙面和四角、门窗口边弹线找规矩，必须由顶层到底一次进行，弹出垂直线，并确定面砖出墙尺寸，分层设点、做灰饼。横线则以楼层为水平基线交圈控制，竖向线则以四周大角和通天垛、柱子为基准线控制。每层打底时则以此灰饼作为基准点进行冲筋，使其底层灰做到横平竖直。同时要注意找好凸出檐口、腰线、窗台、雨篷等饰面的流水坡度。

③抹底层砂浆：先把墙面浇水湿润，然后用 1∶3 水泥砂浆刮一道(约 6 mm 厚)，紧跟着用同强度等级的灰与所冲的筋抹平，随即用木杠刮平，木抹搓毛，隔天浇水养护。

其他同基层为混凝土墙面做法。

3)基层为加气混凝土墙面时施工工艺

用水湿润加气混凝土表面，在缺棱掉角处刷聚合物水泥浆一道，用 1∶3∶9 混合砂浆分层补平，待干燥后，钉金属网一层并绷紧。在金属网上分层抹 1∶1∶6 混合砂浆打底(最好采取机械喷射工艺)，砂浆与金属网应结合牢固，最后用木抹子轻轻搓平，隔天浇水养护。

其他同基层为混凝土墙面做法。

9.3 地面施工

· 9.3.1 整体面层施工 ·

1)水泥砂浆地面施工

水泥砂浆地面施工工艺流程:基层处理→找标高、弹线→洒水湿润→抹灰饼和标筋→搅拌砂浆→刷水泥浆结合层→铺水泥砂浆面层→木抹子搓平→铁抹子压第一遍→第二遍压光→第三遍压光→养护。施工工艺如下:

①基层处理:先将基层上的灰尘扫掉,用钢丝刷和錾子刷净、剔掉灰浆皮和灰渣层,用10%的火碱水溶液刷掉基层上的油污,并用清水及时将碱液冲净。

②找标高弹线:根据墙上的+50 cm 水平线,往下量测出面层标高,并弹在墙上。

③洒水湿润:用喷壶将地面基层均匀洒水一遍。

④抹灰饼和标筋(或称冲筋):根据房间内四周墙上弹的面层标高水平线,确定面层抹灰厚度(不应小于 20 mm),然后拉水平线开始抹灰饼(5 cm×5 cm),横竖间距为 1.5 ~2.0 m,灰饼上平面即为地面面层标高。

如果房间较大,为保证整体面层平整度,还须抹标筋(或称冲筋),将水泥砂浆铺在灰饼之间,宽度与灰饼宽相同,用木抹子拍抹成与灰饼上表面相平一致。铺抹灰饼和标筋的砂浆材料配合比均与抹地面的砂浆相同。

⑤搅拌砂浆:水泥砂浆的体积比宜为 1∶2(水泥∶砂),其稠度不应大于 35 mm,强度等级不应小于 M15。为了控制加水量,应使用搅拌机搅拌均匀,颜色一致。

⑥刷水泥浆结合层:在铺设水泥砂浆之前,应涂刷水泥浆一层,其水灰比为 0.4 ~0.5(涂刷之前要将抹灰饼的余灰清扫干净再洒水湿润),涂刷面积不宜过大,随刷随铺面层砂浆。

⑦铺水泥砂浆面层:涂刷水泥浆之后紧跟着铺水泥砂浆,在灰饼之间(或标筋之间)将砂浆铺均匀,然后用木刮杠按灰饼(或标筋)高度刮平,铺砂浆时如果灰饼(或标筋)已硬化,木刮杠刮平后,将利用过的灰饼(或标筋)敲掉,并用砂浆填平。

⑧木抹子搓平:木刮杠刮平后,立即用木抹子搓平,从内向外退着操作,并随时用 2 m 靠尺检查其平整度。

⑨铁抹子压第一遍:木抹子抹平后,立即用铁抹子压第一遍,直到出浆为止,如果砂浆过稀表面有泌水现象时,可均匀撒一遍干水泥和砂(1∶1)的拌合料(砂子要过 3 mm 筛),再用木抹子用力抹压,使干拌料与砂浆紧密结合为一体,吸水后用铁抹子压平。如有分格要求的地面,在面层上弹分格线,用劈缝溜子开缝,再用溜子将分缝内压至平、直、光。上述操作均在水泥砂浆初凝之前完成。

⑩第二遍压光:面层砂浆初凝后,人踩上去有脚印但不下陷时,用铁抹子压第二遍,边抹压边把坑凹处填平,要求不漏压,表面压平、压光。有分格的地面压过后,应用溜子溜压,做到缝边光直、缝隙清晰、缝内光滑顺直。

⑪第三遍压光:在水泥砂浆终凝前进行第三遍压光(人踩上去稍有脚印),铁抹子抹上去不再有抹纹时,用铁抹子把第二遍抹压时留下的全部抹纹压平、压实、压光(必须在终凝前完成)。

⑫养护:地面压光完工后 24 h,铺锯末或其他材料覆盖洒水养护,保持湿润,养护时间不少

于7 d,当抗压强度达5 MPa时才能上人。

2）水磨石地面施工

水磨石地面施工工艺流程:基层处理→找标高、弹水平线→铺抹找平层砂浆→养护→弹分格线→镶分格条→拌制水磨石拌合料→涂刷水泥浆结合层→铺水磨石拌合料→滚压、抹平→试磨→粗磨→细磨→磨光→草酸清洗→打蜡上光。施工工艺如下:

①基层处理。将混凝土基层上的杂物清净,不得有油污、浮土。用钢錾子和钢丝刷将沾在基层上的水泥浆皮錾掉铲净。

②找标高、弹水平线。根据墙面上的+50 cm标高线,往下量测出水磨石面层的标高,弹在四周墙上,并考虑其他房间和通道面层的标高要相互一致。

③抹找平层砂浆。

a. 根据墙上弹出的水平线,留出面层厚度(10～15 mm厚),抹1∶3水泥砂浆找平层。为了保证找平层的平整度,先抹灰饼(纵横方向间距1.5 m左右),大小为8～10 cm。

b. 灰饼砂浆硬结后,以灰饼高度为标准,抹宽度为8～10 cm的纵横标筋。

c. 在基层上洒水湿润,刷一道水灰比为0.4～0.5的水泥浆,面积不得过大,随刷浆随铺抹1∶3找平层砂浆,并用2 m长刮杠以标筋为标准进行刮平,再用木抹子搓平。

④养护。抹好找平层砂浆后养护24 h,待抗压强度达到1.2 MPa方可进行下道工序施工。

⑤弹分格线。根据设计要求的分格尺寸(一般采用1 m×1 m),在房间中部弹十字线,计算好周边的镶边宽度后,以十字线为准可弹分格线。如果设计有图案要求时,应按设计要求弹出清晰的线条。

⑥镶分格条。用小铁抹子抹稠水泥浆,将分格条固定住(分格条安在分格线上),抹成30°八字形(图9.6),高度应低于分格条条顶3 mm,分格条应平直(上平必须一致)、牢固、接头严密,不得有缝隙,作为铺设面层的标志。另外,在粘贴分格条时,在分格条十字交叉接头处,为了使拌合料填塞饱满,在距交点40～50 mm内不抹素水泥浆,如图9.7所示。

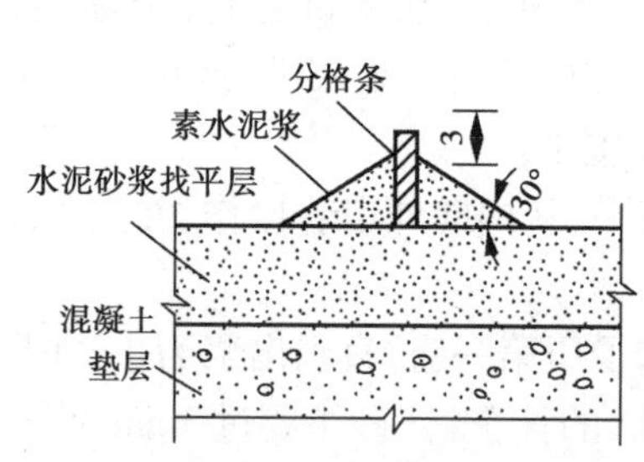

图9.6　现制水磨石地面镶嵌分格条剖面示意图

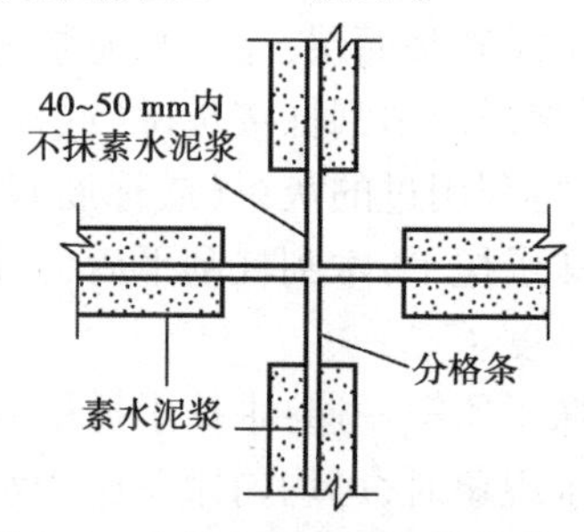

图9.7　分格条交叉处正确的粘贴方法

当分格采用铜条时,应预先在两端头下部1/3处打眼,穿入22号铁丝,锚固于下口八字角水泥浆内。镶条12 h后开始浇水养护,最少2 d,一般洒水养护3～4 d,在此期间房间应封闭,禁止各工序进行。

⑦拌制水磨石拌合料(或称石渣浆)。

a. 拌合料的体积比宜采用1∶1.5～1∶2.5(水泥∶石粒),要求配合比准确,拌和均匀。

b. 使用彩色水磨石拌合料,除彩色石粒外,还加入耐光耐碱的矿物颜料,其掺入量为水泥质量的3%～6%。普通水泥与颜料配合比、彩色石子与普通石子配合比,在施工前都须经实验室试验后确定。同一彩色水磨石面层应使用同厂、同批颜料。在拌制前应根据整个地面所需的用量,将水泥和所需颜料一次统一配好、配足。配料时不仅用铁铲拌和,还要用筛子筛匀后,用包装袋装起来存放在干燥的室内,避免受潮。彩色石粒与普通石粒拌和均匀后,集中储存待用。

c. 各种拌合料在使用前应加水拌和均匀,稠度约 6 cm。

⑧涂刷水泥浆结合层。先用清水将找平层洒水湿润,涂刷与面层颜色相同的水泥浆结合层,其水灰比宜为 0.4 ~0.5,要刷均匀,亦可在水泥浆内掺加胶黏剂,要随刷随铺拌合料,不得刷的面积过大,防止浆层风干导致面层空鼓。

⑨铺设水磨石拌合料。

a. 水磨石拌合料的面层厚度,除有特殊要求的以外,宜为 12 ~ 18 mm,并应按石料粒径确定。铺设时将搅拌均匀的拌合料先铺抹分格条边,后铺入分格条方框中间,用铁抹子由中间向边角推进,在分格条两边及交角处特别注意压实抹平,随抹随用直尺进行平整度检查。如局部地面铺设过高时,应用铁抹子将其挖去一部分,再将周围的水泥石子浆拍挤抹平(不得用刮杠刮平)。

b. 几种颜色的水磨石拌合料不可同时铺抹,要先铺抹深色的,后铺抹浅色的,待前一种凝固后再铺后一种(因为深颜色的掺矿物颜料多,强度增长慢,影响机磨效果)。

⑩滚压、抹平。用滚筒滚压前,先用铁抹子或木抹子在分格条两边宽约 10 cm 范围内轻轻拍实(避免将分格条挤移位)。滚压时用力要均匀(要随时清掉粘在滚筒上的石碴),应从横竖两个方向轮换进行,达到表面平整密实、出浆石粒均匀为止。待石粒浆稍收水后,再用铁抹子将浆抹平、压实,如发现石粒不均匀之处,应补石粒浆再用铁抹子拍平、压实,24 h 后浇水养护。

⑪试磨。一般根据气温情况确定养护天数,温度在 20 ~30 ℃时 2 ~3 d 即可开始机磨,过早开磨石粒易松动,过迟则造成磨光困难。所以需进行试磨,以面层不掉石粒为准。

⑫粗磨。第一遍用 60 ~90 号金刚石磨,使磨石机机头在地面上走横“8”字形,边磨边加水(如磨石面层养护时间太长,可加细砂,加快机磨速度),随时清扫水泥浆,并用靠尺检查平整度,直至表面磨平、磨匀,分格条和石粒全部露出(边角处用人工磨成同样效果),用水清洗晾干,然后用较浓的水泥浆(如掺有颜料的面层,应用同样掺有颜料配合比的水泥浆)擦一遍,特别是面层的洞眼小,孔隙要填实抹平,脱落的石粒应补齐,浇水养护 2 ~3 d。

⑬细磨。第二遍用 90 ~120 号金刚石磨,要求磨至表面光滑为止。然后用清水冲净,满擦第二遍水泥浆,注意小孔隙要细致擦严密,然后养护 2 ~3 d。

⑭磨光。第三遍用 200 号细金刚石磨,磨至表面石子显露均匀,无缺石粒现象,平整、光滑,无孔隙为度。普通水磨石面层磨光遍数不应少于 3 遍,高级水磨石面层的厚度和磨光遍数及油石规格应根据设计确定。

⑮草酸擦洗。为取得打蜡后显著的效果,在打蜡前磨石面层要进行一次适量限度的酸洗,一般均用草酸进行擦洗,使用时,将 10% 草酸溶液用扫帚蘸后洒在地面上,再用油石轻轻磨一遍,磨出水泥及石粒本色,再用水冲洗,软布擦干。此道操作必须在各工种完工后才能进行,经酸洗后的面层不得再受污染。

⑯打蜡上光。将蜡包在薄布内,在面层上薄薄涂一层,待干后用钉有帆布或麻布的木块代替油石,装在磨石机上研磨,用同样方法再打第二遍蜡,直到光滑洁亮为止。

· 9.3.2　板块面层施工 ·

大理石、花岗石地面施工工艺流程：准备工作→试拼→弹线→试排→刷水泥浆及铺砂浆结合层→铺大理石板块(或花岗石板块)→灌缝、擦缝→打蜡。其施工工艺如下：

(1)准备工作

①以施工大样图和加工单为依据，熟悉了解各部位尺寸和做法，弄清洞口、边角等部位之间的关系。

②基层处理。将地面垫层上的杂物清理干净，用钢丝刷刷掉黏结在垫层上的砂浆，并清扫干净。

(2)试拼

在正式铺设前，对每一房间的板块，应按图案、颜色、纹理试拼，将非整块板对称排放在房门靠墙部位，试拼后按两个方向编号排列，然后按编号码放整齐。

(3)弹线

为了检查和控制板块的位置，在房间内拉十字控制线，弹在混凝土垫层上，并引至墙面底部，然后依据墙面+50 cm 标高线找出面层标高，在墙上弹出水平标高线，弹水平线时要注意室内与楼道面层标高要一致。

(4)试排

在房间内的两个相互垂直的方向铺两条干砂，其宽度大于板块宽度，厚度不小于 3 cm，结合施工大样图及房间实际尺寸把板块排好，以便检查板块之间的缝隙，核对板块与墙面、柱、洞口等部位的相对位置。

(5)刷水泥素浆及铺砂浆结合层

试铺后将干砂和板块移开，清扫干净，用喷壶洒水湿润，刷一层素水泥浆(水灰比为0.4～0.5，刷的面积不要过大，随铺砂浆随刷)。根据板面水平线确定结合层砂浆厚度，拉十字控制线，开始铺结合层干硬性水泥砂浆(一般采用1：2～1：3 的干硬性水泥砂浆，干硬程度以手捏成团、落地即散为宜)，厚度控制在放板块时宜高出面层水平线 3～4 mm。铺好后用大杠刮平，再用抹子拍实找平(铺摊面积不得过大)。

(6)铺砌板块

①板块应先用水浸湿，待擦干或表面晾干后方可铺设。

②根据房间拉的十字控制线，纵横各铺一行，作为大面积铺砌标筋用。依据试拼时的编号、图案及试排时的缝隙(板块之间的缝隙宽度，当设计无规定时不应大于 1 mm)，在十字控制线交点开始铺砌。先试铺，即搬起板块对好纵横控制线铺在已铺好的干硬性砂浆结合层上，用橡皮锤敲击木垫板(不得用橡皮锤或木槌直接敲击板块)，振实砂浆至铺设高度后将板块掀起移至一旁，检查砂浆表面与板块之间是否相吻合，如发现有空虚之处，应用砂浆填补。然后正式镶铺，先在水泥砂浆结合层上满浇一层水灰比为 0.5 的素水泥浆(用浆壶浇均匀)，再铺板块，安放时四角同时往下落，用橡皮锤或木槌轻击木垫板，根据水平线用铁水平尺找平，铺完第一块，向两侧和后退方向顺序铺砌。铺完纵、横行之后有了标准，可分段分区依次铺砌，一般房间是先里后外进行，逐步退至门口，便于成品保护，但必须注意与楼道相呼应。也可从门口处往里铺砌，板块与墙角、镶边和靠墙处应紧密砌合，不得有空隙。

(7)灌缝、擦缝

在板块铺砌后1~2昼夜进行灌浆擦缝。根据大理石(或花岗石)颜色,选择相同颜色矿物颜料和水泥(或白水泥)拌和均匀,调成1∶1稀水泥浆,用浆壶徐徐灌入板块之间的缝隙中(可分几次进行),并用长把刮板把流出的水泥浆刮向缝隙内,至基本灌满为止。灌浆1~2 h后,用棉纱团蘸原稀水泥浆擦缝,与板面擦平,同时将板面上水泥浆擦净,使大理石(或花岗石)面层的表面洁净、平整、坚实,以上工序完成后,面层加以覆盖。养护时间不应小于7 d。

(8)打蜡

当水泥砂浆结合层达到强度后(抗压强度达到1.2 MPa时),方可进行打蜡,使面层达到光滑洁亮。

· 9.3.3 木(竹)面层施工 ·

普通木(竹)地板和拼花木地板按构造方法不同,有"实铺"和"空铺"两种,如图9.8所示。"空铺"是由木格栅、企口板、剪刀撑等组成,一般均设在首层房间。当格栅跨度较大时,应在房中间加设地垄墙,地垄墙顶要铺油毡或抹防水砂浆及放置沿缘木。"实铺"是木格栅铺在钢筋混凝土板或垫层上,它由木格栅及企口板等组成。

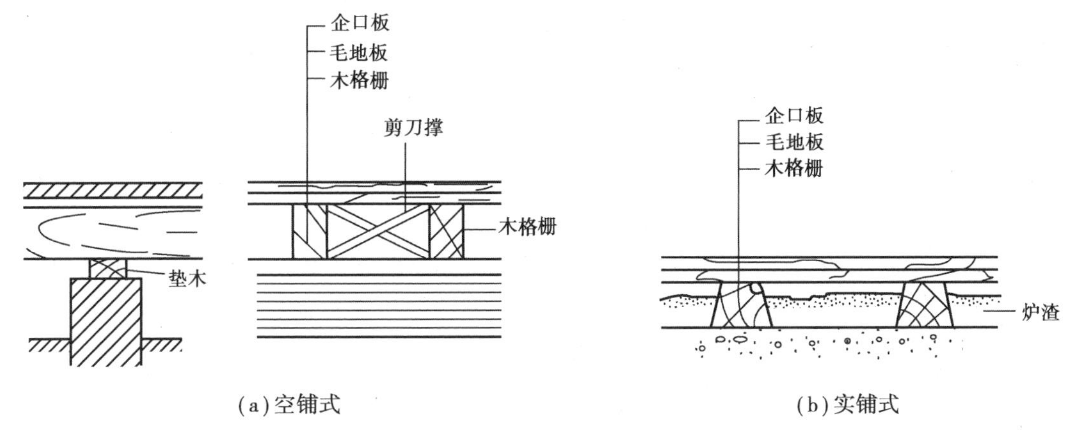

图9.8　木板面层构造做法示意图

施工工艺流程:安装木格栅→钉木地板→刨平→净面细刨、磨光→安装踢脚板。施工工艺如下:

(1)安装木格栅

①空铺法。在砖砌基础墙上和地垄墙上垫放通长沿椽木,用预埋铁丝将其捆绑好,并在沿椽木表面画出各格栅的中线。然后将格栅对准中线摆好,端头离开墙面约30 mm,依次将中间的格栅摆好,当顶面不平时,可用垫木或木楔在格栅底下垫平,并将其钉牢在沿缘木上。为防止格栅活动,应在固定好的木格栅表面临时钉设木拉条,使之互相牵拉着。格栅摆正后,在格栅上按剪刀撑的间距弹线,然后按线将剪刀撑钉于格栅侧面,同一行剪刀撑要对齐顺线,上口齐平。

②实铺法。楼层木地板的铺设通常采用实铺法施工,应先在楼板上弹出各木格栅的安装位置线(间距约400 mm)及标高。将格栅(断面呈梯形,宽面在下)放平、放稳,并找好标高,将预埋在楼板内的铁丝拉出,捆绑好木格栅(如未预埋镀锌铁丝,可按设计要求用膨胀螺栓等方

法固定木格栅),然后把干炉渣或其他保温材料塞满两格栅之间。

(2)钉木地板

①条板铺钉。空铺的条板铺钉方法:剪刀撑钉完之后,可从墙的一边开始铺钉企口条板,靠墙的一块板应离墙面有 10 ~20 mm 缝隙,以后逐块排紧,用钉从板侧凹角处斜向钉入,钉长为板厚的 2 ~2.5 倍,钉帽要砸扁,企口条板要钉牢、排紧。板的排紧方法:一般可在木格栅上钉扒钉一只,在扒钉与板之间夹一对硬木楔,打紧硬木楔就可以使板排紧。钉到最后一块企口板时,因无法斜着钉,可用明钉钉牢,钉帽要砸扁,冲入板内。企口板的接头要在格栅中间,接头要互相错开,板与板之间应排紧,格栅上临时固定的木拉条应随企口板的安装随时拆去,铺钉完之后及时清理干净,先沿垂直木纹方向粗刨一遍,再顺木纹方向细刨一遍。

实铺条板铺钉方法同上。

②拼花木地板铺钉。硬木地板下层一般都钉毛地板,可采用纯棱料,其宽度不宜大于 120 mm。毛地板与格栅成 45°或 30°方向铺钉,并应斜向钉牢,板间缝隙不应大于 3 mm,毛地板与墙之间应留 10 ~20 mm 缝隙,每块毛地板应在每根格栅上各钉两个钉子固定,钉子的长度应为板厚的 2.5 倍。铺钉拼花地板前,宜先铺设一层沥青纸(或油毡),以隔声和防潮用。

在铺钉硬木拼花地板前,应根据设计要求的地板图案,一般应在房间中央弹出图案墨线,再按墨线从中央向四边铺钉。有镶边的图案,应先钉镶边部分,再从中央向四边铺钉,各块木板应相互排紧。对于企口拼装的硬木地板,应从板的侧边斜向钉入毛地板中,钉头不要露出;钉长为板厚的 2 ~2.5 倍,当木板长度小于 30 cm 时侧边应钉两个钉子,长度大于 30 cm 时应钉入 3 个钉子,板的两端应各钉 1 个钉固定。板块间缝隙不应大于 0.3 mm,面层与墙之间的缝隙应用木踢脚板封盖。钉完后,清扫干净刨光,刨刀吃口不应过深,防止板面出现刀痕。

③拼花地板黏结。采用沥青胶结料铺贴拼花木板面层时,其下一层应平整、洁净、干燥,并先涂刷一遍同类底子油,然后用沥青胶结料随涂随铺,其厚度宜为 2 mm,在铺贴时木板块背面亦应涂刷一层薄而均匀的沥青胶结料。当采用胶黏剂铺贴拼花板面层时,胶黏剂应通过试验确定。胶黏剂应存放在阴凉通风、干燥的室内。超过生产期 3 个月的产品,应取样检验,合格后方可使用,超过保质期的产品不得使用。

(3)净面细刨、磨光

地板刨光宜采用地板刨光机(或六面刨),转速在 5 000 r/min 以上。长条地板应顺木纹刨,拼花地板应与地板木纹成 45°斜刨。刨时不宜走得太快,刨口不要过大,要多走几遍。地板刨光机不用时应先将机器提起关闭,防止啃伤地面。机器刨不到的地方要用手刨,并用细刨净面。地板刨平后,应使用地板磨光机磨光,所用砂布应先粗后细,砂布应绷紧绷平,磨光方向及角度与刨光方向相同。

木地板油漆、打蜡详见装饰工程木地板油漆工艺标准。

9.4 吊顶与轻质隔墙施工

· 9.4.1 吊顶施工 ·

吊顶有直接式顶棚和悬吊式顶棚两种形式。直接式顶棚按施工方法和装饰材料的不同,可分为直接刷(喷)浆顶棚、直接抹灰顶棚、直接粘贴式顶棚(用胶黏剂粘贴装饰面层);悬吊式顶棚按结构形式分为活动式装配吊顶、隐蔽式装配吊顶、金属装饰板吊顶、开敞式吊顶和整体式吊顶(灰板条吊顶)等。

1)木骨架罩面板顶棚施工

木骨架罩面板顶棚施工工艺流程:安装吊点紧固件→沿吊顶标高线固定沿墙边龙骨→刷防火涂料→在地面拼接木格栅(木龙骨架)→分片吊装→与吊点固定→分片间连接→预留孔洞→整体调整→安装胶合板→后期处理。

(1)安装吊点紧固件

①用冲击电钻在建筑结构底面按设计要求打孔,钉膨胀螺钉。

②用直径必须大于5 mm的射钉,将角铁等固定在建筑底面上。

③利用事先预埋吊筋固定吊点。

(2)沿吊顶标高线固定沿墙边龙骨

①遇砖墙面,可用水泥钉将木龙骨固定在墙面上。

②遇混凝土墙面,先用冲击钻在墙面标高线以上10 mm处打孔(孔的直径应大于12 mm,在孔内钉入木楔,木楔的直径要稍大于孔径),木楔钉入孔内要牢固。木楔钉完后,木楔和墙面应保持在同一平面,木楔间距为0.5~0.8 mm。然后将边龙骨用钉固定在墙上。边龙骨断面尺寸应与吊顶木龙骨断面尺寸相同,边龙骨固定后其底边与吊顶标高线应齐平。

(3)刷防火涂料

木吊顶龙骨筛选后要刷3遍防火涂料,待晾干后备用。

(4)在地面拼接木格栅(木龙骨架)

①先把吊顶面上需分片或可以分片的尺寸位置定出,根据分片的尺寸进行拼接前安排。

②拼接接法:将截面尺寸为25 mm×30 mm的木龙骨,在长木方向上按中心线距300 mm的尺寸开出深15 mm、宽25 mm的凹槽;然后按凹槽对凹槽的方法拼接,在拼口处用小圆钉或胶水固定。通常是先拼接大片的木格栅,再拼接小片的木格栅,但木格栅最大片不能大于10 m^2。

(5)分片吊装

平面吊顶的吊装先从一个墙角位置开始,将拼接好的木格栅托起至吊顶标高位置。对于高度低于3.2 m的吊顶木格栅,可在木格栅举起后用高度定位杆支撑,使格栅的高度略高于吊顶标高线,高度大于3 m时,则用铁丝在吊点上做临时固定。

(6)与吊点固定

与吊点固定有以下3种方法:

①用木方固定。先用木方按吊点位置固定在楼板或屋面板的下面,然后再用吊筋木方与固定在建筑顶面的木方钉牢。吊筋长短应大于吊点与木格栅表面之间的距离约100 mm,便于调整高度。吊筋应在木龙骨的两侧固定后再截去多余部分。吊筋与木龙骨钉接处每处不应少于两只铁钉。如木龙骨搭接间距较小,或钉接处有劈裂、腐朽、虫眼等缺陷,应换掉或立刻在木龙骨的吊挂处钉挂上长200 mm的加固短木方。

②用角铁固定。在需要上人和一些重要位置,常用角铁做吊筋与木格栅固定连接。其方法是在角铁的端头钻2~3个孔做调整。角铁在木格栅的角位上用两只木螺钉固定。

③用扁铁固定。将扁铁的长短先测量截好,在吊点固定端钻出两个调整孔,以便调整木格

栅的高度。扁铁与吊点件用 M6 螺栓连接,扁铁与木龙骨用两只木螺钉固定。扁铁端头不得长出木格栅下平面。

(7)分片间的连接

分片间的连接有两种情况:两分片木格栅在同一平面对接,先将木格栅的各端头对正,然后用短木方进行加固;对分片木格栅不在同一平面,平面吊顶处于高低面连接的,先用一条木方斜位地将上下两平面木格栅架定位,再将上下平面的木格栅用垂直的木方条固定连接。

(8)预留孔洞

预留灯光盘、空调风口、检修孔位置。

(9)整体调整

各个分片木格栅连接加固完后,在整个吊顶面下用尼龙线或棒线拉出十字交叉标高线,检查吊顶平面的平整度。吊顶应起拱,一般可按 7 ~ 10 m 跨度为 3/1 000 的起拱量,10 ~ 15 m 跨度为 5/1 000 起拱量。

(10)安装胶合板

①按设计要求将挑选好的胶合板正面向上,按照木格栅分格的中心线尺寸,在胶合板正面画线。

②板面倒角:在胶合板的正面四周按宽度 2 ~ 3 mm 刨出 45°倒角。

③钉胶合板:将胶合板正面朝下,托起到预定位置,使胶合板上的画线与木格栅中心线对齐,用铁钉固定。钉距为 80 ~ 150 mm,钉长为 25 ~ 35 mm,钉帽应砸扁钉入板内,钉帽进入板面 0.5 ~ 1 mm,钉眼用油性腻子抹平。

④固定纤维板:钉距为 80 ~ 120 mm,钉长为 20 ~ 30 mm,钉帽进入板面 0.5 mm。钉眼用油性腻子抹平。硬质纤维板用前应先用水浸透,自然阴干后安装。

⑤胶合板、纤维板、木丝板要钉木压条,先按图纸要求的间距尺寸在板面上弹线。以墨线为准,将压条用钉子左右交错钉牢,钉距不应大于 200 mm,钉帽应砸扁顺着木纹打入木压条表面 0.5 ~ 1 mm,钉眼用油性腻子抹平。木压条的接头处用小齿锯制角,使其严密平整。

(11)后期处理

按设计要求进行刷油、裱糊、喷涂,最后安装 PVC 塑料板。

2)轻钢骨架罩面板顶棚施工

轻钢骨架罩面板顶棚施工工艺流程:弹顶棚标高水平线→画龙骨分档线→安装主龙骨吊杆→安装主龙骨→安装次龙骨→安装罩面板→刷防锈漆→安装压条。施工工艺如下:

(1)弹顶棚标高水平线

根据楼层标高水平线,用尺竖向量至顶棚设计标高,沿墙往四周弹顶棚标高水平线。

(2)画龙骨分档线

按设计要求的主、次龙骨间距布置,在已弹好的顶棚标高水平线上画龙骨分档线。

(3)安装主龙骨吊杆

弹好顶棚标高水平线及龙骨分档位置线后,确定吊杆下端头的标高,按主龙骨位置及吊挂间距,将吊杆无螺栓丝扣的一端与楼板预埋钢筋连接固定。未预埋钢筋时可用膨胀螺栓。

(4)安装主龙骨

①配装吊杆螺母。

②在主龙骨上安装吊挂件。

③安装主龙骨:将组装好吊挂件的主龙骨,按分档线位置使吊挂件穿入相应的吊杆螺栓,拧好螺母。

④主龙骨相接处装好连接件,拉线调整标高、起拱和平直。

⑤安装洞口附加主龙骨,按图集相应节点构造设置连接卡固件。

⑥钉固边龙骨,采用射钉固定。设计无要求时,射钉间距为 1 000 mm。

(5)安装次龙骨

①按已弹好的次龙骨分档线,卡放次龙骨吊挂件。

②吊挂次龙骨:按设计规定的次龙骨间距,将次龙骨通过吊挂件吊挂在大龙骨上,设计无要求时,一般间距为 500 ~ 600 mm。

③当次龙骨长度需多根延续接长时,用次龙骨连接件在吊挂次龙骨的同时相接,调直固定。

④当采用 T 形龙骨组成轻钢骨架时,次龙骨的卡档龙骨应在安装罩面板时,每装一块罩面板先后各装一根卡档次龙骨。

(6)安装罩面板

在安装罩面板前必须对顶棚内的各种管线进行检查验收,并经打压试验合格后才允许安装。顶棚罩面板的品种繁多,在设计文件中应明确选用的种类、规格和固定方式。罩面板与轻钢龙骨固定的方式有以下几种:

①罩面板自攻螺钉钉固法。在已装好并经验收的轻钢龙骨下面,按罩面板的规格、拉缝间隙进行分块弹线,从顶棚中间顺通长次龙骨方向先装一行罩面板作为基准,然后向两侧延伸分行安装,固定罩面板的自攻螺钉间距为 150 ~ 170 mm。

②罩面板胶黏结固定法。按设计要求和罩面板的品种、材质选用胶黏结材料,一般可用 401 胶黏结,罩面板应经选配修整,使厚度、尺寸、边楞一致、整齐。每块罩面板黏结时应预装,然后在预装部位龙骨框底面刷胶,同时在罩面板四周边宽 10 ~ 15 mm 的范围刷胶,经 5 min 后将罩面板压粘在预装部位。每间顶棚先由中间行开始,然后向两侧分行黏结。

③罩面板托卡固定法。当轻钢龙骨为"T"形时,多为托卡固定法安装。T 形轻钢龙骨安装完毕,经检查标高、间距、平直度和吊挂荷载符合设计要求,垂直于通长次龙骨弹分块及卡档龙骨线。罩面板安装由顶棚的中间行次龙骨的一端开始,先装一根边卡档次龙骨,再将罩面板槽托入 T 形次龙骨翼缘或将无槽的罩面板装在 T 形翼缘上,然后安装另一侧长档次龙骨。按上述程序分行安装,最后分行拉线调整 T 形明龙骨。

(7)安装压条

罩面板顶棚如设计要求有压条,待一间顶棚罩面板安装后,经调整位置,使拉缝均匀、对缝平整,按压条位置弹线,然后接线进行压条安装。其固定方法宜用自攻螺钉,螺钉间距为 300 mm,也可用胶黏结料粘贴。

(8)刷防锈漆

轻钢骨架罩面板顶棚,碳钢或焊接处未做防腐处理的表面(如预埋件、吊挂件、连接件、钉固附件等)在各工序安装前应刷防锈漆。

· 9.4.2 轻质隔墙工程 ·

1)钢丝网架夹芯板隔墙

钢丝网架夹芯墙板是以三维构架式钢丝网为骨架,以膨胀珍珠岩、阻燃型聚苯乙烯泡沫塑料、矿棉、玻璃棉等轻质材料为芯材,由工厂制成面密度为4~20 kg/m² 的钢丝网架夹芯板,然后在其两面喷抹20 mm厚水泥砂浆面层的新型轻质墙板。

钢丝网架夹芯墙板施工工艺流程:清理→弹线→墙板安装→墙板加固→管线敷设→墙面粉刷。施工工艺如下:

(1)弹线

在楼地面、墙体及顶棚面上弹出墙板双面边线,边线间距为80 mm(板厚),用线坠吊垂直,以保证对应的上下线在一个垂直平面内。

(2)墙板安装

钢丝网架夹芯板墙体施工时,按排列图将板块就位,一般是按由下至上、从一端向另一端顺序安装。

①将结构施工时预埋的两根直径为6 mm、间距为400 mm的锚筋与钢丝网架焊接或用钢丝绑扎牢固。也可通过直径为8 mm的胀铆螺栓加U形码(或压片),或打孔植筋,把板材固定在结构梁、板、墙、柱上。

②板块就位前,可先在墙板底部安装位置满铺厚度不小于35 mm的1∶2.5水泥砂浆垫层,使板材底部填满砂浆。有防渗漏要求的房间,应做高度不低于100 mm的细石混凝土墙垫,待其达到一定强度后,再进行钢丝网架夹芯板的安装。

③墙板拼缝、墙体阴阳角、门窗洞口等部位,均应按设计构造要求采用配套的钢网片覆盖或槽形网加强,用箍码固定或用钢丝绑牢。钢丝网架边缘与钢网片相交点用钢丝绑扎紧固,其余部分相交点可相隔交错扎牢,不得有变形、脱焊现象。

④板材拼接时,接头处芯材若有空隙,应用同类芯材补充、填实、找平。门窗洞口应按设计要求进行加强,一般洞口周边设置的槽形网(300 mm)和洞口四角设置的45°加强钢网片(可用长度不小于500 mm的"之"字条)应与钢网架用金属丝捆扎牢固。如设置洞边加筋,应与钢丝网架用金属丝绑扎定位;如设置通天柱,应与结构梁、板的预留锚筋或预埋件焊接固定。门窗框安装,应与洞口处的预埋件连接固定。

⑤墙板安装完成后,检查板块间以及墙板与建筑结构之间的连接,确定是否符合设计规定的构造要求及墙体稳定性的要求,并检查暗设管线、设备等隐蔽部分施工质量以及墙板表面平整度是否符合要求,同时对墙板安装质量进行全面检查。

(3)暗管、暗线与暗盒安装

安装暗管、暗线与暗盒等应与墙板安装相配合,在抹灰前进行。按设计位置将板材的钢丝剪开,剔除管线通过位置的芯材,把管、线或设备等埋入墙体内,上、下用钢筋与钢丝网架固定,周边填实。埋设处表面另加钢网片覆盖补强,钢网片与钢丝网架用点焊连接或用金属丝绑扎牢固。

(4)水泥砂浆面层施工

钢丝网架夹芯板墙体安装完毕并通过质量检查,即可进行墙面抹灰。

①将钢丝网架夹芯板墙体四周与建筑结构连接处(25~30 mm宽缝)的缝隙用1∶3水泥

砂浆填实。清理钢丝网架与芯材结构,墙面做灰饼、设标筋,重要的阳角部位应按国家现行标准规定及设计要求做护角。

②水泥砂浆抹灰层施工可分 3 遍完成,底层厚 12 ~ 15 mm,中层厚 8 ~ 10 mm,罩面层厚 2 ~ 5 mm,平均总厚度不小于 25 mm。

③可采用机械喷涂抹灰。若人工抹灰时,以自下而上为宜。底层抹灰后,应用木抹子反复揉搓,使砂浆密实并与墙体的钢丝网及芯材紧密黏结,且使抹灰表面保持粗糙。待底层砂浆终凝后,适当洒水润湿,即抹中层砂浆,表面用刮板找平、搓毛。两层抹灰均应采用同一配合比的砂浆。水泥砂浆抹灰层的罩面层,应按设计要求的装饰材料抹面。当罩面层需掺入其他防裂材料时,应经试验合格后方可使用。在钢丝网架夹芯墙板的一面喷灰时,注意防止芯材位置偏移。尚应注意,每一水泥砂浆抹灰层的砂浆终凝后,均应洒水养护;墙体两面抹灰的时间间隔,不得小于 24 h。

2)木龙骨隔墙工程

采用木龙骨作墙体骨架,以 4 ~ 25 mm 厚的建筑平板作罩面板组装而成的室内非承重轻质墙体,称为木龙骨隔墙。

(1)木龙骨隔墙的种类

木龙骨隔墙分为全封隔墙、有门窗隔墙和隔断 3 种,其结构形式不尽相同。大木方构架结构的木隔墙,通常用 50 mm×80 mm 或 50 mm×100 mm 的大木方做主框架,框体规格为@ 500 的方框架或 500 mm×800 mm 的长方框架,再用 4 ~ 5 mm 厚的木夹板做基面板。该结构多用于墙面较高、较宽的隔墙。为了使木隔墙有一定的厚度,常用 25 mm×30 mm 带凹槽木方做成双层骨架的框体,每片规格为@ 300 或@ 400,间隔为 150 mm,用木方横杆连接。单层小木方构架常用 25 mm×30 mm 的带凹槽木方组装,框体@ 300,多用于 3 m 以下隔墙或隔断。

(2)施工工艺

木龙骨隔墙工程施工工艺流程:弹线→钻孔→安装木骨架→安装饰面板→饰面处理。

①弹线,钻孔。在需要固定木隔墙的地面和建筑墙面上弹出隔墙的边缘线和中心线,画出固定点的位置,间距 300 ~ 400 mm,打孔深度在 45 mm 左右,用膨胀螺栓固定。如用木楔固定,则孔深应不小于 50 mm。

②木骨架安装。

a. 木骨架的固定通常是在沿墙、沿地和沿顶面处。对隔断来说,主要是靠地面和端头的建筑墙面固定。如端头无法固定,常用铁件来加固端头,加固部位主要是在地面与竖木方之间。对于木隔墙的门框竖向木方,均应用铁件加固,否则会使木隔墙颤动、门框松动以及木隔墙松动。

b. 如果隔墙的顶端不是建筑结构,而是吊顶,处理方法区分不同情况而定。对于无门隔墙,只需相接缝隙小、平直即可;对于有门隔墙,考虑到振动和碰动,所以顶端必须加固,即隔墙的竖向龙骨应穿过吊顶面,再与建筑物的顶面进行固定。

c. 木隔墙中的门框是以门洞两侧的竖向木方为基体,配以挡位框、饰边板或饰边线条组合而成。大木方骨架隔墙门洞竖向木方较大,其挡位框可直接固定在竖向木方上;小木方双层构架的隔墙,因其木方小,应先在门洞内侧钉上厚夹板或实木板之后,再固定挡位框。

d. 木隔墙中的窗框是在制作时预留的,然后用木夹板和木线条进行压边定位;隔断墙的窗也分固定窗和活动窗,固定窗是用木压条把玻璃板固定在窗框中,活动窗与普通活动窗一样。

③饰面板安装。墙面木夹板的安装方式主要有明缝和拼缝两种。明缝固定是在两板之间留一条有一定宽度的缝,图样无规定时,缝宽以 8 ~10 mm 为宜;明缝如不加垫板,则应将木龙骨面刨光,明缝的上下宽度应一致,锯割木夹板时,应用靠尺来保证锯口的平直度与尺寸的准确性,并用零号砂纸修边。拼缝固定时,要对木夹板正面四边进行倒角处理(45°×3 mm),以使板缝平整。

3)轻钢龙骨隔墙工程

采用轻钢龙骨作墙体骨架,以 4 ~25 mm 厚的建筑平板作罩面板组装而成的室内非承重轻质墙体,称为轻钢龙骨隔墙。

(1)材料要求

隔墙所用的轻钢龙骨主件及配件、紧固件(包括射钉、膨胀螺钉、镀锌自攻螺钉、嵌缝料等)均应符合设计要求;轻钢龙骨还应满足防火及耐久性要求。

(2)施工工艺

轻钢龙骨隔墙施工工艺流程:基层清理→定位放线→安装沿顶龙骨和沿地龙骨→安装竖向龙骨→安装横向龙骨→安装通贯龙骨(采用通贯龙骨系列时)、横撑龙骨、水电管线→安装门窗洞口部位的横撑龙骨→各洞口的龙骨加强及附加龙骨安装→检查骨架安装质量,并调整校正→安装墙体一侧罩面板→板面钻孔安装管线固定件→安装填充材料→安装另一侧罩面板→接缝处理→墙面装饰。

①施工前应先完成基本的验收工作,石膏罩面板安装应在屋面、顶棚和墙面抹灰完成后进行。

②弹线定位:墙体骨架安装前,按设计图样检查现场,进行实测实量,并对基层表面予以清理;在基层上按龙骨的宽度弹线,弹线应清晰,位置应准确。

③安装沿地、沿顶龙骨及边端竖龙骨:沿地、沿顶龙骨及边端竖龙骨可根据设计要求及具体情况采用射钉、膨胀螺钉或按所设置的预埋件进行连接固定。沿地、沿顶龙骨固定射钉或膨胀螺钉固定点间距一般为 600 ~800 mm。边框竖龙骨与建筑基体表面之间,应按设计规定设置隔声垫或满嵌弹性密封胶。

④安装竖龙骨:竖龙骨的长度应比沿地、沿顶龙骨内侧的距离尺寸短 15 mm。竖龙骨准确垂直就位后,即用抽芯铆钉将其两端分别与沿地、沿顶龙骨固定。

⑤安装横向龙骨:当采用有配件龙骨体系时,其通贯龙骨在水平方向穿过各条竖龙骨上的贯通孔,由支撑卡在两者相交的开口处连接。对于无配件龙骨体系,可将横向龙骨(可由竖龙骨截取或采用加强龙骨等配套横撑型材)端头剪开折弯,用抽芯铆钉与竖龙骨连接固定。

⑥墙体龙骨骨架的验收:龙骨安装完毕,有水电设施的工程,尚需由专业人员按水电设计对暗管、暗线及配件等安装进行检查验收。墙体中的预埋管线和附墙设备按设计要求采取加强措施。在罩面板安装之前,应检查龙骨骨架的表面平整度、立面垂直度及稳定性。

9.5 门窗施工

常见的门窗类型有木门窗、铝合金门窗、塑料门窗、彩板门窗和特种门窗。门窗工程的施工可分为两类:一类是由工厂预先加工拼装成型,在现场安装;另一类是在现场根据设计要求加工制作即时安装。

· 9.5.1 木门窗安装 ·

木门窗安装工艺流程:弹线找规矩→决定门窗框安装位置→决定安装标高→掩扇、门框安装样板→窗框、扇安装→门框安装→门扇安装。施工工艺如下:

①结构工程经过验收达到合格后,即可进行门窗安装施工。首先,应从顶层用大线坠吊垂直,检查窗口位置的准确度,并在墙上弹出安装位置线,对不符线的结构边楞进行处理。

②根据室内 50 cm 平线检查窗框安装的标高尺寸,对不符线的结构边棱进行处理。

③室内外门框应根据图纸位置和标高安装,为保证安装的牢固,应提前检查预埋木砖数量是否满足,1.2 m 高的门口,每边预埋 2 块木砖;1.2 ~ 2 m 高的门口,每边预埋 3 块木砖;2 ~ 3 m 高的门口,每边预埋 4 块木砖,每块木砖上应钉两根长 10 cm 的钉子,将钉帽砸扁,顺木纹钉入木门框内。

④木门框安装应在地面工程和墙面抹灰施工以前完成。

⑤采用预埋带木砖的混凝土块与门窗框进行连接的轻质隔断墙,其混凝土块预埋的数量亦应根据门口高度设 2 块、3 块、4 块,用钉子使其与门框钉牢。采用其他连接方法的,应符合设计要求。

⑥做样板:把窗扇根据图样要求安装到窗框上,此道工序称为掩扇。对掩扇的质量,按验收标准检查缝隙大小,五金安装位置、尺寸、型号以及牢固性,符合标准要求后作为样板,并以此作为验收标准和依据。

⑦弹线安装门窗框扇:应考虑抹灰层厚度,并根据门窗尺寸、标高、位置及开启方向,在墙上画出安装位置线。有贴脸的门窗立框时,应与抹灰面齐平;有预制水磨石窗台板的窗,应注意窗台板的出墙尺寸,以确定立框位置;中立的外窗,如外墙为清水砖墙勾缝时,可稍移动,以盖上砖墙立缝为宜。窗框的安装标高,以墙上弹 50 cm 平线为准,用木楔将框临时固定于窗洞内,为保证相隔窗框的平直,应在窗框下边拉小线找直,并用铁水平尺将水平线引入洞内作为立框时的标准,再用线坠校正吊直。黄花松窗框安装前,应先对准木砖位置钻眼,便于钉钉。

⑧若隔墙为加气混凝土条板时,应按要求的木砖间距钻 ϕ30 mm 的孔,孔深 7 ~ 10 cm,并在孔内预埋木橛粘 108 胶水泥浆打入孔中(木橛直径应略大于孔径 5 mm,以便其打入牢固),待其凝固后,再安装门窗框。

⑨木门扇的安装。

a. 先确定门的开启方向及小五金型号、安装位置,对开门扇扇口的裁口位置及开启方向(一般右扇为盖口扇)。

b. 检查门口尺寸是否正确,边角是否方正,有无窜角,检查门口高度应量门的两个立边,检查门口宽度应量门口的上、中、下 3 点,并在扇的相应部位定点画线。

c. 将门扇靠在柜上画出相应的尺寸线。如果扇较大,则应根据框的尺寸将多余的部分刨去;若扇较小,应绑木条,且木条应绑在装合页的一面,用胶粘后并用钉子打牢,钉帽要砸扁,顺木纹送入框内 1 ~ 2 mm。

d. 第一次修刨后的门扇应以能塞入口内为宜,塞好后用木楔顶住临时固定,按门扇与口边缝宽尺寸合适,画第二次修刨线,标出合页槽的位置(距门扇的上下端各 1/10,且避开上、下冒头)。同时应注意口与扇安装的平整。

e. 门扇第二次修刨，缝隙尺寸合适后，即安装合页。应先用线勒子勒出合页的宽度，根据上、下冒头1/10的要求，定出合页安装边线，分别从上、下边线往里量出合页长度，剔合页槽，以槽的深度来调整门扇安装后与框的平整，剔合页槽时应留线，不应剔得过大、过深。

f. 合页槽剔好后，即安装上、下合页，安装时应先拧一个螺钉，然后关上门检查缝隙是否合适，口与扇是否平整，无问题后方可将螺钉全部拧上拧紧。木螺钉应钉入全长1/3，拧入2/3。如木门为黄花松或其他硬木时，安装前应先打眼，眼的孔径为木螺钉直径的0.9倍，眼深为螺钉长的2/3，打眼后再拧螺钉，以防安装劈裂或将螺钉拧断。

g. 安装对开扇时，应将门扇的宽度用尺量好，再确定中间对口缝的裁口深度。如采用企口榫时，对口缝的裁口深度及裁口方向应满足装锁的要求，然后将四周刨到准确尺寸。

h. 五金安装应符合设计图纸的要求，不得遗漏，一般门锁、碰珠、拉手等距地高度为95~100 cm，插销应在拉手下面。

i. 安装玻璃门时，一般玻璃裁口在走廊内。厨房、厕所玻璃裁口在室内。

j. 门扇开启后易碰墙，为固定门扇位置，应安装门碰头，对有特殊要求的关闭门，应安装门扇开启器，其安装方法参照产品安装说明书的要求。

· 9.5.2 铝合金门窗安装 ·

1）准备工作及安装质量要求

检查铝合金门窗成品及构配件各部位，如发现变形，应予以校正和修理；同时还要检查洞口标高线及几何形状，预埋件位置、间距是否符合规定，埋设是否牢固。不符合要求的，应纠正后才能进行安装。安装质量要求是位置准确，横平竖直，高低一致，牢固严密。

2）安装方法及施工要点

安装方法：先安装门窗框，后安装门窗扇，用后塞口法。铝合金门窗安装要点如下：

①将门窗框安放到洞口中正确位置，用木楔临时定位。

②拉通线进行调整，使上、下、左、右的门窗分别在同一竖直线、水平线上。

③框边四周间隙与框表面距墙体外表面尺寸一致。

④仔细校正其正侧面垂直度、水平度及位置，合格后楔紧木楔。

⑤再校正一次后，按设计规定的门窗框与墙体或预埋件连接固定方式进行焊接固定。常用的固定方法有预留洞燕尾铁脚连接、射钉连接、预埋木砖连接、膨胀螺钉连接、预埋铁件焊接连接等，如图9.9所示。

⑥窗框安装质量检查合格后，用1∶2水泥砂浆或细石混凝土嵌填洞口与门窗框间的缝隙，使门窗框牢固地固定在洞内。嵌填前应先把缝隙中的残留物清除干净，然后浇湿。拉直检查外形平直度的直线。嵌填操作应轻而细致，不破坏原安装位置，应边嵌填边检查门窗框是否变形移位，应注意不可污染门窗框和不嵌填部位。嵌填必须密实饱满不得有间隙，也不得松动或移动木楔，并洒水养护。在水泥砂浆未凝固前，绝对禁止在门窗框上工作或在其上搁置任何物品，待嵌填的水泥砂浆凝固后才可取下木楔，并用水泥砂浆抹严框周围缝隙。

⑦窗扇的安装。

a. 质量要求：位置正确、平直，缝隙均匀，严密牢固，启闭灵活、启闭力合格，五金零配件安装位置准确，能起到各自的作用。

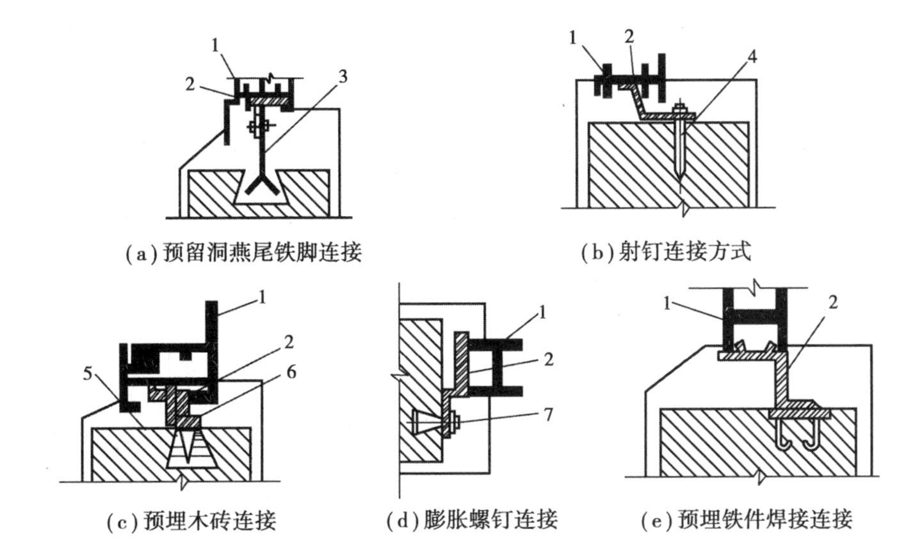

图9.9 铝合金门窗常用固定方法

1—门窗框;2—连接铁件;3—燕尾铁脚;4—射(钢)钉;5—木砖;6—木螺钉;7—膨胀螺钉

b.施工操作要点:对推拉式门窗扇,先装室内侧门窗扇,后装室外侧门窗扇;对固定扇,应装在室外侧,并固定牢固,不会脱落,确保使用安全;平开式门窗扇应装于门窗框内,要求门窗扇关闭后四周压合严密,搭接量一致,相邻两门窗扇在同一平面内。

9.6 涂饰施工

· 9.6.1 建筑涂料的施工 ·

各种建筑涂料的施工过程大同小异,大致上包括基层处理、刮腻子与磨平、涂料施涂3个阶段。

1)基层处理

基层处理的工作内容包括基层清理和基层修补。

(1)混凝土及抹灰面的基层处理

为保证涂膜能与基层牢固黏结在一起,基层表面必须干燥、洁净、坚实,无酥松、脱皮、起壳、粉化等现象,基层表面的泥土、灰尘、污垢、黏附的砂浆等应清扫干净,酥松的表面应予铲除。为保证基层表面平整,缺棱掉角处应用1∶3水泥砂浆(或聚合物水泥砂浆)修补,表面的麻面、缝隙及凹陷处应用腻子填补修平。混凝土或抹灰面基层应干燥,当涂刷溶剂型涂料时,含水率不得大于8%;当涂刷乳液型涂料时,含水率不得大于10%。

(2)木材与金属面的基层处理

为保证涂膜与基层黏结牢固,木材表面的灰尘、污垢和金属表面的油渍、鳞皮、锈斑、焊渣、毛刺等必须清除干净。木料表面的裂缝等在清理和修整后应用石膏腻子填补密实、刮平收净,用砂纸磨光以使表面平整。木材基层缺陷处理好后,表面上应作打底子处理,使基层表面具有均匀吸收涂料的性能,以保证面层的色泽均匀一致。金属表面应刷防锈漆,涂料施涂前被涂物件的表面必须干燥,以免水分蒸发造成涂膜起泡,金属表面不得有湿气,木基层含水率不得大于12%。

2)刮腻子与磨平

涂膜对光线的反射比较均匀,因而在一般情况下不易觉察基层表面细小的凹凸不平和砂眼,在涂刷涂料后由于光影作用都将显现出来,影响美观。所以基层必须刮腻子数遍予以找平,并在每遍所刮腻子干燥后用砂纸打磨,保证基层表面平整光滑。需要刮腻子的遍数,视涂饰工程的质量等级、基层表面的平整度和所用的涂料品种而定。

3)涂料的施涂

涂料在施涂前及施涂过程中,必须充分搅拌均匀。用于同一表面的涂料,应注意保证颜色一致。涂料黏度应调整合适,使其在施涂时不流坠、不显刷纹,如需稀释应用该种涂料所规定的稀释剂稀释。涂料的施涂遍数应根据涂料工程的质量等级而定。施涂溶剂型涂料时,后一遍涂料必须在前一遍涂料干燥后进行;施涂乳液型和水溶性涂料时,后一遍涂料必须在前一遍涂料表干后进行。每一遍涂料不宜施涂过厚,应施涂均匀,各层必须结合牢固。

涂料的施涂方法有刷涂、滚涂、喷涂、刮涂和弹涂等。

①刷涂:用油漆刷、排笔等将涂料刷涂在物体表面上的一种施工方法。此法操作方便,适应性广,除极少数流平性较差或干燥太快的涂料不宜采用外,大部分薄涂料或云母片状厚质涂料均可采用。刷涂顺序是先左后右、先上后下、先过后面、先难后易。

②滚涂(或称辊涂):用滚筒(或称辊筒,涂料辊)蘸取涂料并将其涂布到物体表面的一种施工方法。滚筒表面有的是粘贴合成纤维长毛绒,也有的是粘贴橡胶(称为橡胶压辊),当绒面压花滚筒或橡胶压花压辊表面为凸出的花纹图案时,即可在涂层上滚压出相应的花纹。

③喷涂:用压力或压缩空气将涂料涂布于物体表面的一种施工方法。涂料在高速喷射的空气流带动下,呈雾状小液滴喷到基层表面形成涂层。喷涂的涂层较均匀,颜色也较均匀,施工效率高,适用于大面积施工。可使用各种涂料进行喷涂,尤其是外墙涂料用得较多。

喷涂的效果与质量由喷嘴直径、喷枪距墙的距离、工作压力与喷枪移动的速度有关,是喷涂工艺的四要素。喷涂时空气压缩机的压力一般控制在0.4~0.7 MPa,气泵的排气量不小于0.6 m^3/h。喷嘴距喷涂面的距离以喷涂后不流挂为准,一般为40~60 cm(图9.10)。喷嘴应与被涂面垂直且作平行移动,运行中速度保持一致,纵横方向做S形移动,如图9.11所示。当喷涂两个平面相交的墙角时,应将喷嘴对准墙角线。

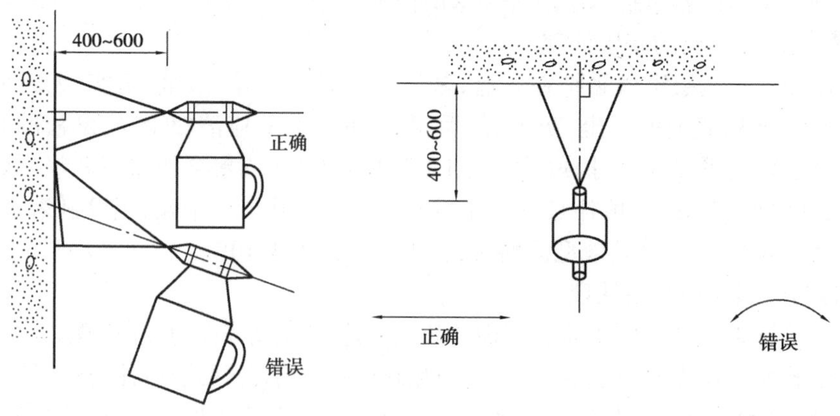

图9.10　喷枪与喷涂面的相对位置

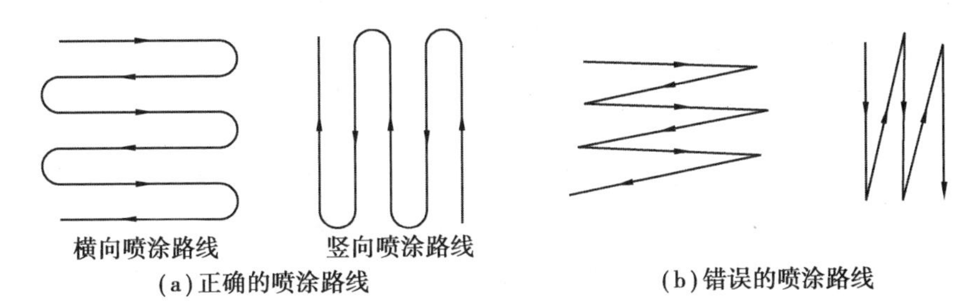

图9.11 喷涂路线

④刮涂:利用刮板将涂料厚浆均匀地批刮于饰涂面上,形成厚度为1~2 mm的涂层,常用于地面厚层涂料的施涂。

⑤弹涂:利用弹涂器通过转动的弹棒将涂料以圆点形状弹到被涂面上的一种施工方法。若分数次弹涂,每次用不同颜色的涂料,被涂面由不同色点的涂料装饰,相互衬托,可增加饰面装饰效果。

· 9.6.2 油漆涂料施工 ·

油漆工程是一个专业性及技艺性较强的技术工程,从其主要材料如油漆、稀释剂、腻子、润粉、着色颜料及染料(水色、酒色和油色)、研磨抛光和上蜡材料的使用,到清除、嵌批、打磨、配料和涂饰等工序,均十分复杂且要求严格。

油漆工程的基层面主要是木质基层、抹灰基层。抹灰基层的处理参考内墙涂料基层处理。木基层主要有门窗、家具、木装修(木墙裙、隔断、顶棚)等。一般松木等软材类的木料表面,以采用混色涂料或清漆面的普通、中等涂料较多;硬材类的木材表面,则多采用漆片、蜡克面的清漆,属于高级涂料。

1)施工工艺流程

油漆涂料施工工艺流程:基层处理→润粉→着色→打磨→配料→涂刷面层。

2)施工操作要点

(1)基层处理、润粉、着色

木质基层的木材除木质素外,还含有油脂、单宁等。这些物质的存在,使涂层的附着力和外观质量受到影响。涂料对木制品表面的要求是平整光滑、少节疤、棱角整齐、木纹颜色一致等。因此,必须对木基层进行处理。

①基层处理。木基层的含水率不得大于12%;木材表面应平整,无尘土、油污等妨碍涂饰施工质量的污染物,施工前应用砂纸磨平。钉眼应用腻子填平,打磨光滑;木制品表面的缝隙、毛刺、掀岔及脂囊应进行处理,然后用腻子刮平、打光。较大的脂囊和节疤应剔除后,用木纹相同的木料修补;木料表面的树脂、单宁、色素等应清除干净。

②润粉。润粉是指在木质材料面的涂饰工艺中,采用填孔料以填平管孔并封闭基层和适当着色,同时可起到避免后续涂膜塌陷及节省涂料的作用。

③着色。为了更好地突出木材表面的美丽花纹,常采用基层着色工艺,即在木质基面上涂刷着色剂,着色分为水色、酒色和油色3种不同的做法。

(2)打磨

打磨工序是使用研磨材料对被涂物面进行研磨平整的过程,对于油漆涂层的平整光滑、附着力及被涂物面的棱角、线脚、外观质量等均有重要影响。常用的砂纸和砂布代号是根据磨料的粒径划分的,砂布代号数字越大则磨粒越粗;而砂纸则恰恰相反,代号越大则磨粒越细。

油漆涂饰的打磨操作,包括对基层的打磨、层间打磨,以及面层打磨。打磨方式又分为干磨与湿磨。打磨必须是在基层或漆膜干实后进行;水性腻子或不宜浸水的基层不能采用湿磨,但含铅的油漆涂料必须湿磨;漆膜坚硬不平或软硬相差较大时,需选用锋利的磨料打磨。干磨是指使用木砂纸、铁砂布、浮石等的一般研磨操作;湿磨则是为了防止漆膜打磨时受热变软而使漆尘黏附于磨粒间影响打磨效率与质量,故将砂纸(或浮石)蘸水或润滑剂进行研磨。

(3)配料

根据设计、样板或操作所需,将油漆饰面施工所需的原材料按配比调制的工序称为配料,如色漆调配,腻子调配,木质基层、填孔料及着色剂的调配等。配料在油漆涂饰施工中是一项重要的基本技术,它直接影响到涂施、漆膜质量和耐久性。此外,根据油漆涂料的应用特点,油漆技工常需对油漆的黏度(稠度)、品种性能等进行必要的调配,其中最基本的事项包括施工稠度的控制、油性漆的调配(油性漆易沉淀,使用时须加入清油等)、硝基漆韧性的调配(掺加适量增韧剂等)、醇酸漆油度的调配(面漆与底漆的调兑等)、无光色漆的调配(普通油基漆掺加适度颜料使漆膜平坦、光泽柔和且遮盖力强)等。

(4)涂刷面层

①涂刷涂料时,应做到横平竖直、纵横交错、均匀一致。在涂刷顺序上应先上后下,先内后外,先浅色后深色,按木纹方向理平理直。

②涂刷混色涂料,一般不少于4遍;涂刷清漆时,一般不少于5遍。

③当涂刷清漆时,在操作上应当注意色调均匀,拼色一致,表面不可显露刷纹。

9.7 裱糊施工

裱糊工程就是在墙面、顶棚表面用黏结材料把塑料壁纸、复合壁纸、墙布和绸缎等薄型柔性材料贴到上面,形成装饰效果的施工工艺。裱糊的基层可以是清水平整的混凝土面、抹灰面、石膏板面、纤维水泥加压板面等。但基层必须光滑、平整,无鼓包、凹坑、毛糙等现象,可用批刮腻子、砂纸磨平等方法处理。裱糊工序应待顶棚、墙面、门窗及建筑设备的油漆、刷浆工序完成后进行。

裱糊的工艺流程以基层、裱糊材料不同而工序不同。一般裱糊施工工艺流程:清扫基层→接缝处糊条→找补腻子、磨砂纸→满刮腻子,磨平→涂刷铅油一遍,涂刷底胶一遍→墙面画准线→壁纸浸水润湿→壁纸涂刷胶黏剂→基层涂刷胶黏剂→墙上纸裱糊→拼缝、搭接、对花→赶压胶黏剂、气泡→裁边→擦净挤出的胶液→清理修整。

· 9.7.1 裱糊顶棚壁纸 ·

①基层处理。首先将混凝土顶面的灰渣、浆点、污物等清刮干净,并用扫帚将粉尘扫净,满

刮腻子一道。腻子的体积配合比为聚醋酸乙烯乳液：石膏或滑石粉：2%羧甲基纤维素溶液=1：5：3.5。腻子干后磨砂纸，满刮第二遍腻子，待腻子干后用砂纸磨平、磨光。

②吊直、套方、找规矩、弹线。首先应将顶面的对称中心线通过吊直、套方、找规矩的办法弹出中心线，以便从中间向两边对称控制。墙顶交接处的处理原则：凡有挂镜线的按挂镜线，没有挂镜线的则按设计要求弹线。

③计算用料、裁纸。根据设计要求确定壁纸的粘贴方向，然后计算用料、裁纸。应按所量尺寸每边留出2～3 cm余量，如采用塑料壁纸，应在水槽内先浸泡2～3 min后拿出，抖去余水，将纸面用净毛巾沾干。

④刷胶、糊纸。在纸的背面和顶棚的粘贴部位刷胶，应注意按壁纸宽度刷胶，不宜过宽，铺贴时应从中间开始向两边铺粘。第一张一定要按已弹好的线找直粘牢，应注意纸的两边各甩出1～2 cm不压死，以满足与第二张铺粘时拼花压槎对缝的要求。然后依上法铺粘第二张，两张纸搭接1～2 cm，用钢板尺比齐，两人将尺按紧，一人用劈纸刀裁切，随即将搭槎处两张纸条撕去，用刮板带胶将缝隙压实刮牢。随后将顶面两端阴角处用钢板尺比齐、拉直，用刮板及辊子压实，最后用湿毛巾将接缝处辊压出的胶痕擦净，依次进行。

⑤修整。壁纸粘贴完后，应检查是否有空鼓不实之处，接槎是否平顺，有无翘曲现象，胶痕是否擦净，有无小包，表面是否平整，多余的胶是否清擦干净等，直至符合要求为止。

9.7.2 裱糊墙面壁纸

①基层处理。如混凝土墙面，可根据原基层质量的好坏，在清扫干净的墙面上满刮1～2道石膏腻子，干后用砂纸磨平、磨光；若为抹灰墙面，可满刮大白腻子1～2道找平、磨光，但不可磨破灰皮；石膏板墙用嵌缝腻子将缝堵实堵严，粘贴玻璃网格布或丝绸条、绢条等，然后局部刮腻子补平。

②吊垂直、套方、找规矩、弹线。首先应将房间四角的阴阳角通过吊垂直、套方、找规矩，并确定从哪个阴角开始按照壁纸的尺寸进行分块弹线控制(习惯做法是进门左阴角处开始铺贴第一张)。有挂镜线的按挂镜线，没有挂镜线的按设计要求弹线控制。

③计算用料、裁纸。按已量好的墙体高度放大2～3 cm，按此尺寸计算用料、裁纸，一般应在案子上裁割，将裁好的纸用湿毛巾擦后，折好待用。

④刷胶、糊纸。应分别在纸上及墙上刷胶，其刷胶宽度应相吻合，墙上刷胶一次不应过宽。糊纸时从墙的阴角开始铺贴第一张，按已画好的垂直线吊直，并从上往下用手铺平，刮板刮实，并用小辊子将上、下阴角处压实。第一张粘好留1～2 cm(应拐过阴角约2 cm)，然后粘铺第二张，依同法压平、压实，与第一张搭槎1～2 cm，要自上而下对缝，拼花要端正，用刮板刮平，用钢板尺在第一、第二张搭槎处切割开，将纸边撕去，边槎处带胶压实，并及时将挤出的胶液用湿毛巾擦净，然后用同法将接顶、接踢脚的边切割整齐，并带胶压实。墙面上遇有电门、插销盒时，应在其位置上破纸作为标记。在裱糊时，阳角不允许甩槎接缝，阴角处必须裁纸搭缝，不允许整张纸铺贴，避免产生空鼓与皱褶。

⑤花纸拼接。纸的拼缝处花形要对接拼搭好，铺贴前应注意花形及纸的颜色力求一致，墙与顶壁纸的搭接应根据设计要求而定，一般有挂镜线的房间以挂镜线为界，无挂镜线的房间则以弹线为准。花形拼接如出现困难时，错槎应尽量甩到不显眼的阴角处，大面不应出现错槎和花形混乱的现象。

⑥壁纸修整。糊纸后应认真检查,对墙纸的翘边翘角、气泡、皱褶及胶痕未擦净等,应及时处理和修整使之完善。

9.8 幕墙施工

玻璃幕墙的施工方式除挂架式和无骨架式外,分为单元式安装(工厂组装)和元件式安装(现场组装)两种。单元式玻璃幕墙施工是将立柱、横梁和玻璃板材在工厂拼装为一个安装单元(一般为一层楼高度),然后在现场整体吊装就位,如图9.12所示;元件式玻璃幕墙施工是将立柱、横梁和玻璃等材料分别运到工地现场,进行逐件安装就位,如图9.13所示。由于元件式安装不受层高和柱网尺寸的限制,是目前应用较多的安装方法,它适用于明框、隐框和半隐框幕墙。其主要工序如下:

图9.12　单元式玻璃幕墙

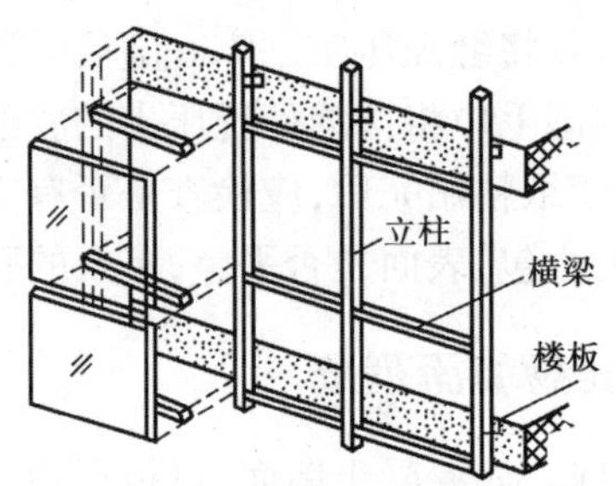

图9.13　元件式玻璃幕墙

1)测量放线

将骨架的位置弹到主体结构上。放线工作应根据主体结构施工大的基准轴线和水准点进行。对于由横梁、立柱组成的幕墙骨架,先弹出立柱的位置,然后再将立柱的锚固点确定。待立柱通长布置完毕,将横梁弹到立柱上。如果是全玻璃安装,则首先将玻璃的位置线弹到地面上,再根据外边缘尺寸确定锚固点。

2)预埋件检查

幕墙与主体结构连接的预埋件应在主体结构施工过程中按设计要求进行埋设,在幕墙安装前检查各预埋件位置是否正确,数量是否齐全。若预埋件遗漏或位置偏差过大,应会同设计单位采取补救措施。补救方法应采用植锚栓补设预埋件,同时应进行拉拔试验。

3)骨架施工

根据放线的位置进行骨架安装。骨架安装是采用连接件与主体结构上的预埋件相连。连接件与主体结构是通过预埋件或后埋锚栓固定,当采用后埋锚栓固定时,应通过试验确定锚栓的承载力。骨架安装先安装立柱,再安装横梁。上下立柱通过芯柱连接(图9.14),横梁与立柱的连接根据材料不同,可以采用焊接、螺栓连接、穿插件连接或用角铝连接。

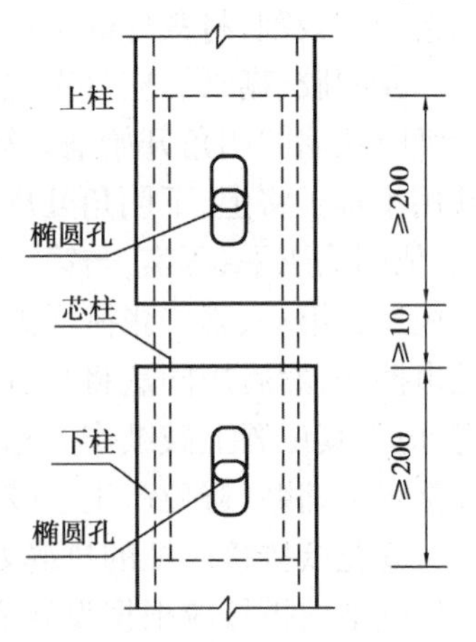

图9.14　上下立柱连接方法

4）玻璃安装

玻璃安装因幕墙的类型不同而不同。钢骨架，因型钢没有镶嵌玻璃的凹槽，多用窗框过渡，将玻璃安装在铝合金窗框上，再将铝合金窗框与骨架相连。铝合金型材的幕墙框架，在成型时已经将固定玻璃的凹槽随同断面一次挤压成型，可以直接安装玻璃。玻璃与金属之间不能直接接触，玻璃底部设防震垫片，侧面与金属之间用封缝材料嵌缝。对隐框玻璃幕墙，在玻璃框安装前应对玻璃及四周的铝框进行清洁，保证嵌缝耐候胶能可靠黏结。安装前，玻璃的镀膜面应粘贴保护膜加以保护，交工前全部揭除。安装时对于不同的金属接触面应设防静电垫片。

5）密缝处理

玻璃或玻璃组件安装完后，应使用耐候密封胶嵌缝密封，保证玻璃幕墙的气密性、水密性等性能。嵌缝密封做法如图 9.15 至图 9.17 所示。玻璃幕墙使用的密封胶，其性能必须符合规范规定。耐候密封胶必须是中性单组分胶，酸碱性胶不能使用。使用前，应经国家认可的检测机构对与硅酮结构胶相接触的材料进行相容性和剥离黏结性试验，并应对邵氏硬度和标准状态下拉伸黏结性能进行复验。

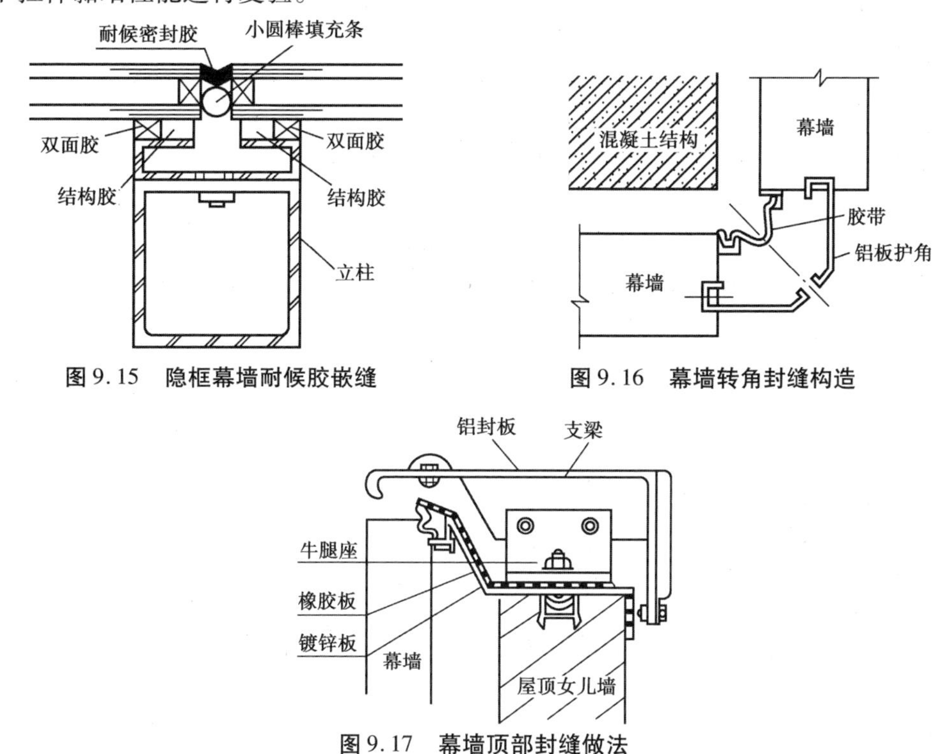

图 9.15　隐框幕墙耐候胶嵌缝

图 9.16　幕墙转角封缝构造

图 9.17　幕墙顶部封缝做法

6）清洁维护

玻璃安装完后，应从上往下用中性清洁剂对玻璃幕墙表面及外露构件进行清洁，清洁剂使用前应进行腐蚀性检验，证明对铝合金和玻璃无腐蚀作用后方可使用。

本章小结

本章主要介绍了装饰工程常用施工机具以及抹灰施工、饰面板与饰面砖施工、地面施工、吊顶与轻质隔墙施工、门窗施工、涂饰施工、裱糊施工、幕墙施工等的施工工艺。通过学习,应达到以下要求:

(1)熟悉装饰工程常用施工机具及使用要求;

(2)掌握抹灰工艺;

(3)掌握饰面板与饰面砖施工工艺;

(4)掌握地面施工工艺;

(5)熟悉吊顶与轻质隔墙施工工艺;

(6)熟悉门窗施工工艺;

(7)熟悉涂饰施工工艺;

(8)熟悉裱糊施工工艺;

(9)熟悉幕墙施工工艺。

思考题与习题

9.1 试述一般抹灰的分层做法操作要点及质量要求。

9.2 装饰抹灰有哪些种类?试述水刷石、水磨石、干粘石的做法及质量要求。

9.3 简述饰面砖的镶贴方法。

9.4 简述大理石及花岗石的安装方法。

9.5 简述铝合金门窗及塑料门窗的安装方法。

9.6 油漆涂料施工有哪些工序?如何保证施工质量?

9.7 试述壁纸裱糊工艺及质量要求。

参考文献

[1] 卢爽,鲁春梅. 建筑施工技术[M]. 北京:中国计量出版社,2010.
[2] 赵育红. 建筑施工技术[M]. 北京:中国电力出版社,2015.
[3] 李洪军,贺云. 建筑施工技术[M]. 北京:中国水利水电出版社,2009.
[4] 宁仁岐. 建筑施工技术[M]. 3 版. 北京:高等教育出版社,2015.
[5] 张保兴. 建筑施工技术[M]. 北京:中国建材工业出版社,2010.
[6] 顾昊兴,张志刚. 建筑施工技术[M]. 天津:天津大学出版社,2012.
[7] 钱大行,杜曰武. 建筑施工技术[M]. 大连:大连理工大学出版社,2009.
[8] 张伟,徐淳. 建筑施工技术[M]. 2 版. 上海:同济大学出版社,2015.
[9]《建筑施工手册》(第五版)编委会. 建筑施工手册[M]. 5 版. 北京:中国建筑工业出版社,2012.